高等学校“十一五”规划教材

机 械 原 理

赵 韩 田 杰 主编

合肥工业大学出版社

图书在版编目(CIP)数据

机械原理/赵韩,田杰主编.—合肥:合肥工业大学出版社,2009.9(2017.7重印)
ISBN 978-7-5650-0070-6

Ⅰ.机…　Ⅱ.①赵…②田…　Ⅲ.机构学—高等学校—教材　Ⅳ.TH111

中国版本图书馆CIP数据核字(2009)第179243号

机械原理

主编　赵韩　田杰		责任编辑　汤礼广	
出　版	合肥工业大学出版社	版　次	2009年10月第1版
地　址	合肥市屯溪路193号	印　次	2017年7月第3次印刷
邮　编	230009	开　本	787毫米×1092毫米　1/16
电　话	理工编辑部:0551-62903087	印　张	15.75
	市场营销部:0551-62903198	字　数	380千字
网　址	www.hfutpress.com.cn	印　刷	安徽昶颉包装印务有限责任公司
E-mail	hfutpress@163.com	发　行	全国新华书店

ISBN 978-7-5650-0070-6　　　　定价:35.00元

前　言

机械原理课程是一门重要的技术基础课，不仅是机械类专业的必修课，也是很多非机械类专业的必修课，因而一般理工类大学对该课程都很重视，不少学校将其列为重点课程予以重点支持。我国该课程现有的教材大多数仍按前苏联《机械原理》教材模式编写，该类教材虽然对培养我国的机械专业人才作出了非常大的贡献，但也存在着明显不足：一是教材的内容与体系较陈旧，涉及新成果较少；二是内容体系与前期课程不匹配，如教材主要是按机构进行分类，而学生前期所学的理论力学等课程，其内容体系则是按运动学、动力学等理论体系进行的；三是存在着一定程度的内容重复，如在多种机构中都重复了运动学的内容，显得比较零乱。随着机械产品的设计逐渐向高速化、高效化、精密化和智能化方向发展，按旧模式编写的教材，其知识结构体系已越来越不能适应科技发展和人才培养的需要，有必要对其内容和体系进行改革。本书正是为了适应这一需要而编写的。

本书分为机构的结构及分类、机构运动学、机构动力学和机械系统运动方案设计四大部分，这种编排使知识体系更适合学生学习，也使内容更紧凑。其中第一部分主要介绍机构的结构、组成和分类，增加了对液动与气动机构、磁力机械、微动机械等新内容的介绍，以便学生对各种机构的类型有一个全面的了解。第二部分主要介绍机构运动学分析与综合的方法，书中将各种机构的运动分析统一起来，便于讲解与理解。第三部分主要介绍机构动力学的内容。第四部分主要介绍机械运动方案设计，增加了现代机构分析与设计方法简介的内容。我们希望通过这种新的课程内容体系，达到使学生在掌握机械原理基本知识的基础上，初步具有机械系统运动方案创新设计能力的教学目的。

本书由合肥工业大学机械设计工程系编写，参加编写的人员有：赵韩（绪论、第 10 章），田杰（第 1 章、第 11 章），陈奇（第 2 章），朱立红（第 3 章、第 5 章），汪进（第 4 章），朱家诚（第 6 章），吴天星、王勇（第 7 章、第 8 章、第 9 章）。本书由赵韩和田杰担任主编并统稿。

本书现为安徽省高等学校“十一五”规划教材（见安徽省教育厅教秘高[2007]9 号文件）。与本书配套的教学课件可从教学资源网 http://www.hfmiasp.com/net work course 或合肥工业大学出版社网站 www.hfutpress.com.cn 下载。

最后，对为本书编写撒下辛勤汗水的所有人员表示深深地感谢。本书在编写过程中，还参考了一些同类著作，在这里也特向其作者表达诚挚的谢意。

由于编者水平所限，错漏欠妥之处在所难免，敬请同行与广大读者批评指正。

编　者

目　　录

第一篇　机构的结构及分类

第二篇　机构运动分析与综合

第三篇　机械动力学

第四篇　机械系统运动方案设计

绪　论

0.1　机械原理研究的对象与内容

0.1.1　机械原理的研究对象

机械原理又称为机器理论与机构学。

机械原理是研究机构和机器的运动及动力特性，以及机械运动方案设计的一门基础技术学科。它是机械设计理论和方法中的重要分支。机械原理的研究对象是机械，而机械是机构与机器的总称。

机器的种类繁多，如内燃机、拖拉机、起重机、金属切削机床、纺织机、缝纫机、包装机、电脑绣花机等。这些机器的构造、性能、用途等虽各不同，但从其力学特性和在生产中的地位来看，它们仍保持着下列共同的特征：

(1) 它们都是由各种材料做成的制造单元(通常称为零件) 经装配而成的各个运动单元(通常称为构件) 的组合体。

(2) 各个运动单元之间具有确定的相对运动。当在预定的力约束条件下，其中一个或一个以上单元的运动一定时，该组合体就能实现预期的机械运动。

(3) 在生产过程中，它们能代替或减轻人的劳动，完成有用的机械功(如机器人仿人工作) 或转换机械能(如内燃机、电动机分别将热能和电能转换成机械能)。

因此，机器是执行机械运动的装置，用来完成有用的机械功或转换机械能。

将其他形式的能量转换为机械能，或者将机械能变换成其他形式的能量的机器称为动力机器或原动机。例如，内燃机、压气机、涡轮机、电动机、发电机等都属于动力机器。

用来完成有用功的机器称为工作机器。例如，金属切削机床、轧钢机、织布机、包装机、汽车、机车、飞机、起重机、输送机等都属于工作机器。

现代机器通常由控制系统、信息测量和处理系统、动力部分、传动部分及执行机构系统等组成的机械系统。其中控制和信息处理是由计算机来完成的，使机器成为机电一体化系统，但实质上还是机械，例如加工中心、机器人、全自动照相机等。

不管现代机器如何先进，机器与其他装置的主要不同点是能产生确定的机械运动，完成有用的工作过程。因此，实现机械运动的执行机构系统是机器的核心，机器中各个机构通过有序的运动和动力传递来最终实现功能变换，完成自己的工作过程。机器中的运动单元体称为构件。因此，机构是把一个或几个构件的运动，变换成其他构件所需的具有确定运动的构件系统。从现代机器发展趋势来看，机构中的各构件可以都是刚性的，某些构件也可以是挠性的或弹性的，或是由液压、气动、电磁件构成的。现代机器中的机构不再是由纯刚性构件构成。在机构中给定运动的构件称为输入构件，又称为原动件；完成执行动作的构件称为输出构件，又称为执行构件。

机器的类型虽然很多，但组成各种机器的基本机构的种类却并不多。最常用的刚性机构有连杆机构、凸轮机构、齿轮机构、间歇运动机构等。如图0-1所示，内燃机是由曲柄滑块机构(属连杆机构)1—2—3—4、齿轮机构1—4—5—6及凸轮机构4—5′—7及4—6′—8组成的，其中构件5和5′、6和6′各为同一个构件。

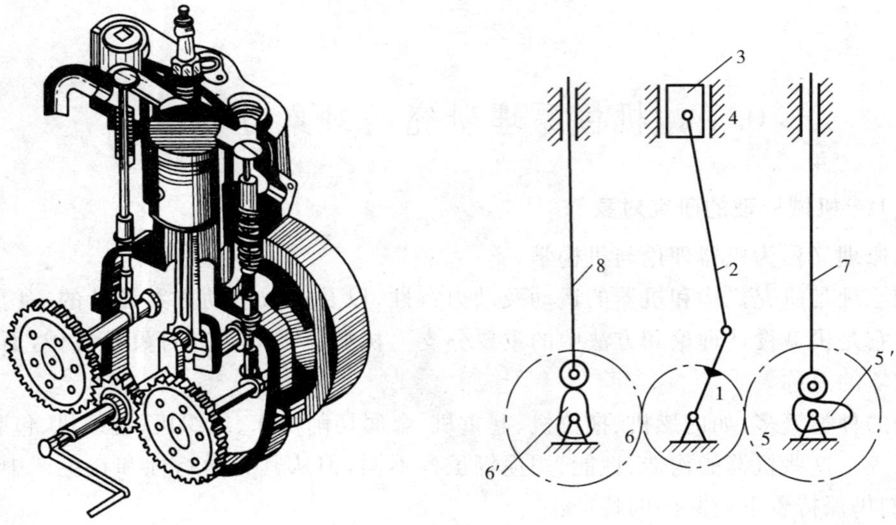

图0-1　内燃机

0.1.2　机械原理课程的内容

如前所述，机械原理是一门研究机构和机器的学科。为了具有科学系统性和便于教学起见，在机械原理课程中，我们将各种机器的共同问题归纳成机构的结构和运动学以及机构和机器的动力学两大部分来讨论。这两部分的具体内容如下：

(1) 机构的结构和运动学　分析机构的结构是为了研究机构运动的可能性和确定性，并进一步讨论机构的组成原理；机构的运动学不考虑引起机构运动的力的作用，而从几何的观点来研究机构各点的轨迹、位移、速度和加速度的求法，以及按已知条件来设计新机构的方法。

(2) 机构和机器的动力学　研究在机械运动过程中作用在机构各构件上的力分析和惯性力的平衡问题，并研究确定机械效率的方法和已知力作用下机械的真实运动规律，以及作用力、运动构件的质量和这些构件的运动之间的关系，即机械的运转和调速问题。

就上述内容的性质而论，机械原理所研究的问题又可归纳为两类：第一类问题是根据已有机构的结构和主要参数来分析该机构或所组成机器的各种特性(结构、运动学和动力学)，即机构和机器的分析问题，如机构的结构分析、运动分析、力分析和在已知力作用下机器的真实运动等；第二类问题是根据预期的各种特性来确定新的机构和机器的型式、结构和主要参数，即机构和机器的设计问题，如各种主要机构的运动设计、机构的平衡和机器速度波动的调节等。这里研究的问题只限于就与机构和机器的运动和动力特性有关的机构型式、结构和各部分主要参数之间的关系进行综合，而不研究与机械零件有关的问题，如零件的形状、构造、强度、材料和工艺等。故在机械原理学科中常用“综合”来代替上述的“设计”这一名词，以示区别。综合也就是分析的逆问题。

0.2　机械设计概述

0.2.1　机械设计的一般过程

机械设计过程并没有一个通用的固定顺序，而必须视具体情况确定。机械设计的一般过程，可分为产品规划、方案设计、详细设计和改进设计四个阶段。现分述如下。

1. 产品规划阶段

这一阶段的中心任务是进行需求分析、市场预测、可行性分析，确定设计参数及制约条件，最后给出详细的设计任务书(或要求表)，使其作为设计、评价和决策的依据。产品开发是从需求识别开始的，不但要开发显需求的产品，而且要开发隐需求的产品。

2. 方案设计阶段

市场需求的满足或适应，是以产品的功能来体现的。产品功能与产品设计是因果关系。体现同一功能的产品，可以是多种多样的。方案设计阶段要完成产品功能分析、功能原理求解和评价决策以得到最佳功能原理方案，最后由此完成机械运动方案的设计。产品方案的好坏，决定着产品性能和成本，关系到产品的水平和竞争能力，因此，它是产品设计的关键。由此可见，机械原理课程内容将为方案设计提供设计理论和方法。

3. 详细设计阶段

这一阶段是将机械运动简图具体化为机器及零、部件的合理结构，也就是要完成产品的总体设计、部件和零件的设计，完成全部生产图纸并编制设计说明书等有关技术文件。在此阶段，零部件的结构形状、装配关系、材料选择、尺寸大小、加工要求、表面处理、总体布置等设计合理与否，对产品的技术性能和经济指标都有着直接的影响。

4. 改进设计阶段

这一阶段的主要任务是根据产品在试验、使用、鉴定中所暴露的问题，进一步作相应的技术完善工作，使产品的效能、可靠性和经济性得到提高，更具生命力。

0.2.2　机械运动方案设计的主要内容

在机械设计过程中根据产品功能要求、工作性质和工作过程等基本要求进行新的机械方案设计，愈来愈受到产品设计人员的重视。在方案设计阶段应该完成机械运动简图的设计。所谓机械运动简图设计，就是按机械的工作过程和动作要求设计出由若干机构组成的机构系统运动简图。一般情况下，它往往是机械最核心的部分。

机械运动方案(机械运动简图)的设计主要包括下列两部分。

1. 机械运动简图的型综合

它是按工作过程和工艺动作要求来确定若干个执行动作，根据执行动作要求选择各个执行机构的机构型式(或创造一些新机构)，将这些机构组合成一个机构系统。这就是机械运动简图的型综合。

2. 机械运动简图的尺度综合

它是按初步确定的机构系统的机构型式，根据各执行构件的运动规律要求和动作相互配合要求进行各机构的运动尺度的设计计算和各机构间的协调设计。这就是机械运动简图的尺度设计。

在机械运动方案设计过程中这两部分设计往往需要反复进行，从而使机构系统的类型和运动尺度都能较好地满足设计要求。由此看出，机械运动方案设计是机械产品设计中十分重要的内容，是决定机械产品质量、水平、性能和经济效益的关键性一步。为了做好机械运动方案设计，应该努力掌握机构及其系统设计的理论和方法，努力学好机械原理的基本内容。

0.2.3　机电一体化技术在机械运动方案设计中的作用

虽然能采用纯机械的各种机构来完成机器的传动、控制和执行动作，但在工艺动作过程比较繁复的场合，会导致机械结构复杂，可调整性差，难以达到优良的机器功能。随着机电一体化技术的发展，机器中的传动、控制和执行机构的数目有减少的趋势，机构的结构有简化的可能，同时，可使机器的档次和水平有较大的提高。机电一体化技术虽然发展很快，但在现代机械中不会取消传统机构的应用，为了产生确定的运动和传递机械能，仍然离不开传统机构。由于机电一体化技术的广泛应用，除了学习传统机构外，还应该努力掌握电磁、液气、声光等多种工作原理的机构设计原理。因此，人们已普遍提出进行广义机构设计的研究。总之，在确定机械工作原理、工艺路线方案时，选择传动、控制和执行机构，进行机械运动简图设计时，均应考虑电子技术与机械技术的结合，使新设计的机器达到性能优良、适应性强、操作控制方便、结构简单紧凑、生产效率高、自动化程度高的先进水平。

0.3　机械原理课程的地位、任务和作用

机械的种类是十分繁多的，因此在高等工业学校中，相应地设置了各种专业的课程来详细地研究各种不同用途的专门机械。但是当研究任一具体的机械时，不仅需要研究它所具有的特殊问题，而且还要研究所有机械的共同问题。机械原理便是为此而开设的技术基础课程。它是以高等数学、普通物理、机械制图及理论力学等课程为基础，同时又为以后学习机械设计和有关专业课程以及掌握新的科学技术成就打好工程技术的理论基础，并能使学生受到一些必要的、严格的基本技能和创造思维的训练。因此，《高等工业学校机械原理课程教学基本要求(机械类专业适用)》明确指出：机械原理是机械类专业中研究机械共性问题的一门主干技术基础课；它的任务是使学生掌握机构学和机械动力学的基本理论、基本知识和基本技能，并初步具有拟定机械运动方案、分析和设计机构的能力；它在培养高级工程技术人才的全局中，具有增强学生对机械技术工作的适应能力和开发创造能力的作用。

0.4　机械原理学科的发展动向

如前所述，机械原理又称为机器理论与机构学。它是机械学科的重要组成部分，是机械工业和现代科学技术发展的重要基础。目前，机械学科和电子学、信息科学、计算机科学、生物科学以及管理科学等相互渗透，相互结合，已经成为一门崭新的学科，充满着生机与活力。它的研究领域已扩展到航空航天、深海作业、生物工程、微观世界、机械电子等。它的研究课题层出不穷，研究方法日新月异。现将机械原理学科的发展动态概述如下。

1. 现代机构类型综合和机构设计的新理论、新方法研究

现代机构概念是产生现代机构学的基础。它包括了广义机构、可控机构、柔顺机构、仿

生机构、微纳米机构等。它们的特点是“广义化”：一是驱动元件与传统机构的集成化，成为“有源”机构，可以推进机构的可控性；二是机构的组成构件的广义化，构件可以是柔性、弹性、挠性，使机构组成多样化。

各种各样的现代机构已经开始在实际机器中得到应用，但对它们的类型综合、运动学和动力学的研究才刚刚起步，还有待深入。可以预期，现代机构的深入研究和广泛应用，将大大推动现代机器的创造和发明，促进机械工业的快速发展。

2. 机构创新设计理论和方法的研究

机构是机器的基础，要进行机器的创新设计，除了需要进行功能创新和组合创新外，最关键的是进行机构创新。机构创新设计的方法有不少，有的是从机构运动链结构的改变来进行创新拓展。常用的有：闭链机构、开链机构以及变链机构。变胞机构实际上就是变链机构，这种机构在工作过程中改变拓扑结构。机构创新设计方法还有：应用机构学原理的创新，利用连杆或连架杆运动特点的创新，采用相对运动原理的创新，利用多种驱动原理的创新，还有机构类型变换的创新等。总之，创造出各种新颖的机构，都需要深入地研究机构创新设计理论和方法。

3. 机构系统概念设计理论、方法及计算机辅助实现的研究

机械产品的概念设计和机械系统运动方案设计是机械产品创新设计的核心。机械产品的概念设计和方案设计又是不同于一般产品的概念设计和方案设计，它是以机构学为核心的，与机构学密不可分。目前的机械产品主要分成两类：机械系统和机电一体化系统。因此，要解决机械系统概念设计和机电一体化系统概念设计（它们的设计理论和方法有共同的基础）就要进行机器工作机理和工艺动作过程的研究；要进行机械产品特定的功能求解模型的研究；要进行机械运动方案设计过程模型的研究；要开发执行机构知识库和机构创新知识库；要进行机械运动方案组成原理和系统评价方法的研究；要开发机械系统运动方案计算机辅助设计软件系统；要结合典型机电产品创新设计需要，进行理论和应用研究等。

4. 微机构和微动机构的理论和应用研究

纳米技术的深入研究和广泛应用将会引发一场新的科技革命，微机械技术的研究和开发是纳米技术中的一个核心内容，也是现代机构学的重要前沿。微机构的表面效应和尺寸效应、多尺度效应和跨尺度运动都是微机构设计中的理论基础。同时还应该积极开展微机构的工作机理动态分析与设计原理、可靠性分析与设计的研究。微机电系统（MEMS）是由微机构与微电子、微光学器件、微驱动、微传感和控制系统等高度集成的。微机构是微机电系统中的核心，因此它的集成设计理论和方法应深入研究。

柔顺机构可以用作大型机构，但在微机构和微动机构中会有更大的应用前景，值得深入研究。

5. 仿生机构的研究和应用

仿生学是研究自然对人类启示的科学。自然是人类进行创造发明的源泉，现代机构学离不开对生物的研究，特别是动物对我们的启示。动物的各种形态、特征、动作和能量变换等都值得人类去仿效、研究。

人们研究飞禽的飞行原理可以创造出各种飞行机构，研究走兽的步态和足部骨骼可以创造出形形色色的四足步行机构，研究鸟类陆地行走可以创造出二足步行机构，研究鱼类游动可以创造出各种鱼游机构，研究蛇的游动可以创造出蛇行机构，研究蟹的爬行可以创造出

机器蟹，研究昆虫的飞舞可以创造出微小飞行器。

可以预测，深入研究仿生机构，将会使现代机构学得到更加广泛地发展和应用。

6. 操作机器人机构和步行机机构的研究和开发

操作机器人和步行机以及二者结合移动操作机器人仍是今后研究的热点，操作机器人和步行机的机构是研究的重点。

操作机器人机构学需要进一步研究：适合工作环境和要求的机构新构型及其设计理论，并联机器人的新构型、工作空间、动力特性、动刚度及控制技术，多臂协调、冗余机器人的构型与性能，多机器人协调合作的机制和计算结构，模块化机器人的优化与重构方法，等等。

步行机构学需要研究：适合工作环境和工作要求的步行机机构构型和设计理论，各种步行机的步态规划、运动和控制特性，建立步行机系统的精确动力学模型，等等。

7. 机构和机械系统动力学的研究

现代机械日益向高速、高精度、高可控性方向发展，对于提高机械系统动力特征和动态稳定性的要求日益迫切。机构和机械系统动力学的研究仍然是人们关注的热点，主要表现在：

(1) 对可控机构、可调机构和混合驱动机构考虑驱动电机和传动机构的整机机构动力学的研究。

(2) 对具有大变形弹性连杆机构动力学模型的研究，弹性连杆机构的非线性特征、振动与振动控制、参数频率特性、运动稳定性和动力平衡的深入研究。

(3) 对运动副中含间隙的机构动力学还有待深入研究，如动力学模型、运动副分离准则、混沌特性、优化设计等，还有综合考虑弹性、间隙和尺度误差等因素的机构动力学问题的研究。

(4) 对柔顺机构的动力学研究至今几乎是空白，需要对它的动力学模型的建立、动力学方程的求解和动力学特性的分析进行研究。

8. 传统的典型机构的设计理论和方法仍是研究的热点

现代机构学的逐步发展并没有排斥对传统的典型机构，如连杆机构、凸轮机构、间歇运动机构、组合机构等的广泛应用，至今这些机构在按不同的设计要求进行机构尺度参数设计时仍有不少困难。多自由度连杆机构的分析与综合方法、凸轮机构尺度最小的统一设计方法、间歇运动机构的新构型以及组合机构的机构类型综合和设计方法等仍需深入研究。

对于机械原理学科发展的展望，以上论述只是抛砖引玉，可能会挂一漏万。2003 年世界机构与机器理论联合会(International Federation for the Theory of Machines and Mechanisms, IFToMM)公布的第 3 版名词术语中出现的很多新的名词，其中包括机电一体化(mechatronic)、微机电系统(MEMS)和仿生机构(bio－mechanisms)等，充分说明了现代机构学的发展势头。同时，IFToMM 这一国际组织的名称由 International Federation For Theory of Mechanism and Machine 改为 International Federation For Promotion of Mechanism and Machine Science，这一改动体现了机构学由原来的设计“理论”和“方法”发展为“科学”，是对机构学的一种深化，它提升了机构学的学术地位，大大激发了全世界机构学学者的责任感和积极性。

第一篇　机构的结构及分类

第 1 章　机构的结构分析

1.1　研究机构结构的目的及方法

机构是具有确定运动的实物组合体,主要用来传递运动和动力。设计一个新机构时,在分析其能否按照设计要求实现运动规律前,首先需要判断其能否运动及是否具有确定的运动。如果不能满足其中一个条件,就不成为机构了。因此,对机构进行结构分析是机构设计能否实现的有力保证。

机构是由若干个构件按照一定规律组合在一起并能实现预期运动的系统。一个新机构一般包括许多最基本的常用机构或在这些常用机构的基础上加以改进和创新。只有在很好地了解和掌握这些常用机构的结构特点后,才能设计出最合理的新机构。另外,在新机构的结构设计完后,需要进行运动分析和力分析。分析这些常用机构的运动规律和力输出特性有助于简化和解决新机构的运动和受力分析。这里,机构分析也包括对常用机构的归类和讨论。因此,对机构进行结构分析是进行机构设计、机构运动分析和力分析的前提和基础。

机构结构的研究方法主要是通过研究机构运动简图和机构自由度来实现。从机构运动简图中可以直观地看出机构的结构形式和特点,因而,机构的运动简图有利于后续进行机构的结构、运动和力的分析。机构的自由度是判断一个机构能否运动和是否具有确定运动的有力工具,因此,机构的自由度计算是机构结构分析的重要方法。

1.2　机构的组成

1.2.1　构件与运动副

机构是由具有确定运动的单元体组成的。这些运动的单元体称为构件。零件是组成构件的制造单元体,构件可由一个或多个零件组合而成。

如图 1-1 所示的连杆即为内燃机中的一个构件,它是由连杆体 1、连杆盖 2、轴瓦 3、轴瓦 4 和轴瓦 5 以及螺栓 6、螺母 7、开口销 8 等零件组成。构件是最小的运动单元,零件是最小的制造单元。

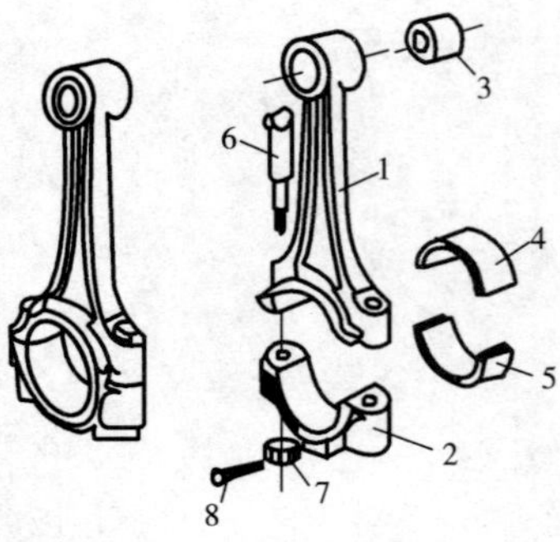

图 1-1　构件与零件

机构是由多个构件组合而成的。在机构中,每个构件都以一定方式与其他构件相互联接。这种由两构件直接接触而构成的可动联接称为运动副,如轴与轴承、滑块与导轨、轮齿与轮齿、凸轮与推杆等的联接都构成了运动副,如图 1-2 所示。构件之间的接触有点、线、面三种,这些参与接触而构成运动副的点、线、面称为运动副元素。通常把面接触的运动副称为低副，点接触或线接触的运动副称为高副。按照组成运动副两构件的相对运动是平面运动还是空间运动，可以把运动副分为平面运动副和空间运动副。

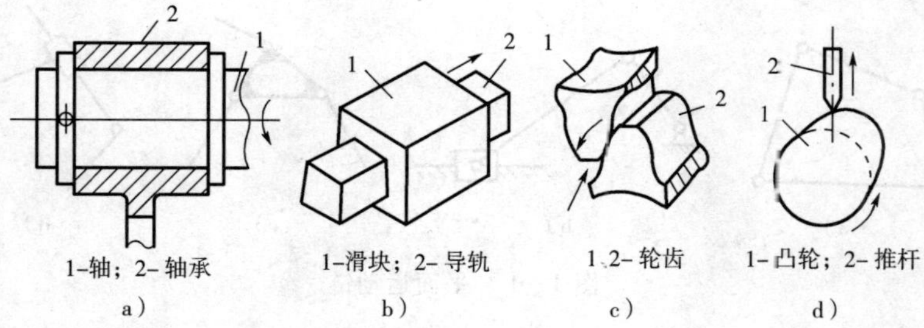

图 1－2　运动副的常见形式

1.2.2　构件的自由度与约束

由理论力学可知，作平面运动的构件可分解为三个独立的运动，即在直角坐标系中（如图 1－3 所示）沿 X 轴的移动、沿 Y 轴的移动和绕垂直于 xOy 面内的转动。构件在平面上的位置可完全由 x, y, θ 三个独立的参数来描述。

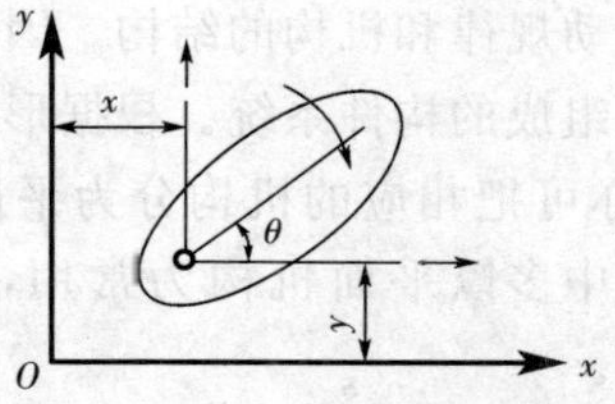

图 1－3　构件作平面运动时的自由度

构件具有独立运动的数目称之为构件的自由度。显然作平面运动的构件有 3 个自由度 —— 两个移动和一个转动，而作空间运动的构件有 6 个自由度 ——3 个移动和 3 个转动。

当一个构件与另一个构件组成运动副后，由于构件间的直接接触，使构件的某些独立运动受到限制，构件的自由度便相应减小。这种对构件独立运动的限制称之为约束。多一个约束，构件便失去一个自由度。两构件间的约束的多少和约束的特点取决于运动副的形式。

下面为各种平面运动副自由度与约束：

（1）转动副　是使构件的两个相对移动受到约束，而只有一个独立的相对转动自由度的运动副，也称为回转副或铰链。如铰链、轴与轴承等，如图 1－2a 所示。

（2）移动副　是使构件的一个方向相对移动和相对转动受到约束，而只有一个方向独立的相对移动自由度的运动副，也称为棱柱副。如汽缸与活塞、滑块与导轨等，如图 1－2b 所示。

（3）平面高副　构件间沿公法线方向的移动受到约束，但可以沿接触点切线的方向独立移动，还可以同时绕点独立转动，是具有一个约束而相对自由度等于 2 的平面运动副，如齿轮副、凸轮副等，如图 1－2c、d 所示。

1.2.3　运动链与机构

若干个构件通过运动副所构成的系统称为运动链。若运动链中各个构件构成了首末封闭的系统，称其为闭式运动链，如图1－4a、b 所示；反之，若未形成首末封闭，则称为开式运动链，如图 1－4c、d 所示。一般机械中以闭式链应用最为广泛。开式链主要用于机械手、挖掘机等多自由度的机械之中。另外，根据运动链中各构件的相对运动是否平行，运动链又可分为平面运动链和空间运动链（见图 1－5）。

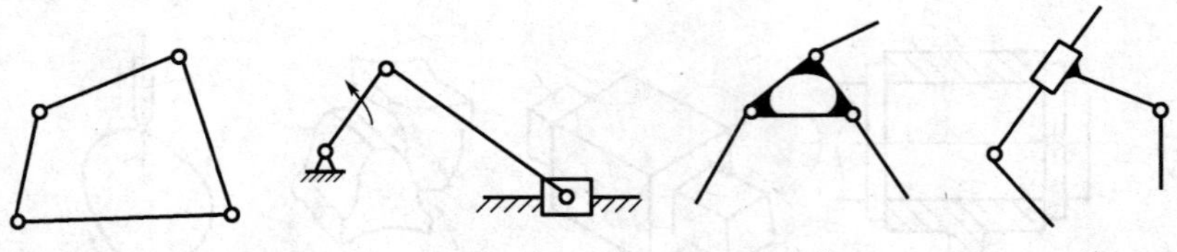

图 1－4　平面运动链

若运动链中的一个构件相对固定，运动链则称为机构。这里，固定的构件称为机架，作独立运动的构件称为原动件，其余的构件则称为从动件。从动件的运动规律取决于原动件的运动规律和机构的结构。因此，机构是由机架、原动件和从动件组成的构件系统。根据形成机构的运动链是平面还是空间，亦可把相应的机构分为平面机构和空间机构。因为实际机械中多以平面机构为常用，故本章主要研究平面机构的结构。

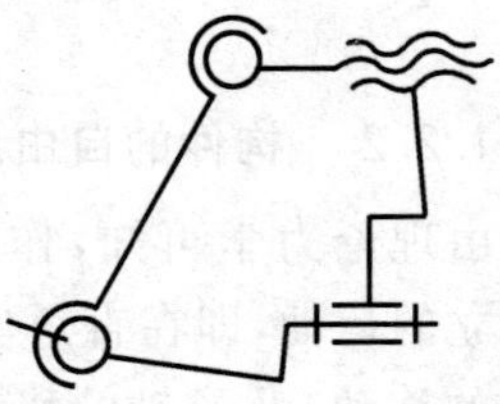

图 1－5　空间运动链

1.3　平面机构运动简图

为了能记录大量的现有机构，并改进原机构或构思新机构方案，需要一种简单的、便于记录各种机构特征的记录符号或图形。另外，从设计的角度来说，机构运动规律主要与原动件的输入运动规律、联接各构件运动副的类型和机构的运动尺寸有关，而与运动副的具体形式、构件的外形、断面尺寸、组成构件的零件数目无关，因此，可以用统一规定的简单符号和线条代表运动副和构件，并按一定比例表示各运动副的相对位置和构件尺寸。这种能准确表达机构运动特性的简单图形称为机构运动简图。若仅仅以构件和运动副的符号表示机构，其图形未按照精确比例绘制，而在于表达机构的结构特征，这种简图称为机构示意图。

利用运动简图能对机构进行结构、运动和动力等方面的分析，它是从事机构研究或机械设计工作要掌握的基本工具。

1.3.1　运动副与构件的表示方法

在机构运动简图中，常用运动副的表示方法见表 1.1，常用构件的表示方法见表 1.2，其余运动副和构件的表示方法可参见国家标准 GB/T 4460－1984。

表 1.1　常用运动副的符号

运动副名称			运动副符号	
			两运动构件构成的运动副	两构件之一为固定时的运动副
平面运动副	转动副		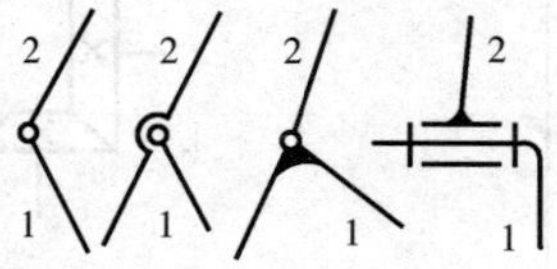	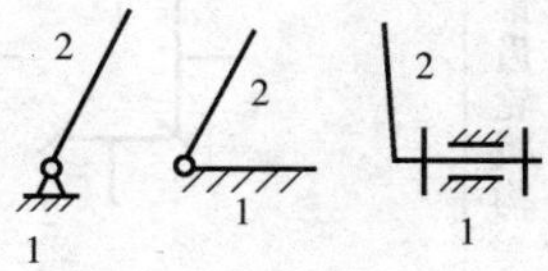
平面运动副	移动副		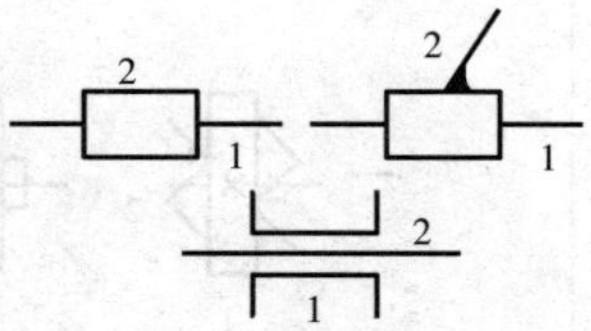	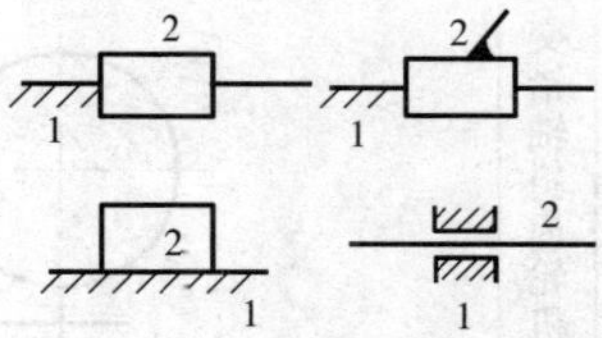
平面运动副	平面高副	凸轮机构	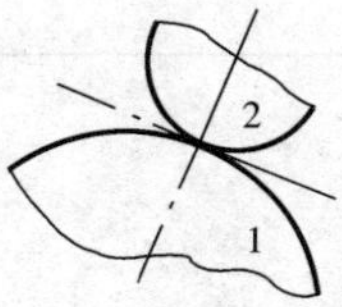	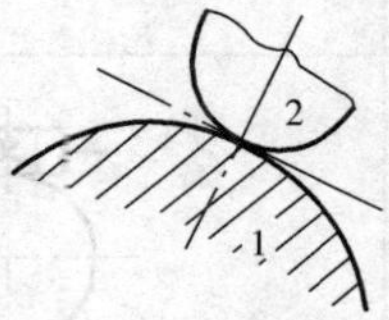
平面运动副	平面高副	凸轮机构	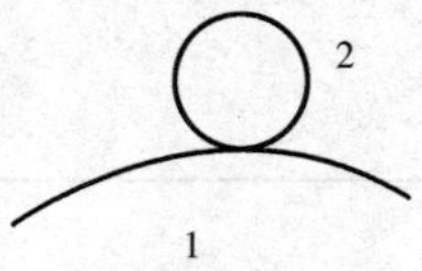	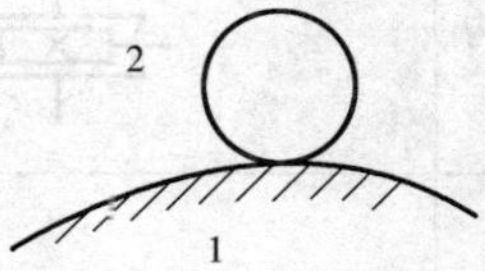
平面运动副	平面高副	凸轮机构	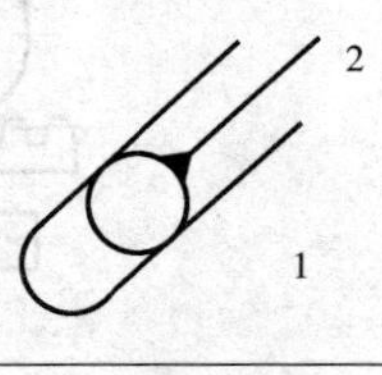	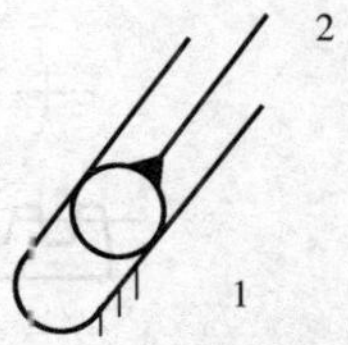
平面运动副	平面高副		基本符号	可用符号
平面运动副	平面高副	圆柱齿轮机构	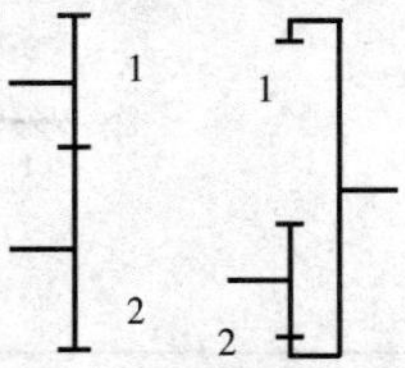	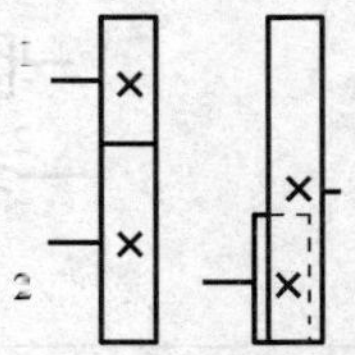
平面运动副	平面高副	非圆齿轮机构	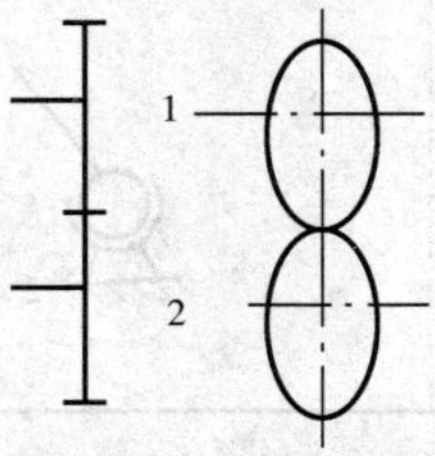	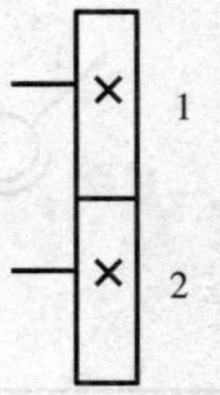

（续表）

运动副名称			运动副符号	
平面运动副	平面高副	圆锥齿轮机构	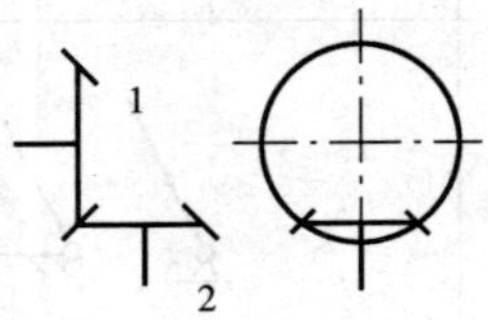	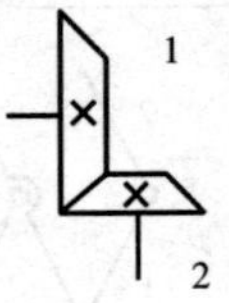
		交错轴斜齿轮机构	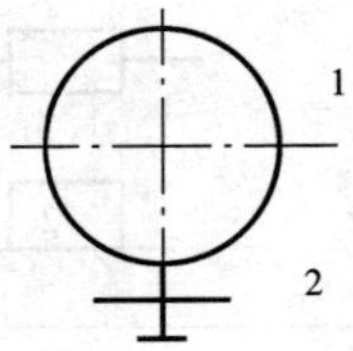	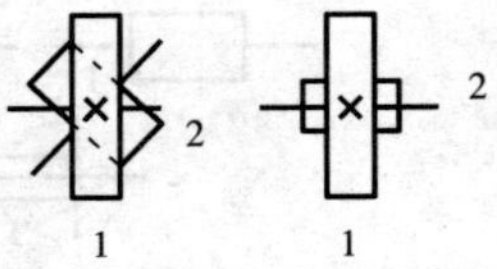
		蜗杆蜗轮机构	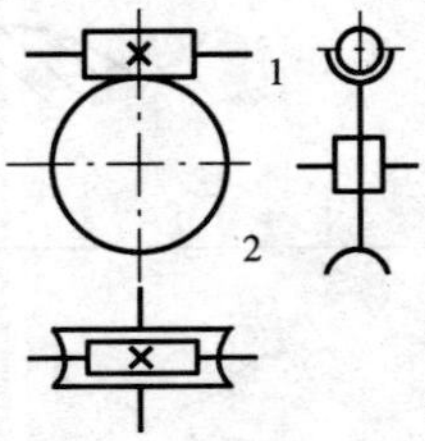	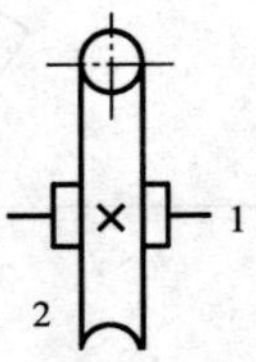
		齿轮齿条机构	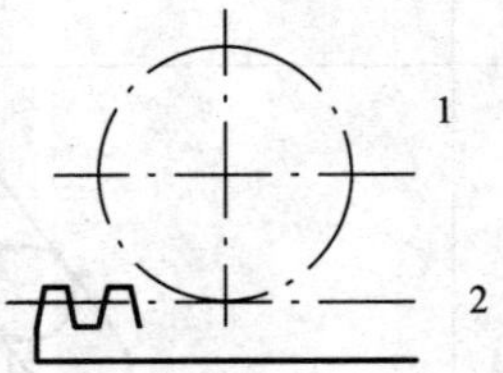	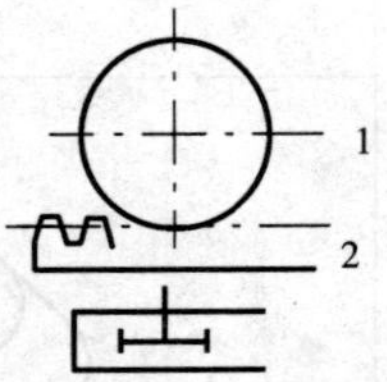
空间运动副	螺旋副		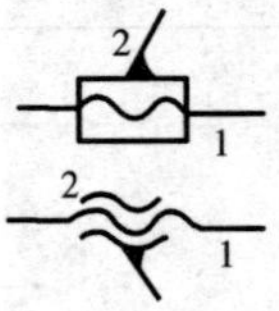	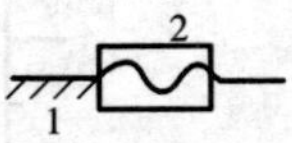
	球面副及球销副		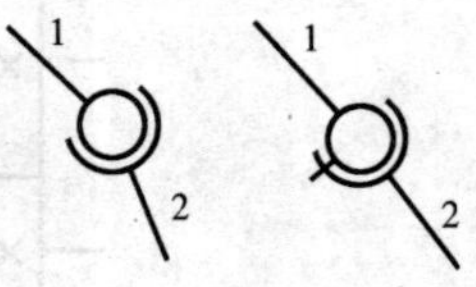	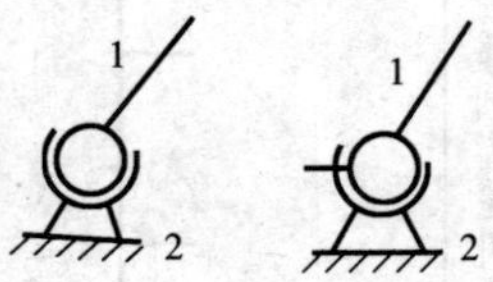

表 1.2　一般构件的常用表示方法

名称	内　容
机架	
同一构件	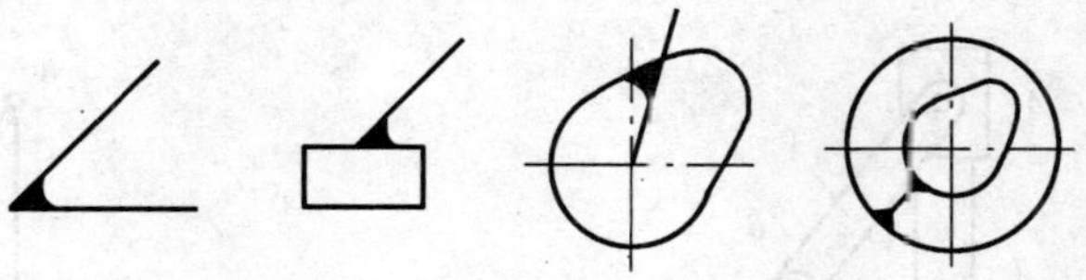
两副构件	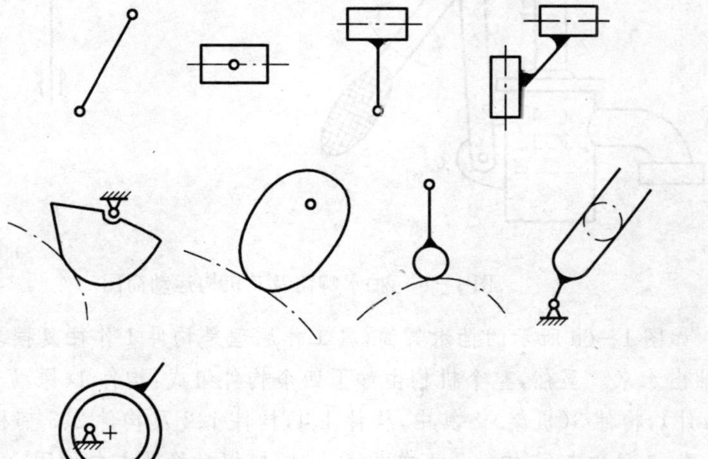 偏心轮
三副构件	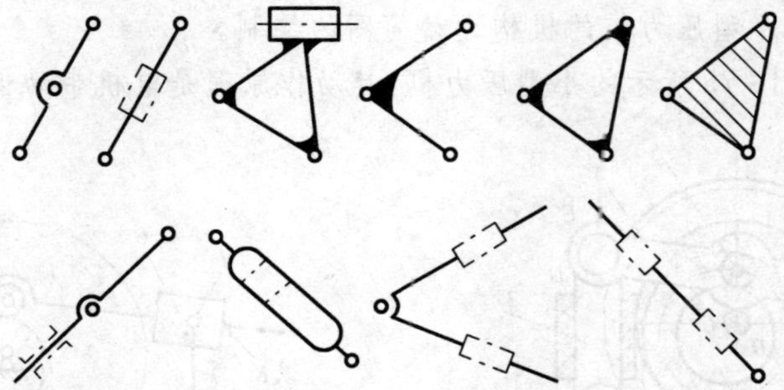

1.3.2　绘制机构运动简图的步骤

(1) 分析所要绘制机械或设计机器的结构和动作原理，确定其组成的各构件的功用，如原动件、机架、执行部分和传动部分。

(2) 按照运动传递的顺序，逐一分析各个构件间相对运动的性质，以确定运动副的类型和数目。

(3) 确定合适的视图平面。通常按与大多数构件的运动平面相平行的平面为视图平面。

(4) 选择合适的比例尺 μ_l，用构件和运动副的符号正确绘制出机构运动简图，并在图中标出比例尺和原动件。

绘制机构示意图的方法与上述类似，可不需按比例绘制。

1.3.3 实例

【例 1-1】 抽水唧筒的机构运动简图的绘制。

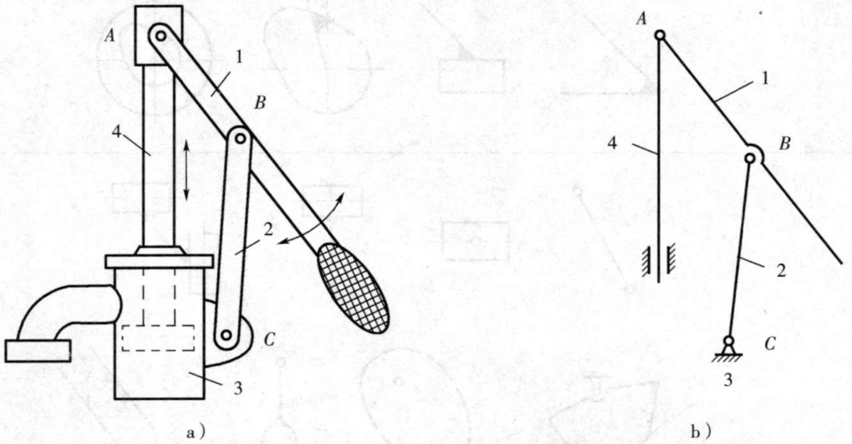

图 1-6　抽水唧筒及其机构运动简图

【解】 如图 1-6a 所示的抽水唧筒，其工作原理是构件 1 作往复摆动，而构件 4 作上下运动，最后可抽出水来。显然，整个机构由如下四个构件组成：构件 1(原动件)、构件 4(执行件)、构件 2(传动件)，构件 3(机架)。其中，构件 1、4，构件 1、2 及构件 2、3 都构成转动副，转动中心为分别为点 A、点 B 和点 C，构件 3、4 构成移动副，其相对移动方向如图。选择比例尺为 $\mu_l = 0.01$m/mm，定出各转动副和移动副的中心位置，画出其机构运动简图，如图 1-6b 所示。

【例 1-2】 小型压力机的机构运动简图的绘制。

【解】 如图 1-7a 所示的小型压力机，其动作原理是电机带动偏心轮 1′ 作顺时针转动，

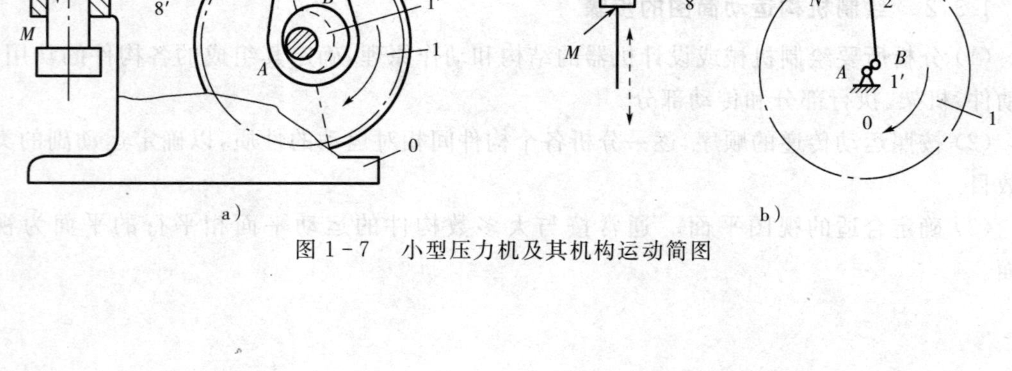

图 1-7　小型压力机及其机构运动简图

通过构件 2、3 将主运动传递给构件 4；同时另一路运动自与偏心轮 1′固联在一起的齿轮 1 输出，经齿轮 8 及其固联在一起的槽型凸轮 8′，传递给构件 4；两路运动经构件 4 合成，经滑块 6 带动压头 7 作上下移动，实现冲压动作。显然，原动件为组件 1—1′，机架为构件 0，执行件为构件 7，其余为从动件。

经分析可得各构件间联接方式如下：构件 0 和 1(1′)、1′和 2、2 和 3、3 和 4、4 和 5、6 和 7 及 0 和 8(8′)之间构成转动副；而构件 0 和 3、4 和 6 及 0 和 7 之间构成移动副；高副为 1 和 8、8′和 5 之间形成。

选定比例尺 $\mu_l=0.001\text{m/mm}$，定出各转动副和移动副的中心位置，画出机构运动简图，如图 1-7b 所示。

1.4　平面机构的自由度

1.4.1　平面机构自由度计算

机构的自由度是指机构中各构件相对于机架所具有的独立运动的数目。下面主要讨论平面机构的自由度计算问题。

设有一平面机构，共有 N 个构件，P_L 个低副，P_H 个高副，其中一个构件为机架，则共有 $n=(N-1)$ 个活动构件。在未用运动副联接之前，共有 $3n$ 个自由度。组成运动链后，由于每个低副引入两个约束，每个高副引入一个约束，故机构共受到了 $2P_L+P_H$ 个约束，若以 F 表示机构的自由度，则平面机构自由度的计算公式为：

$$F=3n-2P_L-P_H \tag{1.4-1}$$

由公式可知：平面机构自由度 F 取决于活动构件数目及运动副的类型和数目。

【例 1-3】　如图 1-8 所示为内燃机中的主传动机构(曲柄滑块机构)，试计算其自由度。

【解】　由图可知：该机构的活动构件数 $n=3$，低副 $P_L=4$(构件 1、4，构件 1、2，构件 2、3 构成 3 个转动低副；构件 3、4 构成一个移动低副)，高副 $P_H=0$，其自由度为：

$$F=3n-2P_L-P_H=3\times3-2\times4=1$$

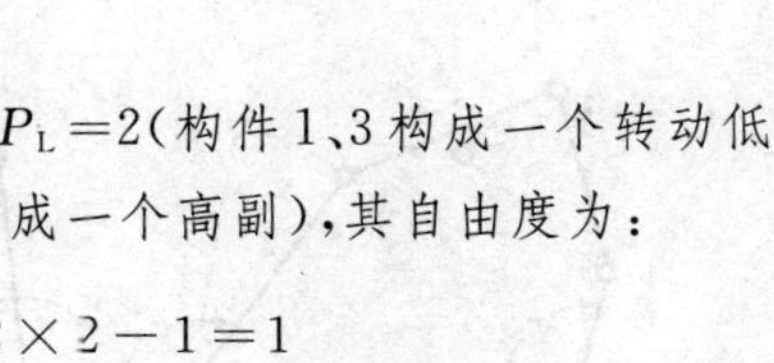

图 1-8　曲柄滑块机构

【例 1-4】　图 1-9 为凸轮机构，试计算其自由度。

【解】　由图可知：该机构的活动构件数 $n=2$，低副 $P_L=2$(构件 1、3 构成一个转动低副；构件 2、3 构成一个移动低副)，高副 $P_H=1$(构件 1、2 构成一个高副)，其自由度为：

$$F=3n-2P_L-P_H=3\times2-2\times2-1=1$$

【例 1-5】　图 1-10 所示为一牛头刨床的传动机构，试计算其自由度。

【解】　由图可知：该机构的活动构件数 $n=6$，低副 $P_L=8$(5 个转动副和 3 个移动副)，高副 $P_H=1$，其自由度为：

$$F=3n-2P_{\mathrm{L}}-P_{\mathrm{H}}=3\times6-2\times8-1=1$$

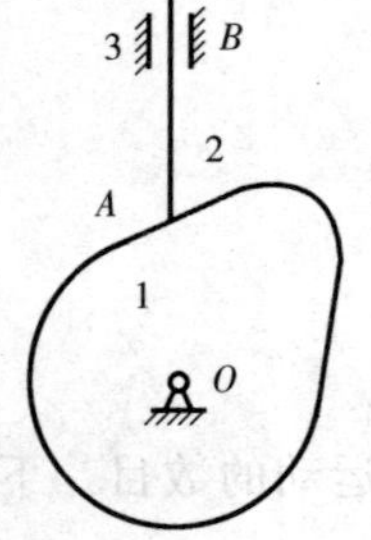

图 1-9　凸轮机构

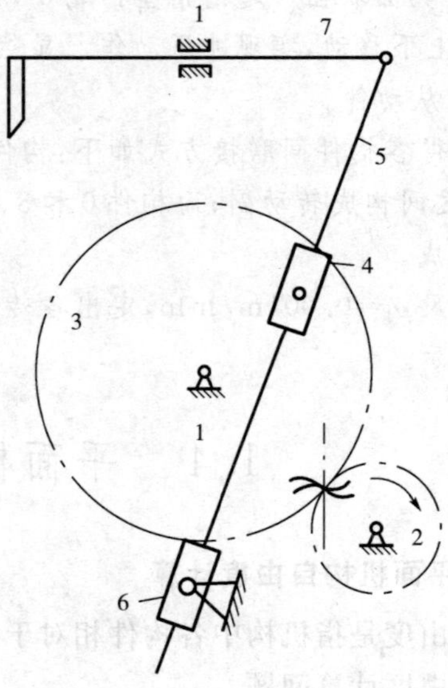

图 1-10　牛头刨床机构

1.4.2　机构具有确定运动的条件

在机构分析和设计中，一般都要求机构有确定的运动。当原动件给定机构的独立运动时，其从动件都应有相应的确定运动，即机构具有一个独立运动输出，机构就必须有一个原动件来提供此动力，并通过运动链传递至输出件，完成此独立运动，而机构的这些独立运动数目正是该机构的自由度数。由此可见，机构具有确定运动的条件是：机构的自由度数等于机构的原动件数，并且自由度数应大于 0。

按构件组的自由度与原动件数相比，可分为三种情况：

((1) 当构件组的自由度大于原动件数时，机构从动件的运动是不确定的。

如图 1-11a 所示的铰链五杆机构，可算得其自由度为 2，若要其能具有确定的运动，需提供两个原动件。如果只给定一个原动件(构件 1)，则此机构运动不确定，当构件 1 转动一定角度后，构件 2、3 既可以处在实线位置，也可以处在虚线位置或其他位置。

(2) 当构件组的自由度大于 0 且小于原动件数时，会发生运动干涉或破坏。

如图 1-11b 所示的铰链四杆机构，其自由度为 1，需提供一个原动件。如果给定两个原动件，则此机构可能会遭到破坏。

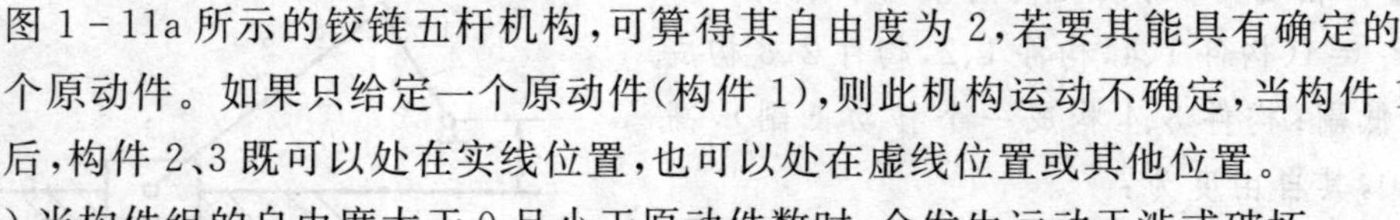

a）铰链五杆机构　　b）四杆机构　　c）三角桁架　　d）超静定桁架

图 1-11　构件自由度数与原动件数比较

(3) 当构件组的自由度小于等于 0 时，它不是机构，而是静定或超静定刚性结构。

如图 1-11c 所示的三角架，其自由度为 0，为一个刚性桁架。其实在日常生活中，常利用三角架的刚性特性来固定物体。如图 1-11d 所示的组合机构，其自由度为 −1，为一个超静定机桁架。

1.4.3　计算机构自由度应注意的事项

1. 复合铰链

当两个或两个以上的转动副轴线重合，在与轴线垂直的视图上，只能看到一个铰链，称该铰链为复合铰链（如图 1-12）。

复合铰链往往被错当成一个转动副来计算，因此需要特别注意。实际上，由 M 个构件汇成的复合铰链应当成 $M-1$ 个转动副来计算。

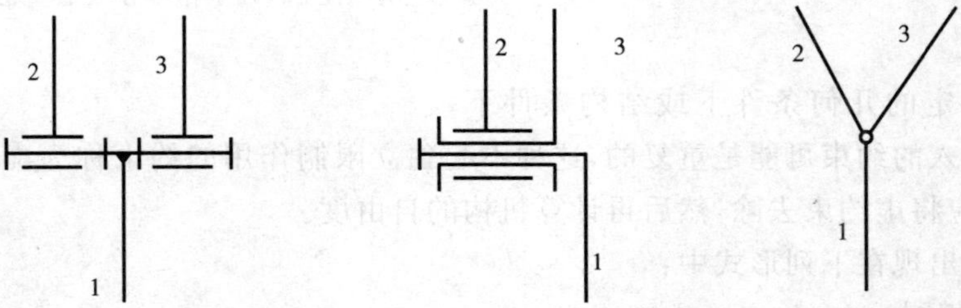

图 1-12　复合铰链

【例 1-6】　图 1-13 为一直线机构，试计算其自由度。

【解】　若不考虑复合铰链，则由图可知：该机构的活动构件数 $n=7$，低副 $P_L=6$，高副 $P_H=0$，其自由度为：$F=3n-2P_L-P_H=3\times7-2\times6-0=7$。由此可得：当给一个原动件输入时，可得到 9 个独立的输出运动。而实际上，当有一个输入构件时，此机构的运动是一定的，即 E 点沿直线作有规律运动，因而具有独立运动的数目应为 1。出现问题的原因是没有把复合铰链的低副考虑在内。考虑复合铰链的计算如下：

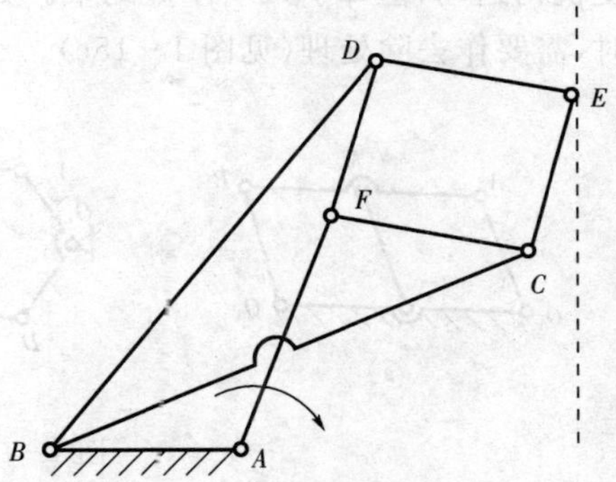

图 1-13　直线机构

活动构件数仍为 7，低副的数目应为 10（点 B、点 C、点 D 和 F 为复合铰链，低副各为 2；点 A 和点 E 各有 1 个低副），高副的数目为 0。因此，直线机构的自由度 F 为：

$$F=3n-2P_L-P_H=3\times7-2\times10-0=1$$

2. 局部自由度

如图 1-14a 所示的平面凸轮机构，其功用是使顶杆获得预期的运动，而滚子只是为了减小磨损而加入的从动件。圆形滚子绕其自身轴心的自由转动并不影响输入件的运动。这种与输出件运动无关的自由度称为局部自由度。

在计算自由度时，局部自由度的处理方法是将滚子与安装滚子的构件焊成一体（见图

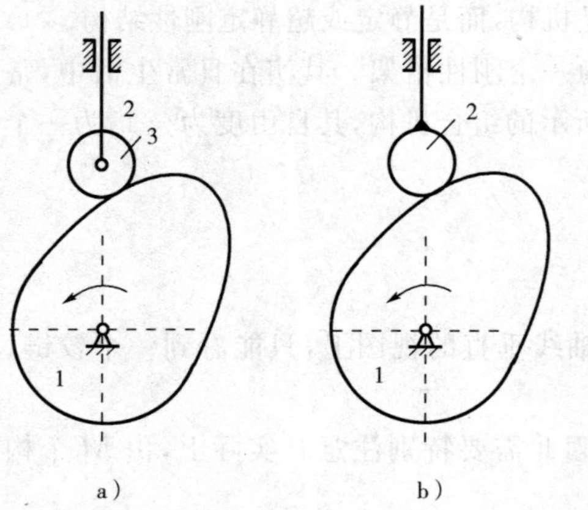

图 1-14　平面凸轮机构

1-14b)，预先排除自由度，然后进行计算。

【例 1-7】 试计算图 1-14a 中凸轮机构的自由度。

【解】 若不考虑局部自由度，则其自由度为：$F=3n-2P_L-P_H=3\times3-2\times3-1=2$

据计算结果分析，该机构需两个原动件才能具有确定的运动，而实际上只需要一个原动件，即凸轮作为原动件，顶杆即具有确定运动。

把自由度作焊接处理后(见图1-14b)，可得正确答案为：

$$F=3n-2P_L-P_H=3\times2-2\times2-1=1$$

3. 虚约束

在一些特定的几何条件下或结构条件下，某些运动副引入的约束可能是重复的，这种不起独立限制作用的约束称为虚约束。计算机构自由度时，应将虚约束去除，然后再计算机构的自由度。

虚约束常出现在下列形式中：

(1) 轨迹相同

当不同构件上两点间的距离保持恒定时，若在两点间加上一个构件和两个转动副，虽不改变机构运动，但却引入一个虚约束。如图1-15a、b所示的机构中存在虚约束，在计算自由度时，需要作去除处理(见图 1-15c)。

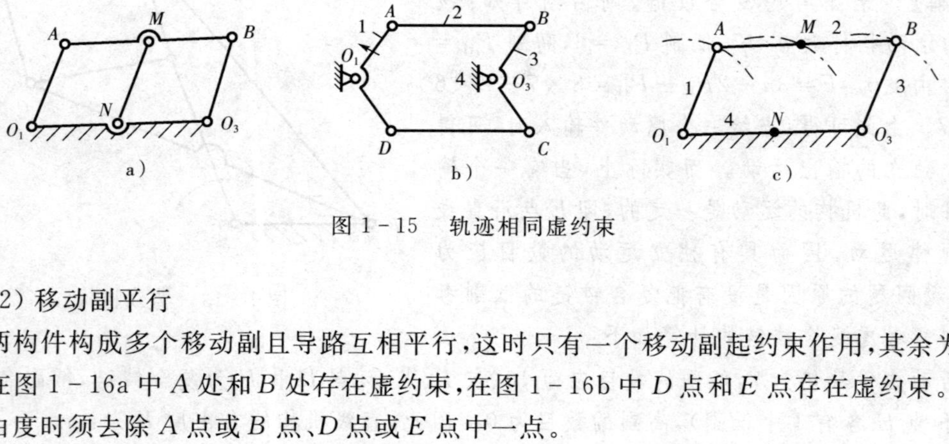

图 1-15　轨迹相同虚约束

(2) 移动副平行

两构件构成多个移动副且导路互相平行，这时只有一个移动副起约束作用，其余为虚约束。在图 1-16a 中 A 处和 B 处存在虚约束，在图 1-16b 中 D 点和 E 点存在虚约束。在计算自由度时须去除 A 点或 B 点、D 点或 E 点中一点。

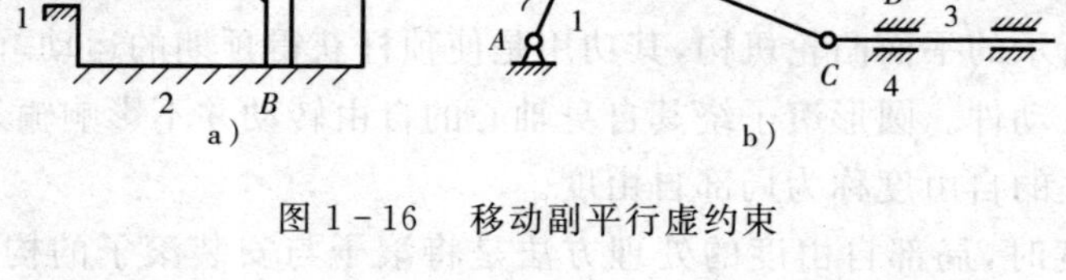

图 1-16　移动副平行虚约束

(3) 转动副轴线重合

两构件构成多个转动副且轴线互相重合，这时只有一个转动副起约束作用，其余为虚约束。如图 1-17 所示的机构中，点 A 和 A' 处存在虚约束，计算自由度时可去除其中一处。

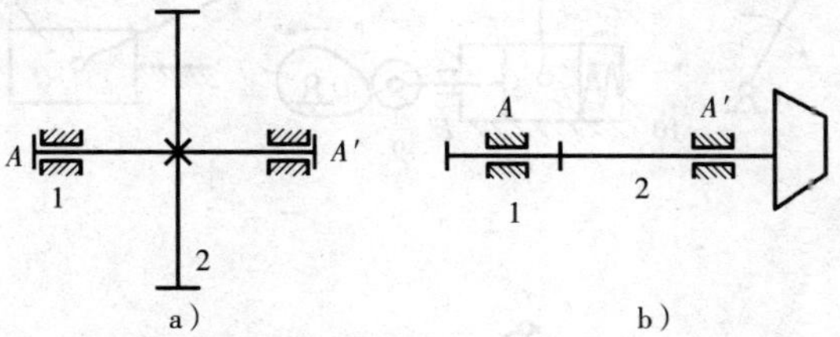

图 1-17　转动副轴线重合虚约束

(4) 对称结构

在输入件与输出件之间用多组完全相同的运动链来传递运动时，只有一组起独立传递运动的作用，而其余各组引入的约束为虚约束。如图 1-18a 所示，图中的齿轮 2 和 2′ 在结构上完全对称，作用相同，自由度计算时需去除其中一个。如图 1-18b 所示的行星轮系，三个行星齿轮 2、2′、2″ 只有一个起约束作用，其余两个为虚约束。

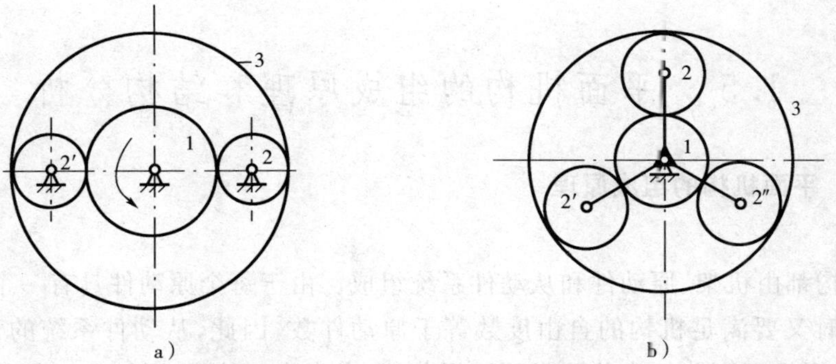

图 1-18　对称结构的虚约束

虚约束虽不影响机构的运动，但却可以增加构件的刚性，改善其受力状况，因而在结构设计中被广泛应用。需要特别指出的是，虚约束只有在特定的几何条件下才能成立，因此在设计机械时，若要用到虚约束时，则必须严格保证设计、加工、装配的精度。

【例 1-8】　试计算图 1-19a 中大筛机构的自由度。

【解】　图中 C 处为复合铰链，含有两个低副。滚子 9 为局部自由度，可将其与活塞 4 固结。活塞 4 与缸体 8(机架) 在 E、E' 处形成虚约束，可将 E' 处的移动副去除。弹簧 10 对运动不起限制作用，可略去。经上述处理后，机构的运动简图见图 1-19b。从图中可得：

机构的活动构件数 $n=7$，低副 $P_L=9$，高副 $P_H=1$，其自由度为：

$$F=3n-2P_L-P_H=3\times7-2\times9-1=2$$

此机构应有两个原动件(构件 1 和构件 7)。

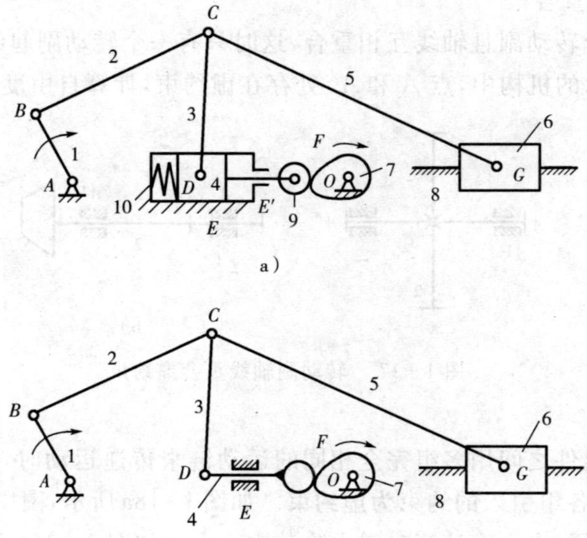

图 1-19　大筛机构

1.5　平面机构的组成原理和结构分析

1.5.1　平面机构的组成原理

1. 杆组

任何机构都由机架、原动件和从动件系统组成。由于每个原动件具有一个自由度，当机构确定运动时又要满足机构的自由度数等于原动件数，因此，从动件系统的自由度必然为 0。该从动件系统还可分解为若干个不可再分，自由度为 0 的运动链 —— 杆组。

设杆组由 n 个构件和 P_L 个平面低副所组成，那么它们之间必满足下述条件：

$$F=3n-2P_L=0$$

或

$$P_L=\frac{3}{2}n \tag{1.5-1}$$

由于构件数和运动副数总是整数，故满足杆组条件的构件数和运动副的组合如下：

$$n=2,4,6,8,\cdots$$

$$P_L=3,6,9,12,\cdots$$

最简单的杆组为 $n=2$，$P_L=3$，称之为 Ⅱ 级杆组；$n=4$，$P_L=6$，称之为 Ⅲ 级杆组；$n=6$，$P_L=9$，称之为 Ⅳ 级杆组；依次类推。一般机构中，Ⅱ、Ⅲ 级杆最为普遍，其结构型式如图 1-20 和图 1-21 所示。

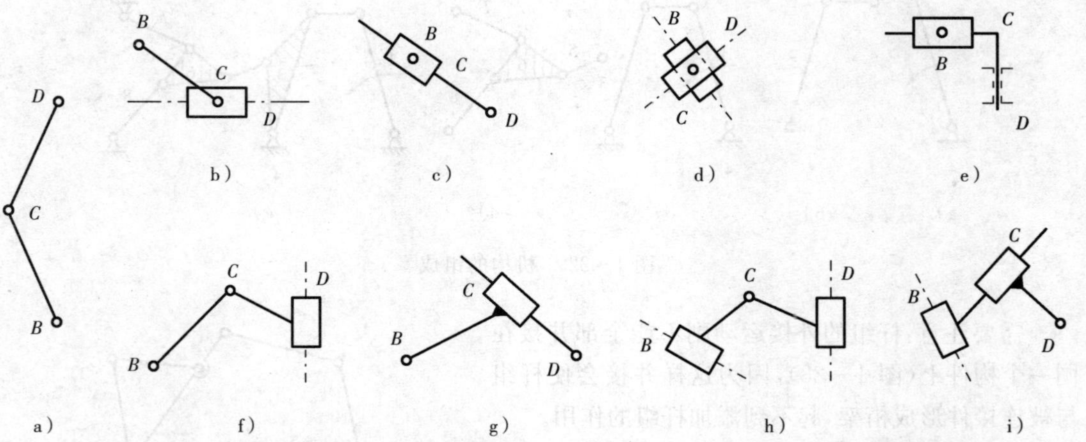

图 1-20　Ⅱ 级杆组

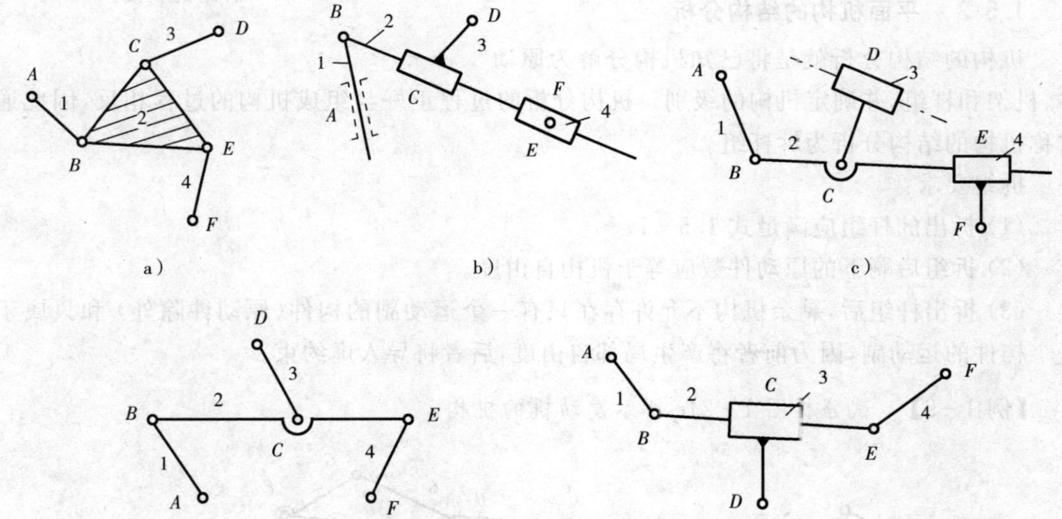

图 1-21　Ⅲ 级杆组

2. 机构的组成原理

把若干个基本杆组依次联接到原动件和机架上，就可组成一个新的机构，其自由度数与原动件数目相等，这就是机构的组成原理。

如图 1-22 中，将图 b 所示的 Ⅱ 级组 2－3 并接在图 a 所示原动件 1 和机架 4 上便得到图 c 所示的四杆机构；再将图 d 所示 Ⅲ 级组 5－6－7－8 并接在 Ⅰ 级组和机架上，即得图 e 所示八杆机构。

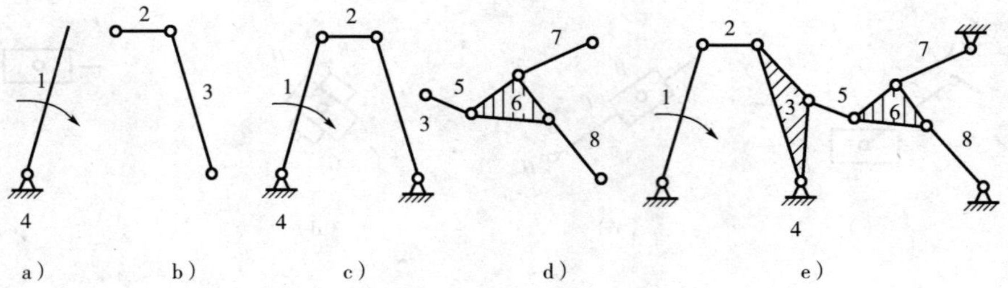

图 1-22 机构的组成

需要注意:杆组的外接运动副不能全部并接在同一个构件上(图 1-23),因为这样并接会使杆组与被连接件形成桁架,起不到添加杆组的作用。

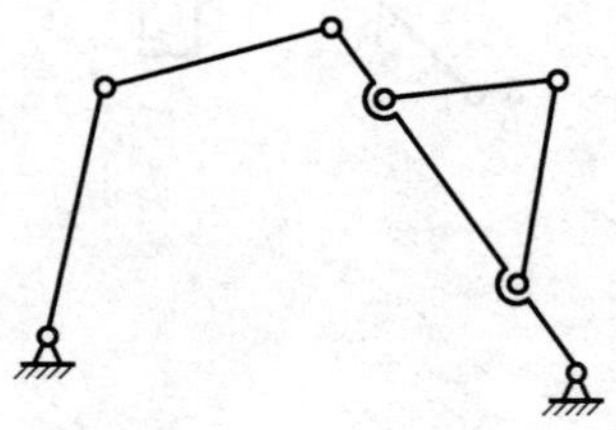

图 1-23 杆组的联接

机构的级别由杆组的最高级别决定。不包含杆组、只具有原动件和机架的机构称为 Ⅰ 级机构。

1.5.2 平面机构的结构分析

机构的结构分析就是将已知机构分解为原动件、机架和杆组,并确定机构的级别。机构分析的过程正好与组成机构的过程相反,因此通常称机构的结构分析为拆杆组。

拆组要求:

(1) 拆出的杆组应满足式 1.5-1。

(2) 拆组后剩下的原动件数应等于机构自由度。

(3) 拆出杆组后,剩余机构不允许存在只有一个运动副的构件(原动件除外)和只属于一个构件的运动副,因为前者将产生局部自由度,后者将导入虚约束。

【例 1-9】 试分析图 1-24e 所示发动机的机构。

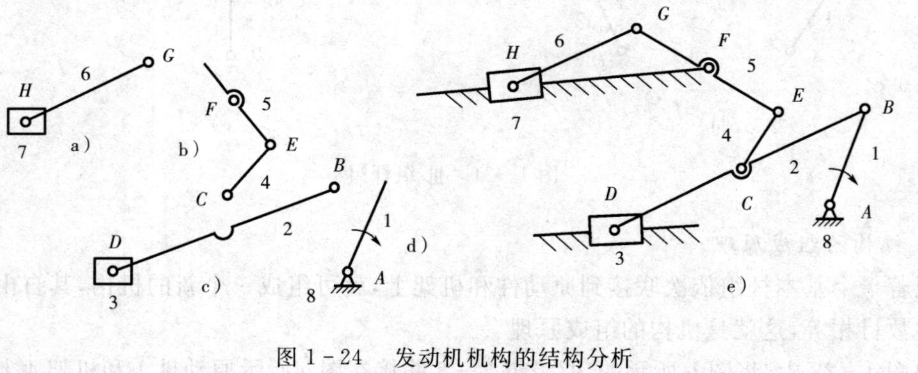

图 1-24 发动机机构的结构分析

很显然其机构的自由度为 1。拆组如下:

(1) 标出原动件 1。

(2) 试拆出 Ⅱ 级杆组 6—7、4—5 和 2—3,如图 1-24a、b、c 所示。

由此可见,该机构是由机架 8、原动件 1 和 3 个 Ⅱ 级杆组组成。该机构为 Ⅱ 级机构。

1.5.3　平面机构的高副低代法

前面介绍了全低副机构的组成原理，而对于含有高副的机构如何进行组成分析，是必须要解决的问题。常采用的方法是将高副用低副替代，使高副机构瞬时变成低副机构，即所谓高副低代法。高副低代是瞬时替代，其替代条件是：替代前后机构的自由度、瞬时速度和瞬时加速度保持不变。

为保证自由度不变，常用一个含有两个低副的虚拟构件（如图 1-25）来代替一个高副。这是因为一个高副引入 1 个约束，而一个构件和两个低副也引入 1 个约束。

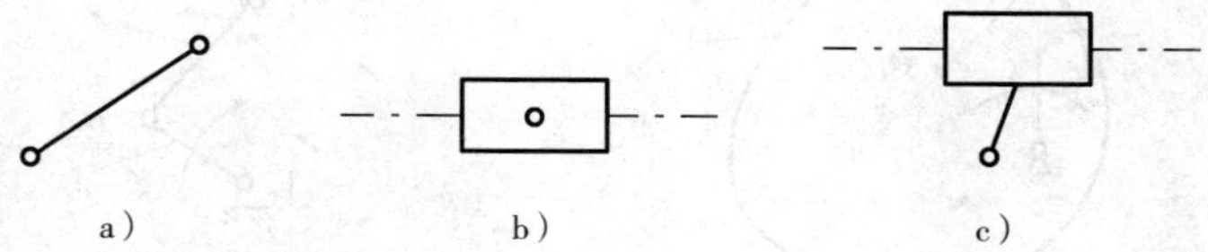

图 1-25　含有两个低副的虚拟构件

为保证机构的瞬时速度和瞬时加速度不变，不同的高副有不同的替代方法。如图 1-26a 所示，构件 1 和 2 为绕点 A 和 B 回转的两个圆盘。这两个圆盘的几何中心分别为 O_1 和 O_2，它们在接触点 C 处构成高副。由图可见，当机构运动时，距离 AO_1、$O_1O_2(=r_1+r_2)$ 均保持不变，因而此机构可用铰链四杆机构来替代，如图 1-26b 所示。其时，高副 C 在这里用构件 4 和位于 O_1O_2 的两个低副代替了。

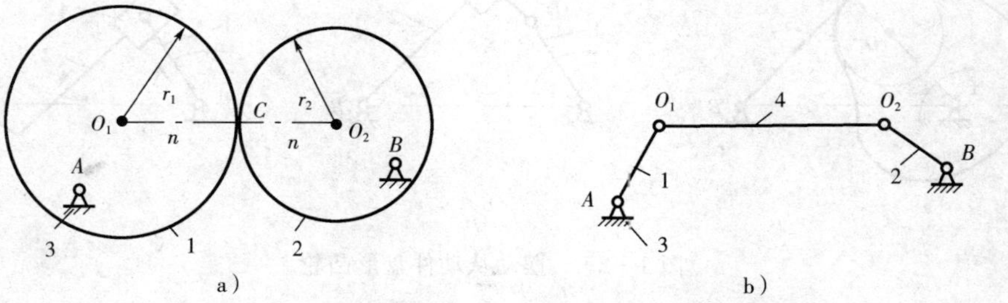

图 1-26　高副机构

上述方法可推广到各种平面高副。例如图 1-27a 中的具有任意曲线轮廓的高副机构，可通过接触点 C 作公法线 $n-n$，在公法线上找出两轮廓曲线在接触处的曲率中心 O_1 和 O_2，并作为替代构件的两个转动副，再联接 AO_1 和 BO_2 便可得到高副低代图（见图 1-27b）。

图 1-27　任意曲线轮廓的高副机构

说明：由于当机构运动时，随着接触点的改变，点 O_1 和 O_2 也会发生变化，替代构件 4 的长度也会发生改变。因此，对于一般的高副机构，在不同位置有不同的瞬时替代机构。

(1) 若高副两元素之一为一点，如图 1-28a 所示，则因其曲率半径为零，所以曲率中心与两构件的接触点 C 重合，其瞬时代替机构如图 1-28b 所示。

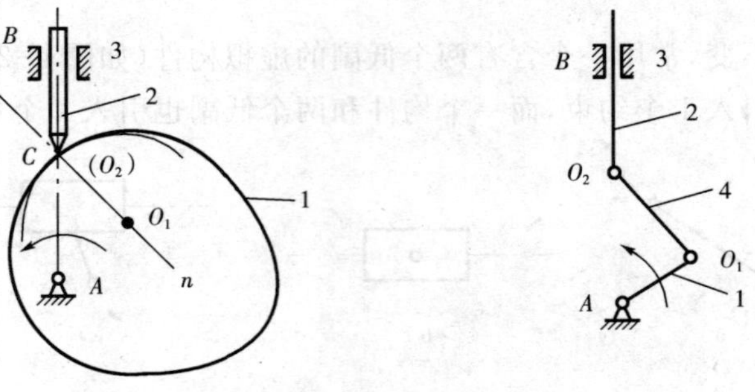

图 1-28　尖底从动件盘形凸轮

(2) 若高副两元素之一为一直线，如图 1-29a 所示，则因直线的曲率中心在无穷远处，所以这一端的转动副将转化为移动副。其瞬时代替机构如图 1-29b 或 1-29c 所示。

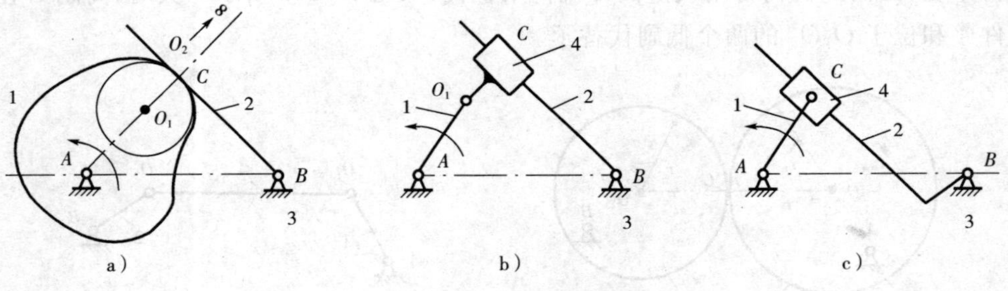

图 1-29　摆动从动件盘形凸轮

(3) 若组成高副的两运动副元素分别为直线和点，则代替方法如图 1-30 所示。

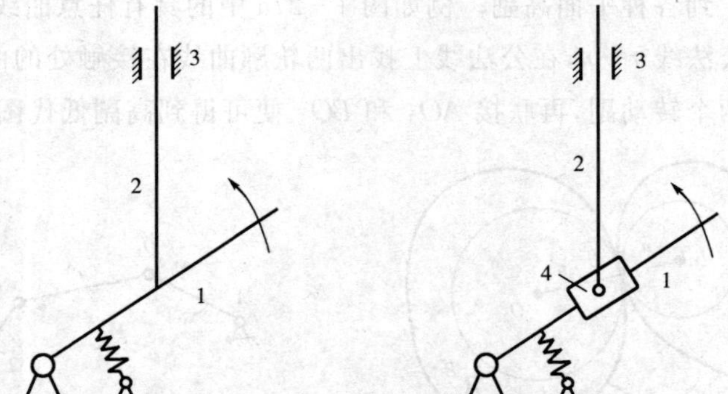

图 1-30　高副的组成元素为点与直线

【例 1 - 10】　试分析如图 1 - 31 所示牛头刨床机构的结构，并确定该机构的级别。

【解】　将齿轮高副低代，并标出原动件，如图 1 - 31a 所示。此机构不能直接拆出 Ⅱ 级杆组，因此只能先拆出 Ⅲ 级杆组 4—5—6—7，然后再分离出 Ⅱ 级杆组 2′—3。因此此机构是由机架 1、原动件 2 及一个 Ⅱ 级杆组和一个 Ⅲ 级杆组组成，此机构为 Ⅲ 级机构。

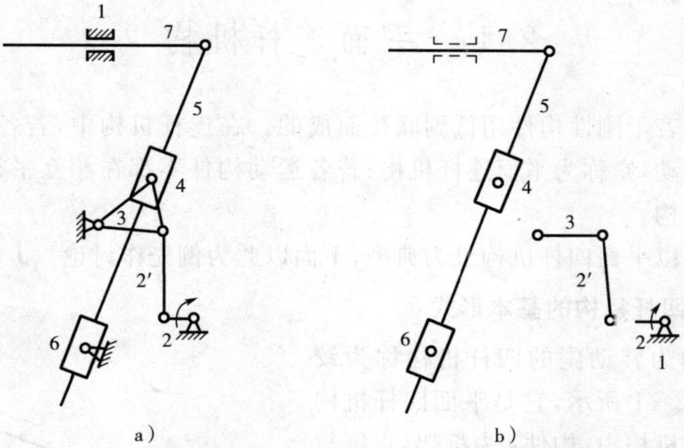

图 1 - 31　平面高副机构的结构分析

思考题

1. 什么是零件？什么是构件？它们有何联系？
2. 什么是运动链？什么是机构？它们有何异同点？
3. 机构具有确定运动的条件是什么？如果不满足该条件可能会出现哪些情况？
4. 什么是杆组？如何确定杆组的级别？Ⅲ 级杆组有何特点？Ⅲ 级杆组能分解成两个 Ⅱ 级杆组吗？
5. 为何说高副低代具有瞬时性？高副低代的目的和意义何在？

第 2 章　机构的分类及功用

2.1　平面连杆机构

连杆机构是由若干刚性构件用低副联接而成的。在连杆机构中,若各运动构件均在相互平行的平面内运动,则称为平面连杆机构;若各运动构件不都在相互平行的平面内运动,刚称为空间连杆机构。

平面连杆机构以平面四杆机构最为典型,下面以此为例先作讨论。

2.1.1　平面四杆机构的基本形式

所有运动副均为转动副的四杆机构称为铰链四杆机构,如图 2-1 所示,它是平面四杆机构的基本型式。在此机构中,构件4为机架,直接与机架相连的构件1、3称为连架杆,不直接与机架相连的构件2称为连杆。能做整周回转的连架杆称为曲柄,如构件1;仅能在某一角度范围内往复摆动的连架杆称为摇杆,如构件3。如果以转动副相连的两构件能作整周相对转动,则称此转动副为整转副,如转动副 A、B;不能作整周相对转动的称为摆转副,如转动副 C、D。

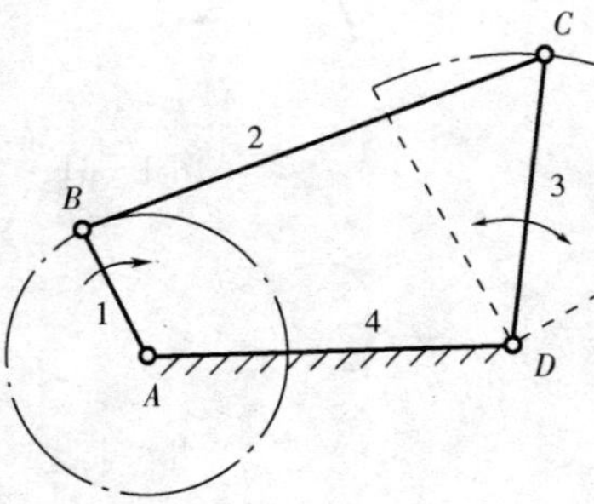

图 2-1　铰链四杆机构

在铰链四杆机构中,按连架杆能否做整周转动,可将它分为三种基本型式,即曲柄摇杆机构、双曲柄机构和双摇杆机构。

1. 曲柄摇杆机构

在铰链四杆机构中,若两连架杆中有一个为曲柄,另一个为摇杆,则称为曲柄摇杆机构。如图 2-2 所示的缝纫机踏板摇杆机构,如图 2-3 所示的搅拌器机构,如图 2-4 所示的间歇上料机构均为曲柄摇杆机构的应用实例。

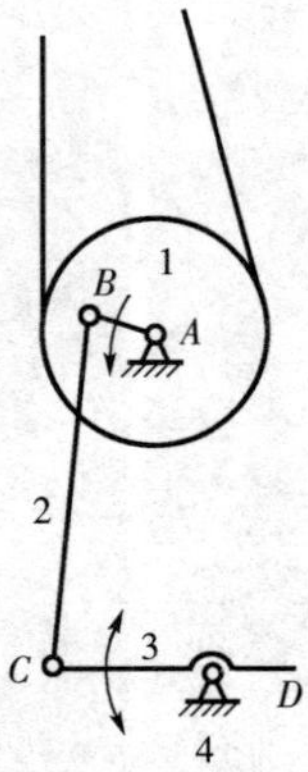

图 2-2　缝纫机踏板机构

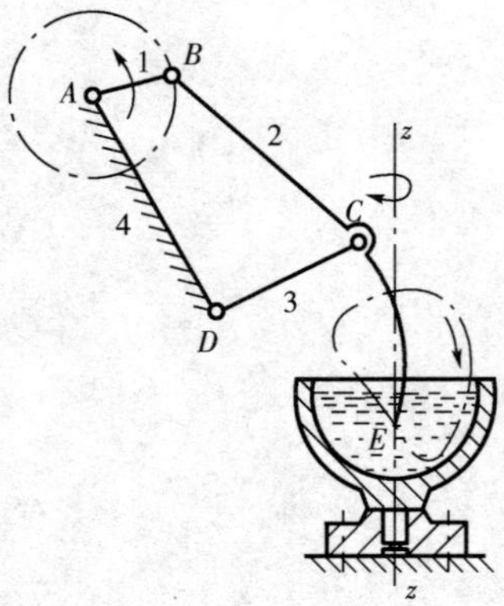

图 2-3　搅拌器机构

在图 2－4 中，当曲柄轮 1 通过连杆 2 带动摇杆 3 驱动上料体 8 向右运动时，由于滚柱 5 在弹簧 7 的作用下有向左运动的趋势，于是便被楔紧在斜面 A 与带材 9 之间，使带材 9 也随上料体 8 一起右移，完成上料动作。当上料体 8 向左运动时，因滚柱 5 与斜面 A 脱离了接触，不再夹紧带材 9，故不能带动带材 9，于是上料体 8 完成了空程复位。

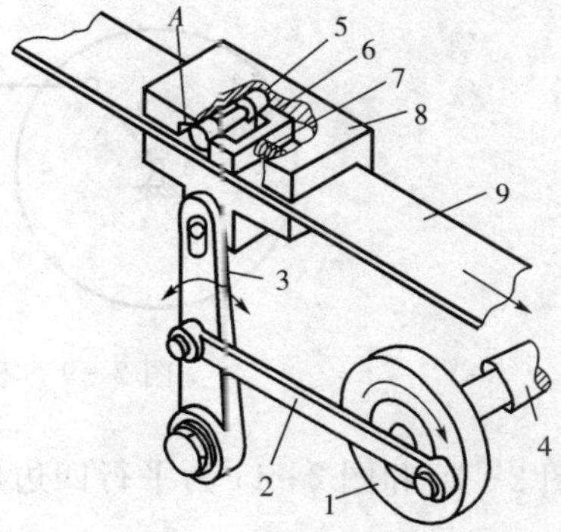

图 2－4　间歇上料机构

1－曲柄轮；2－连杆；3－摇杆；4－机架；5－滚柱；6－滚柱压块；7－弹簧；8－上料体；9－带材

在上述 3 个应用实例中，运动分别从曲柄摇杆机构的曲柄、连杆和摇杆上输出，实现了具体工作要求。

2. 双曲柄机构

在图 2－5 所示的铰链四杆机构中，两连架杆均为曲柄，称为双曲柄机构。这种机构的传动特点是当主动曲柄连续等速转动时，从动曲柄一般做不等速转动。图 2－6 所示为惯性筛机构，它利用双曲柄机构 $ABCD$ 中的从动曲柄 3 的变速回转，使筛子 6 具有所需的加速度，从而达到筛分物料的目的。

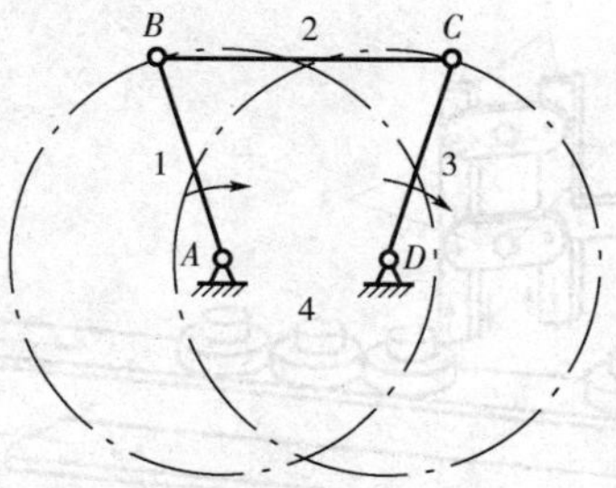

图 2－5　双曲柄机构

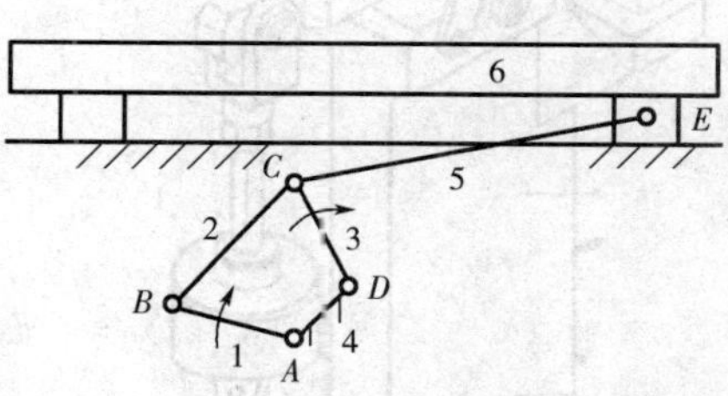

图 2－6　惯性筛机构

在双曲柄机构中，若两对边构件长度相等且平行，则称为平行四边形机构，如图 2－7 所示。这种机构的传动特点是主动曲柄和从动曲柄均以相同的角速度转动，连杆作平动。

平行四边形机构有一个位置不确定问题，如图 2－8 中的位置 C_2、C_2' 所示。为解决此问题，可以在从动曲柄 CD 上加装一个惯性较大的轮子，利用惯性维持从动曲柄转向不变。也可以通过加虚约束使机构保持平行四边形（如图 2－9 所示的机车车轮联动的平行四边形机构），从而避免机构运动的位置不确定问题。

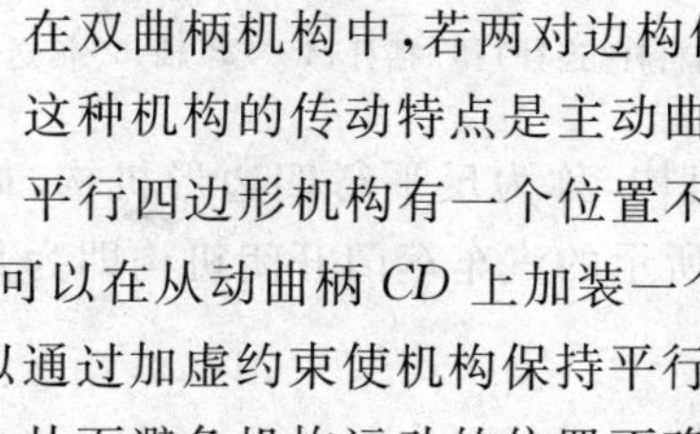

图 2－7　平行四边形机构

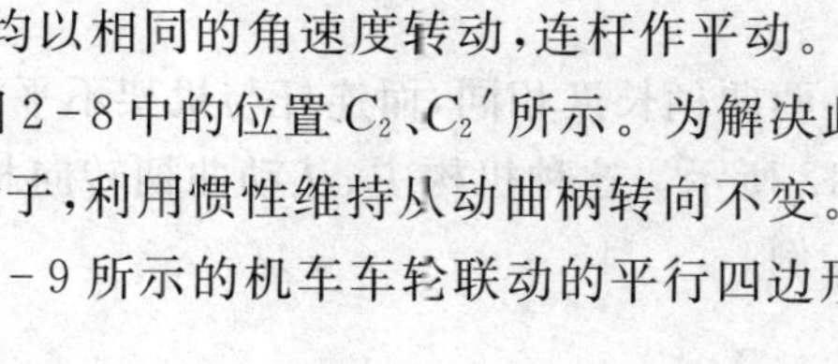

图 2－8　平行四边形机构中的位置不确定问题

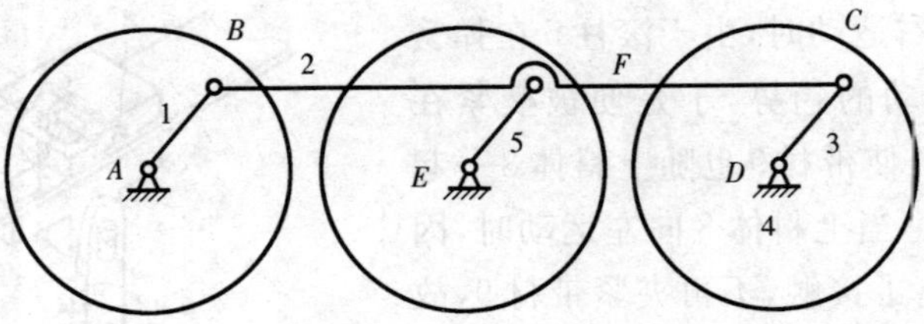

图 2-9　机车车轮联动的平行四边形机构

图 2-10 和图 2-11 为平行四边形机构的应用实例，分别实现工件的夹紧和工件位置的调整。

在图 2-10 中，当气缸 1 驱动活塞杆往复运动时，摇杆 2、4 往复摆动，压板 3 将实现平面平动，夹紧和松开工件。

在图 2-11 中，当气缸 1 驱动活塞杆作往复运动时，两根隔料杆 2 交替上下运动，使排列在传送带 5 上的工件逐个进入隔料杆 2 之间，工件与工件被相互隔离。

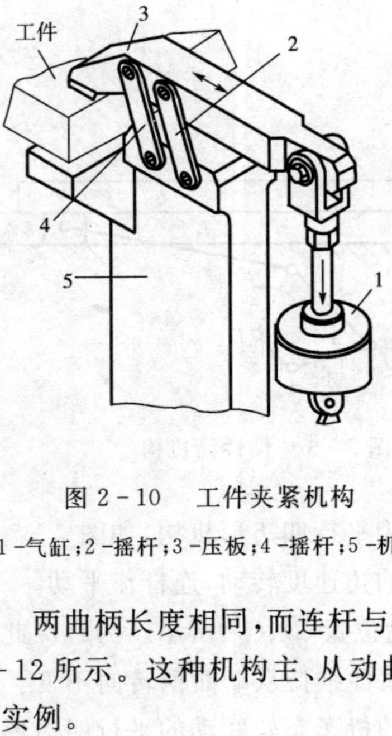

图 2-10　工件夹紧机构

1-气缸；2-摇杆；3-压板；4-摇杆；5-机架

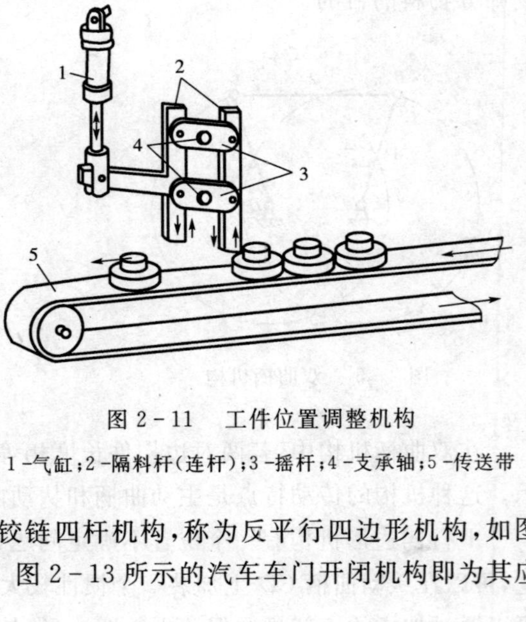

图 2-11　工件位置调整机构

1-气缸；2-隔料杆(连杆)；3-摇杆；4-支承轴；5-传送带

两曲柄长度相同，而连杆与机架不平行的铰链四杆机构，称为反平行四边形机构，如图 2-12 所示。这种机构主、从动曲柄转向相反。图 2-13 所示的汽车车门开闭机构即为其应用实例。

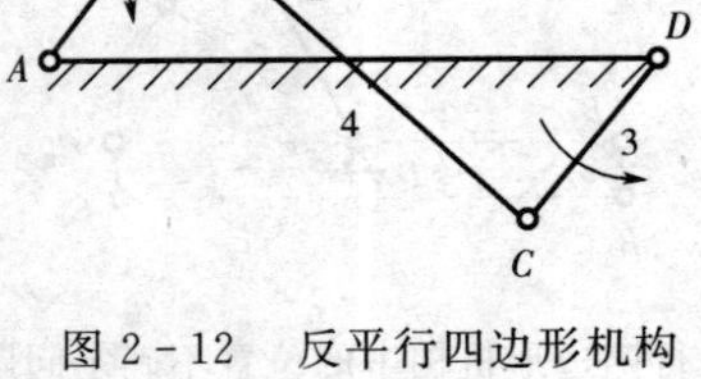

图 2-12　反平行四边形机构

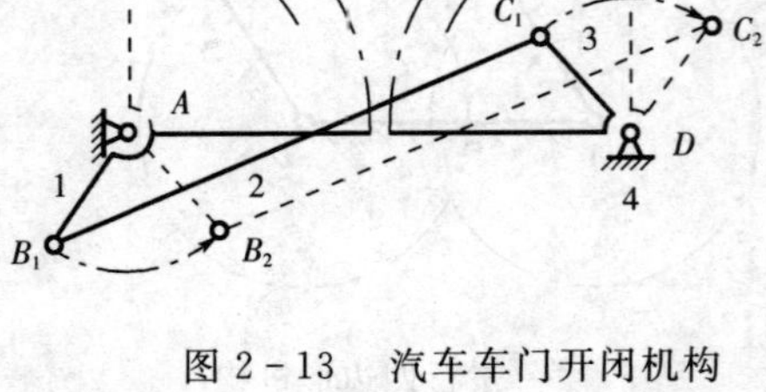

图 2-13　汽车车门开闭机构

3. 双摇杆机构

在铰链四杆机构中,若两连架杆均为摇杆,则称为双摇杆机构。如图 2-14 所示的鹤式起重机中的四杆机构 ABCD 即为双摇杆机构,当主动摇杆 AB 摆动时,从动摇杆 CD 也随之摆动,位于连杆 BC 延长线上的重物悬挂点 E 将沿近似水平直线移动。如图 2-15 所示为运动训练器,人坐在座椅上,通过手、脚协同施力于杆 1,带动杆 3 实现摆动,达到锻炼身体的目的。

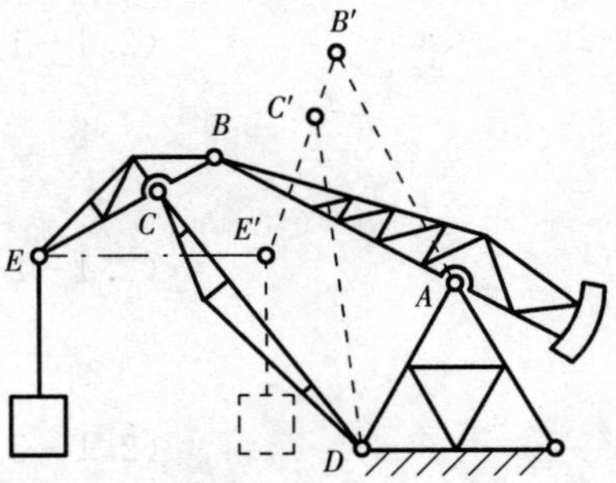

图 2-14　鹤式起重机的双摇杆机构

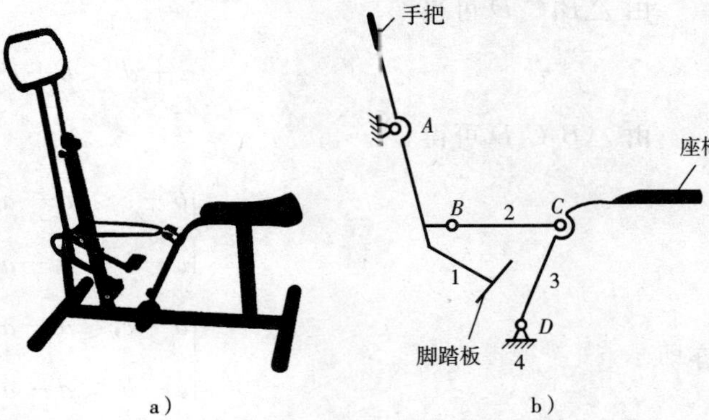

图 2-15　运动训练器

在双摇杆机构中,如果两摇杆长度相等,则称为等腰梯形机构。如图 2-16 所示的汽车前轮转向机构中的四杆机构 ABCD,即为等腰梯形机构。

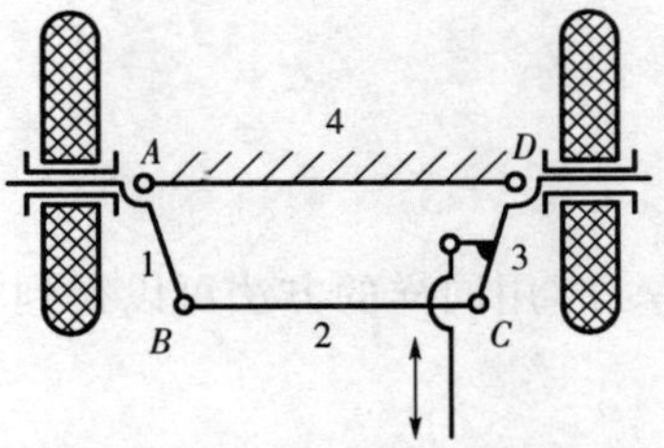

图 2-16　汽车前轮转向机构

2.1.2　平面四杆机构的工作特性

平面连杆机构具有传递和变换运动,实现力的传递和变换的功能,前者称为平面连杆机构的运动特性,后者称为平面连杆机构的传力特性。了解这些特性,对于正确选择平面连杆机构的类型,进而进行机构设计具有重要指导意义。

本节以四杆机构为例,介绍平面连杆机构的运动特性和传力特性。

1. 转动副为整转副的条件

机构中具有整转副的构件是关键构件,因为只有这种构件才有可能用电机等连续转动的装置来驱动。若具有整转副的构件是与机架铰接的连架杆,则该构件即为曲柄。

下面以如图 2-17 所示的四杆机构为例,说明转动副为整转副的条件。

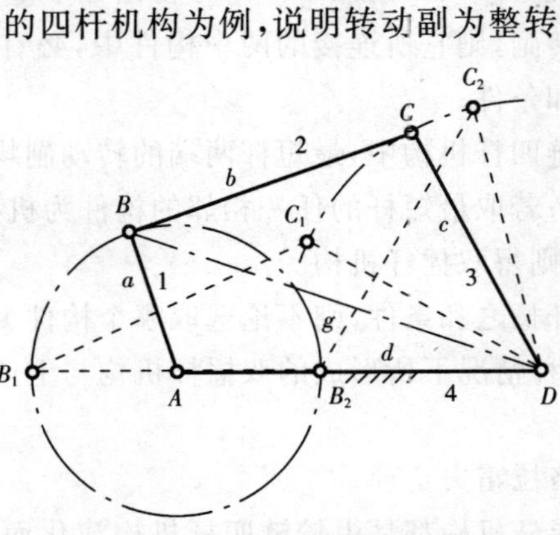

图 2-17　转动副为整转副的条件

在图 2-17 中，设 $d > a$，在杆 1 绕转动副 A 转动的过程中，铰链点 B 与 D 之间的距离 g 是不断变化的，当 B 点到达图示点 B_1 和 B_2 两位置时，g 值分别达到最大值 $g_{max} = d + a$ 和最小值 $g_{min} = d - a$。如要求杆 1 能绕转动副 A 相对杆 4 做整周转动，则杆 1 应能通过 AB_1 和 AB_2 这两个关键位置，即可以构成三角形 B_1C_1D 和三角形 B_2C_2D。根据三角形构成原理即可以推出以下各式。

由 $\triangle B_1C_1D$ 可得

$$a + d \leqslant b + c \tag{2.1-1}$$

由 $\triangle B_2C_2D$ 可得

$$\begin{cases} b - c \leqslant d - a \\ c - b \leqslant d - a \end{cases} \tag{2.1-2}$$

亦即

$$\begin{cases} b - c \leqslant d - a \\ c - b \leqslant d - a \end{cases} \tag{2.1-3}$$

将式(2.1-1)，(2.1-2)，(2.1-3) 分别两两相加可得

$$\begin{cases} a \leqslant c \\ a \leqslant b \\ a \leqslant d \end{cases} \tag{2.1-4}$$

如 $d < a$，用同样的方法可以得到杆 1 能绕转动副 A 相对于杆 4 做整周转动的条件

$$\begin{cases} d \leqslant a \\ d \leqslant b \\ d \leqslant c \end{cases} \tag{2.1-5}$$

式(2.1-1) 和式(2.1-2) 说明，组成整转副 A 的两个构件中，必有一个最短杆；式(2.1-1)，(2.1-2)，(2.1-3) 和式(2.1-4)，(2.1-5) 说明，该最短杆和最长杆的长度之和必小于或等于其他两构件的长度之和。该长度关系称为"杆长之和条件"。

综合归纳以上两种情况(即 $a < d$ 和 $a > d$)，可得出如下重要结论：在铰链四杆机构中，如果某个转动副能成为整转副，则它所连接的两个构件中，必有一个为最短杆，并且四个构件的长度关系满足杆长之和条件。

在有整转副存在的铰链四杆机构中，最短杆两端的转动副均为整转副。此时，若取最短杆为机架，则得双曲柄机构；若取最短杆的任一相邻的构件为机架，则得曲柄摇杆机构；若取最短杆对面的构件为机架，则得双摇杆机构。

如果四杆机构不满足杆长之和条件，则不论选取哪个构件为机架，所得机构均为双摇杆机构。需要指出的是，在这种情况下所形成的双摇杆机构与上述双摇杆机构不同，它不仅存在整转副。

上述一系列结论称为格拉霍夫定理。

由于曲柄滑块机构和导杆机构都是由铰链四杆机构演化而来，故按照同样的思路和方

法，可得出这两种机构具有整转副的条件。

2. 急回运动特性

在图 2-18 所示的曲柄摇杆机构中，当主动曲柄 1 位于 AB_1 而与连杆 2 成一直线时，从动摇杆 3 位于右极限位置 C_1D。

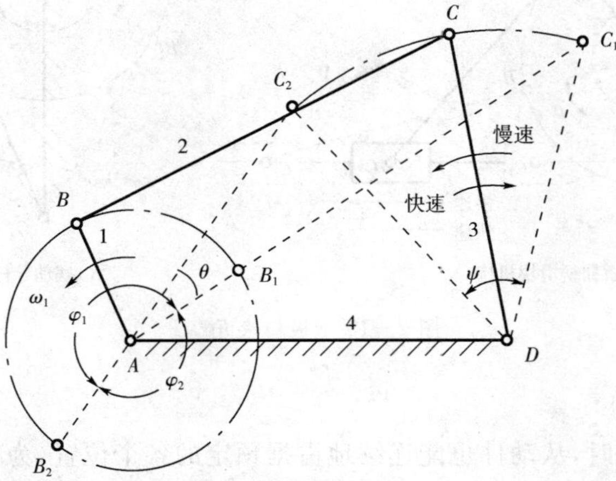

图 2-18　急回运动特性分析

当曲柄 1 以等角速度 ω_1 逆时针转过角 φ_1 而与连杆 2 重叠时，曲柄到达位置 AB_2，而摇杆 3 则到达其左极限位置 C_2D。当曲柄继续转过角 φ_2 而回到位置 B_1A 时，摇杆 3 则由左极限位置 C_2D 摆回到右极限位置 C_1D。从动件的往复摆角均为 ψ。由图 2-18 可以看出，曲柄相应的两个转角为

$$\varphi_1 = 180° + \theta \tag{2.1-6}$$

$$\varphi_2 = 180° - \theta \tag{2.1-7}$$

式中，θ 为摇杆位于两极限位置时曲柄两位置所夹的锐角，称为极位夹角。

由于 $\varphi_1 > \varphi_2$，因此曲柄以等角速度 ω_1 转过这两个角度时，对应的时间 $t_1 > t_2$，并且 $\varphi_1/\varphi_2 = t_1/t_2$。而摇杆 3 的平均角速度为

$$\omega_{m1} = \psi/t1, \omega_{m2} = \psi/t2 \tag{2.1-8}$$

显然，$\omega_{m1} < \omega_{m2}$，即从动摇杆往复摆动的平均角速度不等，一慢一快，这样的运动称为急回运动。为了提高机械的工作效率，应在慢速运动的行程工作(正行程)，快速运动的行程返回(反行程)。通常用所谓行程速度变化系数 K 来衡量急回运动的相对程度，即

$$K = \omega_{m2}/\omega_{m1} = (180° + \theta)/(180° - \theta) \tag{2.1-9}$$

如已知 K，即可求得极位夹角 θ。

$$\theta = 180° \cdot (K - 1)/(K + 1) \tag{2.1-10}$$

上述分析表明，当曲柄摇杆机构在运动过程中出现极位夹角 θ 时，则机构具有急回运动特性。而且 θ 角愈大，机构的急回运动特性也愈显著。图 2-19a 和 b 分别表示偏置曲柄滑块

机构和摆动导杆机构的极位夹角，同样可以求得相应的行程速度变化系数 K。

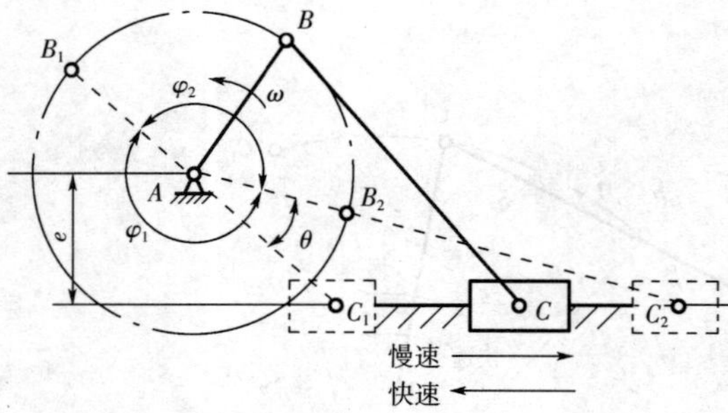

a）偏置曲柄滑块机构

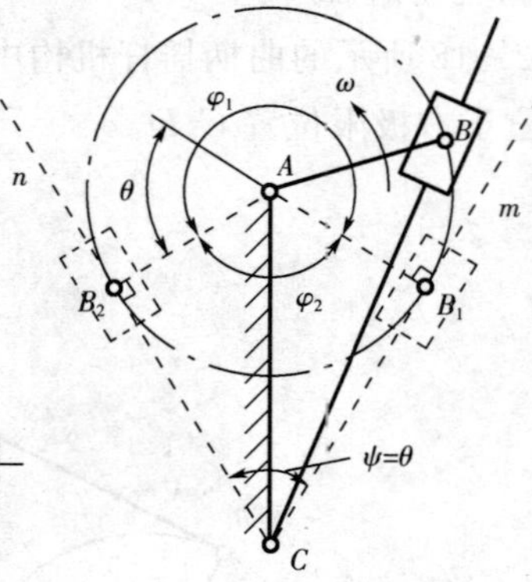

b）摆动导杆机构

图 2-19　极位夹角

3. 运动的连续性

当主动件连续运动时，从动件也能连续地占据预定的各个位置，为机构具有运动的连续性。如图 2-20 所示的曲柄摇杆机构中，当主动曲柄 AB 连续地转动时，从动件摇杆 CD 可以在其摆角 ψ 或 ψ' 内的某一预定位置。

角度 ψ 或 ψ' 所决定的从动件运动范围称为运动的可行域(图中阴影区域)。由图可知从动摇杆根本不可能进入角度 α 和 α' 所决定的区域，这个区域称为运动的非可行域。因此，从动摇杆只能在某一可行域内运动，而不可能从一个可行域跃入另一个可行域内。在设计曲柄摇杆机构时，不能要求从动摇杆在两个不连通的可行域内运动。

可行域的范围受机构中构件长度的影响。当已知各构件的长度后，可行域内可以用作图法求得，如图 2-21 所示。图中 $r_{\max}=a+b$，$r_{\min}=b-a$。至于摇杆究竟能在哪个可行域内运动，则取决于机构的初始位置。

综上所述，在铰链四杆机构中，若机构的可行域被非可行域分隔成不连续的几个域，而从动件各给定位置又不在同一个可行域内，则机构的运动必然是不连续的。在设计四杆机构时，必须检查所设计的机构是否满足运动连续性的要求；若不能，则必须考虑选择其他方案。

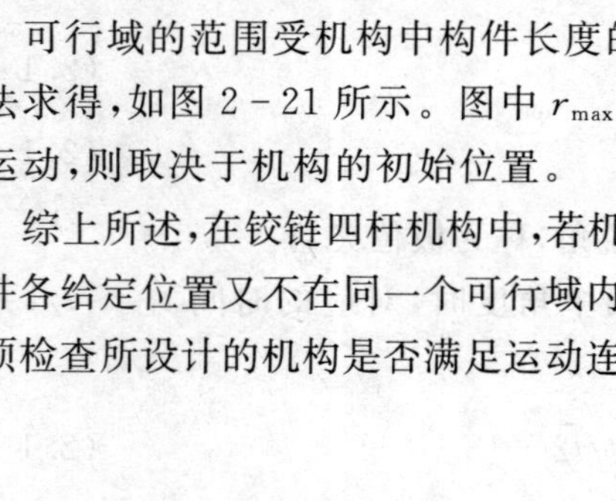

图 2-20　曲柄摇杆机构的运动连续性图

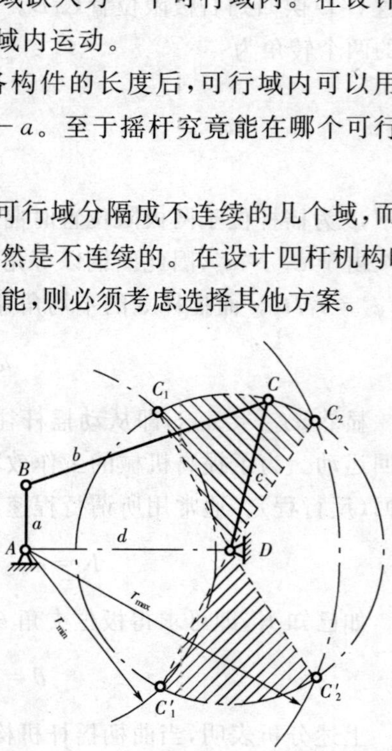

图 2-21　用作图法求可行域

4. 压力角和传动角

在图 2 - 22 所示的铰链四杆机构中，如果不计惯性力、重力、摩擦力，则连杆 2 是二力共线的构件，由主动件 1 经过连杆 2 作用在从动件 3 上的驱动力 F 将沿着连杆 2 的中心线 BC。力 F 可分解为两个分力：沿着受力点 C 的速度 v_c 方向的分力 F_t 和垂直于 v_c 方向分力 F_n。设力 F 与着力点的速度 v_c 方向之间所夹的锐角为 α，则

$$\begin{cases} F_t = F \cdot \cos\alpha \\ F_n = F \cdot \sin\alpha \end{cases} \tag{2.1-11}$$

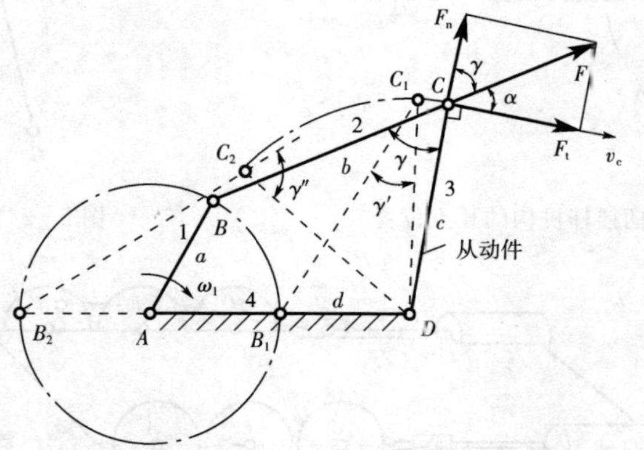

图 2 - 22　铰链四杆机构压力角和传动角

其中，沿 v_c 方向的分力 F_t 是使从动件转动的有效分力，对从动件产生有效回转力矩；而 F_n 则是仅仅在转动副 D 中产生附加径向压力的。由上式可知，α 越大，径向压力 F_n 越大，故称角 α 为压力角。压力角的余角称为传动角，用 γ 表示，$\gamma = 90° - \alpha$。显然，γ 角越大，则有效分力 F_t 越大，而径向压力 F_n 越小，对机构的传动越有利。因此，在连杆机构中，常用传动角的大小及其变化情况来衡量机构传力性能的优劣。

在机构的运动过程中，传动角的大小是变化的。当曲柄 AB 转到与机架 AD 重叠共线和拉直共线两位置 AB_1，AB_2 时，传动角将出现极值 γ' 和 γ''（传动角总取锐角）。

比较这两个位置的传动角，即可求得最小传动角 γ_{min}。为了保证机构具有良好的传力性能，设计时通常应使 $\gamma_{min} \geqslant 40°$；对于高速和大功率的传动机械，应使 $\gamma_{min} \geqslant 50°$。

5. 死点位置

在图 2 - 23 所示的曲柄摇杆机构中，设摇杆 CD 为主动件，则当机构处于图示的两个虚线位置之一时，连杆与曲柄在一条直线上，出现了传动角 $\gamma = 0°$ 的情况。这时主动件 CD 通过连杆作用于从动件 AB 上的力恰好通过其回转中心，所以将不能使构件 AB 转动而出现"顶死"现象。机构的此种位置称为死点位置。由上述可见，四杆机构中是否存在死点位置，决定于从动件是否与连杆共线。

对于传动机构来说，机构存在死点位置是对传动不利的，应该采取措施使机构能顺利通过死点位置。对于连续运动的机器，可以利用从动件的惯性来通过死点位置，例如图 2 - 24 所示的缝纫机踏板机构就是借助于皮带轮惯性通过死点位置的；也可以采用多套机构错位排列的办法，即将两组以上的机构组合起来，而使各组机构的死点位置相互错开，如图 2 - 25 所示的蒸汽机车车轮联动机构，就是由两组曲柄滑块 EFG 与 $E'F'G'$ 组成的，而两者的曲柄

位置相互错开 90°。

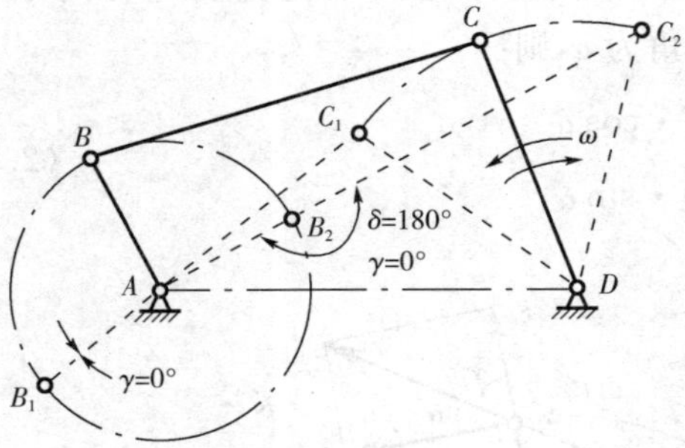

图 2-23　曲柄摇杆机构的死点位置

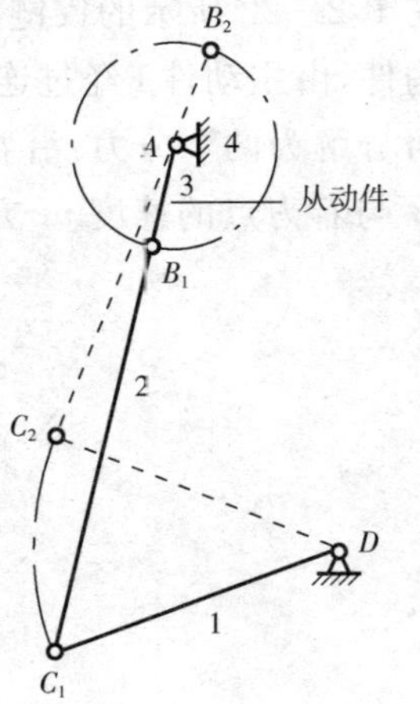

图 2-24　缝纫机踏板机构

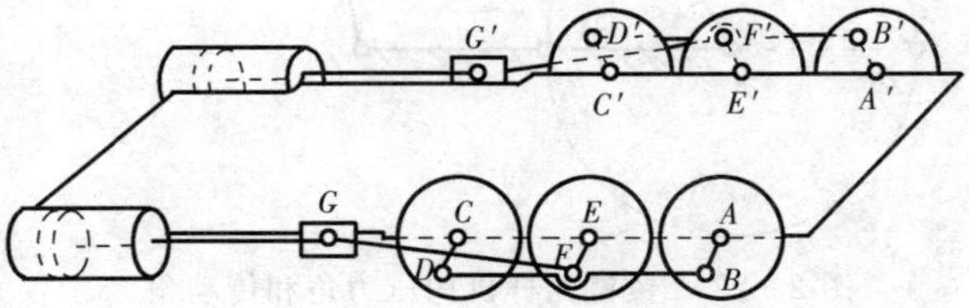

图 2-25　蒸汽机车车轮联动机构

机构的死点位置并非总是起消极作用。在工程实际中，不少场合也利用机构的死点位置来实现一定的工作要求。

图 2-26 所示为夹紧工件用的连杆式快速夹具，它就是利用死点位置来夹紧工件的。在连杆 2 的手柄处施以压力 F 将工件夹紧后，连杆 BC 与连架杆 CD 成一直线。撤去外力 F 之后，在工件反弹力 T 作用下，从动件 3 处于死点位置。即使此反弹力很大，也不会使工件松脱。图 2-27 所示为飞机起落架处于放下机轮的位置，此时连杆 BC 与从动件 CD 位于一直线上。因机构处于死点位置，故机轮着地时产生的巨大冲击力不会使从动件反转，从而保持着支撑状态。

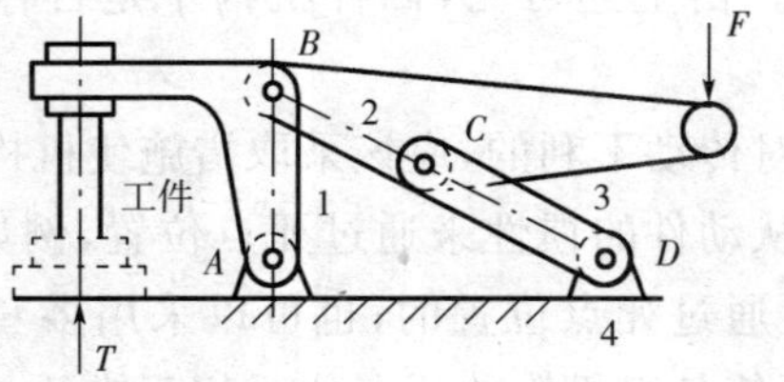

图 2-26　连杆式快速夹具

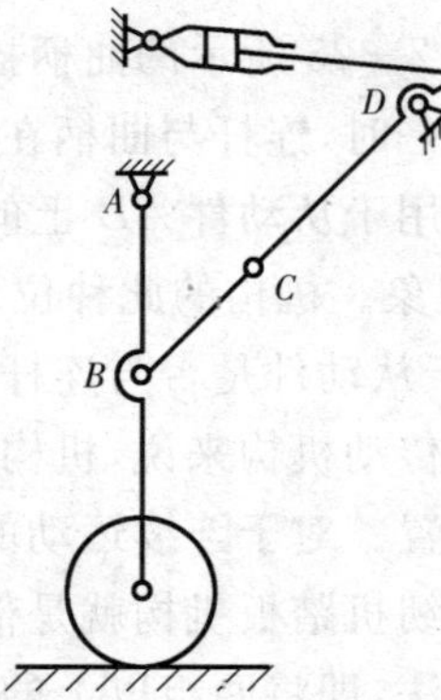

图 2-27　飞机起落机构

2.1.3　平面连杆机构的特点及功能

1. 平面连杆机构的特点

平面连杆机构构件运动形式多样，如可实现转动、摆动、移动和平面复杂运动，从而可用于实现已知运动规律和已知运动轨迹。其主要特点如下：

(1) 连杆机构中构件间以低副相连。低副两元素为面接触，在承受同样载荷的情况下压强较低，因而可用来传递较大的动力。又由于低副元素的几何形状比较简单(如平面、圆柱面)，故容易加工。

(2) 构件运动形式具有多样性。连杆机构中既有绕定轴转动的曲柄、绕定轴往复摆动的摇杆，又有作平面一般运动的连杆、作往复直线移动的滑块等，利用连杆机构可以获得各种形式的运动，这在工程实际中具有重要价值。

(3) 在主动件运动规律不变的情况下，只要改变连杆机构各构件的相对尺寸，就可以使从动件实现不同的运动规律和运动要求。

(4) 连杆曲线具有多样性。连杆机构中的连杆，可以看作是在所有方向上无限扩展的一个平面，该平面称为连杆平面。在机构的运动过程中，固接在连杆平面上的各点，将描绘出各种不同形状的曲线，这些曲线称为连杆曲线，如图 2-28 所示。若连杆上点的位置不同，则曲线形状不同；若改变各构件的相对尺寸，则曲线形状也随之变化。这些千变万化、丰富多彩的曲线，可用来满足不同轨迹的实际要求，在机械工程中得到广泛应用。

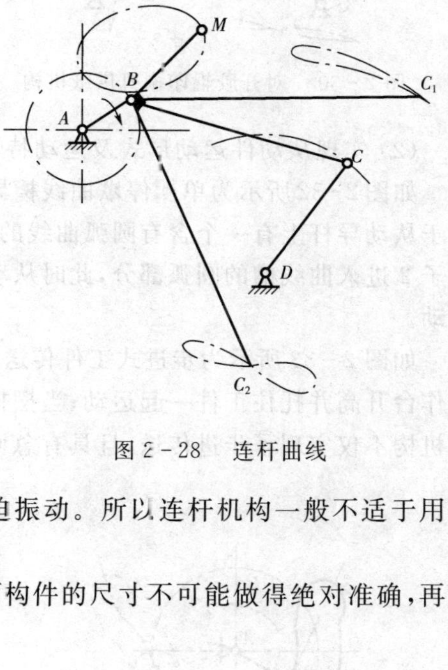

图 2-28　连杆曲线

(5) 在连杆机构的运动过程中，一些构件(如连杆)的质心在做变速运动，由此产生的惯性力不好平衡因而会增加机构的动载荷，使机构产生强迫振动。所以连杆机构一般不适于用在高速场合。

(6) 连杆机构中运动的传递要经过中间构件，而构件的尺寸不可能做得绝对准确，再加上运动副间的间隙，故运动传递累积误差比较大。

2. 平面连杆机构的功能

平面连杆机构因其构件运动形式和连杆曲线的多样性被广泛地应用于工程实际中，其功能主要有以下几个方面。

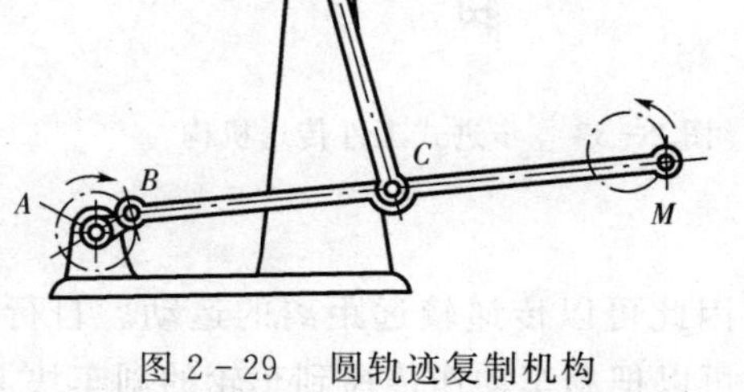

图 2-29　圆轨迹复制机构

(1) 实现有轨迹、位置或运动规律要求的运动

如图 2-29 所示的四杆机构为圆轨迹复制机构，利用该机构能实现预定的圆形轨迹。

图 2-30 所示为对开胶辊印刷机中的供纸机构。它利用连杆 2 和连杆 3 运动曲线的配合，实现了提纸和递纸动作：当固结在连杆 2 上的提纸吸头到达最低点时，吸头吸住了一张纸并将其提

起；当固结在连杆 3 上的递纸吸头到达最左侧时，吸头吸住纸并向右运动，将纸输送一段距离而进入印刷机的送纸辊中。

在图 2－31 所示的契贝谢夫六杆机构中，当各杆尺寸满足一定条件时，铰链四杆机构 *ABCD* 中连杆 2 上 *M* 点的轨迹为自交对称曲线，其交点与固定铰接点 *D* 重合。原动件曲柄 1 回转 1 周，从动件摇杆 5 往复摆动两次。

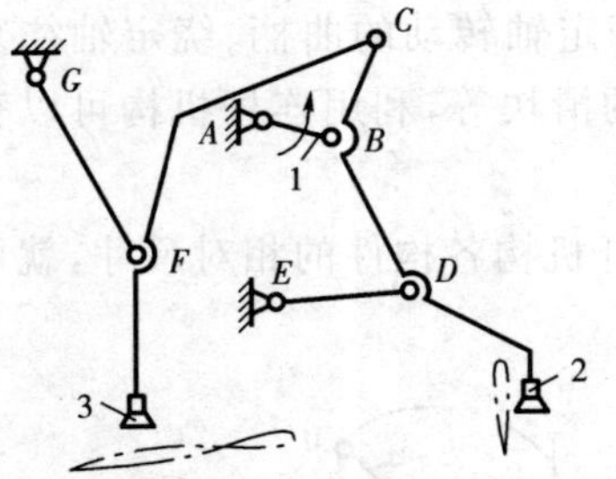

图 2－30　对开胶辊印刷机供纸机构

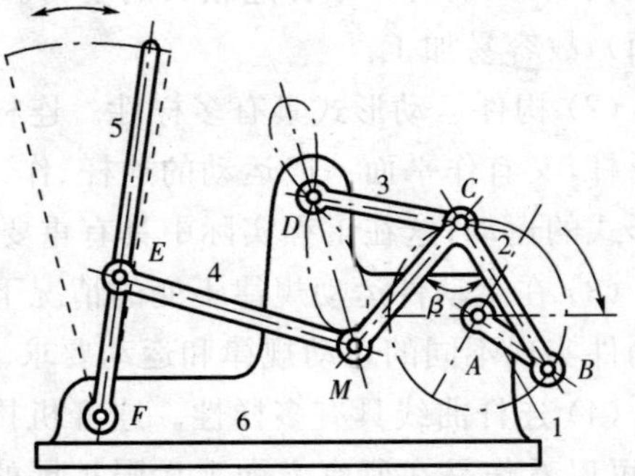

图 2－31　契贝谢夫六杆机构

(2) 实现从动件运动形式及运动特性的改变

如图 2-32 所示为单侧停歇曲线槽导杆机构，它与一般常见的摆动导杆机构的不同之处在于从动导杆上有一个含有圆弧曲线的导槽。当原动件曲柄 1 连续转动至左侧时，将带动滚子 2 进入曲线槽的圆弧部分，此时从动导杆 3 将处于停歇状态，从而实现了从动件的间歇摆动。

如图 2－33 所示为步进式工件传送机构。当曲柄 *AB* 带动摆杆 *CD* 向左运动时，将带动工作台升高并托住工件一起运动；当摆杆急速向右摆动时，工作台将下降且快速返回。利用该机构不仅实现了步进传送，且具有急回功能。

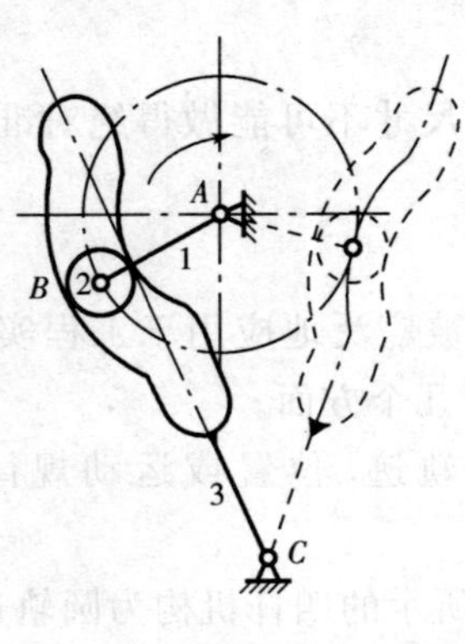

图 2－32　单侧停歇曲线槽导杆机构

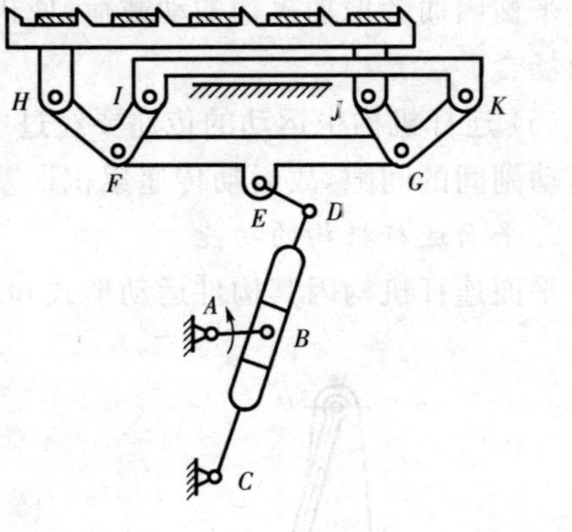

图 2－33　步进式工件传送机构

3. 实现较远距离的传动

由于连杆机构中构件的基本形状是杆状构件，因此可以传递较远距离的运动。自行车手闸，通过装在车把上的闸杆，利用一套连杆机构，可以把刹车动作传递到车轮的刹车块上；

在锻压机械中，操作者可以在地面上通过连杆机构把控制动作传递到机床上方的离合器，以控制机床的暂停或换向。

4. 调节、扩大从动件行程

如图 2-34 所示为可变行程滑块机构，通过调节导槽 6 与水平线的倾角 α，可方便地改变滑块 5 的行程。

如图 2-35 所示为汽车用空气泵的机构简图。其特点是曲柄 CD 较短而活塞的行程较长。该行程的大小由曲柄的长度及 BC 与 CE 的比值决定。

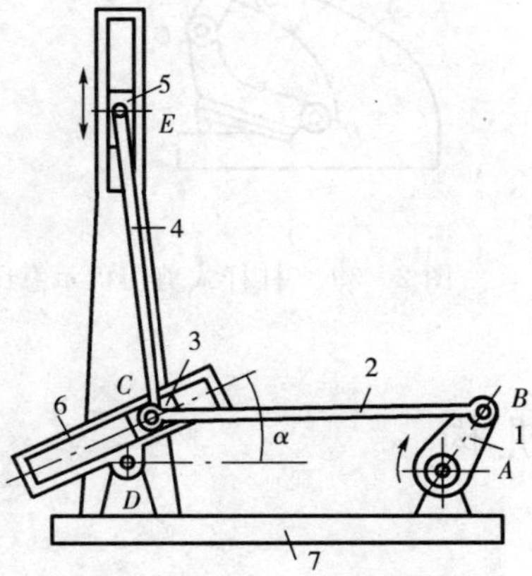

图 2-34　可变行程滑块机构

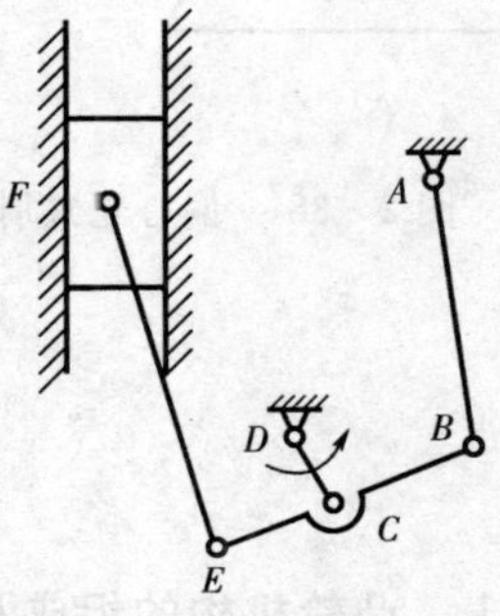

图 2-35　汽车用空气泵机构简图

如图 2-36 所示为伸缩机构，可用于平台升降以及输出行程较大的场合，其特点是收缩时体积小，伸展时行程大。图 2-37 为上述伸缩机构在升降台上的应用。

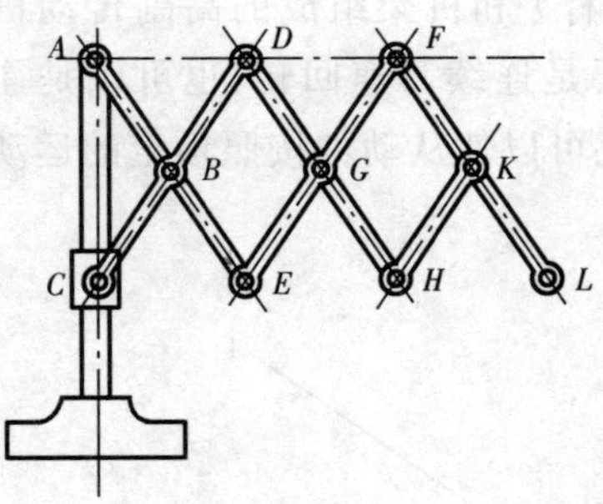

图 2-36　伸缩机构

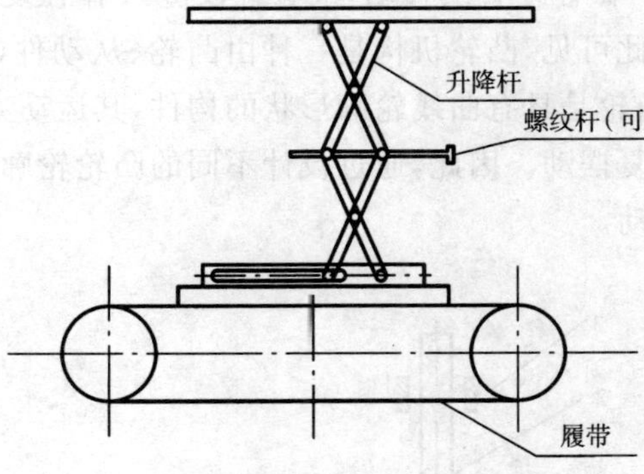

图 2-37　升降台

5. 获得较大的机械增益

机构输出力矩（或力）与输入力矩（或力）的比值称为机械增益。利用连杆机构，可以获得较大的机械增益，从而得到增力的目的。

如图 2-38 所示为偏心轮式肘节机构。在图示工作位置，DCE 的构形如同人的肘关节一样，该机构即由此而得名。由于机构在该位置具有较大的传动角，故可获得较大的机械增益，产生增力效果。该机构常用于压碎机、冲床等机械中。

如图 2-39 所示为杠杆式剪切机的示意图。利用该机构也可以获得较大的机械增益。

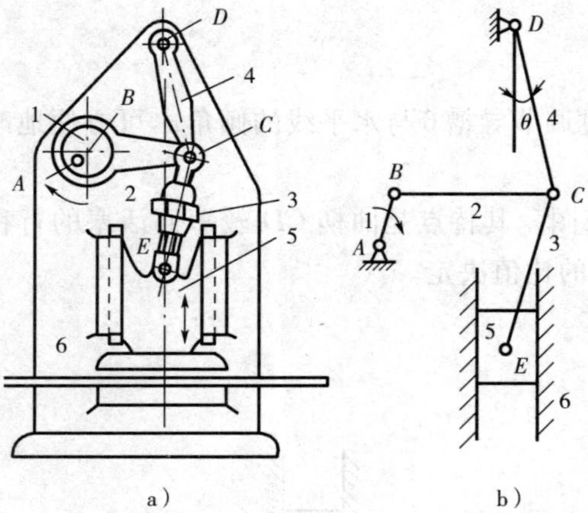

图 2-38　偏心轮式肘节机构

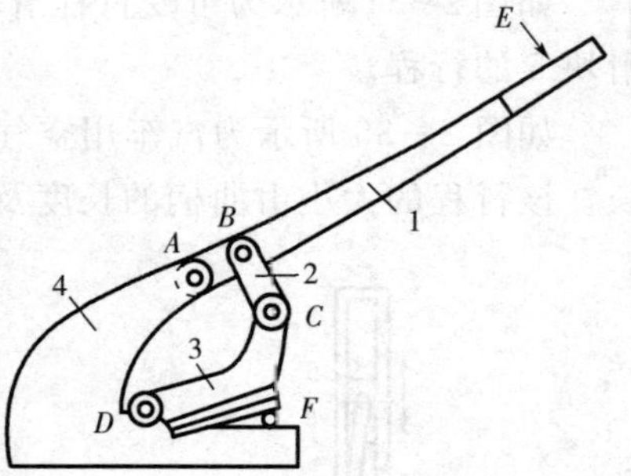

图 2-39　杠杆式剪切机示意图

2.2　凸轮机构

2.2.1　凸轮机构的组成及其特点

1. 组成

如图2-40所示为两种最常用的盘形凸轮机构示意图，图2-40a为直动从动件盘形凸轮机构，图2-40b为摆动从动件盘形凸轮机构。当凸轮1绕轴O旋转时，推动从动件2沿导轨3(机架）做往复直线移动，或者绕铰链A作往复摆动。通常，凸轮为机构的原动件。

由此可见，凸轮机构是一种由凸轮、从动件(也称推杆）和机架组成的高副传动机构。其中，凸轮是具有曲线轮廓形状的构件，其运动方式主要是连续等速回转，也可以是往复移动或往复摆动。因此，通过设计不同的凸轮轮廓曲线，就可以使从动件按照预定的运动规律进行运动。

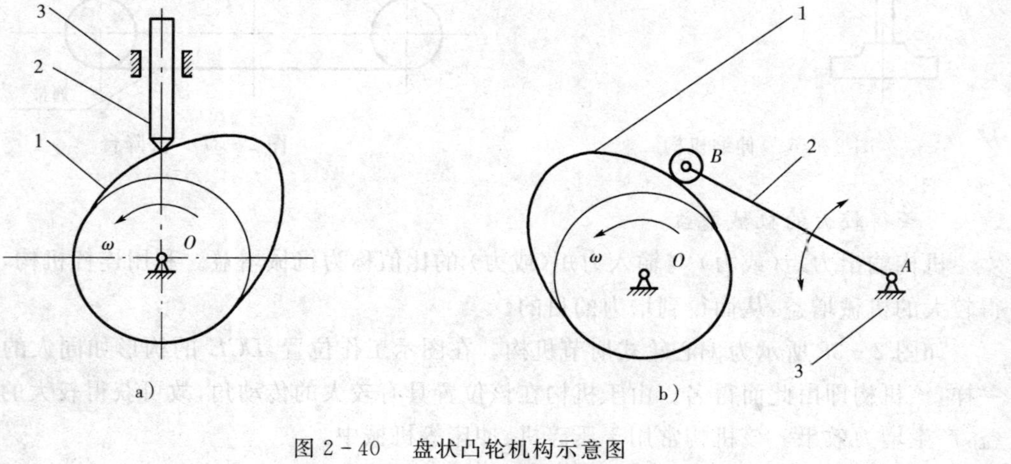

a)　　　　b)

图 2-40　盘状凸轮机构示意图

2. 特点

凸轮机构的优点是：只需设计适当的凸轮轮廓，便可使从动件得到任意的预期运动，而且结构简单、紧凑、设计方便，因此在自动机床、轻工机械、纺织机械、印刷机械、食品机械、包装机械和机电一体化产品中得到广泛应用。

它的缺点是：

(1) 凸轮与从动件间为点或线接触，易磨损，宜用于传力不大的场合；

(2) 凸轮轮廓加工比较困难；

(3) 从动件的行程不能过大，否则会使凸轮变得笨重。

2.2.2　凸轮机构的分类

生产实际中所使用的凸轮机构的类型很多，为了便于分析和设计，一般可根据以下几种情况对凸轮机构进行分类。

1. 按凸轮的形状分类

(1) 盘形凸轮　凸轮呈盘状，具有变化的向径，且作定轴转动。如图 2-40 所示的凸轮都属于盘形凸轮。盘形凸轮结构简单，应用广泛是凸轮最基本的形式。

(2) 移动凸轮　通过作往复直线移动来驱动从动件作直线运动或定轴摆动的凸轮称为移动凸轮。这种凸轮可以看成是盘形凸轮的旋转中心趋于无穷远处情况下的演化。如图 2-41 所示为移动凸轮机构示意图。盘形凸轮机构和移动凸轮机构都属于平面凸轮机构。

(3) 圆柱凸轮　圆柱凸轮的圆柱面上开有曲线凹槽，或者其端面上做出曲线状轮廓，如图 2-42 所示。图 2-42 为自动机床上控制刀架运动的凸轮机构。当圆柱凸轮 1 回转时，凹槽侧面迫使构件 2 摆动，从而驱使与之相连的刀架运动。至于刀架的运动规律则完全取决于凹槽的形状。

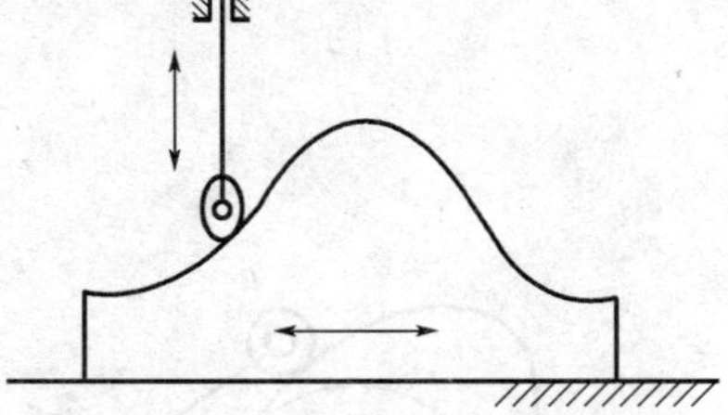

图 2-41　移动凸轮机构

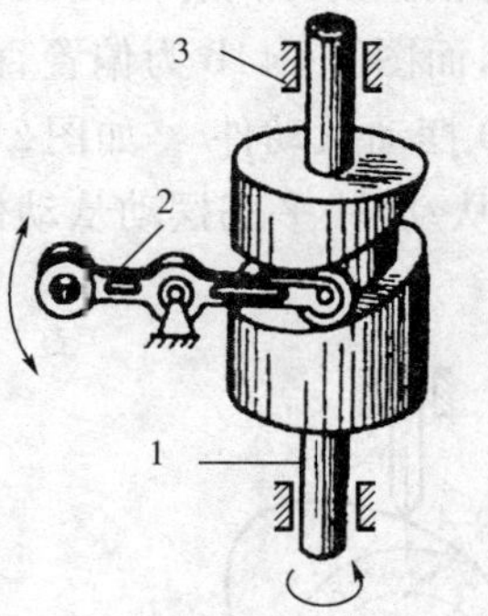

图 2-42　圆柱凸轮机构

2. 按从动件的形状分类

如图 2-43 所示为常用的从动件，其中，图 2-43a ～ d 为直动从动件，图 2-43e ～ h 为摆动从动件。

(1) 尖底从动件　如图 2-43a、e 所示，尖底从动件的结构非常简单，其尖底能与任意复杂形状的凸轮轮廓保持接触，从而可以使从动件获得任意复杂的运动规律。但其尖底处容易磨损，一般适用于传力较小和速度较低的场合。

(2) 滚子从动件　如图 2-43b、f 所示为滚子从动件。从运动学的角度来看，这种从动件的滚子运动是多余的。但是，滚子的存在使得凸轮与从动件之间的滑动摩擦转化为滚动摩擦，减少了凸轮机构的磨损，因而可以传递较大的动力，在工程实际中应用最为广泛。

(3) 平底从动件　如图 2-43c、g 所示，平底从动件的优点是受力平稳(不计摩擦时，凸轮对平底从动件的作用力方向始终垂直于平底)，传动效率高。而且，凸轮与平底接触处易形成楔形油膜，润滑状况较好，故平底从动件常用于高速场合。其缺点是要求相应的凸轮轮廓曲线必须处处外凸。

(4) 曲底从动件　如图 2-43d、h 所示，曲底从动件端部为一曲面，兼有尖底与平底从动件的优点，在生产实际中的应用也较多。

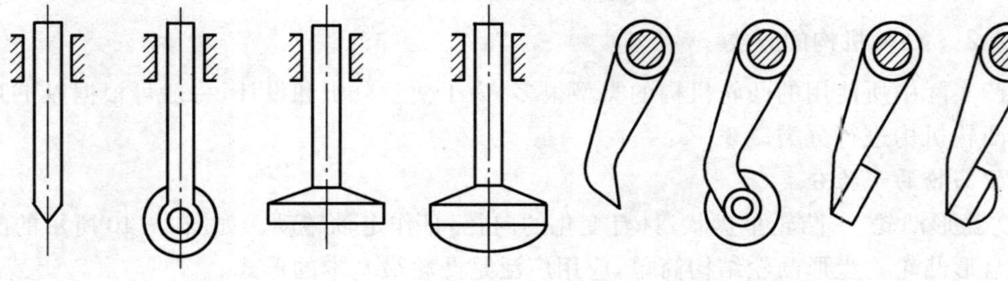

图 2-43　从动件的分类

3. 按从动件的运动形式分类

(1) 直动从动件　如图 2-44 所示，从动件作往复直线移动，其形状可为尖底直动从动件、滚子直动从动件、平底直动从动件或曲底直动从动件。对于直动从动件凸轮机构，当从动件的中心线通过凸轮的回转中心时，称为对心直动从动件凸轮机构，反之则称为偏置式凸轮机构，偏置的距离称为偏距，常用 e 表示。例如，图 2-44a 为对心直动尖底从动件盘形凸轮机构，而图 2-44b 为偏置直动尖底从动件盘形凸轮机构，偏距为 e。

(2) 摆动从动件　如图 2-45 所示，从动件做往复摆动，其形状可为尖底摆动从动件、滚子摆动从动件、平底摆动从动件或曲底摆动从动件。

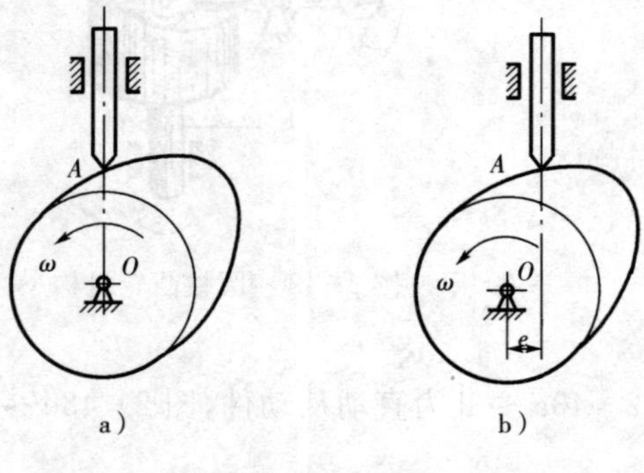

图 2-44　直动从动件盘形凸轮机构

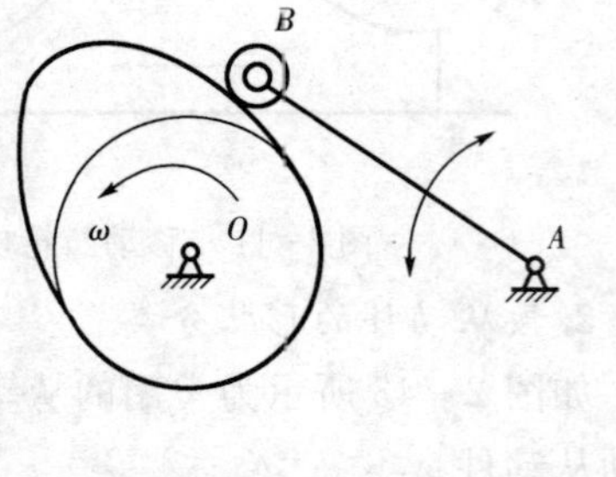

图 2-45　摆动从动件盘形凸轮机构

4. 按凸轮与从动件维持高副接触的方式分类

凸轮机构属于高副机构，在工作过程中的任意时刻，都必须使凸轮与从动件保持接触而不脱开。常把凸轮与从动件保持高副接触的方式称为封闭方式或锁合方式，通常主要是靠外力或特殊的几何形状来保证二者的接触。根据封闭方式的不同，凸轮机构可分为以下两类：

(1) 力封闭方式

力封闭式凸轮机构主要是利用弹簧力、从动件本身的重力或其他外力来保证凸轮与从动件始终保持接触的。例如，如图 2－46a、b 所示凸轮机构是利用弹簧的恢复力来保持高副接触，而如图 2－46c 所示凸轮机构则是利用从动件的重力来保持高副接触的。

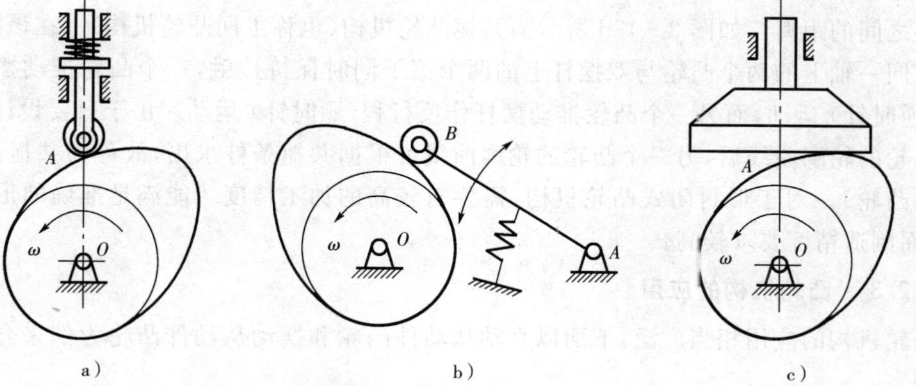

图 2－46　力封闭凸轮机构

(2) 形封闭方式

形封闭式凸轮机构是指依靠凸轮或从动件特殊的几何形状来维持凸轮与从动件的高副接触，如图2-47所示。如图2-47a所示的平面凸轮机构是利用凸轮上的沟槽和放于槽中的从动件滚子使得凸轮与从动件保持接触。由于凸轮廓线制造在端面上，因此这类凸轮又称为端面凸轮。端面凸轮的两廓线为等距曲线，其距离等于滚子直径。

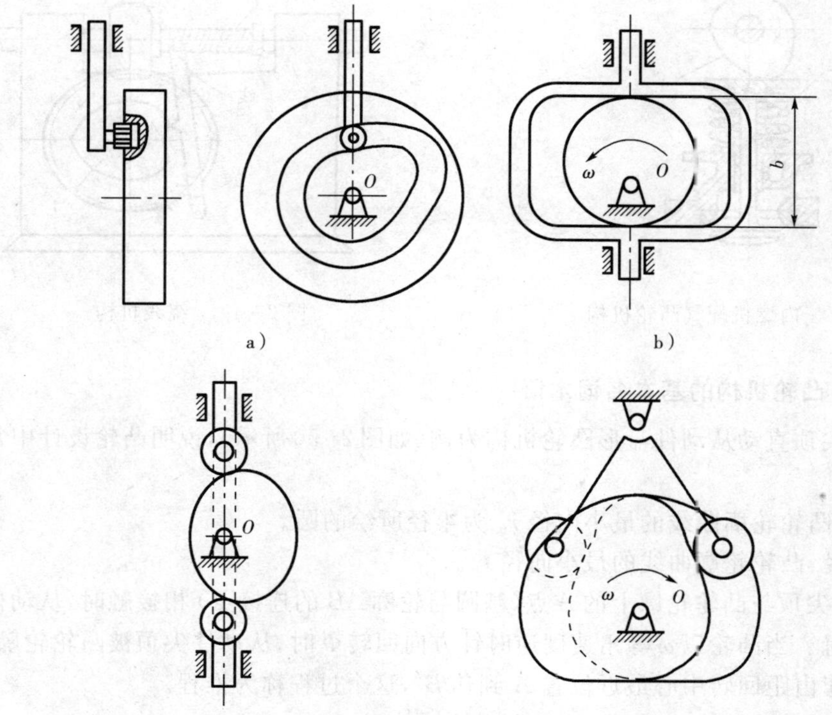

图 2－47　形封闭凸轮机构

如图 2 - 47b 所示的凸轮机构中,凸轮与从动件的两个高副接触点之间的距离处处相等,且等于从动件的槽宽 b,因此凸轮和从动件可以始终保持接触,这种凸轮机构称为等宽凸轮机构。如图 2-47c 所示的凸轮机构中,从动件上的两个滚子同时与凸轮保持接触,从而保证了从动件与凸轮的接触。这种凸轮机构称为等径凸轮机构,其特点是凸轮的理论廓线与其过转动中心的径向线所交两点的距离处处相等,且等于与凸轮轮廓曲线相切的两滚子的中心之间的距离。如图 2 - 47d 所示为共扼凸轮机构(也称主回凸轮机构)。在该机构中,安装在同一轴上的两个凸轮与双摆杆上的两个滚子同时保持接触,一个凸轮推动摆杆作正行程(逆时针)运动,而另一个凸轮推动摆杆作反行程(顺时针)运动。由于只要设计出其中一个凸轮的轮廓曲线后,另一个凸轮的轮廓曲线可根据共扼条件求出,故称为共扼凸轮(也称主回凸轮)。对于形封闭式凸轮机构,需要有较高的加工精度才能满足准确的形封闭条件,因而制造精度要求较高。

2.2.3 凸轮机构的应用

凸轮机构的应用相当广泛,下面以直动从动件凸轮和摆动从动件凸轮为例来介绍其典型应用。

如图 2 - 48 所示为内燃机配气凸轮机构,当具有一定曲线轮廓的凸轮 1 以等角速度回转时,它的轮廓迫使从动件 2(阀杆)按内燃机工作循环的要求启闭阀门。

如图 2 - 49 所示为绕线机中用于排线的凸轮机构,当绕线轴 3 快速转动时,经齿轮带动凸轮 1 缓慢地转动,通过凸轮轮廓与尖顶 A 之间的作用,驱使从动件 2 往复摆动,因而使线均匀地缠绕在绕线轴上。

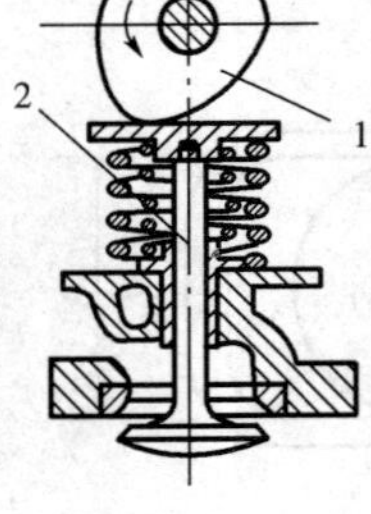

图 2 - 48　内燃机配气凸轮机构

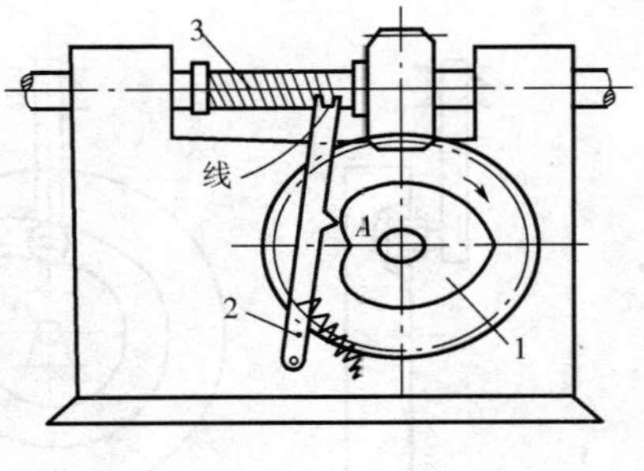

图 2 - 49　绕线机构

2.2.4 凸轮机构的基本名词术语

下面以尖顶直动从动件盘形凸轮机构为例(如图 2-50 所示),说明凸轮设计中常用的术语。

基圆:以凸轮轮廓曲线的最小向径 r_0 为半径所绘的圆。

基圆半径:凸轮轮廓曲线的最小向径 r_0。

推程:当尖顶与凸轮轮廓上的 A 点(基圆与轮廓 AB 的连接点)相接触时,从动件处于上升的起始位置。当凸轮以 ω 等角速度逆时针方向回转 Φ 时,从动件尖顶被凸轮轮廓推动,以一定运动规律由距回转中心最近位置 A 到达 B',这个过程称为推程。

行程:从动件在推程过程中所走过的距离 h。

推程运动角:从动件在推程过程中凸轮的转角 Φ。

远休止角：当凸轮继续回转 Φ_s 时，以 O 点为中心的圆弧 BC 与尖顶相作用，从动件在最远位置停留不动，此时凸轮转过的角度 Φ_s 称为远休止角。

回程：凸轮继续回转 Φ' 时，从动件以一定运动规律回到起始位置，这个过程称为回程。

回程运动角：从动件在回程过程中凸轮的转角 Φ'。

近休止角：当凸轮继续回转 Φ'_s 时，从动件在最近位置停留不动。此时凸轮转过的角度 Φ'_s 称为近休止角。

从动件位移线图：在直角坐标系中，以横坐标代表凸轮转角 φ，以纵坐标代表从动件位移 S，所得的从动件位移 S 与凸轮转角 φ 之间的关系曲线。因一般凸轮作等速转动，故横坐标同时也代表时间 t。

从动件运动线图：从动件位移线图及通过微分作出的从动件速度线图和加速度线图，统称为从动件运动线图。

由以上分析可知，凸轮轮廓曲线的形状取决于从动件的位移线图。也就是说，从动件的不同规律决定了凸轮具有不同的轮廓曲线。

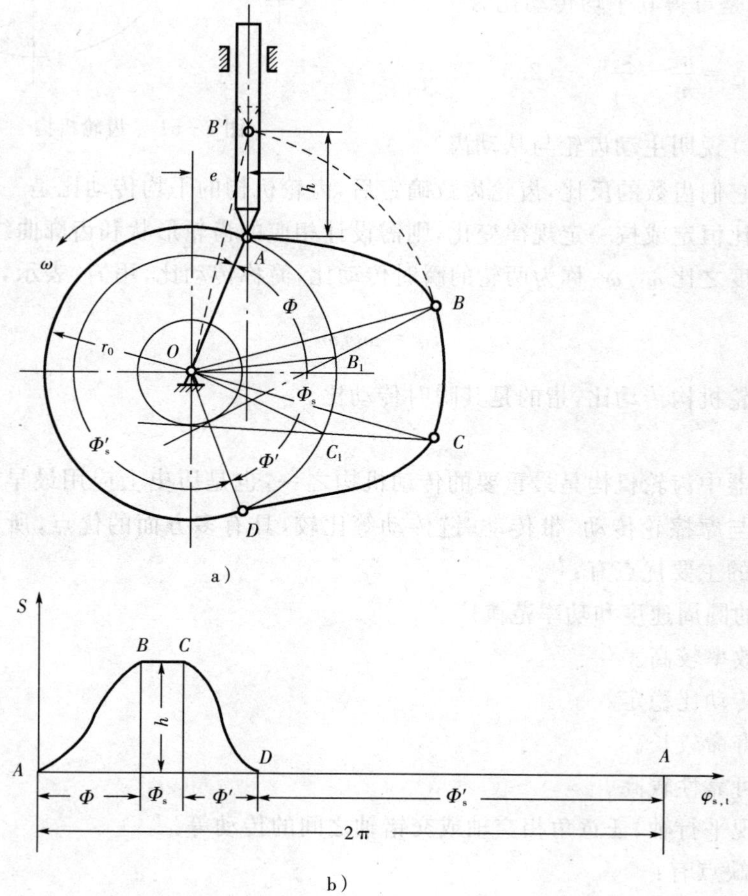

图 2-50　尖顶直动从动件盘形凸轮机构

2.3 齿轮机构及轮系

2.3.1 齿轮机构的组成和特点

齿轮机构可用以传递空间任意轴间的运动和动力，它是现代机械中应用最广泛的一种传动机构。

1.组成

齿轮机构是由主动齿轮、从动齿轮和机架所组成的一种高副机构。这种机构是通过成对的齿轮依次啮合传递两轴之间的运动和动力的。如图2-51所示，n_1 和 z_1 分别为主动齿轮1的转速和齿数，n_2 和 z_2 分别为从动齿轮2的转速和齿数。当齿轮机构传动时，主动齿轮每转过1个轮齿，拨动从动齿轮也转过1个轮齿，故 $n_1 z_1 = n_2 z_2$，于是可得其平均传动比为

$$\bar{i}_{12} = \frac{n_1}{n_2} = \frac{z_2}{z_1} \qquad (2.3-1)$$

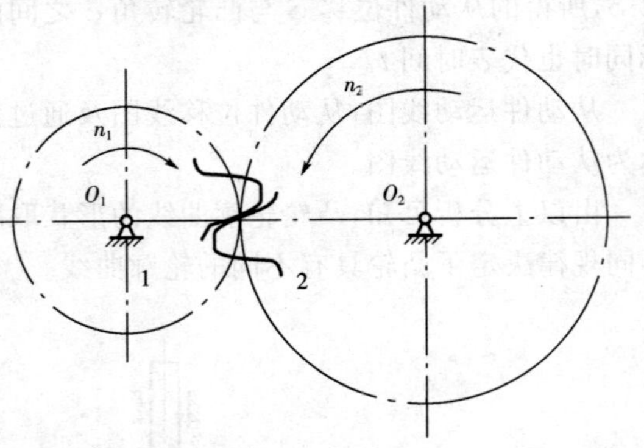

图2-51　齿轮机构

式(2.3-1)说明主动齿轮与从动齿轮转速之比是它们齿数的反比，齿轮齿数确定后，齿轮机构的平均传动比是一定值。但是若要求瞬时传动比恒定或按一定规律变化，则需设计相应的齿轮形状和齿廓曲线。主、从动齿轮的瞬时角速度之比 ω_1/ω_2 称为两轮的瞬时传动比，简称传动比，用 i_{12} 表示，即

$$i_{12} = \omega_1/\omega_2 \qquad (2.3-2)$$

通常所说的齿轮机构传动比，指的是其瞬时传动比。

2.特点

在现代机器中齿轮机构是最重要的传动机构之一，也是历史上应用最早的传动机构之一。齿轮传动与摩擦轮传动、带传动、链传动等比较，具有多方面的优点，所以应用范围很广。齿轮机构的主要优点有：

(1) 适用的圆周速度和功率范围广。

(2) 传动效率较高。

(3) 瞬时传动比稳定。

(4) 工作寿命较长。

(5) 工作可靠性较高。

(6) 可实现平行轴、任意角相交轴或交错轴之间的传动等。

其主要的缺点有：

(1) 要求较高的制造和安装精度，成本较高。

(2) 要求专用的齿轮加工设备。

(3) 不适宜远距离两轴之间的传动等。

2.3.2　齿轮机构的分类

齿轮机构的分类一般按两轴的相对位置和齿向进行分类。分类的层次结构如图 2－52 所示。

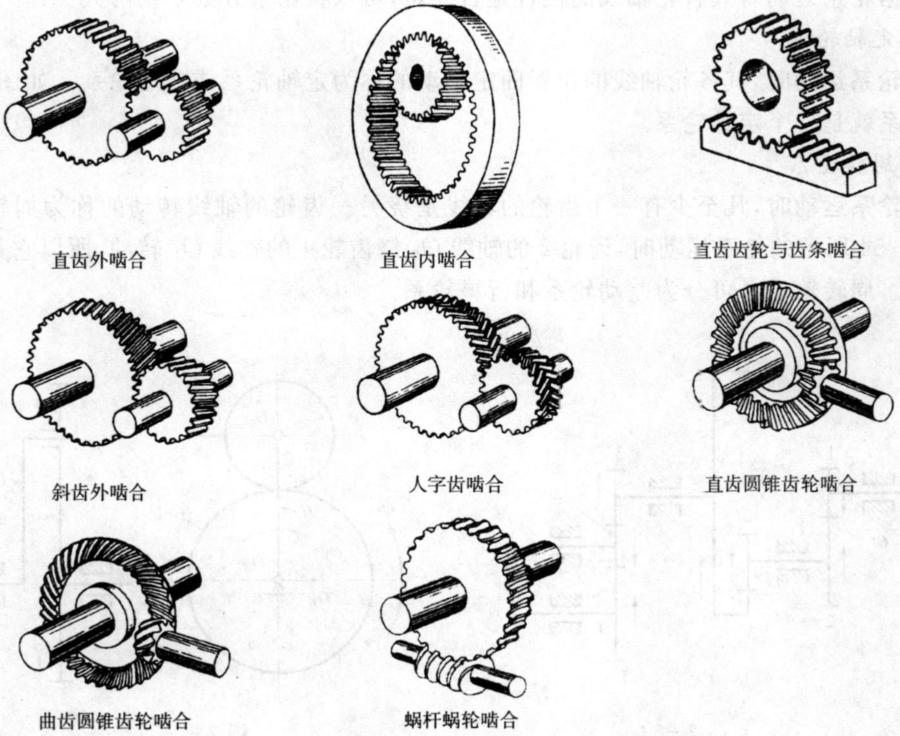

a)

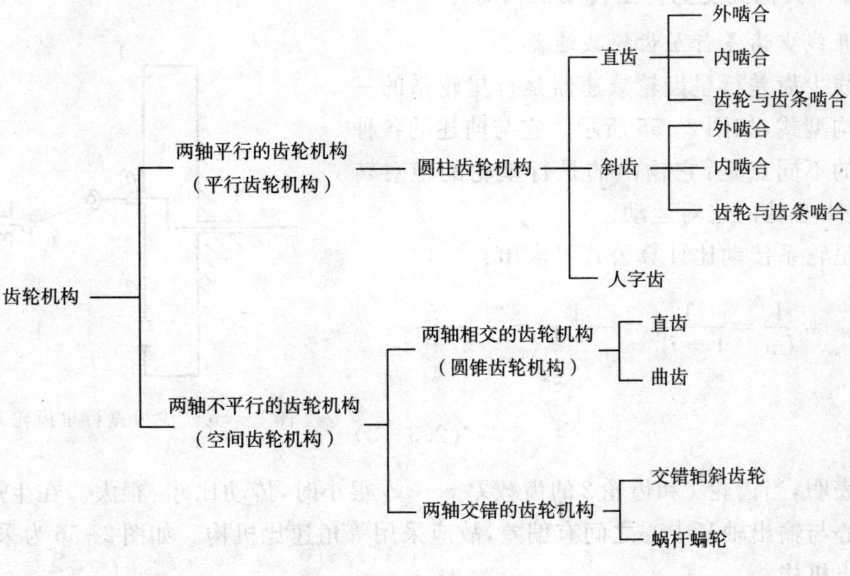

b)

图 2－52　齿轮机构的类型

2.3.3 轮系及其分类

在实际机械中常常采用一系列互相啮合的齿轮将主动轴和从动轴连接起来，这种多齿轮的传动装置称为轮系。

根据轮系运动时其各轮轴线的位置是否固定，可以将轮系分为下列两大类：

1. 定轴轮系

当轮系运动时，其各轮轴线的位置固定不动的称为定轴轮系或普通轮系。如图2-53所示的轮系就是一个定轴轮系。

2. 周转轮系

当轮系运动时，凡至少有一个齿轮的轴线是绕另一齿轮的轴线转动的称为周转轮系。如图 2-54 所示的轮系运动时，齿轮 2 的轴线 O_2 绕齿轮 1 的轴线 O_1 转动，所以它是一个周转轮系。周转轮系又可分为差动轮系和行星轮系。

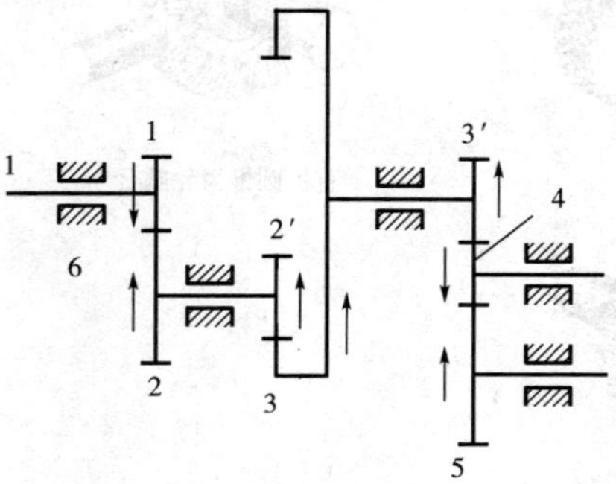

图 2-53

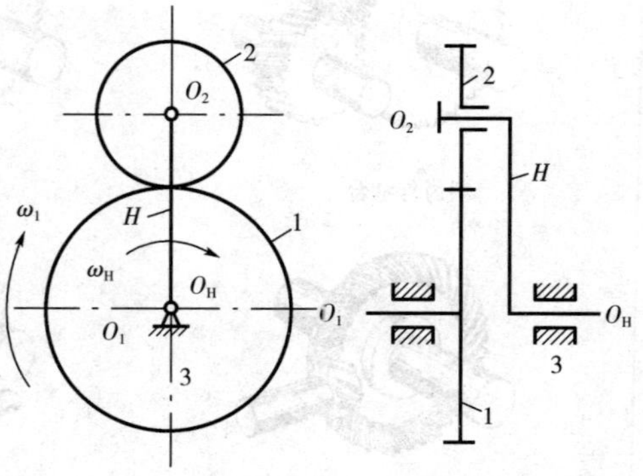

图 2-54

2.3.4 其他类型的行星传动机构简介

1. 渐开线少齿差行星齿轮减速器

渐开线少齿差行星齿轮减速器是行星轮系的一种典型结构型式，如图 2-55 所示。它与前述的各种行星轮系的不同点是：它输出的是行星轮的绝对转动，而不是中心轮的绝对运动。

由行星轮系传动比计算公式可求出：

$$i_{HV}=i_{H2}=\frac{1}{i_{2H}}=\frac{1}{1-i_{21}^{H}}=\frac{1}{1-\dfrac{z_1}{z_2}}=-\frac{z_2}{z_1-z_2} \tag{2.3-3}$$

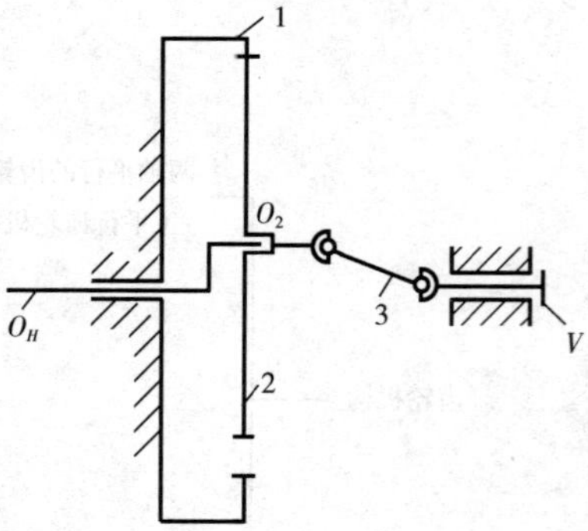

图 2-55 少齿差行星齿轮减速器

上式表明，当齿轮 1 和齿轮 2 的齿数差 z_1-z_2 很小时，传动比 i_{HV} 很大。在生产设计时，行星轮中心与输出轴 V 中心之间有偏差，故应采用等角速比机构。如图 2-56 为采用孔销等角速比输出机构。

渐开线少齿差行星减速器的优点是：(1) 传动比大(可达 135)；(2) 结构简单，体积小，重量轻；(3) 效率高(η=0.80～0.94)。其主要缺点是：(1) 同时啮合的齿少，其受力情况较差；(2) 受结构的限制，必须有用非标的正变位齿轮；(3) 结构较复杂。

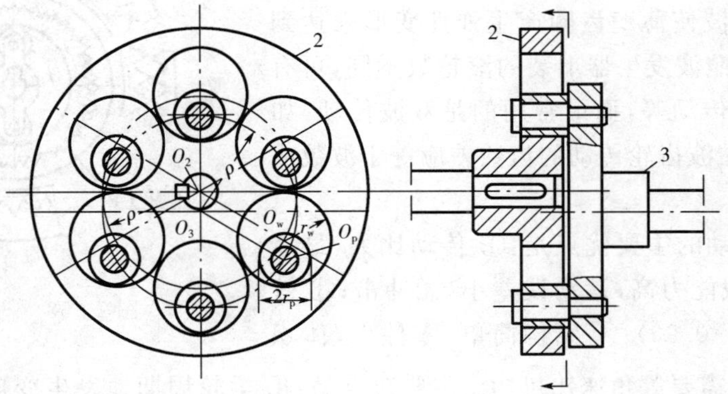

图 2-56　等角速比机构

2. 摆线针轮行星减速器

摆线针轮行星传动机构如图 2-57 所示。1 为固定在机壳上的中心轮(针轮)。2 为摆线行星轮，它的齿形是延长外摆线的等距曲线。3 为连接两行星轮和输出轴的孔销输出机构。H 为输入轴，V 为输出轴。

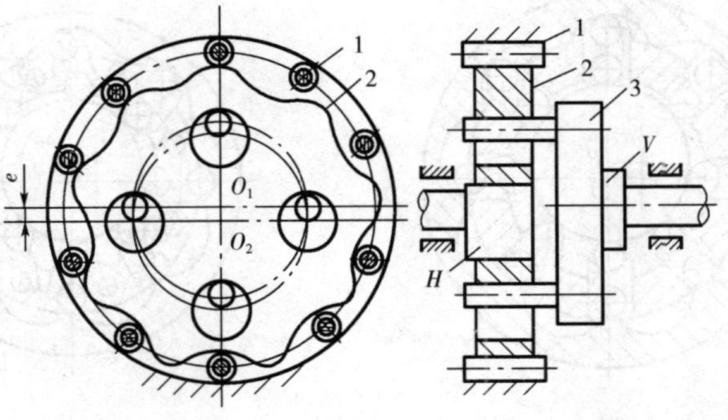

图 2-57　摆线针轮行星减速器

从结构上看，中心轮(针轮)的齿数和摆线行星轮齿数的差为 1，所以摆线针轮行星轮系是一种一齿差行星轮系，其传动比也为

$$i_{HV} = -z_2/z_1$$

摆线针轮行星减速器的优点是：① 传动比大，一级减速比可达 115；② 结构较简单，体积小，重量轻；③ 效率高(η=0.9～0.94)；④ 这种减速器的齿间啮合为高副滚动，所以磨损小，使用寿命长；⑤ 传动平稳，承载能力高；⑥ 无齿廓重迭干涉现象。其缺点是：① 必须采用等角速比机构；② 工艺复杂，制造精度要求高，必须采用专用的机床和刀具来加工摆轮。

3. 谐波齿轮传动

如图2-58所示的谐波传动机构。它是由刚性内齿轮1、柔性外齿轮2和波发生器H组成。谐波齿轮传动是利用机械波使薄壁齿圈产生弹性变形来达到传动目的的。按照波发生器上装的滚轮数不同，可有双波传动和三波传动等，而最常用的是双波传动，如图2-58所示。谐波齿轮传动的齿数差应等于波数或波数的整数倍。

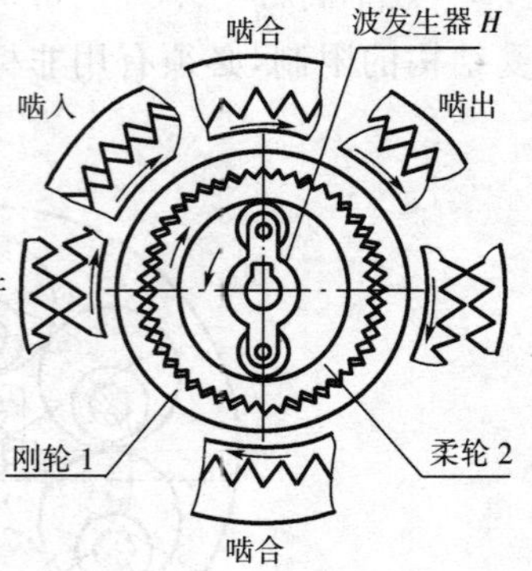

图2-58　谐波传动

谐波齿轮传动的主要优点是：① 传动比大，最高可达250；② 承载能力高，运动误差小，无冲击；③ 效率高($\eta=0.69\sim0.96$)；④ 结构简单，零件少，体积小，重量轻；⑤ 不需要等角速比机构。主要缺点是：① 柔轮周期地发生变形，容易发生疲劳损坏；② 传动比不能小于35；③ 起动力矩大；④ 瞬时传动比不是常数。

4. 活齿传动

活齿传动机构是一种新型齿轮传动机构。它是由激波器H、活齿轮G和中心轮K三个基本构件组成，如图2-59所示。活齿传动机构有多种结构形式：推杆活齿传动(图2-59a)、摆动活齿传动(图2-59b)、滚柱活齿传动(图2-59c)和套筒活齿传动(图2-59d)等。

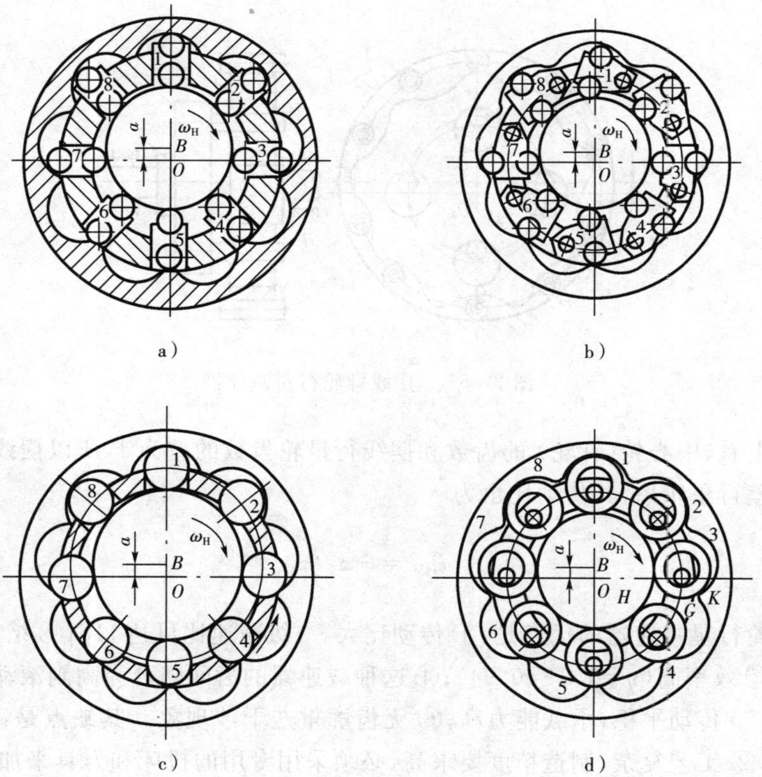

图2-59　活齿机构

活齿传动原理与谐波齿轮传动类似，行星轮不采用柔轮，而采用轮架上安装许多活齿的结构形式，通过活齿的径向运动完成与中心轮 K 的啮合运动。

如图 2-60 所示为推杆活齿传动的结构简图。其中，中心轮 K 固定，由于激波器 H 为偏心安装，所以当激波器 H 顺时针转动时，激波器向径产生变化推动各活齿沿径向导槽移动完成啮合。当活齿处于图 2-60b 所示位置时，在激波器 H 和中心轮 K 的共同作用下，推动活齿轮顺时针方向转动。当激波器从最大向径返回时，活齿则处于非工作状态。因此，每一个推杆活齿只能推动活齿 G 转过一定的角度，连续转动是由多个活齿交替工作来实现的。

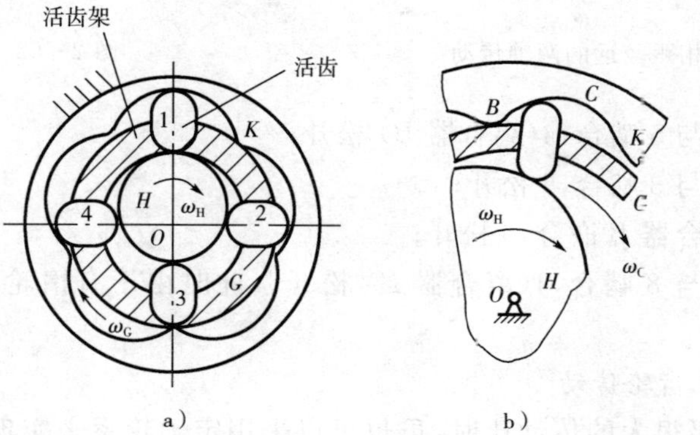

图 2-60　推杆活齿传动

活齿传动机构是由 $K-H-V$ 行星轮系演化而成的，输入轴为活齿轮 G。当中心轮固定，且激波轮 H 主动时，传动比计算

$$i_{HG}^{K}=\frac{z_G}{z_G-z_K} \tag{2.3-4}$$

当 $z_K>z_G$ 时，活齿轮 G 与激波器 H 的转向相反；当 $z_K<z_G$ 时，转向相同。

活齿传动的主要优点有：① 传动比大，单级传动比可达 8～60；② 同时参与啮合的活齿多，传动平稳、承载能力高；③ 传动效率高，$\eta=70\%\sim95\%$；④ 结构紧凑等。主要缺点有：① 加工制造精度高；② 制造工艺较复杂。

随着对活齿传动机构的研究深入，新型的活齿传动还将出现，并逐步在各个领域中得到广泛应用。

2.3.5　齿轮机构的应用

1. 实现远距离的两轴之间的齿轮传动

当主动轴和从动轴之间的距离较远时，如果仅用一对齿轮来传动，会使齿轮的尺寸较大，所产生的不良后果是明显的。若改用轮系来传动，则可以克服这一缺点，如图 2-61 所示。

2. 实现变速齿轮传动

当主动轴转速不变时，利用轮系可使从动轴获得多种工作转速。在汽车、机床等许多设备中都需要这种变速传动。

如图 2-62 所示为一齿轮变速箱，图中 Ⅰ 轴为动力输入轴，Ⅱ 轴为输出轴。齿轮 4、齿轮 6 为滑动齿轮，$A-B$ 为牙嵌式离合器。利用该变速箱，输出轴可得到四档不同的转速：

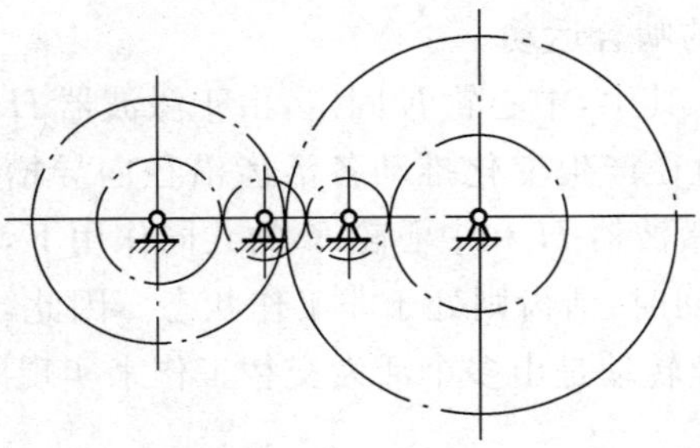

图 2-61　相距较远的两轴传动

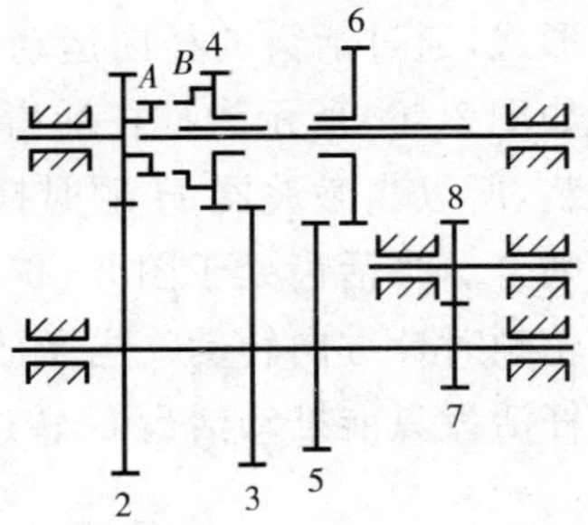

图 2-62　齿轮变速箱

第一档　使 6 与 5 啮合，4(离合器 B) 松开；

第二档　使 4 与 3 啮合，6 松开；

第三档　使离合器 B 嵌合，6 松开；

倒退档　使 6 与 8 啮合，4(离合器 B) 松开。此时由于有惰轮 8 的作用，输出轴 Ⅱ 反转。

3. 实现大传动比齿轮传动

当两轴之间需要很大的传动比时，虽也可以采用定轴轮系来实现，但由于轴和齿轮较多，结构复杂，不宜实现。若采用行星轮系，则只需较少几个齿轮，就可获得很大的传动比。如图 2-63 所示为行星轮系，当 $z_1=100$，$z_2=101$，$z_2'=100$，$z_3=99$ 时，其传动比 i_{H1} 最高可达 1000。因此可得

$$i_{13}^H=\frac{n_1^H}{n_3^H}=\frac{n_1-n_H}{n_3-n_H}=(+)\frac{z_2z_3}{z_1z_2}$$

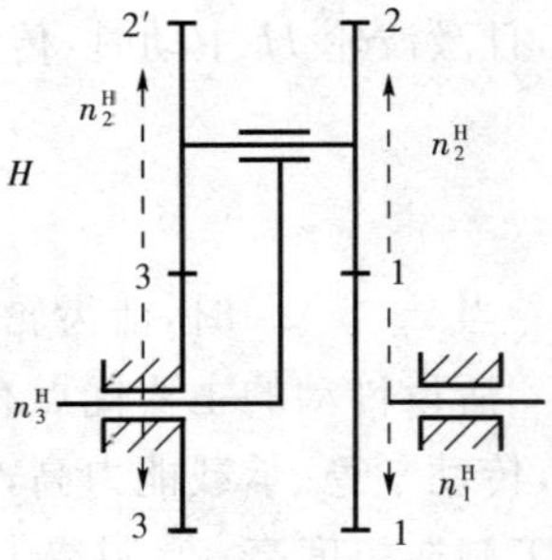

图 2-63　大传动比行星轮系

代入已知数据，解得

$$\frac{n_1-n_H}{0-n_H}=(-1)^2\ \frac{101\times 99}{100\times 100}$$

$$i_{1H}=\frac{1}{10000}$$

即
$$i_{H1}=10000$$

4. 实现合成运动和分解运动

(1) 合成运动

两个输入运动合成一个输出运动。最简单的合成运动机构如图 2-64 所示。传动比计算公式为

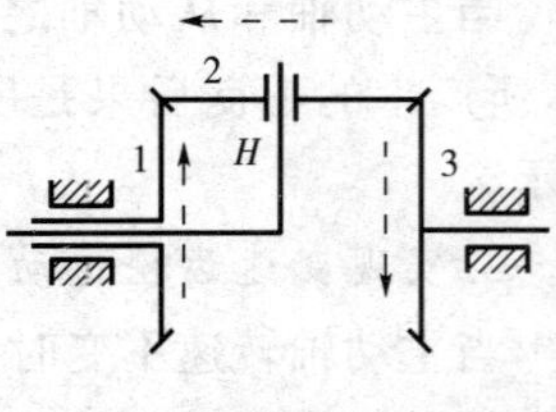

图 2-64　加法机构

$$i_{13}^H=\frac{n_1^H}{n_3^H}=\frac{n_1-n_H}{n_3-n_H}=-\frac{z_3}{z_1}$$

当 $z_1=z_3$ 时，代入上式化简后得

$$n_H=0.5\times(n_1+n_3)$$

由此可见，转臂 H 的转角等于齿轮 1 和齿轮 3 转角和的一半，所以这种机构又称为加法机构。

(2) 分解运动

一个输入运动分为两个输出运动。如图 2－65 所示为汽车后桥差速器。当汽车拐弯时，由于左右两轮所走距离不同，为使车轮与地面间不发生滑动以减少轮胎的磨损，一般在汽车后桥上增加一个差速器，发动机输入的转速通过差速器再分配到两轮上，两轮上的速度根据汽车行驶情况自动调整。

差动轮系的分解运动特性在动力传动系统中得到广泛应用。

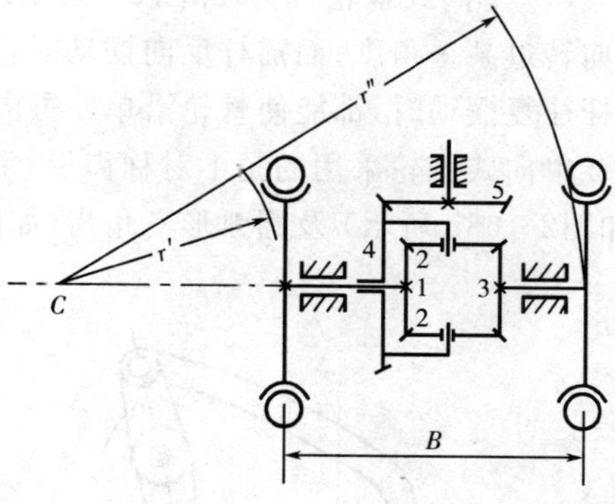

图 2－65　汽车后桥差速器

2.4　间歇运动机构

2.4.1　棘轮机构

如图 2－66a 所示，棘轮机构是由棘轮、棘爪及机架所组成。主动杆 1 空套在与棘轮 3 固连的从动轴上。驱动棘爪 4 与 1 转动副 A 相联。当 1 逆时针方向摆动时，4 便插入 3 的齿槽，棘轮跟着转过某一角度。这时止回棘爪 5 在棘轮的齿背上滑过。当 1 顺时针方向摆动时，5 阻止棘轮发生顺时针方向转动，同时 4 在棘轮的齿背上滑过，所以此时棘轮静止不动。这样，当杆 1 作连续的往复摆动时，棘轮 3 和从动轴便作单向的间歇转动。杆 1 的摆动可由凸轮机构、连杆机构或电磁装置等得到。

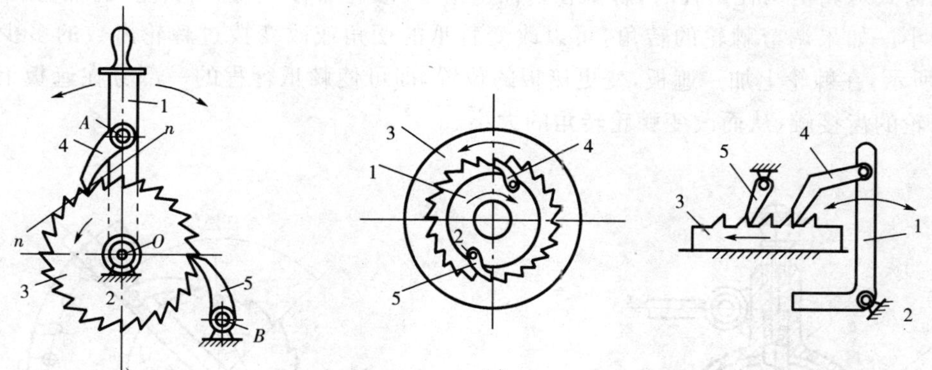

图 2－66　棘轮机构

按照结构特点，常用的棘轮机构有下列两大类。

1. 轮齿式棘轮机构

轮齿式棘轮机构有外啮合（如图 2－66a 所示）、内啮合（如图 2－66b 所示）两种型式。当棘轮的直径为无穷大时，变为棘条（如图 2－66c 所示），此时棘轮的单向转动变为棘条的单向移动。

根据棘轮的运动又可分为：

(1) 单向式棘轮机构(如图2-66所示)　它的特点是摇杆向一个方向摆动时，棘轮沿同方向转过某一角度；而摇杆反向摆动时，棘轮静止不动。图2-67所示为双动式棘轮机构，当摇杆往复摆动时，都能使棘轮沿单一方向转动。

单向式棘轮采用的是不对称齿形，常用的有锯齿形齿(如图2-68a所示)、直线形三角齿(如图2-68b所示)及圆弧形三角齿(如图2-68c所示)。

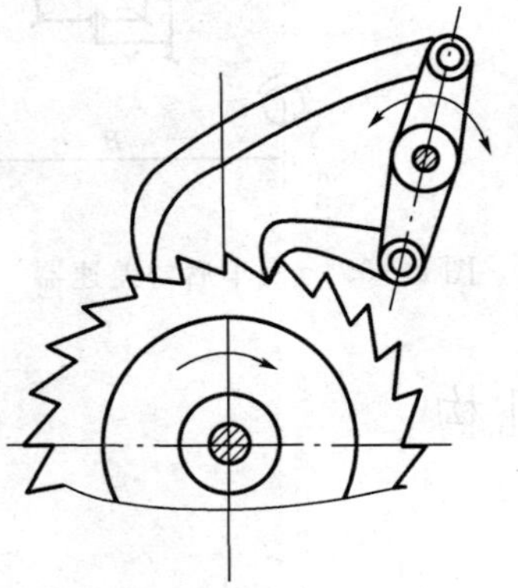

图2-67　双动式棘轮机构

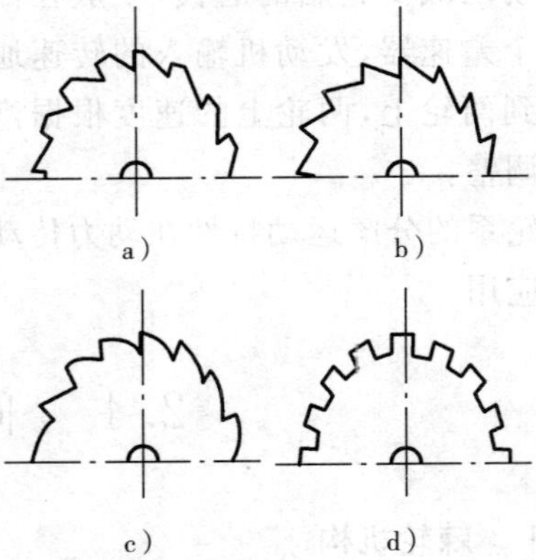

图2-68　单向式棘轮

(2) 双向式棘轮机构(如图2-69)　它的特点是当棘爪1在图示位置时，棘轮2沿逆时针方向间歇运动；若将棘爪提起(销子拔出)，并绕本身轴线转180°后放下(销子插入)，则可实现棘轮沿顺时针方向间歇运动。

双向式的棘轮一般采用矩形齿(如图2-68d所示)。

轮齿式棘轮机构在回程时，棘爪在齿面上滑过，故有噪音，平稳性较差，且棘轮的步进转角又较小。如果调节棘轮的转角，可以改变棘爪的摆角或改变拨过棘轮齿数的多少，如图2-70所示，在棘轮上加一遮板，变更遮板的位置，即可使棘爪行程的一部分在遮板上滑过，不与棘轮的齿接触，从而改变棘轮转角的大小。

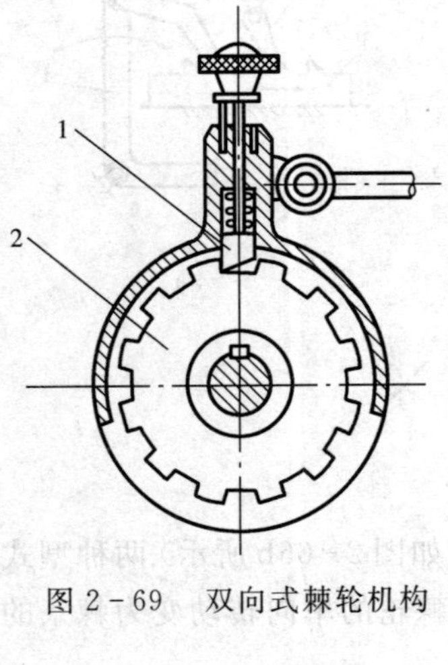

图2-69　双向式棘轮机构

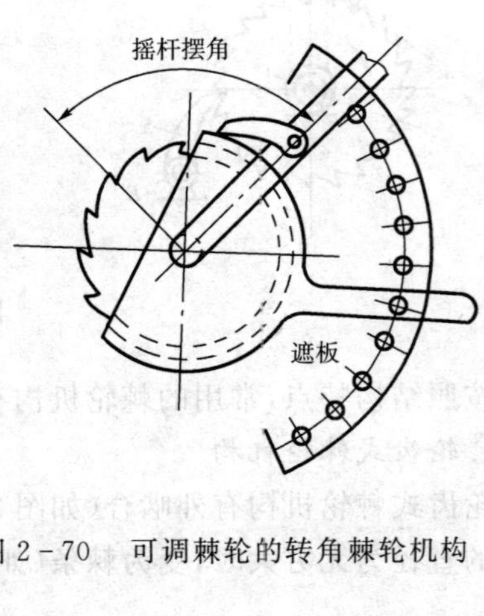

图2-70　可调棘轮的转角棘轮机构

2. 摩擦式棘轮机构

如图 2-71 所示为摩擦式棘轮机构，它的工作原理与轮齿式棘轮机构相同，只不过用偏心扇形块代替棘爪，用摩擦轮代替棘轮。当杆 1 逆时针方向摆动时，扇形块 2 楔紧摩擦轮 3 成为一体，使轮 3 也一同逆时针方向转动，这时止回扇形块 4 打滑；当杆 1 顺时针方向转动时，2 在轮 3 上打滑，这时 4 楔紧，以防止 3 倒转。这样当杆 1 作连续反复摆动时，轮 3 便得到单向的间歇运动。

常用的摩擦式棘轮机构如图 2-72 所示，当构件 1 顺时针方向转动时，由于摩擦力的作用使滚子 2 楔紧在构件 1、3 的狭隙处，从而带动 3 一起转动；当 1 逆时针方向转动时，滚子松开，3 静止不动。

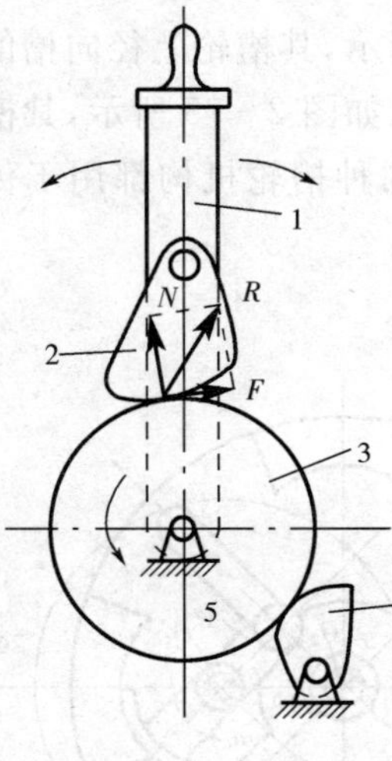

图 2-71 摩擦式棘轮机构

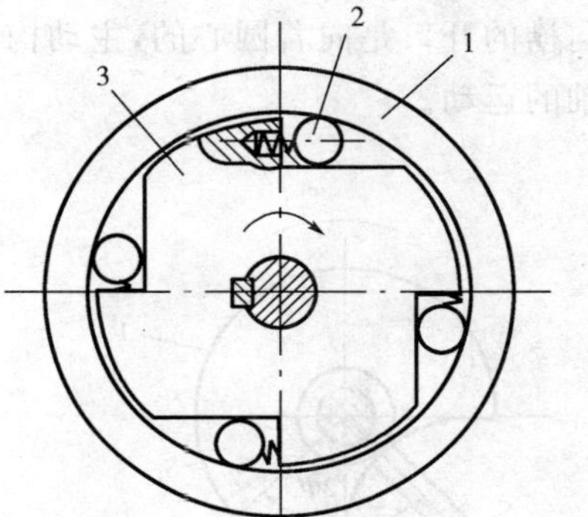

图 2-72 常用的摩擦式棘轮机构

3. 棘轮机构的优点、缺点和应用

轮齿式棘轮机构运动可靠，从动棘轮的转角容易实现有级的调节，但在工作过程中有噪声和冲击，棘齿易磨损，在高速运动时尤其严重，所以常用在低速、轻载下实现间歇运动。如图 2-73 所示的牛头刨床工作台的横向进给机构中，运动由一对齿轮传到曲柄 1；再经连杆 2 带动摇杆 3 作往复摆动；3 上装有棘爪，从而推动棘轮 4 作单向间歇转动；棘轮与螺杆固连，从而又使螺母 5(工作台) 作进给运动。若改变曲柄的长度，就可以改变棘爪的摆角，以调节进给量。

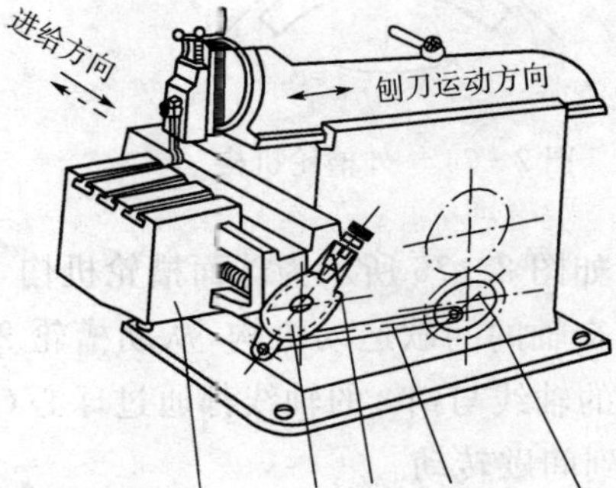

图 2-73 牛头刨床中的棘轮机构

棘轮机构还常用于实现转位运动、快速超越运动及在起重、绞盘等机械装置中用于使提升的重物能停止在任何位置上，以防止由于停电等原因造成事故。

摩擦式棘轮机构传递运动较平稳，无噪音，从动构件的转角可作无级调节，常用来做超越离合器，在各种机构中实现进给或传递运动。但运动准确性差，不宜用于运动精度要求高的场合。

2.4.2 槽轮机构

1. 槽轮机构的工作原理和类型

如图 2-74 所示，槽轮机构由具有径向槽的槽轮 2 和具有圆销的构件 1 以及机架所组成。当 1 的圆销 G 未进入 2 的径向槽时，由于 2 的内凹锁住弧 S_2 被 1 的外凸圆弧 S_1 卡住，故 2 静止不动。图 2-74 所示为圆销 G 开始进入槽轮径向槽的位置，这时锁住弧 S_2 被松开，因而圆销能驱使槽轮沿与 1 相反的方向转动。当圆销开始脱出槽轮的径向槽时，槽轮的另一内凹锁住弧又被 1 的外凸圆弧卡住，致使 2 又静止不动，直至 1 的圆销再进入 2 的另一径向槽时，两者又重复上述的运动循环。这样，当主动构件 1 作连续转动时，槽轮 2 便得到单向的间歇转动。

平面槽轮机构有两种型式：一种是外槽轮机构，如图 2-74 所示，其槽轮上径向槽的开口是自圆心向外，主动构件与槽轮转向相反；另一种是内槽轮机构，如图 2-75 所示，其槽轮上径向槽的开口是向着圆心的，主动构件与槽轮的转向相同。这两种槽轮机构都用于传递平行轴的运动。

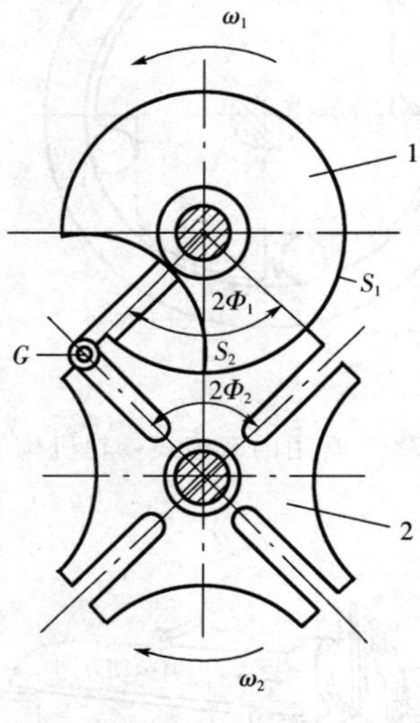

图 2-74　外槽轮机构

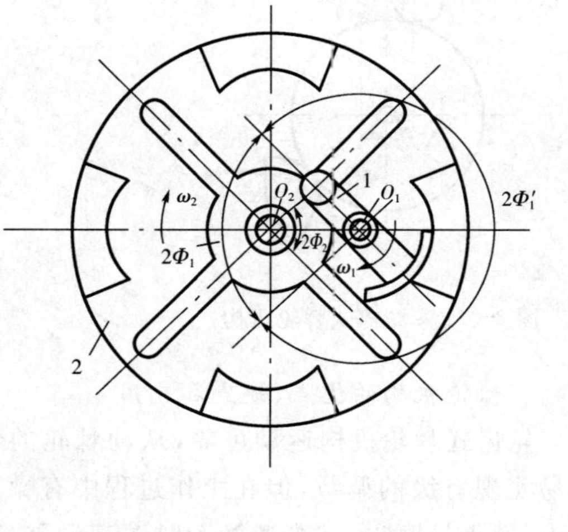

图 2-75　内槽轮机构

如图 2-76 所示为球面槽轮机构，它是用于传递两垂直相交轴的间歇运动机构，从动槽轮 2 呈半球形，主动构件 1 的轴线与销 3 的轴线都通过球心 O，当 1 连续转动时，2 得到间歇转动。

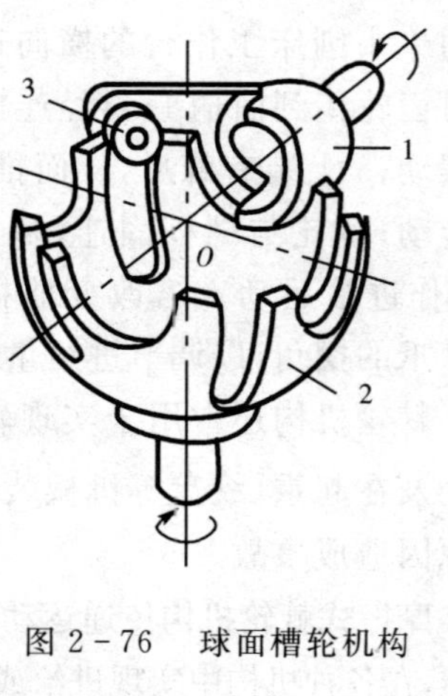

图 2-76　球面槽轮机构

2. 槽轮机构的优点、缺点和应用

槽轮机构结构简单，工作可靠，在进入和脱离啮合时运动较稳，能准确控制转动的角度。但槽轮的转角大小不能调节，而且在槽轮转动的始、末位置加速度变化较大，所以有冲击。槽轮机构一般应用在转速不高和要求间歇的转动的装置中。例如在电影放映机中，用以间歇地移动影片；在自动机中，用以间歇地转动工作台或刀架。如图 2－77 所示为自动机中的自动传送链装置。运动由主动构件 1 传给槽轮 2，再经一对齿轮 3、4 使与齿轮 4 固连的链轮 5 作间歇转动，从而得到传送链 6 的间歇移动，传送链上装有装配夹具的安装支架 7，故可满足自动线上的流水装配作业。

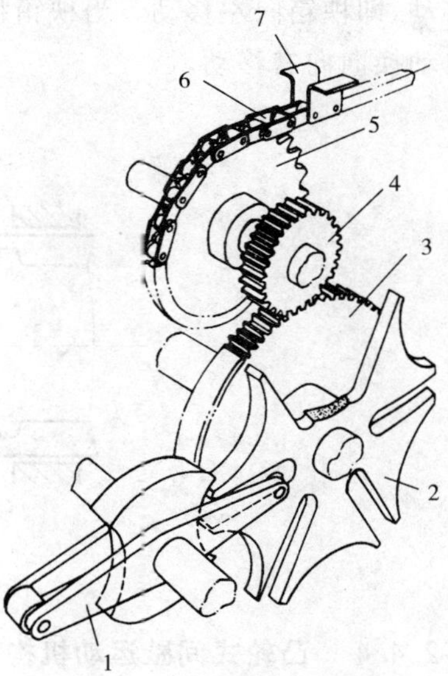

图 2－77　槽轮机构的应用

2.4.3　不完全齿轮机构

1. 不完全齿轮机构的工作原理和类型

不完全齿轮机构是由普通渐开线齿轮机构演化而成的一种间歇运动机构。它与普通渐开线齿轮机构不同之处是轮齿不布满整个圆周，如图 2－78 所示。图示当主动轮 1 转一周时，从动轮 2 转六分之一周，从动轮每转停歇六次。当从动轮停歇时，1 上的锁住弧 S_1 与 2 上的锁住弧 S_2 互相配合锁住，以保证从动轮停歇在预定的位置。

不完全齿轮机构的类型有：外啮合(图 2－78)、内啮合(图 2－79)。与普通渐开线齿轮一样，外啮合的不完全齿轮机构两轮转向相反，内啮合的不完全齿轮机构两轮转向相同。当轮 2 的直径为无穷大时，变为不完全齿轮齿条(图 2－79)，这时轮 2 的转动变为齿条的移动。

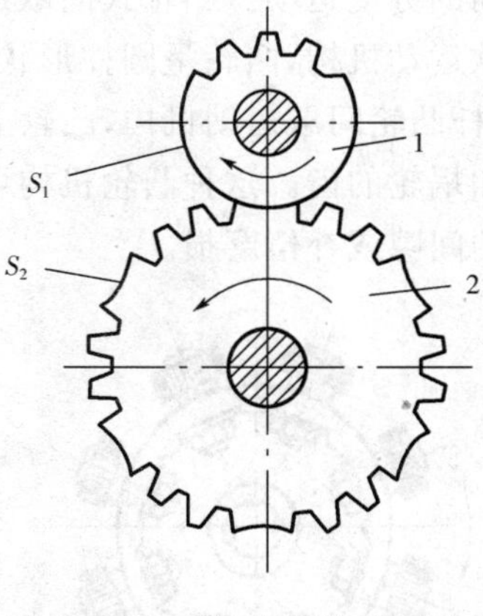

图 2－78　不完全齿轮(外啮合)

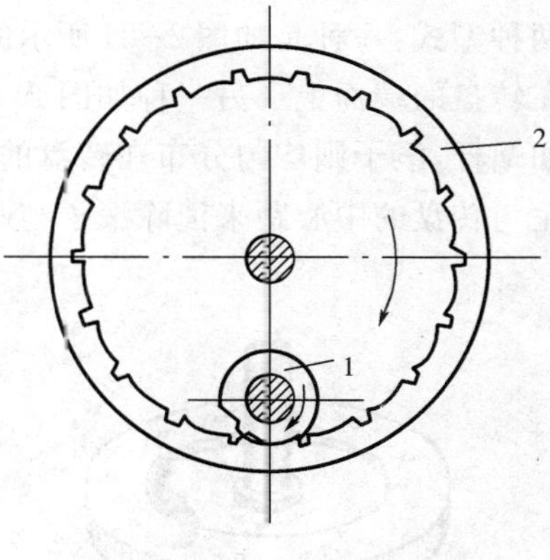

图 2－79　不完全齿轮(内啮合)

2. 不完全齿轮机构的优点、缺点和应用

不完全齿轮机构与槽轮机构相比，其从动轮每转一周的停歇时间、运动时间及每次转动的角度变化范围都较大，设计较灵活。但其加工工艺较复杂，而且从动轮在运动的开始与终止时冲击较大，故一般用于低速、轻载的场合，如在自动机和半自动机中用于工作台的间歇转位，以及要求具有间歇运动的进给机构、计数机构等。如图 2－80 所示为插秧机的秧箱移行机构。该机构由与摆杆固连的棘爪 1、棘轮 2、与棘轮固连的不完全齿轮 3、上下齿条 4(秧箱)组成。当构件 1 顺时针方向摆动时，2、3 不动，秧箱 4 停歇，这时秧爪(图中未示出)取秧；当取秧完毕，构件 1 逆时针方向摆动，2 与 3 一同逆时针方向转动，3 与上齿条 4 啮合，使 4 向左移动，即秧箱向左移动。当秧箱移到终止位置(如图示位置)，轮 3 与下齿条 4 啮合，使秧箱自动换向向右移动。

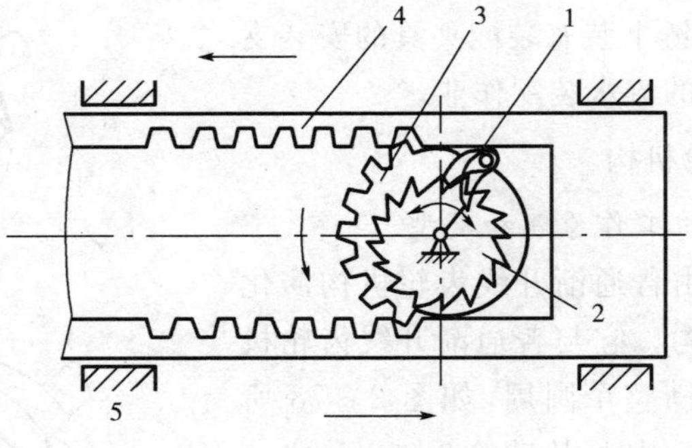

图 2-80　不完全齿轮的应用

2.4.4　凸轮式间歇运动机构

1. 凸轮式间歇运动机构的工作原理和类型

如图 2-81 所示，凸轮式间歇运动机构是由凸轮 1、转盘 2 及机架所组成。转盘 2 端面上固定有周向均布的若干滚子 3。当主动凸轮转过曲线梢所对应的角度 β 时，凸轮曲线槽推动滚子，使从动转盘转过相邻两滚子所夹的中心角 $2\pi/z$，其中，z 为滚子数；当凸轮继续转过其余角度 $(2\pi-\beta)$ 时，转盘静止不动，并靠凸轮的棱边进行定位。这样，当凸轮连续地或周期地转动时，就可得到转盘的间歇转动，从而实现交错轴间的分度运动。凸轮式间歇运动机构一般有两种型式：一种是如图 2-81 所示的圆柱凸轮间歇运动机构，凸轮呈圆柱形状，滚子均匀分布在转盘的端面上。另一种如图 2-82 所示，为蜗杆凸轮间歇运动机构，凸轮上有一条突脊犹如蜗杆，滚子则均匀分布在转盘的圆柱面上，犹如蜗轮的齿。这种凸轮机构可以通过调整凸轮与转盘的中心距来消除滚子与凸轮突脊接触的间隙或补偿磨损。

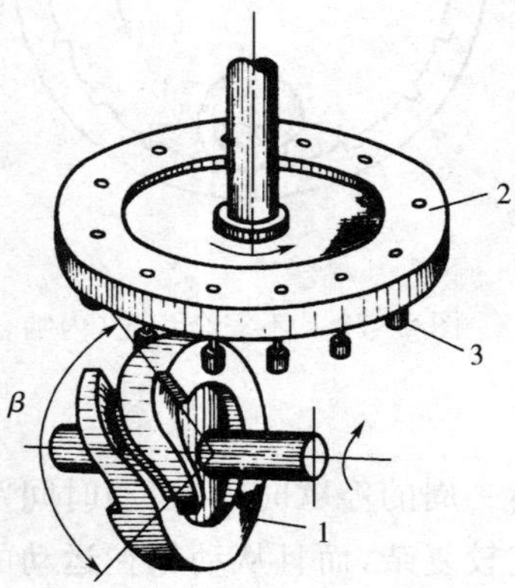

图 2-81　凸轮式间歇运动机

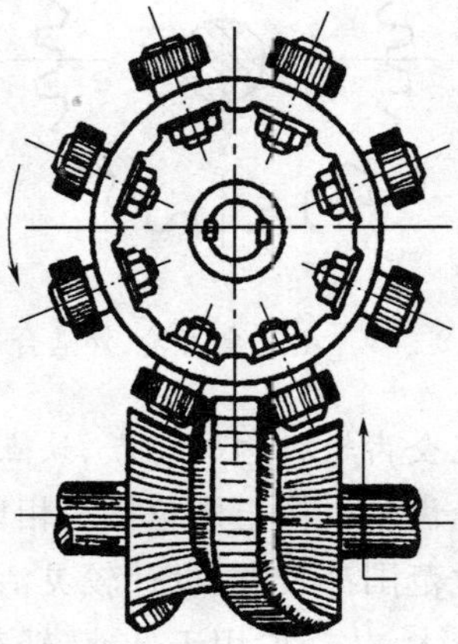

图 2-82　蜗杆凸轮间歇运动机构

2. 凸轮式间歇运动机构的优、缺点和应用

棘轮机构、槽轮机构和不完全齿轮机构是常用的间歇运动机构，由于它们的结构、运动和动力条件的限制，一般只能用于低速的场合。而凸轮式间歇运动机构则可以合理地选择

转盘的运动规律，使得机构传动平稳，动力特性较好，冲击振动较小，而且转盘转位精确，不需要专门的定位装置，因而主要用于高速转位（分度）机构中。但凸轮加工较复杂，精度要求较高，装配调整也比较困难。在电机矽钢片的冲摘机、拉链嵌齿机、火柴包装机等机械装置中，都应用了凸轮间歇运动机构来实现高速的分度运动。

如图 2-83 所示为钻孔攻丝机的转位机构。运动由变速箱传给圆柱凸轮 1，经转盘 2 及与 2 固连的齿轮 3，传到齿轮 4，使与 4 固连的工作台 5 获得间歇的转位。

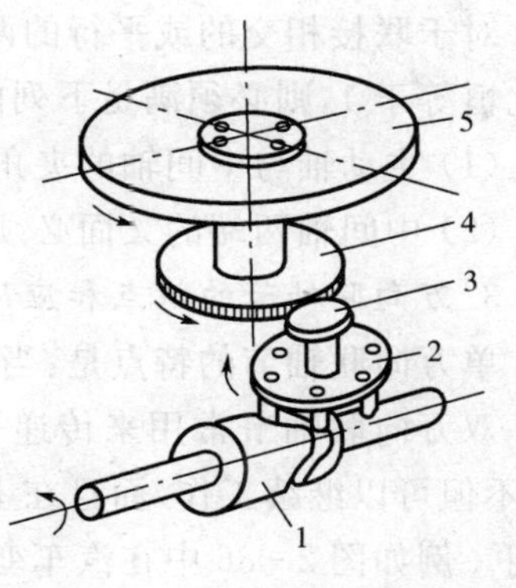

图 2-83　钻孔攻丝机的转位机构

2.5　其他常用机械机构

2.5.1　万向联轴节

1. 单万向联轴节

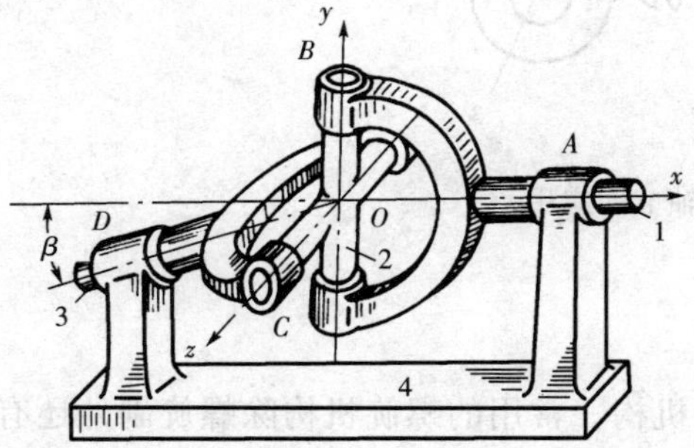

图 2-84　单万向联轴节

单万向联轴节用来传递两相交轴间的转动。如图 2-84 所示为单万向联轴节的结构简图。

主动轴 1 和从动轴 3 端部带有叉，两叉与十字头 2 组成转动副 B、C。

轴 1 和轴 3 与机架 4 组成转动副 A、D。转动副 A 和 B、B 和 C 及 C 和 D 的轴线分别互相垂直，并均相交于十字头的中心点 O。

当主动轴 1 回转一周时，从动轴 3 也随着回转一周，但是两轴的瞬时角速度并不时时相等，即当轴 1 以等角速度 ω_1 回转时，轴 3 作变角速度 ω_3 回转。

2. 双万向联轴节

由于单万向联轴节从动轴 3 的角速度 ω_3 作周期性变化，因而在传动中将引起附加的动载荷，使轴产生振动。为消除这一缺点，可采用双万向联轴节，即用一个中间轴 M 和两个单万向联轴节将主动轴 1 和从动轴 3 连接起来，如图 2-85 所示。在传递运动中，由于主、从动轴的相对位置发生变化，两万向节之间距离也相对发生变化，因此中间轴做成两部分，用滑键联接，以自动调节中间轴长度的变化。

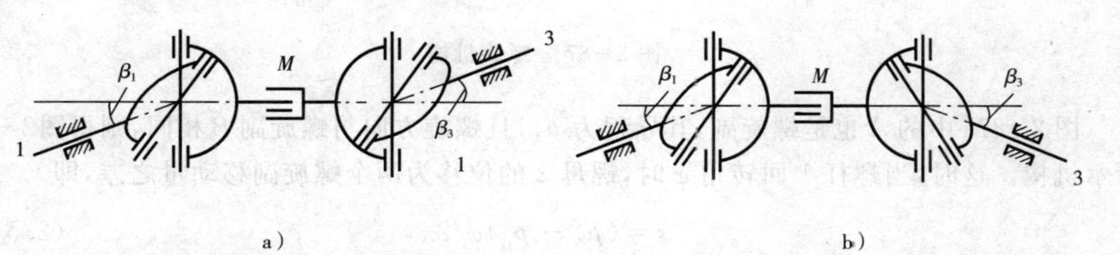

图 2-85　双万向联轴节

对于联接相交的或平行的两轴的双万向联轴节，如要使主、从动轴的角速度相等，即角速比恒等于1，则必须满足下列两个条件：

(1) 主动轴与中间轴的夹角必须等于从动轴与中间轴的夹角。

(2) 中间轴两端的叉面必须位于同一平面内。

3. 万向联轴节的特点和应用

单万向联轴节的特点是：当两轴夹角变化时仍可继续工作，而只影响其瞬时角速比的大小。双万向联轴节常用来传递平行轴或相交轴的转动，它的特点是：当两轴间的夹角变化时，不但可以继续工作，而且在上述两条件下，还能保证等角速比，因此在机械中得到广泛的应用。例如图2-86中在汽车变速箱1和后桥主传动器3之间用双万向联轴节2联接，当汽车行驶时，由于道路的不平会引起变速箱输出轴和后桥输入轴相对位置的变化，这时联轴节的中间轴与它们的倾角虽然也有相应的变动，但是传动并不中断，汽车仍能继续行驶。

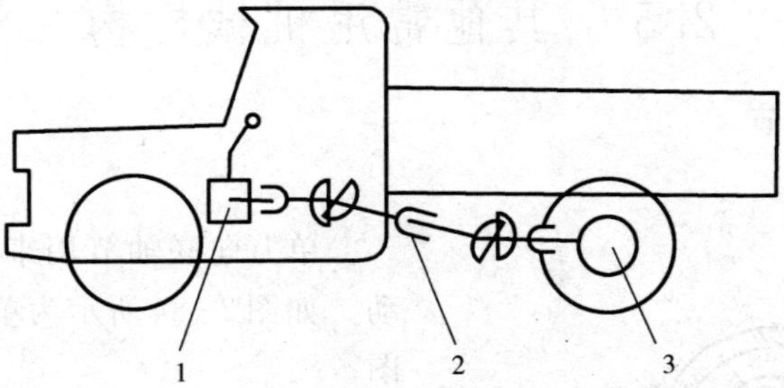

图2-86　万向联轴节的应用

2.5.2　螺旋机构

1. 螺旋机构的工作原理和类型

由螺旋副联接相邻构件而成的机构称为螺旋机构。常用的螺旋机构除螺旋副外还有转动副和移动副。如图2-87所示为最简单的三构件螺旋机构。其中构件1为螺杆，构件2为螺母，构件3为机架。在图2-87a中，B为螺旋副，其导程为p_B；A为转动副；C为移动副。

当螺杆1回转角φ时，螺母2的位移s为

$$s = p_B\varphi/2\pi$$

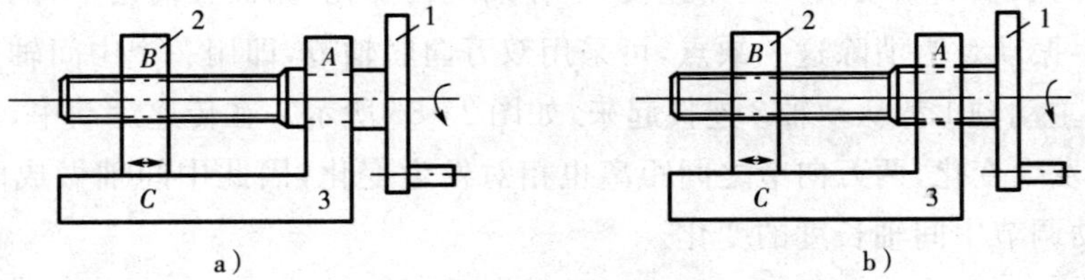

图2-87　螺旋机构

图2-87a中的A也是螺旋副，其导程为p_A，且螺旋方向与螺旋副B相同，则得图2-87b所示机构。这时，当螺杆1回转角φ时，螺母2的位移为两个螺旋副移动量之差，即

$$s = (p_A - p_B)\varphi/2\pi \tag{2.5-1}$$

由上式可知，若p_A和p_B近于相等时，则位移s可以极小。这种螺旋机构通称为差动螺旋。

如果如图 2-87b 所示螺旋机构的两个螺旋方向相反而导程的大小相等，那么，螺母 2 的位移为

$$s=(p_A+p_B)\varphi/2\pi=2p_A\varphi/2\pi=2s' \tag{2.5-2}$$

式中：s' 为螺杆 1 的位移。

由上式可知，螺母 2 的位移是螺杆 1 位移的两倍，也就是说，可以使螺母 2 产生较快的移动。这种螺旋机构通称为复式螺旋。

2. 螺旋机构的特点和应用

螺旋机构结构简单，制造方便，它能将回转运动变换为直移运动，运动准确性高，降速比大，可传递很大的轴向力，工作平稳、无噪音，有自锁作用，但效率低，需有反向机构才能反向传动。例如图 2-73 所示的牛头刨床工作台的导螺杆，若要使工作台反向移动，必须采用如图2-69 所示的可变向棘爪的棘轮机构。螺旋机构在机械工业、仪器仪表、工装夹具、测量工具等用得较广泛。如螺旋压力机、千斤顶、车床刀架和工作台的移动、台钳、车厢联接器、螺旋测微器、绘图仪器的两脚规等等。

如图 2-88 所示为镗床镗刀的微调机构。螺母 2 固定于镗杆 3。螺杆 1 与螺母 2 组成螺旋副 A；同时又与螺母 4 组成螺旋副 B。4 的末端是镗刀，它与 2 组成移动副 C。螺旋副 A 与 B 旋向相同而导程不同。根据差动螺旋原理，当转动螺杆 1 时，镗刀相对镗杆作微量的移动，以调整镗孔的进刀量。

如图 2-89 所示为压榨机构。螺杆 1 两端分别与螺母 2、3 组成旋向相反、导程相同的螺旋副 A 与 B。根据复式螺旋原理，当转动螺杆 1 时，螺母 2 与 3 很快地靠近，再通过连杆 4、5 使压板 6 向下运动，以压榨物件。

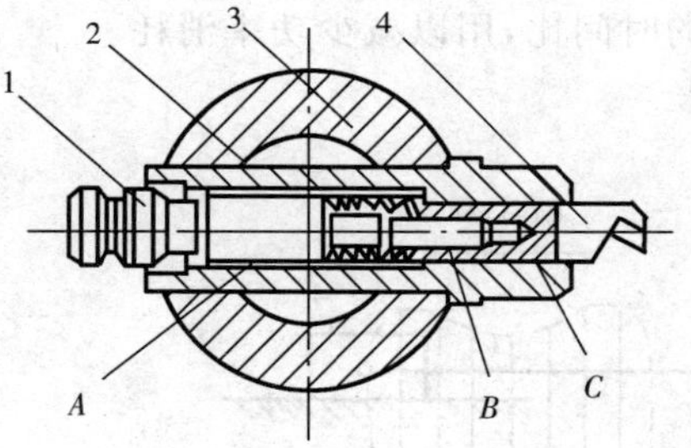

图 2-88　镗床镗刀的微调机构

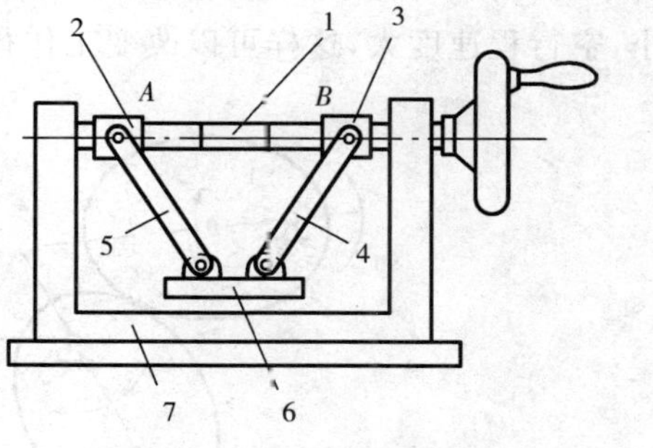

图 2-89　压榨机构

2.5.3　非圆齿轮机构

1. 非圆齿轮机构的工作原理和类型

在机械中广泛应用的圆柱齿轮机构，其瞬心线是圆形的，因而互相啮合的的两轮瞬时传动比为定值。如果一对齿轮的瞬心线保持纯滚动接触，其中心距不变，而其瞬时传动比按一定规律变化，这样的瞬心线是非圆形的曲线，沿非圆形瞬心线切出齿形，就成为非圆齿轮。

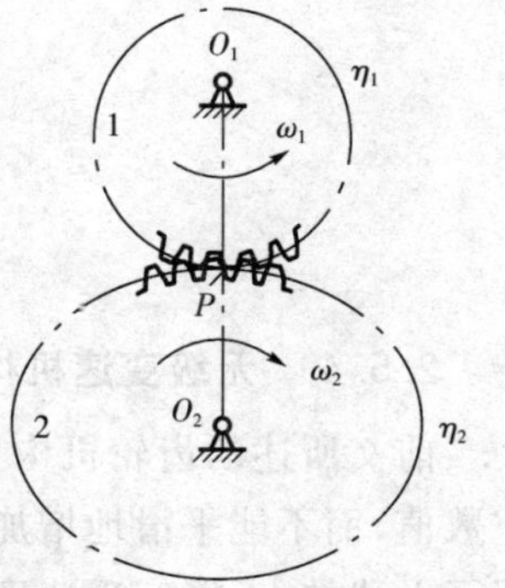

图 2-90　非圆齿轮机构

非圆齿轮的型式很多，常用的是椭圆齿轮，如图2-91 所示，它的瞬心线是一对大小相等的椭圆。此外，还有其他曲线

作为瞬心线。如图 2-90 所示的瞬心线是偏心圆和卵形曲线。

椭圆齿轮的传动比是周期性变化的，其变化规律如图 2-92 所示。

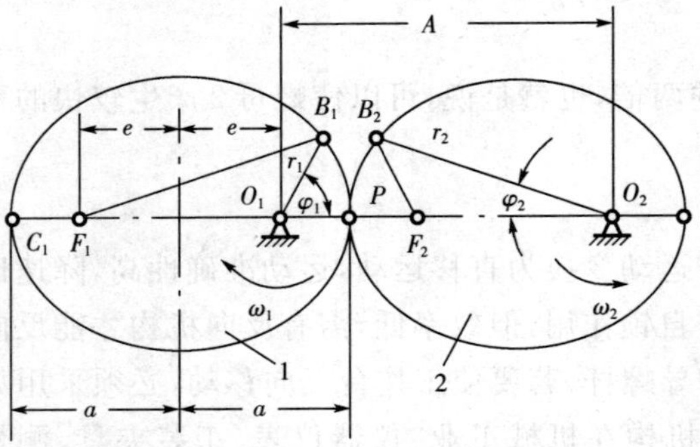

图 2-91　瞬心线是椭圆的非圆齿轮机构

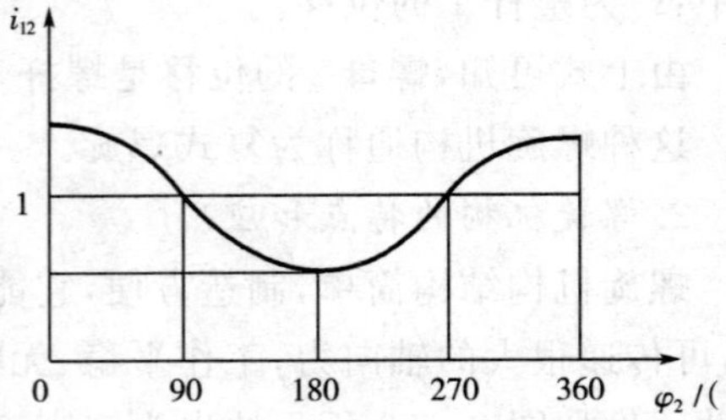

图 2-92　椭圆齿轮的传动比变化图

2. 非圆齿轮的特点和应用

非圆齿轮的特点是传动比按一定规律变化，因此常用在要求从动轴速度需要按一定规律变化的场合。如在辊筒式平版印刷机的自动送纸装置中，当纸送进到印刷辊筒之前，需要校准，这时要求纸的送进速度应该最小，以免纸被压皱；当纸向机器送进时，要求纸张速度近似等于辊筒的圆周速度，因此纸的送进速度是变化的。用一对椭圆齿轮可以实现这个要求。

非圆齿轮可以与其他机构组合，用来改变传动的运动特性和改善动力条件。如图2-93所示的卧式压力机中，使用椭圆齿轮来带动压力机的对心曲柄滑块机构，使工作行程速度小，空行程速度大，这样可以改变工作行程与空行程的时间比，用以减少功率消耗。

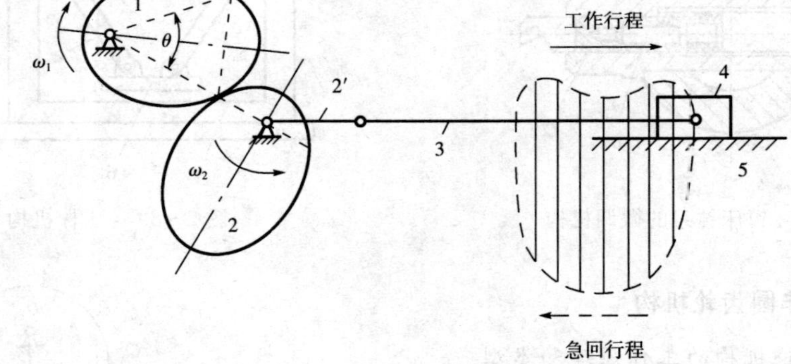

图 2-93　非圆齿轮机构的应用

2.5.4　无级变速机构

前文所述的齿轮机构主要功能之一是为了进行速度的变换，但其传动比限定在一个确定数值，而不能平滑地增加或减小，因此变速能力受到大大降低。而无级变速机构的出现克服了上述缺点，能实现速度的连续变化。

无级变速机构主要用在动力机械中，尤其以汽车和摩托车为主。

无级自动变速机构，又称为机械无级传动变速机构（Continuously Variable Transmission，简称 CVT）。一般的，机械无级传动变速机构通常由几个子机构组成，故常称为机械自动无级变速“器”。

机械无级传动变速器克服了普通变速器固有的齿轮传动比不连续和零件数量过多的缺点，具有传动比连续、传递动力平稳、操纵方便等特点，真正实现了无级变速。早期的机械无级变速器是通过两个锥体改变接触半径而实现传动比连续变化，但由于接触部分挤压应力太高，难以进入实用化。后发展成为采用橡胶材料的带传动，又受传动带寿命的影响，无法满足汽车行驶的需要。德国的 PIV 公司从 1956 年起，开始研究链传动的 CVT，德国大众等公司也曾在轿车上装用过这种变速器。到 20 世纪 80 年代，出现了技术上的突破，橡胶带被由许多薄钢片穿成的钢带代替，使其与两个锥轮的槽在不同半径上“咬合”来改变速比。1987 年，福特公司首次在市场上推出装用这种钢带的 CVT，日本富士重工、菲亚特等公司已批量投产。

从理论上说，CVT 可以使发动机始终在其经济转速区域内运行，从而大幅度改善燃油经济性。但由于 CVT 是摩擦传动，与齿轮传动相比效率并不高，从目前的情况来看，节省 10% ～ 20% 的燃油是可能实现的。此外，CVT 在加速时不需切断动力，因此，装备 CVT 的汽车乘坐舒适，超车加速性能好。

按变速原理分，机械无级传动变速器主要有以下两种形式 —— 摩擦式无级变速器和脉冲式无级变速器。

1. 摩擦式无级变速器

摩擦式无级变速器中以带式无级变速器为典型，现介绍如下。

带式无级变速器的无级变速传动原理见图 2 - 94a。金属带安装在两个 V 型轮中，这两个 V 型轮保持一固定距离，由液压系统产生的压力作用于 V 型轮上，形成轴向力。轴向力是可变的，以此来调节带在 V 型轮上的节圆半径。主、从动轮的节圆半径连续发生变化，达到无级地改变传动比。V 型轮由两部分组成，每一部分称为锥盘。带上的摩擦片与锥盘表面相接触。在运行中，主动锥盘通过与摩擦片表面接触产生的摩擦力向前带动摩擦片，而后一个摩擦片又推压前一个摩擦片，在二者之间产生压力，这个压力形成于接触弧的始端，至终端逐渐变大。摩擦片通过与锥盘表面接触，产生摩擦力向前带动从动锥盘，动力就从主动盘传到从动盘。

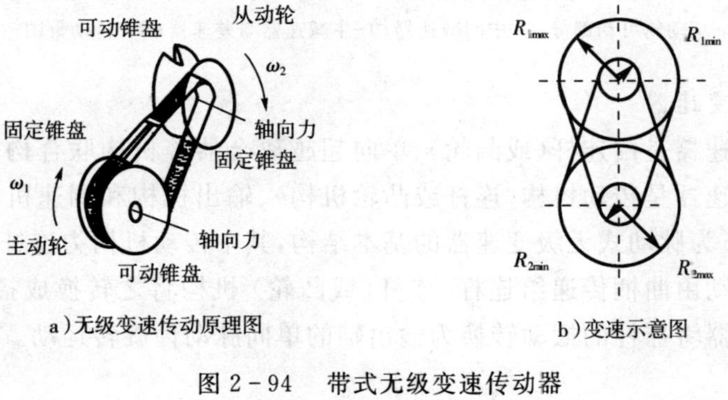

a）无级变速传动原理图　　b）变速示意图

图 2 - 94　带式无级变速传动器

图2-95为某汽车中所用的带式无级变速器的结构简图。该系统主要包括主动轮组、从动轮组、传动带和液压泵等基本部件。主动轮组和从动轮组都由可动盘和固定盘组成，与油缸靠近的一侧带轮可以在轴上滑动，另一侧则固定。可动盘与固定盘都是楔形面结构，它们的楔形面形成V型槽来与V型传动带啮合。发动机输出轴输出的动力首先传递到CVT的主动轮，然后通过V型传动带传递到从动轮，最后经减速器、差速器传递给车轮来驱动汽车。当主动带轮轴向夹紧力增加，主动轮可动部分向主动轮固定部分靠近，主动带轮间距减小，因带轮的V型楔面作用，传动带沿带轮径向向外滑移，作用半径增大。在变速过程中，由于传动带长度一定，从动轮可动部分受传动带力的作用，背离从动轮固定部分向外移动，从动锥轮间距将增大，从动轮的作用半径因此减小，从而使无级变速传动比减小。当主动带轮轴向夹紧力减小，则有相反的作用过程，导致无级变速传动比增加。传动带无级变速传动正是通过调整作用在主、从动轮的轴向夹紧力，从而改变了传动带在主、从动轮上的作用半径，进而实现无级调速的。

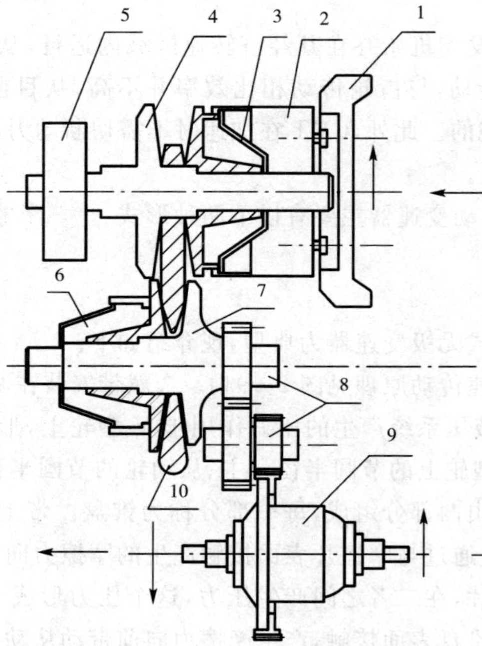

图2-95　带式无级变速器的应用

1-发动机飞轮；2-离合器；3-主动轮液压控制缸；4-主动轮可动部分；5-油泵；6-从动轮液压控制缸；7-从动轮可动部分；8-中间减速器；9-主减速器与差速器；10-传动带图

2. 脉动式无级变速器

脉动式无级变速器是由连杆(或凸轮)、单向超越离合器等机构联合构成的一种组合机构。脉动式无级变速器是传动机构(连杆或凸轮机构)、输出机构和调速机构三部分组成的调速装置。图2-96为脉动式无级变速器的基本结构，其中传动机构为连杆机构。变速器输入轴的匀速旋转运动由曲柄传递给连杆，连杆(或凸轮)机构将之转换成摇杆的往复运动，最后单向超越离合器将摇杆的摆动转换为输出轴的单向脉动性旋转运动。

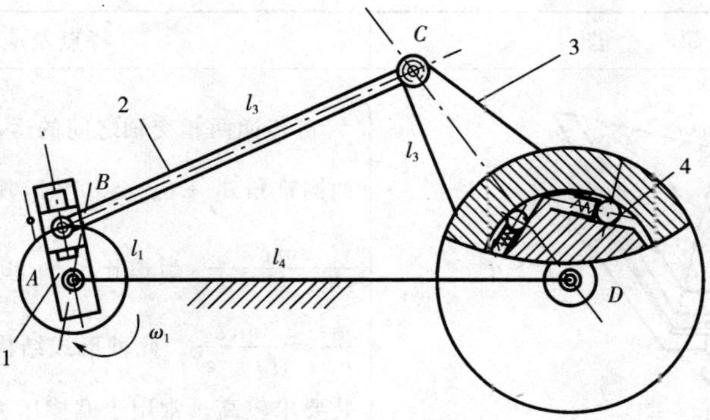

图 2-96　脉动式无级变速器

2.5.5　摩擦传动机构

1. 摩擦传动机构的工作原理及特点

摩擦传动机构由两个相互压紧的摩擦轮及压紧装置等组成。它是靠接触面间的摩擦力传递运动和动力的。这种机构的优点是结构简单、制造容易、运转平稳、过载可以打滑（可防止设备中重要零部件的损坏）以及能无级改变传动比，因而有较大的应用范围。但由于运转中有滑动、传动效率低、结构尺寸较大、作用在轴和轴承上的载荷大等缺点，故只宜用于传递动力较小的场合。

2. 摩擦传动机构的类型及应用

表 2-4 给出了常用摩擦传动机构的类型及应用场合，供设计时参考。

表 2-4　摩擦传动机构的类型及应用场合

类型	简　图	特点及应用
圆柱平摩擦传动机构	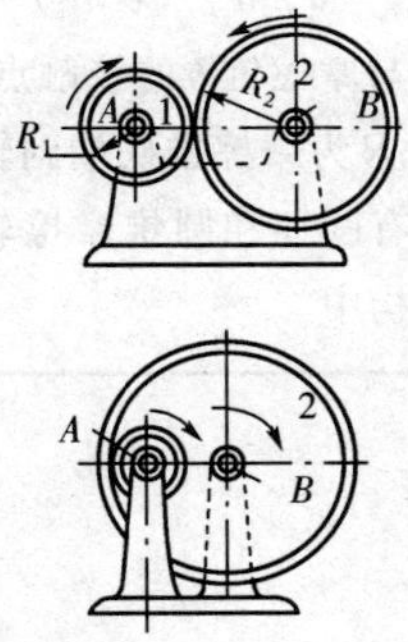	分为外切与内切两种类型，轮 1 和轮 2 的传动比为 $i_{12}=\frac{n_1}{n_2}=\mp\frac{R_2}{R_1(1-\varepsilon)}$，ε 为滑动率，通常 ε = 0.01 ～ 0.02；"−"、"+" 分别用于外切和内切，表示两轮转向相反或相同。此种形式结构简单，制造容易，但压紧力大，宜用于小功率传动
圆柱槽摩擦传动机构	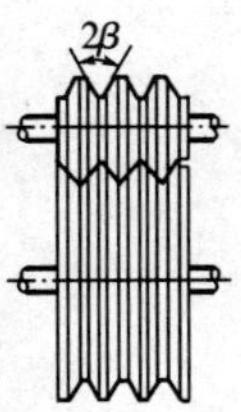	压紧力较圆柱平摩擦传动机构小，当 $\beta=15°$ 时，约为平摩擦传动机构的 30%。但这种机构易发热与磨损，故效率较低，对加工和安装要求较高，该机构常用于铰车驱动装置等机械中

（续表）

类型	简　　图	特点及应用
圆锥摩擦轮传动机构	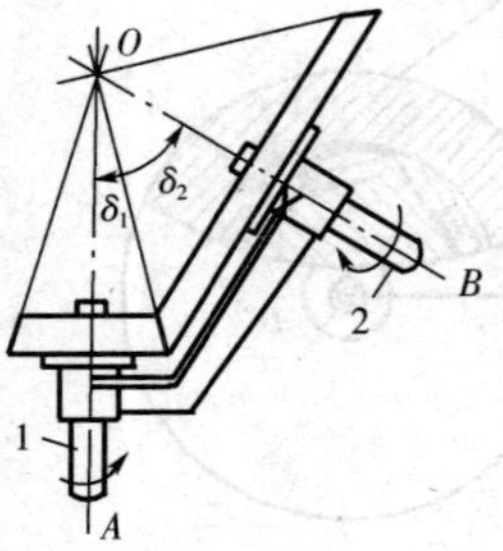	可传递两相交轴之间的运动，两轮锥面相切。当两圆锥角 $\delta_1+\delta_2\neq 90^\circ$ 时，其传动比为 $i_{12}=\dfrac{n_1}{n_2}=\dfrac{\sin\delta_2}{\sin\delta_1(1-\varepsilon)}$，当 $\delta_1+\delta_2=90^\circ$ 时，其传动比为 $i_{12}=\dfrac{n_1}{n_2}=\dfrac{\tan\delta_2}{(1-\varepsilon)}$。此种形式结构简单，易于制造，但安装要求较高。常用于摩擦压力机中
滚轮圆盘式摩擦传动机构	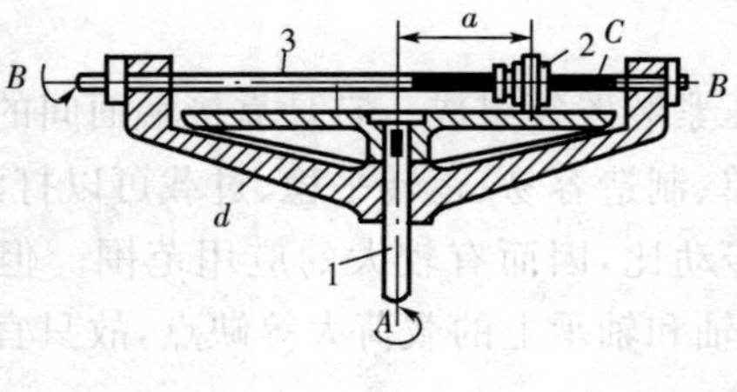	用于传递两垂直相交轴间的运动。盘形摩擦轮 d 装在轴1上，滚轮2装在轴3上，并可沿轴3上的滑键 C 移动。传动比为 $i_{12}=\dfrac{n_1}{n_2}=\dfrac{r}{a(1-\varepsilon)}$，式中，$r$ 为滚轮2的半径；a 为滚轮2与摩擦盘 d 的接触点到轴线 A 的距离。此种形式压紧力较大，易发热和磨损。如果将滚轮2制成鼓形，可减少几何滑动。如果轴向移动滚轮2，可实现正反向无级变速。常用于摩擦压力机中
滚轮圆锥式摩擦传动机构	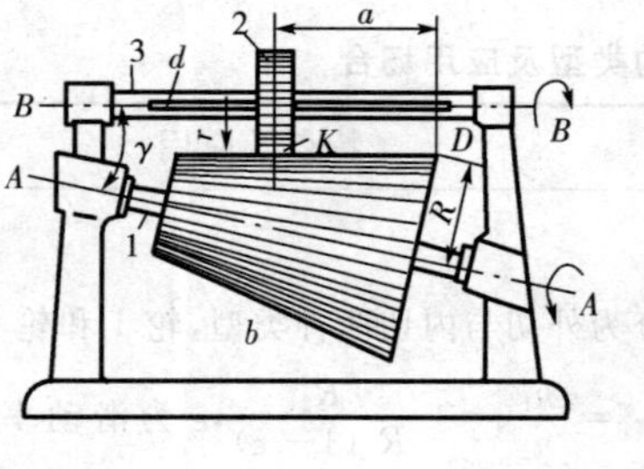	滚轮2绕轴3的固定轴线 $B-B$ 转动，并可在轴3的滑键上移动。轴线 $A-A$ 与 $B-B$ 间夹角为 γ，其值等于摩擦锥 b 的半锥角。轴1与轴3的传动比为 $i_{13}=\dfrac{n_1}{n_3}=\dfrac{r}{(R-a\sin\gamma)(1-\varepsilon)}$，式中，$r$ 为滚子半径；a 为滚轮2与摩擦锥 b 的接触点 K 到摩擦锥底端 D 点间的距离；R 为摩擦锥底端到轴线 $A-A$ 间的半径。该机构兼有圆柱和圆锥摩擦轮的特点，可用于无级变速的机构中

2.5.6　液动机构和气动机构

1. 液动机构

液动机构是以具有压力的液体作为工作介质来实现能量传递与运动变换的机构，其广泛应用于矿山、冶金、建筑、交通运输和轻工等行业。

(1) 液动机构的特点

液压传动与机械传动、气动传动等相比具有下述优点：

① 易于无级调速，调速范围大。

② 体积小、重量轻，输出功率大。

③ 工作平稳，易于实现快速起动、制动、换向等动作。

④ 控制方便。

⑤ 易于实现过载保护。

⑥ 由于液压元件自润滑、磨损小，工作寿命长。

⑦ 液压元件易于标准化、模块化、系列化。

(2) 液压传动也具有下述缺点：

① 油液具有压缩性、易泄漏，易于污染环境且传动不准确。

② 液体对温度敏感，不宜在变温或低温环境下工作。

③ 效率较低，不宜作远距离传动。

④ 制造精度要求高。

2. 液动机构应用实例

图 2-97 为一机械手手臂伸缩液动机构。它由数控装置发出指令脉冲，使步进电动机带动电位器动触头转动一个角度 θ。如果为顺时针转动，动触头偏离电位器中点，在其上的引出端便产生与指令信号成比例关系的微弱电压 u_1，经放大器放大为 u_2 作为信号电压输入电液伺服阀的控制线圈，使电液伺服阀产生一个与输入电流成比例的开口量。这时压力油以一定的流量 q 经阀的开口进液压缸左腔，推动活塞连同机械手手臂向右移动一定距离 x。液压缸右腔的油液经伺服阀流回油箱。

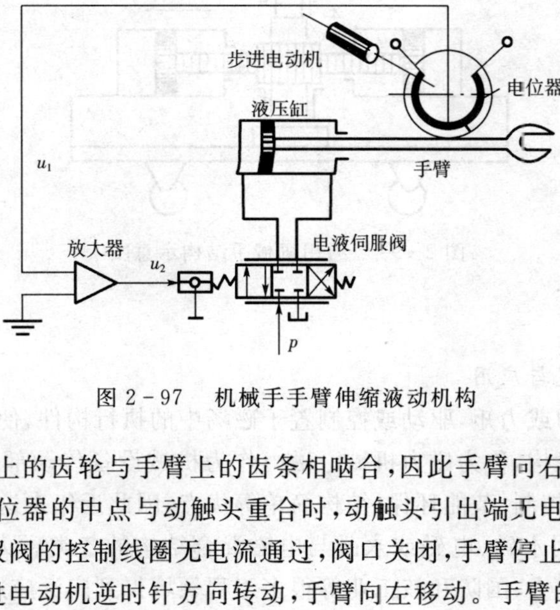

图 2-97　机械手手臂伸缩液动机构

由于电位器外壳上的齿轮与手臂上的齿条相啮合，因此手臂向右移动的同时，电位器逆时针方向转动。当电位器的中点与动触头重合时，动触头引出端无电压输出，放大器输出端的电压为零，电液伺服阀的控制线圈无电流通过，阀口关闭，手臂停止移动。反之，当指令脉冲的顺序相反，则步进电动机逆时针方向转动，手臂向左移动。手臂的运动速度决定于指令脉冲的频率，而其行程则取决于指令脉冲的数量。

3. 气动机构

与液动机构相类似，气动机构是以具有压力的气体作为工作介质来实现能量传递与运动变换的机构，同样广泛应用于矿山、冶金、建筑、交通运输和轻工等行业。

气动机构具有下述优点：

① 工作介质为空气，易于获取和排放，不污染环境。

② 空气黏度小，故压力损失小，适于远距离输送和集中供气。

③ 比液压传动响应快，动作迅速。

④ 适于在恶劣的环境下工作。

⑤ 易于实现过载保护。

⑥ 易于标准化、模块化、系列化。

4. 气动应用实例

如图 2-98 所示为一种比较简单的可移动式气动通用机械手的结构示意图。该机械手由真空吸头 l、水平缸 2、垂直缸 3、齿轮齿条副 4、回转缸 5 及小车等组成。可在三个坐标内工作。一般用于装卸轻质、薄片工件，如若更换适当的手指部件，还能完成其他工作。

该机械手的工作循环是：垂直缸上升 → 水平缸伸出 → 回转缸 → 转位 → 回转缸复位 → 回转缸退回 → 垂直缸下降。

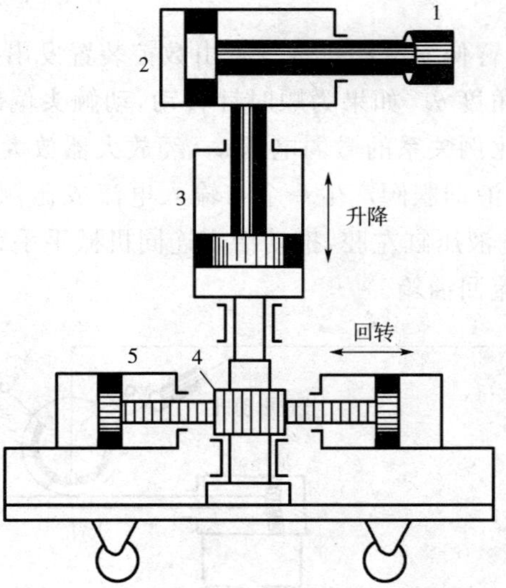

图 2-98　通用机械手结构示意图

2.5.7　磁力机构

1. 磁力机械的研究与应用

利用磁能产生的力或力矩，驱动或控制置于磁场中的执行构件，使其按确定的运动或动力要求动作的机器或机构，称为磁力机械。磁力作为机械设备传动部件或执行器的动力源时，设备一般具有易于控制、节能环保、结构简单等优点，因此近年来这方面的开发和应用越来越受重视。目前采用永磁、电磁或永磁与电磁混合结构的各类磁力机械已有很多，在机械、化工、汽车、土木、电力、国防和核工业等很多工程领域得到广泛应用。

从上述磁力机械研究和应用的现状看，在未来一段时间内，磁力机械将会在以下几方面得到发展。

(1) 磁力机械的应用领域将会不断加大。目前磁力机械的应用情况已显现了这种发展趋势。新型磁力机械将会不断被开发利用，尤其在一些常规机械不能胜任的极端工况下，磁力机械的应用将成为有效的解决方案。

(2) 考虑耦合和非线性的磁力机械系统建模方法，将使设计和分析模型更趋合理。一些磁力机械中考虑位移场、温度场和电磁场等多场耦合效应的数学模型能更真实地反映系统工作过程的动态行为，运用非线性理论和现代数值模拟技术对模型求解得出的系统结构和控制参数将更趋合理和精确，系统动力学品质相应地会得到提高。

(3) 相关学科理论的发展将使磁力机械系统设计计算的精度和效率不断提高。计算电磁学的发展将带动磁力机械学磁场设计理论和方法的完善,设计中一些长期使用的试凑方法和经验参数将被精确的计算方法和数据取代。一些现代控制方法的不断成熟,将提高磁力机械控制系统的综合性能。系统结构的实体建模、结构和控制参数的仿真与优化、多物理场场量的数值模拟与分析等应用软件已经并将继续提高磁力机械设计效率和水平。

(4) 工程领域内的技术进步,将克服目前一些磁力机械中存在的制造困难和性价比低等问题。磁应用领域的新材料、新工艺、新技术将使复杂结构的磁力机械的加工制造成为可能,性价比得到提高,从而也为磁力机械的开发和应用拓宽空间。

2. 典型磁力机械简介

(1) 磁力吸盘

磁力吸盘,是一种装卸简便、节能、多功能的高效能夹具。实践证明,磁力吸盘具有结构简单、设计合理、吸力大而均匀、使用方便、适用范围广泛、能提高加工精度、维修方便、使用寿命长等特点,广泛应用于各类平面磨床、工具磨床、铣床、刨床的材料加工;此外采用永磁磁力吸盘吸持工件,可进行吊运、锉削、钻孔或划线等作业。

目前应用的吸盘种类繁多,但大都是电磁式的,由于制作上的原因,使电磁磁力吸盘上的吸力较小而且不均匀,工作时有一定的危险性。近年来随着永磁材料的进展及磁路设计上的进步,为了节省能源、简化结构、消除噪音,国内外都在积极寻求采用永磁磁力吸盘以代替使用半个多世纪的电磁磁力吸盘。

以平面磨床上的永磁磁力吸盘为例,说明磁力吸盘的工作原理:

通过永磁体做成的吸盘,经过动盘和静盘间相对移动,从而使吸盘达到两种状态:当动盘导磁条与静盘导磁条相对时是吸着状态即吸盘处于工作状态,此时磁力线从吸盘表面出来,经过铁质工件而回到吸盘内部,这样就把工件牢牢吸住,以便进行加工(如图 2-99 所示);当动盘与静盘错开一定位置,使动盘导磁条与静盘导磁条两者相搭接时,吸盘处于非工作状态,此时磁力线还未达到吸盘表面时就在吸盘内部组成闭合回路,没有磁力线从吸盘表面出来,故对工件不产生吸力,此时可取下工件(如图 2-100 所示)。

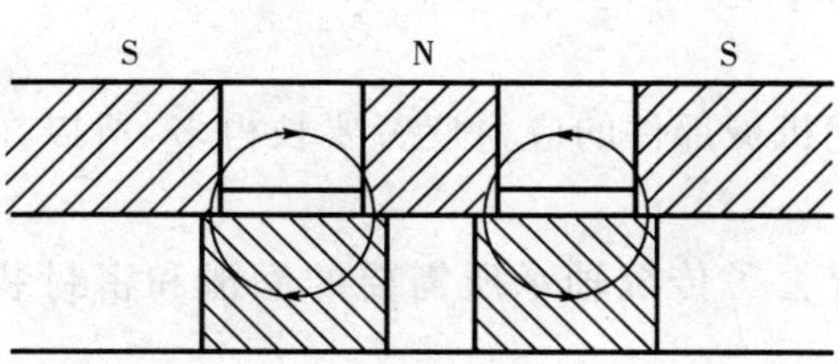

图 2-99　吸着状态图

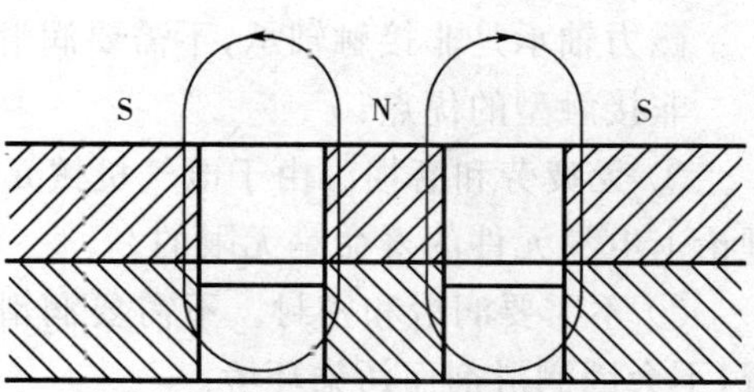

图 2-100　释放状态图

(2) 磁力轴承

磁力轴承是一种新型的高性能轴承,它是利用磁场力不使转轴产生机械摩擦,而又无润滑地悬浮在空间的非接触轴承。

磁力轴承主要由两部分组成:轴承本身及其电气控制系统。轴承由定子和转子组成,如图 2-101 所示为磁力轴承的工作原理图。定子上安装电磁铁,转子支承轴处装有铁磁环。定子电磁铁产生的磁场使转子被支承在要求的平衡位置上,即转子由于电磁力的平衡作用

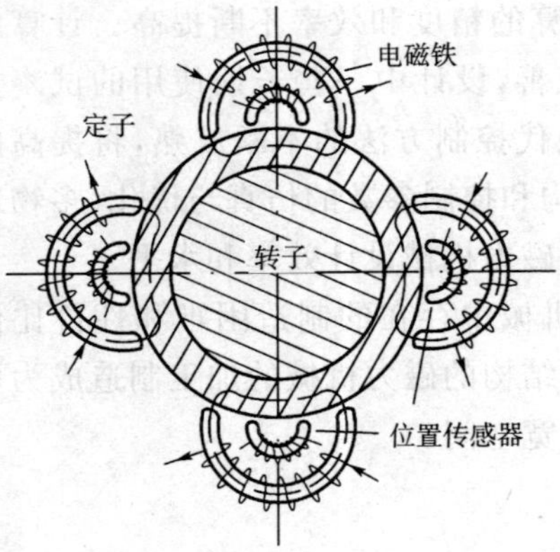

图 2-101　磁力轴承的工作原理

而悬浮起来，使转子与定子无任何接触，空隙约为0.3mm～1mm。转子的位置由传感器检测，位置传感器将偏差信号输入微机，在微机中与处于正确位置时的参数值加以比较，然后向主电源发出信号，调节流向磁铁中的电流强度，改变磁力，从而保证轴承和轴颈始终保持适当的间隙。根据结构需要，转子也可在定子的外面。磁力轴承电气控制系统方块图如图2-102所示。位置传感器信号同决定转子规定位置的信号比较，调节器根据偏差信号进行调节，然后把调节信号送到功率放大器，以改变电磁铁(定子)的电流，使转子恢复到理想位置。功率放大器决定了电磁铁的最大功率和控制系统的响应速度。由于通过电气控制系统控制电磁力(幅值和相位调制)，不仅可调节轴承的刚度和阻尼，使之与机器运转时的干扰频率相适应，而且可保持转子本身处于自平衡运转状态，使转子绕其惯性主轴回转，而不是绕支承的轴线回转，因此不会产生因动不平衡而引起的附加载荷，也就不会引起振动。

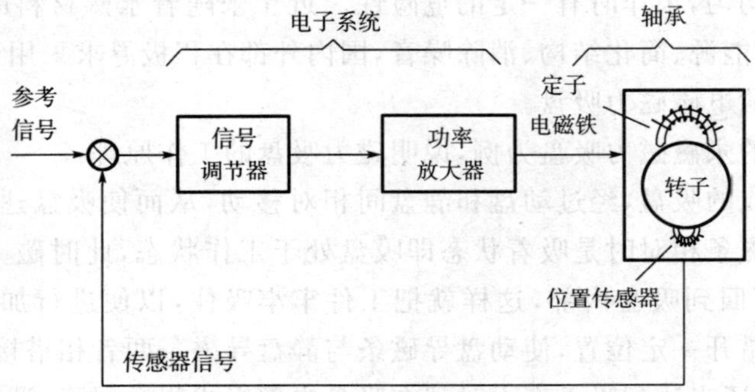

图 2-102　磁力轴承电气控制系统

磁力轴承是非接触轴承，不需要润滑剂，其优点表现在非接触型和控制型两方面。

非接触型的优点：

① 无疲劳和磨损。由于电气机械元件的寿命比机械部件的应力疲劳要长得多，所以在理论上电气元件的寿命是无限的。

② 不需要润滑和密封。不需要润滑剂，因而省去了传统轴承所需要的润滑和密封装置；不会因润滑剂而污染环境。

③ 回转速度高。由于磁力轴承的间隙大，因此气隙处的圆周速度可高达200m/s，因此可突破传统轴承的速度限制。

④ 无振动、无噪音。磁力轴承的动态自平衡特性很好，从而大大降低了振动。

⑤ 发热小、功耗低。仅仅由于磁滞和涡流引起很小的磁损耗而消耗很小的功率，因此功率高。磁力轴承的能耗仅为传统轴承的1/10～1/100。

⑥ 耐环境性。磁力轴承能在真空或腐蚀介质中使用，对环境温度不敏感，许用温度范围为－253℃～450℃，轴承的加工精度和装配精度即使差一级也不影响功能的发挥，并且可靠性高，几乎不用维修。

控制型的优点：

① 可进行位置控制。回转部件是绕其自身的惯性主轴回转的，即使回转部件和支承的轴线不平衡，仍可平稳运动，不会产生由于失衡离心力造成的附加载荷，无振动。

② 高刚度，且回转精度高。

③ 全部回转特性都可以由位置传感器和电气控制系统的信息获得，因而可对机器的运行状态实行诊断和监控。这对于高性能机床的适应控制特别有利，因为提供了理想的数据来源。

磁力轴承的不足：

① 控制装置较复杂，且价格高。

② 一旦停电或控制装置发生故障便不稳定。

③ 轴发热的问题。磁力轴承的摩擦转矩非常小，但并不等于零。

④ 可利用的速度较窄，因此实用的主轴最低转速约为最高转速的70%。

磁力轴承主要应用于人造卫星、宇航器、高速飞轮器的陀螺仪、超高速离心机、纺织机的涡轮机、电量计、特别用途电机、精密仪器和电镀表等。除在特殊环境中使用以外，磁力轴承主要用途是在要求高速、高刚性的机床主轴上。在高真空、极低温、高温等特殊环境中使用时，与其他类型的轴承相比，磁力轴承是有利的。人造卫星或航天器一般在真空条件下工作，在真空条件下机械轴承面临严重的润滑和磨损的问题，它决定了人造卫星与航天器的寿命，而磁力轴承没有摩擦，不需要润滑，因而可长期使用。

(3) 磁力联轴节

磁力联轴节是一种新型的联轴节，其工作原理就是利用两磁极的相互斥力或相互吸力来传递扭矩的。主动轴和从动轴之间没有其他器件，只存在着肉眼看不见的无形磁力，通过磁力将两轴连接起来。

磁力联轴节有轴向磁力联轴节、径向磁力联轴节和复合磁力联轴节三种类型。

图2-103是典型的轴向磁力联轴节的结构示意图。在主动轴上装一个法兰盘，盘上镶几块永磁体，N极和S极相间排列。在被动轴上装上同样的法兰盘，上面同样排列对等的永磁体。两法兰盘与轴相对安装，中间有一个间隙。通过磁力的作用将两个法兰联系在一起。当主动轴旋转时，被动轴就跟着一起转动。如果主动轴停止转动，则被动轴也即停止转动。在相同条件下，两法兰盘之间的间隙越小，相互间的作用力越大。另外当转速较高时，对两轴的同心度要求也相应提高，以减少磁力损失。

径向磁力联轴节的结构如图2-104所示。在内外两个转子上，排列着相同对数的永磁体，在同一转子上N和S极相同排列。当然在静止时，内、外转子上的磁极互相吸住。当其中一个转子与电机或其他主动体直接连接起来时，它就成为该磁力联轴节的主动转子，通过磁力作用，另一个转子就跟着它转动。

(4) 磁力齿轮

磁力齿轮作为一种新型的传动机构与普通的齿轮传动机构相比较有很多的优点。首先是加工容易，如它可以仅是简单的圆柱体，不需要加工轮齿，而对具有同样外圆直径的普通齿轮，则还要考虑加工出形状复杂且仅有外形尺寸十分之一左右的轮齿。尤其是在加工小型及微型齿轮时，此种齿轮的优越性更为明显。其次，它能实现非接触传动且无需润滑，因而传动平稳、清洁、无摩擦能耗、无油污、防尘防水等。再者它的启动力矩较低并具有过载保

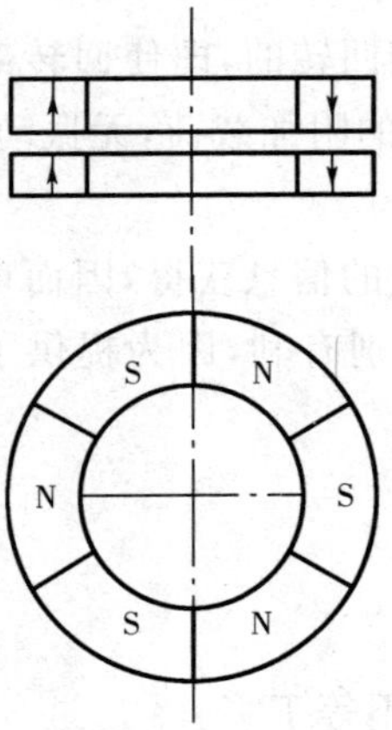

图 2－103　轴向磁力联轴节

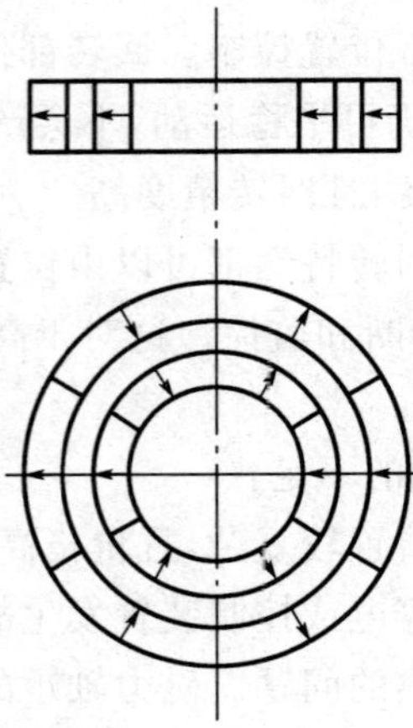

图 2－104　径向磁力联轴节

护作用。同时它能适应不对称性，也无需特殊的维修。这些优点使磁力齿轮被广泛应用在机器人、医疗、家庭、食品行业以及原子能工业、化学工业等方面。

磁力齿轮是由永久磁铁制成的，它的传动是以磁场为媒介，依靠电磁力的作用。像齿轮传动一样，磁力齿轮传动分外啮合传动、内啮合传动和齿轮齿条传动。如图 2－105 所示，外啮合磁力齿轮传动是由一对圆柱磁体或圆环柱体构成，其中每个柱体均被径向多极充磁。两柱体因异性相吸、同性相斥缘故而在静止时保持两相异的磁极靠在一起，而当主动轮运动时，又因同样原因而带动从动轮运动。如图2－106所示为内啮合磁力齿轮传动，大齿轮必须是圆环体，其他则与外啮合磁力齿轮传动相同。

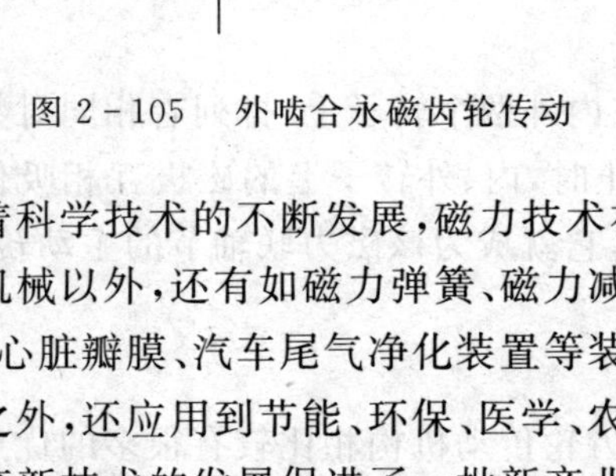

图 2－105　外啮合永磁齿轮传动

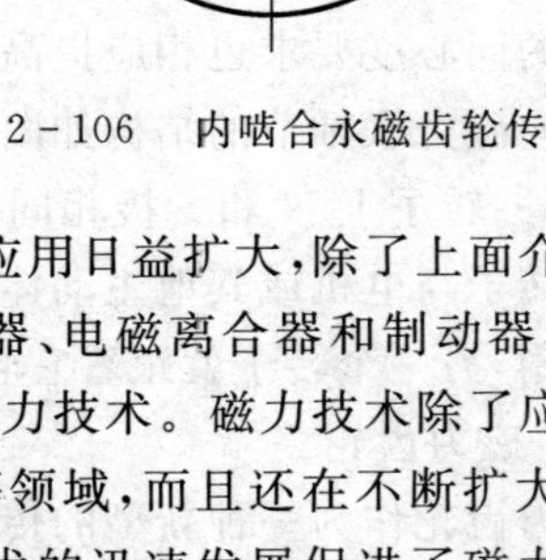

图 2－106　内啮合永磁齿轮传动

随着科学技术的不断发展，磁力技术在机电装备中的应用日益扩大，除了上面介绍的几种磁力机械以外，还有如磁力弹簧、磁力减振器、磁力变扭器、电磁离合器和制动器、飞轮电池、人工心脏瓣膜、汽车尾气净化装置等装置中都应用了磁力技术。磁力技术除了应用在机电领域之外，还应用到节能、环保、医学、农业、生物、国防等领域，而且还在不断扩大其应用范围。高新技术的发展促进了一批新产业的出现，磁力技术的迅速发展促进了磁力机械工程的发展，把我们引入到一个古老而又全新的技术领域。

2.5.8　弹性及挠性零件机构

1. 带传动机构概述

带传动是一种应用广泛的挠性机械传动，主要由主动轮 1、从动轮 2 和张紧在两轮上的环形带(挠性件)3 组成(图 2-107)。按工作原理，带传动可分为摩擦型和啮合型两类。摩擦型带传动应用最广，其工作原理为：由于张紧，静止时带已受到预拉力，在带与带轮的接触面间产生压力，当主动轮转动时，通过带与带轮接触面间的摩擦力使从动轮一起转动，从而实现运动和动力的传递。本节主要讨论摩擦型带传动。

(1) 传动带的类型

根据横截面形状，摩擦型传动带可分为平带、V 带和特殊截面带(如多楔带、圆带等)三大类(图 2-108)。

平带的横截面为扁平矩形，其工作面是与轮面相接触的内表面。V 带的横截面为等腰梯形，其工作面是与轮槽相接触的两侧面，带与轮槽底面不接触。由于轮槽的楔形效应，预拉力相同时，V 带传动较平带传动能产生更大的摩擦力，故具有较大的牵引能力，在一般机械传动中应用最广。多楔带是平带和 V 带的组合结构，其楔形部分嵌入带轮上的楔形槽内，靠楔面摩擦工作，摩擦力和横向刚度较大，兼有平带和 V 带的优点，常用于传递功率较大而又要求结构紧凑的场合，也可用于载荷变动较大或有冲击载荷的传动。圆带的牵引能力小，一般用于轻、小型机械，如缝纫机等。

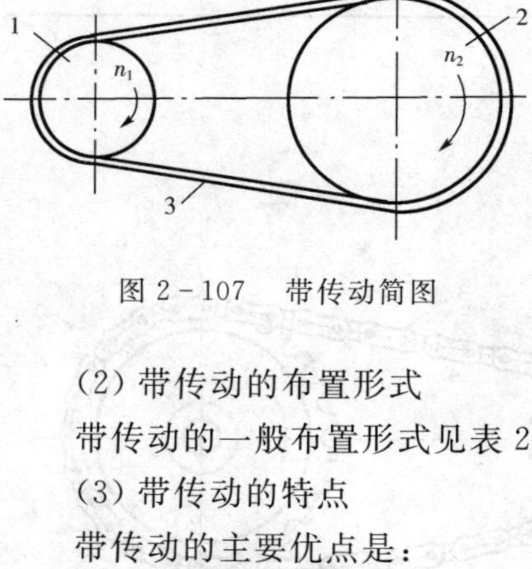

图 2-107　带传动简图

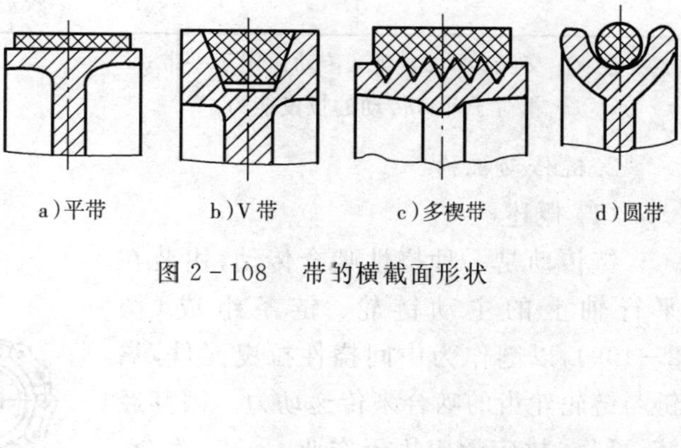

a)平带　b)V 带　c)多楔带　d)圆带

图 2-108　带的横截面形状

(2) 带传动的布置形式

带传动的一般布置形式见表 2-5。

(3) 带传动的特点

带传动的主要优点是：

① 适用于中心距较大的传动(可达 15m)。

② 带具有良好的弹性，可缓和冲击、吸收振动，并且运行平稳，无噪音。

③ 过载时带与带轮间会出现打滑，可防止损坏其他零件。

④ 结构简单、成本低。

带传动的主要缺点是：

① 有弹性滑动和打滑，使效率降低，不能保持准确的传动比(同步带是靠啮合传动的，所以可以保证传动同步)。

② 需要张紧装置。

③ 带的寿命较短。

④ 传递同样大的圆周力时，轮廓尺寸和轴上压力都比啮合传动大。

(4) 带传动的应用范围

带传动的应用范围很广。带的工作速度一般为 5m/s ～ 25m/s，使用高速环形胶带时可达 60m/s；使用锦纶片复合平带时，可达 80m/s。胶帆布平带传递功率小于 500kW，普通 V 带传递功率小于 700kW。传动比范围见表 2－5。

表 2－5　带传动的一般布置形式

传动形式		开口传动	交叉传动①	半交叉传动①
传动简图		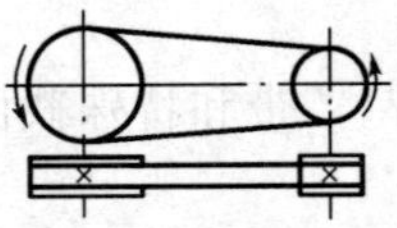	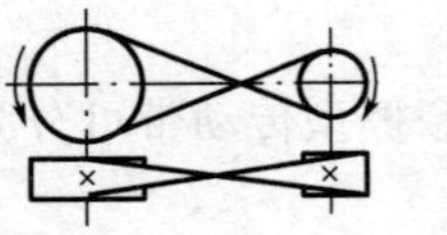	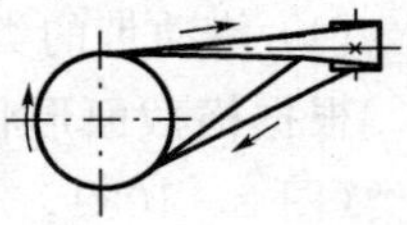
使用范围	传动比	$i \leqslant 5$(平带) $i \leqslant 7$(V 带)	$i \leqslant 6$	$i \leqslant 3$
	带速	$v \leqslant 20 \sim 50$	$v \leqslant 15$	$v \leqslant 15$
	相对拉曳能力②	1	0.75 ～ 0.85	0.7 ～ 0.8
应用场合		两轴平行，回转方向相同	两轴平行，回转方向相反。由于交叉处带的摩擦和扭转，带的寿命较短	两轴交错，不能逆转

注：① 交叉传动、半交叉传动适用于平带；
　　② 相对于开口传动的拉曳能力。

2. 链传动机构

(1) 概述

链传动是一种挠性啮合传动，由装在平行轴上的主动链轮、链条组成(图 2－109)，以链作为中间挠性拉曳元件，靠链与链轮轮齿的啮合来传递动力。因其经济、可靠，故广泛应用于农业、采矿、冶金、起重、运输、石油、化工、纺织等各种行业机械中。

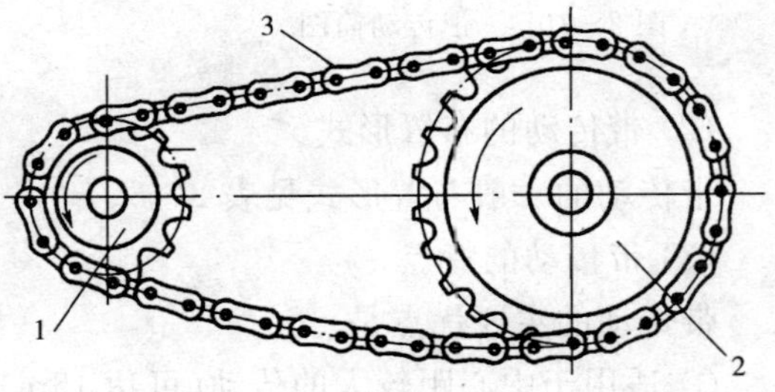

1－主动链轮　2－从动链轮　3－链条

图 2－109　链传动简图

(2) 链传动的种类

按用途不同，链传动可分为传动链、起重链和曳引链三种。传动链主要用来传递动力，通常都在中等速度($v = 20$m/s) 以下工作。起重链主要用在起重机械中提升重物，一般链条的线速度 $v \leqslant 0.25$m/s。曳引链主要用在运输机械中移动重物，一般链条的线速度 $v \leqslant 2$m/s ～ 4m/s。

按结构不同，链主要分为套筒链、套筒滚子链(简称滚子链)、齿形链和成型链四种。

(3) 链传动的特点

与带传动相比，链传动的主要优点是：

① 没有弹性滑动和打滑，能保持准确的平均传动比。

② 需要的张紧力小，作用在轴上的压力也小。

③ 工况相同时，传动尺寸较紧凑。

④ 能在温度较高、湿度较大、有油污等恶劣环境条件下工作。

⑤ 效率较高，与齿轮传动相比，链传动的制造和安装精度要求较低，中心距较大时其传动结构简单。

链传动的主要缺点是：

① 只能用于平行轴间的传动。

② 瞬时链速和瞬时传动比不是常数，传动平稳性较差，工作中有冲击和噪声。

③ 不宜在载荷变化很大和急促反向的传动中应用。

④ 磨损后易发生跳齿。

⑤ 制造费用比带传动高。

(4) 链传动的应用

链传动在传递功率、速度、传动比、中心距等方面范围较广。目前，最大传递功率达到 5000kW，最高速度达到 40m/s，最大传动比达到 15，最大中心距达到 8m。由于经济及其他原因，链传动的传递功率一般小于 100kW，链速小于 15m/s，传动比小于 8。

2.5.9　微型机构

微位移机构通常指工作时机构产生的工作位移小于毫米级的机构。这类机构有极高的灵敏度和精度。微位移机构的核心部件是微位移器，通常根据产生微位移的原理将其分为机械式和机电式。图 2－110 给出了多种常用的微位移器的分类。

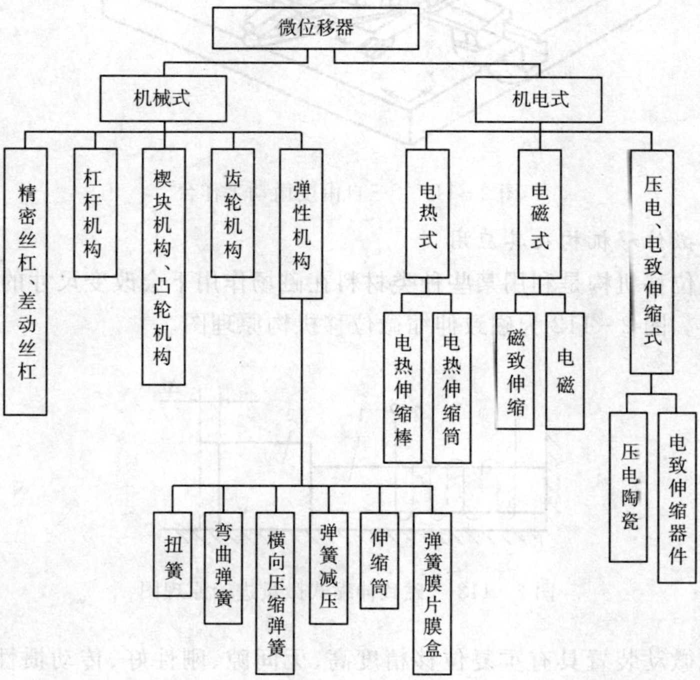

图 2－110　常用的微位移器的分类

1. 压电、电致伸缩微位移机构及其应用

(1) 压电、电致伸缩微位移机构原理

压电、电致伸缩微位移机构是利用某些种类的介质在电场作用下会产生介质的伸缩效应来进行工作的，属于一种新型微位移机构，其特点是体积小，精度高，定位精度可达 0.01μm，是一种非常有效的微位移机构，在计算机芯制造中应用极为广泛。另外，目前采用压电、电致伸缩位移机构制作的微机器人也成功地研制出来了。

(2) 压电、电致伸缩微位移机构的应用

如图 2-111 所示为一个 x-y-θ 三自由度微动工作台。它主要用于投影光刻机和电子束曝光机，粗动台行程 120×120mm，速度为 100mm/s，定位精度为 $+5\mu$m。三自由度的微动工作台被固定在粗动台上，x、y 行程为 $\pm 8\mu$m，定位精度为 $+5\mu$m，$+0.55\times10^{-3}$ rad。微动工作台的原理如下：整个微动工作台面由四个两端带有柔性铰链的柔性杆支承，有三个筒状压电晶体驱动，压电器件安装在两端带有柔性铰链的支架上，支架分别固定在粗动台和微动台上，只要控制三个压电器件上的外加电压，便可以获得 Δx、$\Delta y=(\Delta y_1+\Delta y_2)/2$、$\Delta\theta=(\Delta y_1-\Delta y_2)/2$ 三个微动自由度。

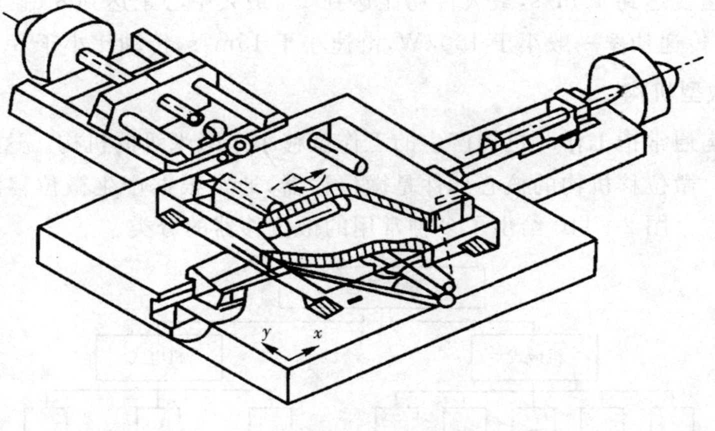

图 2-111　三自由度微动工作台

2. 磁致伸缩微位移机构及其应用

磁致伸缩微位移机构是利用某些种类材料在磁场作用下会改变尺寸的磁致伸缩微效应来实现微位移的。图 2-112 为磁致伸缩微位移机构原理图。

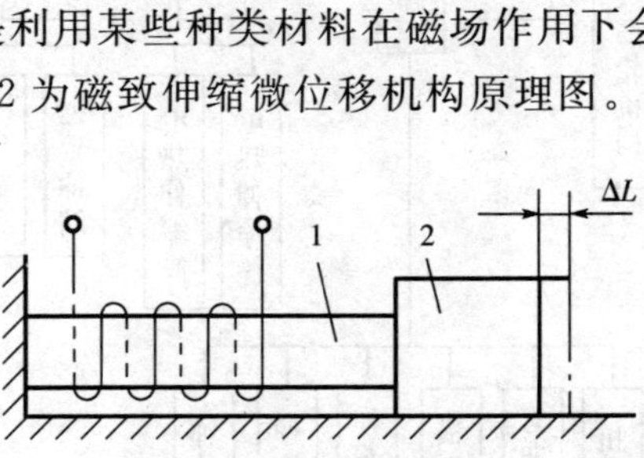

图 2-112　磁致伸缩式微量进给原理图

磁致伸缩式微动装置具有重复位移精度高、无间隙、刚性好、传动惯性小、工作稳定性好、结构简单紧凑等优点。该装置适用于精确位移调整，切削刀具的磨损补偿，温度变形补偿以及自动调节系统等。

如图 2－113 所示为磁致伸缩式精密工作台。粗位移由传动箱 1 经丝杠螺母副传动；微位移由装在螺母与工作台 3 之间的磁致伸缩棒 2 实现。它用于精密坐标工作台的调整。

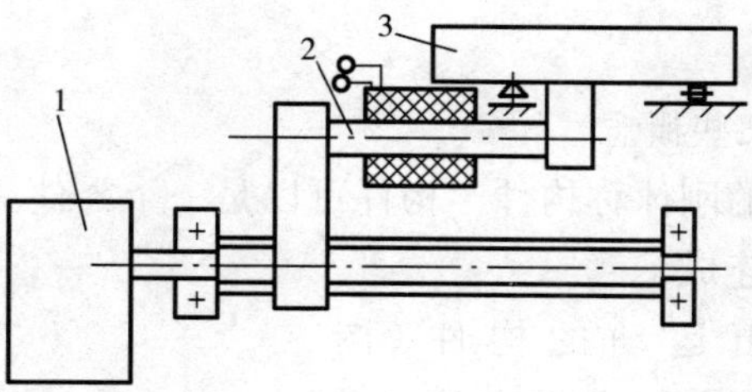

图 2－113　磁致伸缩式精密坐标工作台

3. 热变形微位移机构

热变形微位移机构通常采用电加热方式伸缩筒两种。其结构形式有电热伸缩棒和电热伸缩筒两种。其工作原理是利用材料的热膨胀来实现微位移。图 2－114 为热变形微位移机构的原理图。

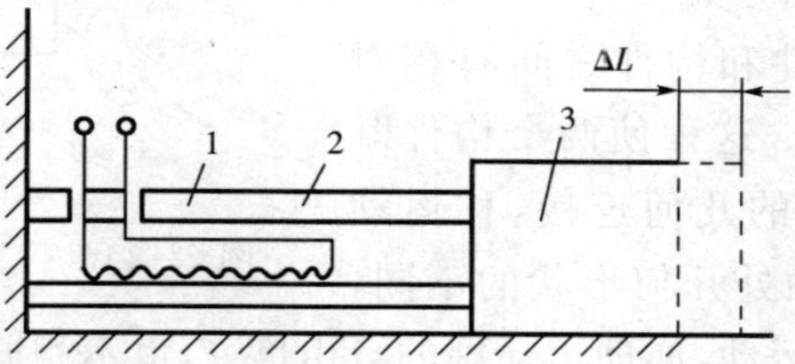

图 2－114　热变形微位移机构的原理图

传动杆 1 的一端固定在支架上，另一端固定在沿导轨作微位移的零部件 3 上，当线圈通电被加热时，使传动件受热伸长。

如图 2－115 所示是电热式微位移机构中的一种形式。变压器 1 的电压通过杆 2 施加在传动杆 3 的两端，使其受热膨胀。由于传动杆 3 左端固定在不动支架 4 上，故可向右自由伸长，而推动工作台 5 沿导轨 6 移动。为使传动杆 3 快速冷却以实现快速退回，由管道 7 通入自来水或乳化液，使传动杆冷却恢复到原来位置。杆 2 与传动杆 3 月黄铜制成，传动杆 3 的端部与工作台之间应绝缘。

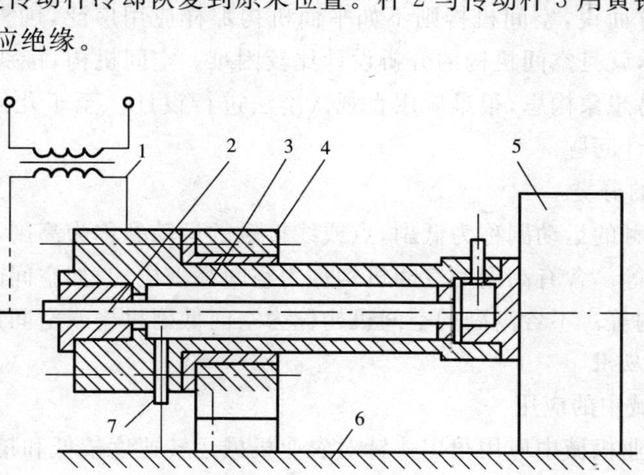

图 2－115　电热式微位移机构

2.6　空间机构简介

1. 空间机构简介

(1) 空间机构组成的某些概念

机构中能作相对运动的刚体称构件。构件可以是一个零件，但为了制作和装拆的方便，构件也可由几个零件刚性连成。

在三维空间内自由运动的构件（图 2-116），可沿三个坐标轴 x、y、z 作独立的自由移动和绕这三个坐标轴作独立的自由转动。由于自由构件在三维空间内具有六个独立的基本运动，或者说，要用六个独立自由的参数（也称广义坐标）如 S_x、S_y、S_z、θ_x、θ_y 和 θ_z 来描述这些运动，所以空间自由的构件具有六个自由度。

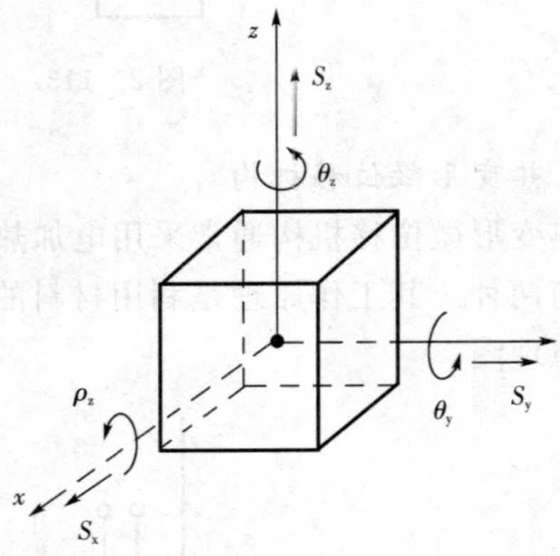

图 2-116　三维空间内自由运动的构件

(2) 运动副的自由度和分类

在机构中，为了使构件和构件之间有相对运动，必须采用活动连接。这种使两个构件既保持接触又容许相对运动的几何连接，称运动副。在运动副中，随着接触处几何形状的不同，两个构件间所容许的相对运动，亦即运动副的自由度 f，也不相同。显然，运动副的自由度：$0 < f < 6$。

空间机构中常见的运动副，可按其自由度 f 等于 1、2、3、4、5 而分别称为 Ⅰ、Ⅱ、Ⅲ、Ⅳ、Ⅴ 类副。

(3) 空间机构的特点

和平面机构相比，空间机构有不少特点，诸如结构紧凑、运动多样、工作可靠等。需要用复杂平面机构才能实现的运动以及用平面机构根本无法实现的运动，往往可用空间机构来完成。

但是，从另一方面说，空间机构则不如平面机构那样应用广泛，国外如此，国内更是如此。一个重要原因，就是空间机构的分析设计比较困难。空间机构，特别是空间连杆机构的运动比较复杂，不易想象构思，很难应用直观试凑法进行设计。至于几何作图法，又局限于解决比较简单的设计问题。

(4) 空间机构的分类

理论上为面接触的运动副称为低副，点或线接触的运动副称为高副，还有其他常见的凸轮高副和齿轮高副等。含有高副的空间机构称为空间高副机构，如空间凸轮机构、空间齿轮机构、空间拨杆机构等。不含高副的空间机构称为空间低副机构或空间连杆机构。

2. 空间机构的应用

(1) 在农业机械中的应用

空间机构在农业机械中应用很广。针对农业机械运转速度较低和精度要求不很高的特点，所用空间机构中的运动副往往可采取简易的结构形式，例如：对需要两个或三个自由度的某些运动副可用一个有间隙的转动副来代替。

图 2－117 示为用于起落机引犁的空间五杆机构，它含有四个转动副和一个螺旋副。由于犁轮安装在摇杆 4 上，故转动手柄 2 通过摇杆 4，可将犁轮从陇沟起上地面。

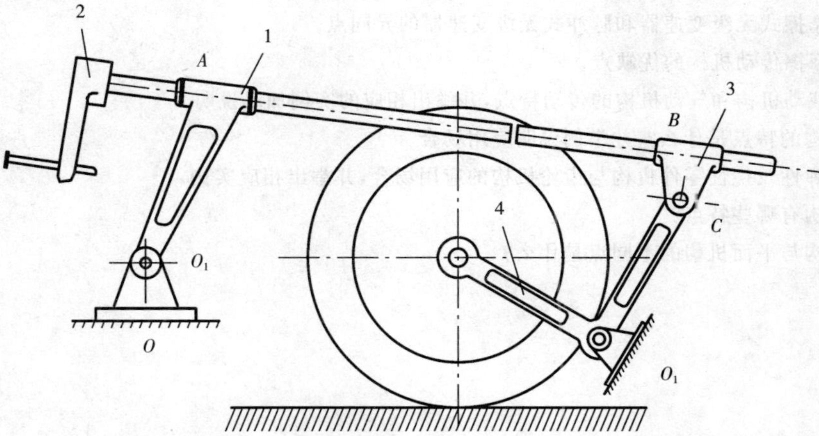

图 2－117　用于起落机引犁的空间五杆机构

(2) 空间机构在飞机上的应用

图 2-118 所示为一种飞机起落架收放机构，它是由一个转动副、一个圆柱副和两个球面副组成的空间四杆机构。活塞杆 2 在液压油作用下伸缩时，支柱 1 绕斜轴摆动，从而达到收放机轮的目的。这里，构件 2、3 各有一个可绕自身轴线转动的局部自由度。

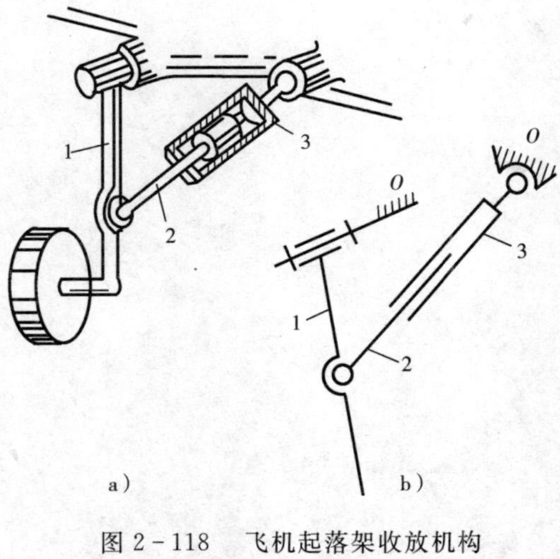

图 2－118　飞机起落架收放机构

思考题

1. 曲柄摇杆机构中，极位夹角和摆角有何区别？
2. 机构死点位置与极限位置有何区别？
3. 在直动滚子从动件盘形凸轮机构中，凸轮的理论廓线与实际廓线间的关系如何？

4. 圆形齿轮机构中哪些类型的齿轮用于传递平行轴之间的运动？哪些类型的齿轮用于传递相交轴之间的运动？哪些类型的齿轮用于传递交错轴之间的运动？

5. 为什么要应用轮系？齿轮系有几种类型？

6. 试比较棘轮机构、槽轮机构、不完全齿轮机构和凸轮式间歇机构的异同点，并说明各自适用的场合。

7. 试比较摩擦式无级变速器和脉冲式无级变速器的异同点。

8. 试说明摩擦传动机构的优缺点。

9. 试说明液动机构和气动机构的传动特点，并举出相应的实例加以说明。

10. 磁力机构的特点是什么？并举例说明应用场合。

11. 试说明弹性及挠性零件机构与齿轮机构的应用场合，并举出相应实例。

12. 微型机构有哪些特点？

13. 空间机构与平面机构的不同点是什么？

第二篇 机构运动分析与综合

第3章　机构运动的基本知识

3.1　机构运动学的基本概念

机构运动学指不考虑产生运动的原因，仅从机构位置随时间的变化方面来研究机构的分析和综合的科学。

机构的运动分析是在几何参数已知的机构中，根据给定的原动件运动规律，确定机构从动件的角位移、角速度和角加速度，以及其上任一指定点的位移、速度和加速度。运动分析的目的是为机械运动性能和动力性能研究提供必要的依据，是了解、剖析现有机械，优化、综合新机械的重要内容。如通过对机构的位移和轨迹分析，可考察某构件或构件上某点能否实现预定的位置和轨迹要求，并可确定从动件的行程所需的运动空间，据此判断运动中是否产生干涉或确定机器的外壳尺寸。

速度分析是加速度分析及确定机器动能和功率的基础，同时还可了解从动件速度的变化能否满足工作要求。如要求牛头刨床的刨刀在切削行程中接近于等速运动以保证加工表面质量和刀具寿命，而刨刀的空回行程则要求快速退回以提高生产率。

在高速机械和重型机械中，构件的惯性力往往极大，这对机械的强度、振动和动力性能均有较大影响。为确定惯性力，必须对机构进行加速度分析。

运动分析的方法主要有图解法、解析法和实验法。第四章将介绍图解法，第五章介绍解析法，而实验法则在实验课中讨论。

3.2　平面机构的位置线图及运动线图

3.2.1　平面机构的位置图

机构的位移(包括轨迹)分析是机构运动分析的首要任务。而用图解法作机构位移分析时，首先必须作出机构的位置图(又称机构图)。如果作出机构在不同瞬时的一系列位置图，则用逐点描线的方法，容易作出机构构件上任一点的运动轨迹。而连接轨迹线上任意两点的有向线段，即表示该点在相应时间间隔内的位移。一般用圆弧相交法或样板法作机构图。前者属几何作图问题，比较简单，后者当属实验法。这里介绍圆弧相交法求机构的位置图。

一般用于求作平面Ⅱ级机构的位置图。如图3-1所示的铰链四杆机构，已知各杆长度l_{AB}、l_{BC}、l_{CD}、l_{AD}，及原动件AB的位置角φ(φ以原动件逆时针转向为正，选取合适的长度比例尺μ_l(单位为m/mm)，则位置图中各杆线段长度AB、BC、CD和AD(单位为mm)确定。先画机架AD和原动件AB($\angle BAD=\varphi$)，再分别以B、D为圆心，以BC和CD为半径画圆弧得交点C与C'。根据机构的实际情况可判断选点C还是选点C'，这里选点C。由此可作得该机构在该瞬时的位置图$ABCD$。至于连杆上E点位置，则很容易确定(如图所示)。将原

动件 AB 的转角在 360° 内分成若干等分，可作一系列机构位置图。那么，过一系列 E 点的光滑曲线(图中 L_1 曲线)，就是 E 点运动的轨迹曲线，其中由 E_i 到 E_j 的有向线段 E_iE_j，就表示连杆上的点 E 从位置 E_i 到 E_j 的位移(如图中 E_1E_0)。图中还给出了连杆上另一点 F 的轨迹曲线 L_2。

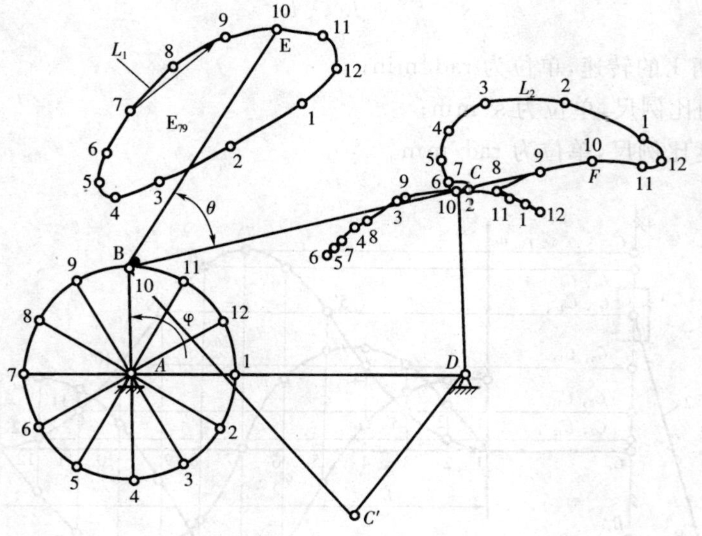

图 3-1　圆弧相交法求铰链四杆机构的位置图

3.2.2　平面机构的运动线图

为了清楚而又形象地了解机构在整个运动循环中的运动变化规律，应将机构在整个运动循环中一系列位置的位移、速度和加速度(包括角位移、角速度和角加速度)，相对时间 t 或原动件转角 φ 画出变化曲线图。这些曲线图统称为机构的运动线图，包括位移线图、速度线图和加速度线图。

机构的运动线图可以采用直角坐标系或极坐标系来表示。如图 3-2 所示为一曲柄滑块机构及其用直角坐标系表示的滑块 3 的运动线图。其中滑块 3 上 C 点的位移线图是用作图法确定的，下面说明其作法。

设已知曲柄滑块机构 ABC 各构件的尺寸，曲柄以等角速度 ω 逆时针转动，每转一周机构完成一个运动循环，则滑块 3 位移线图的作图步骤为：

(1) 选取长度比例尺 μ_l(单位为 m/mm)，作机构简图如图 3-2a 所示。

(2) 以曲柄 AB 的下极限位置 AB_1 为起始位置，沿角速度 ω_i 的方向，将曲柄一周转角分为若干等分(图个 12 等分)。

(3) 顺次以等分点 B_1、B_2、…、B_{12} 为圆心，以长度 BC 为半径画圆弧，与滑块 3 的导路相交于 C_1、C_2、…、C_{12} 点。长度(C_1C_2)、(C_1C_3)、…，代表曲柄 1 在各个位置时滑块上 C 点对其起始位置 C_1 的位移，用 s_C 表示。其中最大长度(C_1C_7)代表滑块 3 的行程或冲程 H，$H=\mu_1(C_1C_7)$。

(4) 建立直角坐标系：以纵坐标轴表示滑块 3 上 C 点的位移 s_C，并取位移比例尺 μ_s 等于长度比例尺 μ_t，以横坐标轴表示时间 t 或曲柄转角 φ，并在纵坐标轴上截取长度 L(单位为 mm)的线段代表曲柄 1 转动一整周的时间 T 或转角 $\varphi=2\pi$，图 3-2b)，则横坐标轴的时间或

转角比例尺 μ_t、μ_φ 为

$$\mu_t = \frac{T}{L} = \frac{60/n}{L} = \frac{60}{nL}$$

$$\mu_\varphi = \frac{\varphi}{L} = \frac{2\pi}{L}$$

式中：n—— 曲柄 1 的转速，单位为 rad/min；

μ_t—— 时间比例尺，单位为 s/mm；

μ_φ—— 角度比例尺，单位为 rad/mm。

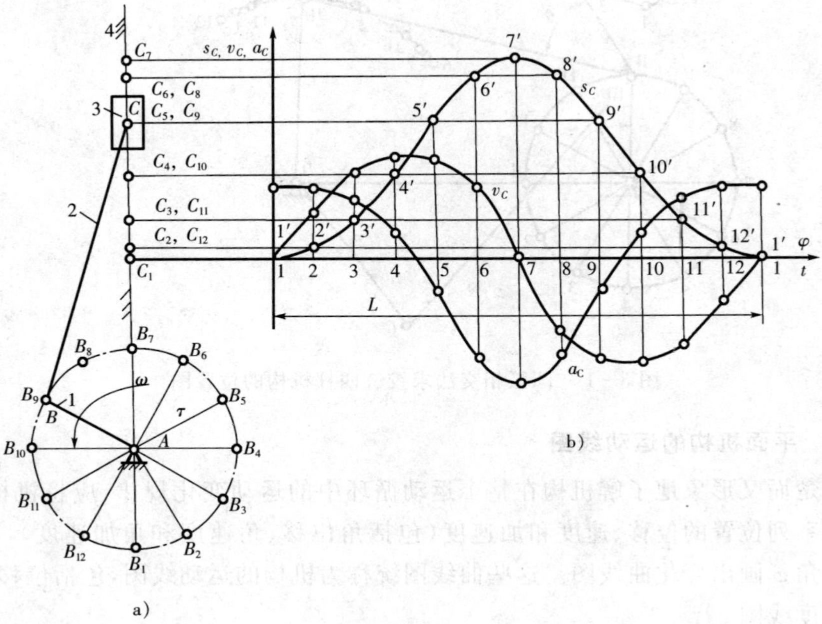

图 3－2　曲柄滑块机构运动线图

(5) 将线段 L 分成与曲柄转角一整周相同的等分数，过各分点作横坐标轴的垂线，然后在各垂线上截取线段$(11'=0)$、$(22'=C_1C_2)$，…，将点 $1', 2', 3'$，… 连成一条光滑的线，该曲线即为所求滑块 3 上 C 点位移对时间 t 或对曲柄转角 φ 的位移线图，可记为 s_C-1 曲线或 $s_C-\varphi$。

绘制滑块 3 的速度线图和加速度线图，一般可用下面两种方法：第一种方法，先由相对运动图解法或下节将介绍的解析法求得滑块 3 在图示 C_1, C_2，… 位置时的速度、加速度值，然后选取速度比例尺 μ_v（单位为$\frac{\text{m/s}}{\text{mm}}$）和加速度比例尺 μ_a（单位为$\frac{\text{m/s}^2}{\text{mm}}$），用描点法即可作出其速度线图和加速度线图（图 3－2b）。另一种方法是应用图解微分法直接由位移线 $s_C-t(\varphi)$ 作出其速度线图 $v_C-t(\varphi)$，再由速度线图作得加速度线图 $a_C-t(\varphi)$。

3.3　平面低副机构的演化

3.3.1 选择不同的构件作为机架

以低副相连接的两构件之间的相对运动关系，不会因取其中哪一个构件为机架而改变，这一性质称为“低副运动可逆性”。如图 3－3 所示，所有运动副均为转动副的平面四杆机构称为铰链四杆机构，它是平面四杆机构的最基本的型式，其他型式的平面四杆机构都可看作是在它的基础上通过演化而来的。在此机构中，构件 4 为机架，与机架组成运动副的构件 1、3 称为连架杆，不与机架组成运动副的构件 2 称为连杆。若组成转动副的两构件能作整周相对转动，则该转动副称为整转副，否则称为摆动副。与机架组成整转副的连架杆称为曲柄，与机架组成摆动副的连架杆称为摇杆。因此，根据两连架杆为曲柄或摇杆的不同，铰链四杆机构可分为三种基本型式：

(1) 曲柄摇杆机构，其中两连架杆一为曲柄另一为摇杆，如图 3－3a 所示；

(2) 双曲柄机构，其中两连架杆均为曲柄，如图 3－3b 所示；

(3) 双摇杆机构，其中两连架杆均为摇杆，如图 3－3c 所示。

对于如图 3－3a 所示的曲柄摇杆机构，由整转副存在条件可知，曲柄 2 所联接的两个转动副 A、B 均为整转副，而摇杆 3 所联接的两个转动副 C、D 均为摆动副。由于机构中任意两构件之间的相对运动关系不因其中哪个构件是固定件而改变，所以当将该机构的机架改换为构件 1 时，则构件 2、4 均为曲柄，从而成为双曲柄机构；当取构件 3 为机架时，则成为双摇杆机构；当取构件 2 为机架时，则仍为曲柄摇杆机构。这种通过更换机架而得到的机构称为原机构的倒置机构。曲柄摇杆机构的三种倒置机构见表 3－1 第一列。

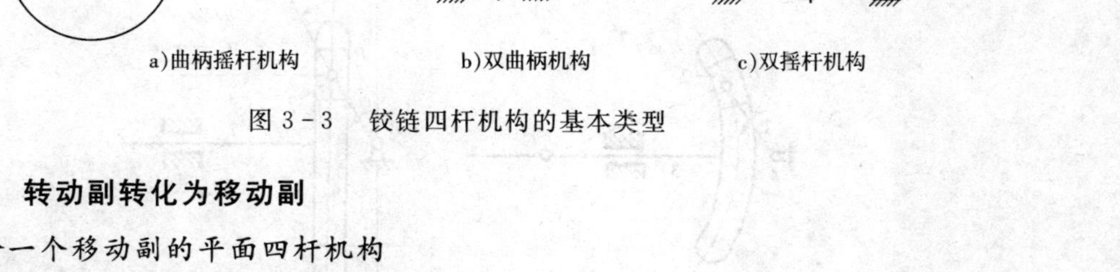

图 3－3　铰链四杆机构的基本类型

3.3.2　转动副转化为移动副

1. 包含一个移动副的平面四杆机构

移动副可看作是由转动副演化而来的。

在图 3－4a 所示的曲柄摇杆机构中，构件 1 为曲柄，构件 3 为摇杆，C 点的轨迹为以 D 为圆心、杆长 CD 为半径的圆弧 kc。今在机架 4 上制作一同样轨迹的圆弧槽 kc，并将摇杆 3 做成弧形滑块置于槽中滑动，如图 3－4b 所示。这时，弧形滑块在圆弧槽中的运动完全等同于转动副 D 的作用，圆弧槽 kc 的圆心即相当于摇杆 3 的摆动中心 D，其半径相当于摇杆 3 的长

度 CD。又若再将圆弧槽 kc 的半径增加至无穷大，其圆心 D 移至无穷远处，则圆弧槽变成了直槽，置于其中的滑块 3 作往复直线运动，从而转动副 D 演化为移动副，曲柄摇杆机构演化为含一个移动副的四杆机构，称为曲柄滑块机构，如图 3-4c 所示。图中 e 为曲柄回转中心 A 至经过 C 点直槽中心线的距离，称为偏距。当 $e \neq 0$ 时称为偏置曲柄滑块机构；当 $e=0$ 时称为对心曲柄滑块机构，如图 3-4d 所示。内燃机、蒸汽机、往复式抽水机、空气压缩机及冲床等的主机构都是曲柄滑块机构。对于图 3-4d 所示曲柄滑块机构，A 是整转副，经分析可知 B 也是整转副。曲柄滑块机构的倒置机构见表 3-1 的第二列。

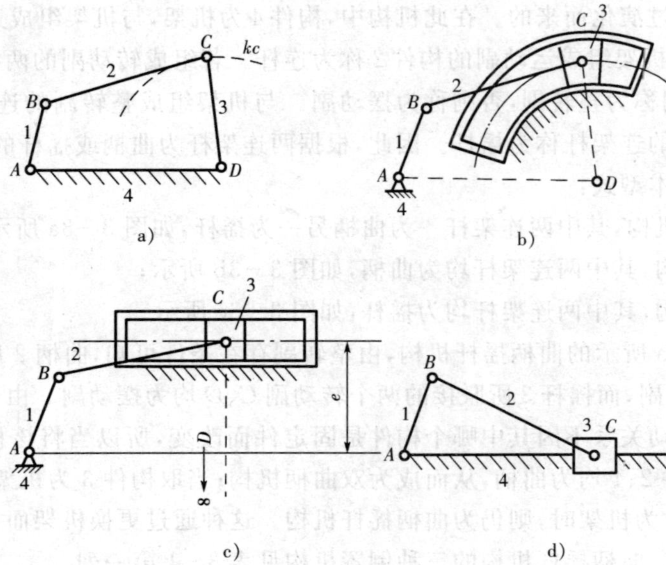

图 3-4 转动副转化为移动副(1)

2. 包含两个移动副的平面四杆机构

如图 3-4d 所示曲柄滑块机构中，若再将其中转动副 C 或 B 演化为移动副，则得含两个移动副的四杆机构。图 3-5 为转动副 C 演化为移动副的过程，所得机构(图 3-5b) 称为曲柄移动导杆机构。其中移动导杆 3 的位移 s 与主动件曲柄 1 的转角 φ 的正弦成正比，即

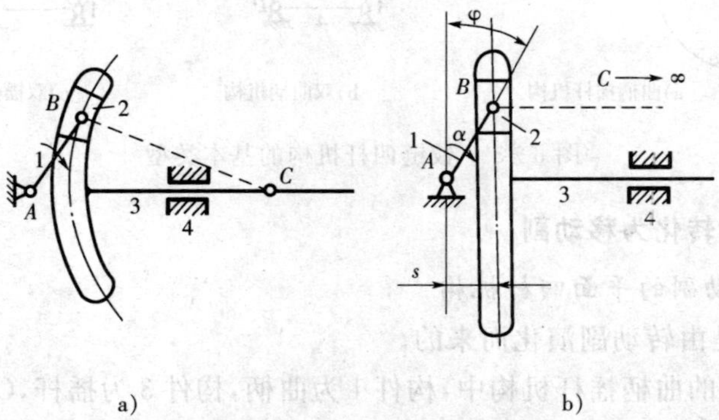

图 3-5 转动副转化为移动副(2)

$s=a\sin\varphi$，故此机构又称正弦机构。正弦机构的三种倒置机构见表 3-1 第三列，其中取构件

2 为机架和取构件 4 为机架所得机构相同。图 3-6 所示的刺布机构(图 a)、十字沟槽联轴节(图 b) 以及椭圆规(图 c) 为正弦机构及其倒置机构的应用实例。

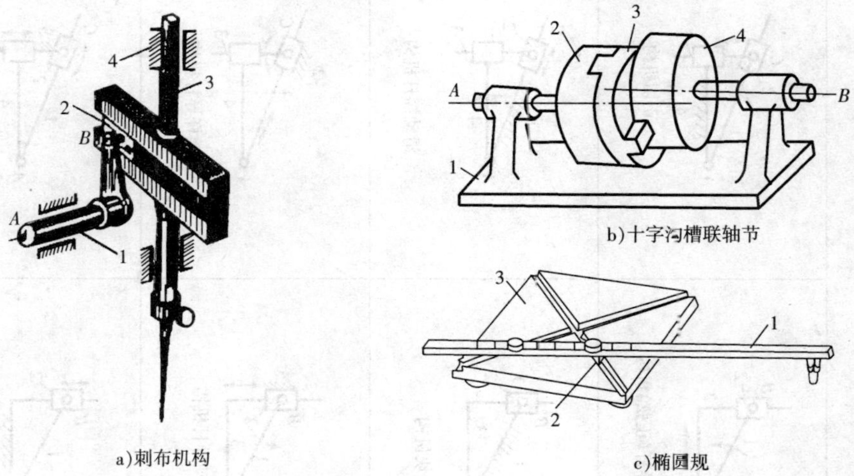

a)刺布机构　　b)十字沟槽联轴节　　c)椭圆规

图 3-6　正弦机构及其倒置机构应用

若将图 3-3d 所示曲柄滑块机构中的转动副 B 演化为移动副,则得如图 3-7 所示的正切机构,此时构件 1 仅能在一定角度范围内摆动,并有关系 $y = l\tan\varphi$。

3.3.3　扩大转动副 —— 偏心轮机构

在图 3-4d 所示的曲柄滑块机构或其他含有曲柄的四杆机构中,如果曲柄长度很短,则在杆状曲柄两端装设两个转动副将存在结构设计上的困难。而如果曲柄需安装在直轴的两支承之间,则将导致连杆与曲柄轴的运动干涉。为此,工程中常将曲柄设计成偏心距为曲柄长的偏心圆盘,此偏心圆盘称为偏心轮,如图 3-8 所示。曲柄为偏心轮结构的连杆机构称为偏心轮机构。

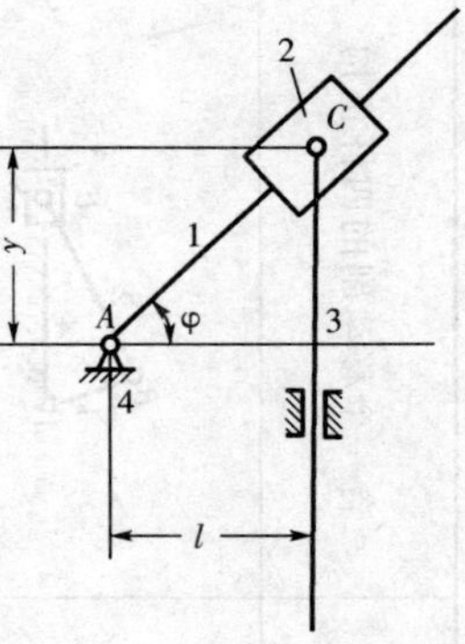

图 3-7　正切机构

此外,在要求曲柄长度和从动件行程可调的场合,常采用双偏心轮机构。如图 3-9 所示曲柄滑块机构,曲柄由偏心距分别为 $e_1 = AO_1$、$e_2 = O_1O_2$ 的两个偏心轮 1、2 组成,通过改变两偏心轮相对周向位置(即改变 A、O_1、O_2 三点相对位置) 可实现曲柄长度 AB 在$(e_2 - e_1 + O_2B)$ 至$(e_2 + e_1 + O_2B)$ 之间的连续调节,从而使滑块 4 具有不同的行程。

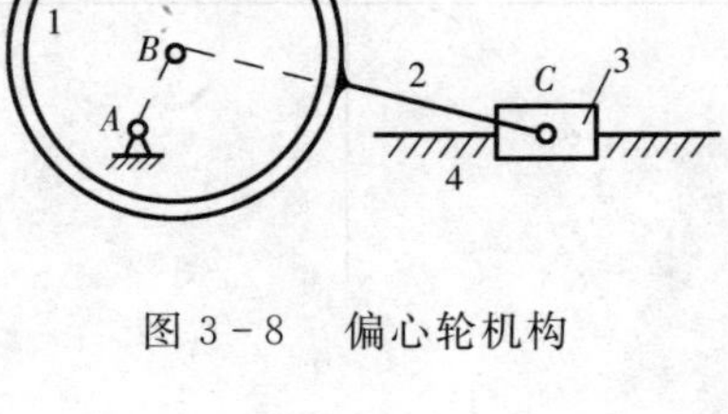

图 3-8　偏心轮机构

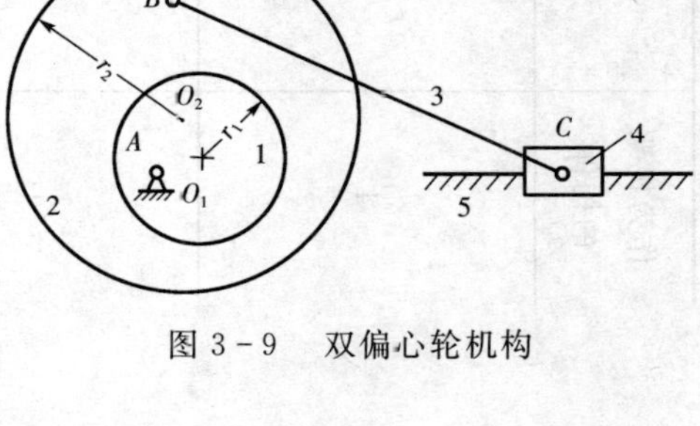

图 3-9　双偏心轮机构

表 3-1　平面四杆机构主要类型

作为机架的构件	铰链四杆机构	含一个移动副的四杆机构	含两个移动副的四杆机构	
4	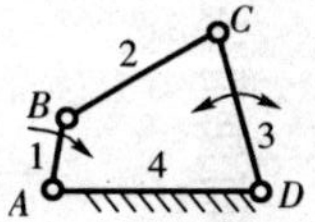 曲柄摇杆机构	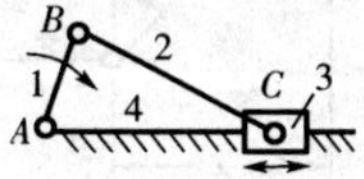 曲柄滑块机构	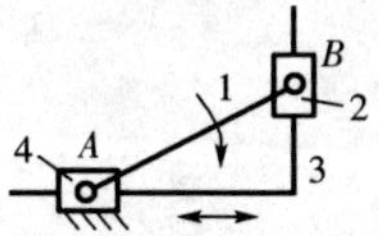 曲柄移动导杆(正弦)机构	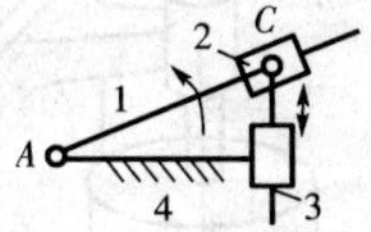 正切机构
1	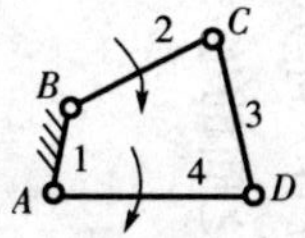 双曲柄机构	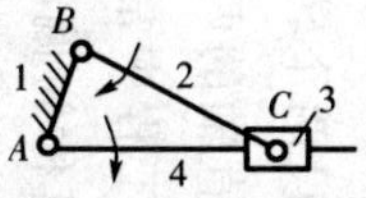 转动导杆机构	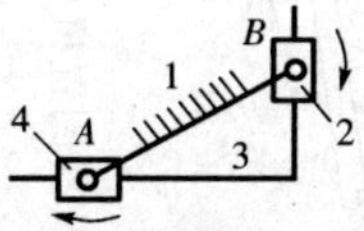 双转块机构	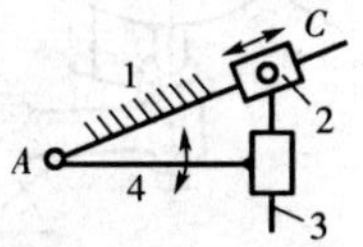 滑动摇杆机构
2	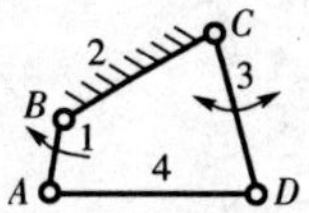 曲柄摇杆机构	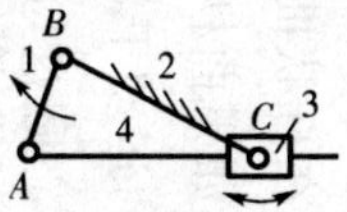 曲柄摇块机构	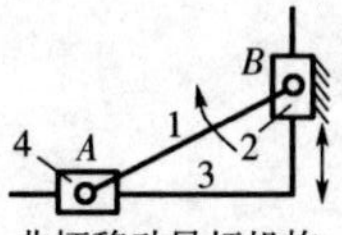 曲柄移动导杆机构	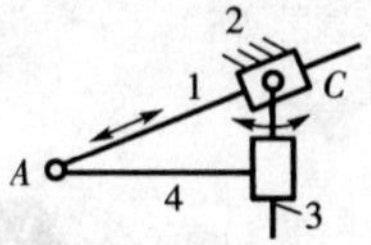 摇杆导杆机构
3	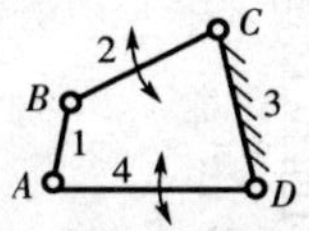 双摇杆机构	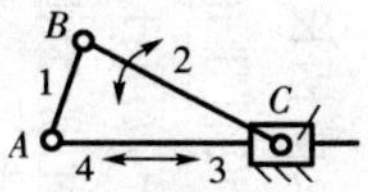 移动导杆机构	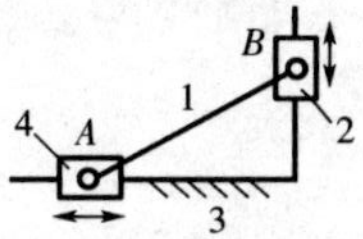 双滑块机构	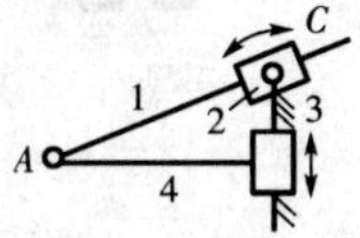 滑动摇块机构

3.4 凸轮机构从动件运动规律

3.4.1 多项式基本运动规律

这类运动规律的位移方程的一般形式为

$$s=c_0+c_1\varphi+c_2\varphi^2+\cdots+c_n\varphi^n \tag{3.4-1}$$

式中：φ 为凸轮转角(弧度)；

$c_0,c_1,c_2,\cdots,c_n$ 为 $n+1$ 个待定常系数。

1. $n=1$ 的等速运动规律

当 $n=1$ 时，由公式(3.4-1)可得 $s=c_0+c_1\varphi$，所以有

$$v=\frac{\mathrm{d}s}{\mathrm{d}t}=c_1\frac{\mathrm{d}\varphi}{\mathrm{d}t}=c_1\omega \tag{3.4-2}$$

因为凸轮一般作等角速转动，即 ω 为常数，故

$$a=\frac{\mathrm{d}v}{\mathrm{d}t}=0 \tag{3.4-3}$$

可见，当(3.4-1)式的 $n=1$ 时为等速运动方程。将它用于推程运动阶段的全过程，其边界条件为 $\varphi=0$ 时，$s=0$；$\varphi=\Phi$ 时，$s=h$。代入上面公式，可求得系数为 $c_0=0$，$c_1=h/\Phi$。故可用如下运动方程式表示等速运动规律

$$\left.\begin{aligned}s&=\frac{h}{\Phi}\varphi\\v&=\frac{h}{\Phi}\omega\\a&=0\end{aligned}\right\} \tag{3.4-4}$$

其运动线图见图 3-10，从速度线图可以看出，运动的始末两点有速度突变：在运动开始的瞬间，速度从零突然上升到某一值，而在运动停止的瞬间，速度又从某一值突然变为零，所以在始点 $a=+\infty$，在末点 $a=-\infty$，即在始、末点理论加速度值为无穷大，它所引起的惯性力亦应为无穷大。实际上由于材料具有弹性，加速度和惯性力不致于达到无穷大，但仍具有强烈的冲击，这种冲击称为刚性冲击或称为硬冲。因此这种运动规律只适用于凸轮转速很低的场合。

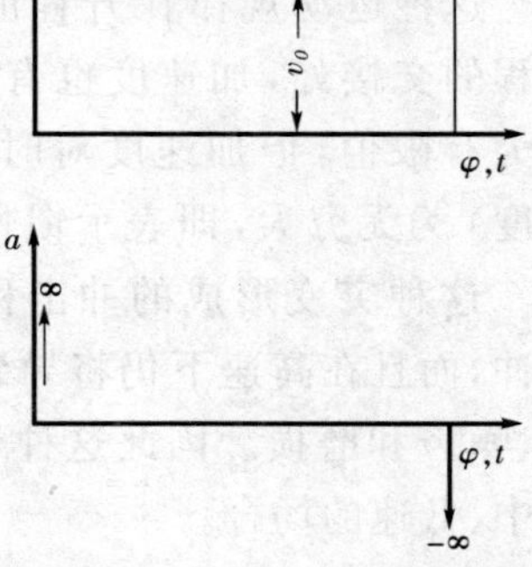

图 3-10　$n=1$ 的等速运动规律运动线图

2. $n=2$ 的等加、等减速运动规律

由公式(3.4-1)，用同样的方法可得

$$\left.\begin{aligned}s&=c_0+c_1\varphi+c_2\varphi^2\\v&=c_1\omega+2c_2\omega\varphi\\a&=2c_2w^2\end{aligned}\right\} \tag{3.4-5}$$

从式(3.4-5)可以看出，a 为常数，所以这种运动规律

又称为等加速、等减速运动规律。其运动线图如图 3-11 所示，将升程分为前、后两段，前半段为等加速，后半段为等减速。一般取前半程和后半程的凸轮转角各为 $\varphi/2$，对应的从动件位移各为 $h/2$，这样前半程等加速运动的边界条件为

$$\varphi=0, s=0, v=0$$
$$\varphi=\Phi/2, s=h/2$$

代入式(3.4-5)，可求得系数为

$$c_0=c_1=0, c_2=2h/\Phi^2$$

所以，升程中前半程的运动方程式为

$$\left.\begin{aligned} s&=\frac{2h}{\Phi^2}\varphi^2 \\ v&=\frac{4h\omega}{\Phi^2}\varphi \\ a&=\frac{4h\omega^2}{\Phi^2} \end{aligned}\right\} \tag{3.4-6}$$

其运动线图和位移线图的作法如图 3-11 所示。

根据运动线图的对称性，升程的后半程(等减速运动)的运动方程为

$$\left.\begin{aligned} s&=h-\frac{2h}{\Phi^2}(\Phi-\varphi)^2 \\ v&=\frac{4h\omega}{\Phi^2}(\Phi-\varphi) \\ a&=-\frac{4h\omega^2}{\Phi^2} \end{aligned}\right\} \tag{3.4-7}$$

这种运动规律的加速度线图为两条平行于横坐标轴的直线；速度线图是两条斜率相反的斜直线；而位移线图是两条光滑连接的、曲率方向相反的抛物线(图 3-11)。所以等加速、等减速运动规律又称为抛物线运动规律。

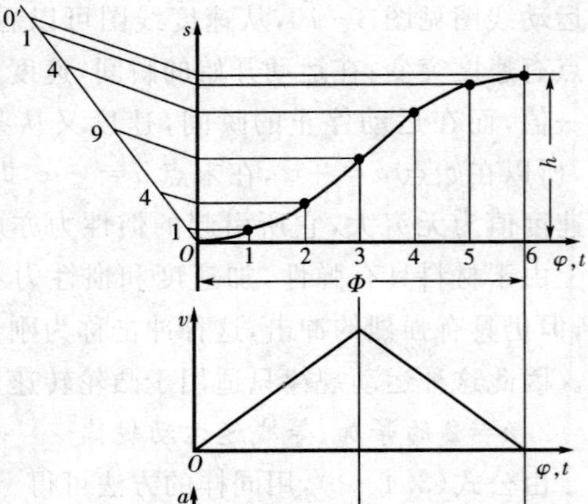

图 3-11　$n=2$ 的等加等减运动规律运动线图

这种运动规律在升程的始末点和前后半程的交接处，加速度也有突变，其加速度虽为有限值，但加速度对时间的变化率(即跃度)为无穷大，即表示惯性力的变化率极大。这种突变形成的冲击称为柔性冲击或软冲，而且在高速下仍将导致相当严重的振动、噪声和磨损。因此这种运动规律只适用于中、低速的场合。

3. n ≥ 3 的高次运动规律

从以上的分析表明 $n=2$ 的动力性能比 n

$=1$ 的要好，适当增加多项式的幂次，就有可能获得性能良好的运动规律。因为在 n 次多项式中，有 $n+1$ 个系数，可满足 $(n+1)$ 个边界条件，因而理论上用高次多项式不仅可以获得高阶连续的曲线，还可满足其他特定的条件。如 $n=5$ 的五次多项式，其运动线图如图 3-12，需要确定的系数有 $n+2=5+1=6$ 个。为此，必须给定 6 个边界条件，建立 6 个方程式才能解出。通常给定的 6 个初始条件为

$$\varphi=0, s=0, v=0, a=0$$

$$\varphi=\Phi, s=h, v=0, a=0$$

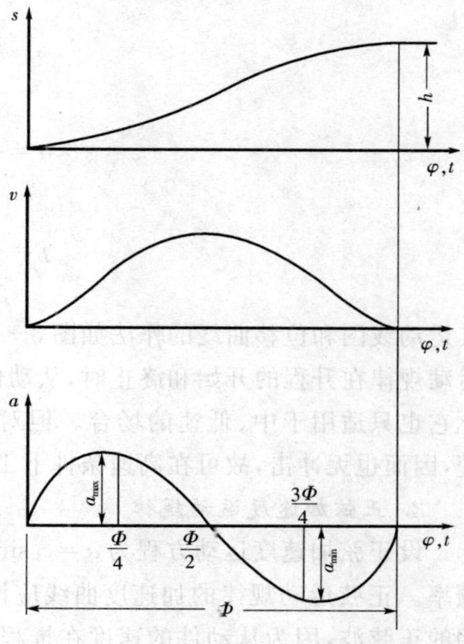

图 3-12　$n=5$ 的五次多项式运动规律运动线图

从理论上说，多项式的幂次和所能满足的给定条件是不受限制的，但由于幂次愈高对加工误差愈敏感，要求的加工精度也愈高。而幂次高到一定程度时，对改善动力性能的作用却不太明显，所以实际设计中 $n\geqslant 7$ 的很少使用。

3.4.2　三角函数基本运动规律

由三角函数表示的运动规律，用得比较多的有余弦加速度运动规律和正弦加速度运动规律。

1. 余弦加速度运动规律

余弦加速度方程式为 $a=c_1\cos\omega t$，式中 ω 为角频率，由 $\omega=2\pi/T$（T 为周期）。设凸轮转过角度 Φ 时，从动件走完整个升程 h，其所需时间为 t_{01}，并希望其速度在推程的起始和终止时均为零，所采用的余弦加速度曲线只能为半个波形，故余弦加速度曲线的变化周期 T 应为 $2t_{01}$。又凸轮一般作匀速转动，其角速度 $\omega=\varphi/t$，于是

$$\left.\begin{aligned} a&=c_1\cos\frac{2\pi}{2t_{01}}t=c_1\cos\frac{\pi}{\Phi}\varphi \\ v&=\int a\,\mathrm{d}t=c_1\frac{\Phi}{\pi\omega}\sin\frac{\pi}{\Phi}\varphi+c_2 \\ s&=\int v\,\mathrm{d}t=-c_1\frac{\Phi^2}{\pi^2\omega^2}\cos\frac{\pi}{\Phi}\varphi+c_2\frac{\varphi}{\omega}+c_3 \end{aligned}\right\} \tag{3.4-8}$$

对于升程而言，其边界条件为

$$\varphi=0, s=0, v=0$$

$$\varphi=\Phi, s=h$$

代入式(3.4-8)可以求得系数

$$c_2=0, c_1=\frac{\pi^2 h\omega^2}{2\Phi^2}, c_3=h/2$$

这种余弦加速度运动方程可以写为

$$\left.\begin{aligned} s&=\frac{h}{2}\left(1-\cos\frac{\pi}{\Phi}\varphi\right)\\ v&=\frac{\pi h\omega}{2\Phi}\sin\frac{\pi}{\Phi}\varphi\\ a&=\frac{\pi^2 h\omega^2}{2\Phi^2}\cos\frac{\pi}{\Phi}\varphi\\ j&=-\frac{\pi^3 h\omega^3}{2\Phi^3}\sin\frac{\pi}{\Phi}\varphi \end{aligned}\right\} \tag{3.4-9}$$

其运动线图和位移曲线的作法如图 3-13 所示。由图可知，对升—停—回—停型运动，该运动规律在升程的开始和终止时，从动件的加速度仍产生有限数值的突变，即存在软冲，因此它也只适用于中、低速的场合。但对无停留区间的无停歇型运动而言，加速度曲线无突变，因而也无冲击，故可在高速条件下工作。

2. 正弦加速度运动规律

设正弦加速度运动方程为 $a=c_1\sin\omega t$，式中 ω 为角频率。正弦运动规律的加速度曲线应该是一个完整周期的正弦波，因为从动件的速度在推程阶段的起、止瞬时位置均为零，故其变化周期 T 就是凸轮转过推程运动角所需之时间。所以

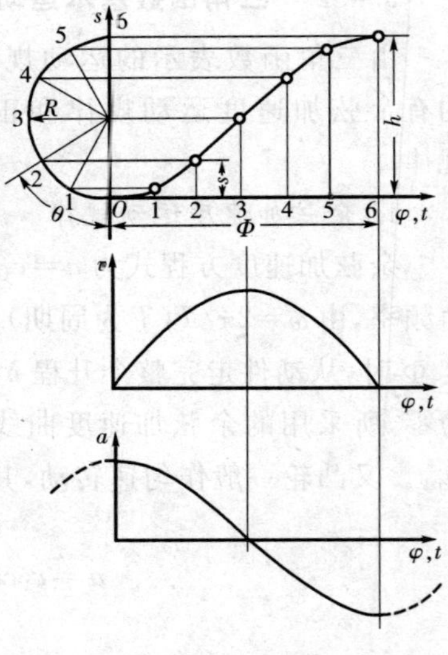

图 3-13　余弦加速度运动规律运动线图

$$\left.\begin{aligned} a&=c_1\cos\frac{2\pi}{T}t=c_1\sin\left(\frac{2\pi}{\Phi}\varphi\right)\\ v&=\int a\,dt=-c_1\,\frac{\varphi}{2\pi\omega}\cos\frac{2\pi}{\Phi}\varphi+c_2\\ s&=\int v\,dt=-c_1\,\frac{\varphi^2}{4\pi^2\omega^2}\sin\frac{2\pi}{\Phi}\varphi+c_2\,\frac{\varphi}{\omega}+c_3 \end{aligned}\right\} \tag{3.4-10}$$

边界条件为

$$\varphi=0,s=0,v=0$$

$$\varphi=\Phi,s=h$$

代入式(3.4-10)得系数

$$c_3=0,c_2=\frac{h\omega}{\Phi},c_1=\frac{2\pi h\omega^2}{\Phi^2}$$

运动方程为

$$
\left.\begin{aligned}
s &= \frac{h\varphi}{\Phi} - \frac{h}{2\pi}\sin\frac{2\pi}{\Phi}\varphi \\
v &= \frac{h\omega}{\Phi}\left(1-\cos\frac{2\pi}{\Phi}\varphi\right) \\
a &= \frac{2\pi h\omega^2}{\Phi^2}\sin\frac{2\pi}{\Phi}\varphi \\
j &= \frac{\mathrm{d}a}{\mathrm{d}t} = \frac{4\pi^2 h\omega^3}{\Phi^3}\cos\frac{2\pi}{\Phi}\varphi
\end{aligned}\right\} \tag{3.4-11}
$$

从正弦加速度运动规律的位移方程式可以看出，位移 s 是由 $s_1 = h\varphi/\Phi$ 及 $s_2 = \frac{h}{2\pi}\sin\frac{2\pi}{\Phi}\varphi$ 两项所组成，前者为等速运动的位移规律，后者为正弦位移规律。正弦加速度运动规律的线图和位移曲线的作法见图 3－14。由运动线图可知，这种运动规律的加速度曲线是连续的，没有突变，加速度变化率为一有限值，因而没有冲击，可适用于高速工作。

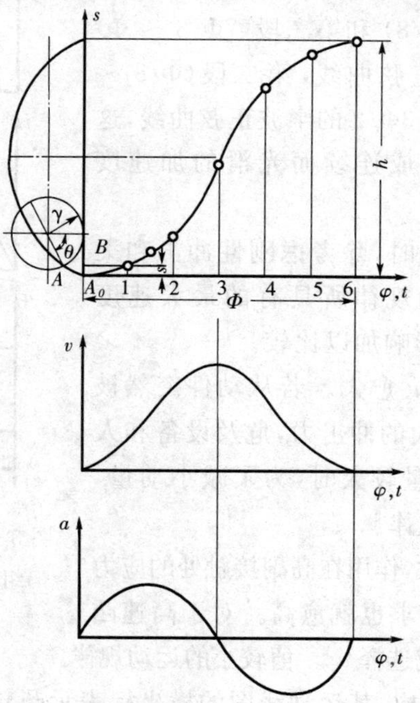

图 3－14　正弦加速度运动规律运动线图

3.4.3　基本运动规律的特性值

由上述基本运动规律的分析可知，从避免冲击的观点出发，最好选用无突变的加速度曲线的运动规律。此外，它们的特性值对凸轮机构的动力特性也有较大的影响。所谓特性值是对凸轮机构工作性能有较大影响的参数，这些参数标志着不同运动规律各自的特征。

1. 最大速度 v_{max}

v_{max} 愈大，则从动系统的最大动量 mv_{max} 愈大，当突然停止时将产生极大的冲力（因为 $Ft = mv$）。所以为了停、动灵活和保证安全运行，希望动量要小，特别是从动系统质量较大时，更需要对 v_{max} 的值加以限制。

2. 最大加速度 a_{max}

a_{max} 愈大，则惯性力愈大。其中当 a_{max} 为正值且愈大时，将使从动件与凸轮接触处的法向压力增大；当 a_{max} 为负值且绝对值愈大时，必须增大弹簧的封闭力，否则可能发生从动杆跳离凸轮表面的危险，对高速凸轮更应限制 a_{max} 值。

3. 最大跃度 j_{max}

表示惯性力的最大变化率，它影响机构的运动平稳性。

3.4.4　组合运动规律简介

为了获得更好的运动特性，还可以把上述五种基本运动规律组合起来加以应用(或称运动曲线的拼接)。组合时，两条曲线在拼接处必须保持连续。例如为了消除等速运动规律的刚性冲击，就应使速度曲线连续。图 3-15 所示等加速 — 等速 — 等减速组合运动规律就可以满足这一要求。不难看出，这种运动规律的加速度线图是不连续的，因此还存在柔性冲击。又如图 3-16 所示为变形正弦加速度规律的加速度线图，它是由三段正弦曲线组合而成的。第一段($0 \sim \Phi/8$) 和第三段($7\Phi/8 \sim \Phi$)为周期等于 $\Phi/2$ 的 1/4 波正弦曲线，第二段($\Phi/8 \sim 7\Phi/8$) 为振幅相同、周期等于 $3\Phi/2$ 的半波正弦曲线，这几段曲线在拼接处相切，形成连续而光滑的加速度曲线。

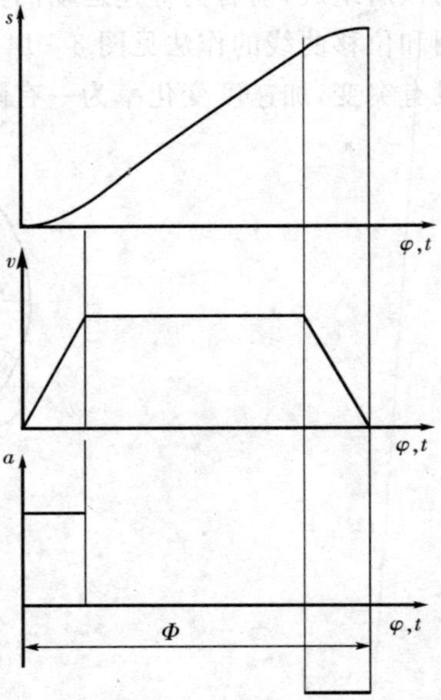

图 3-15　等加速 — 等速 — 等减速组合运动规律运动线图

在选择从动件运动规律时，除考虑刚性冲击和柔性冲击外，还应对各种运动规律所具有的最大速度 v_{max}、最大加速度 a_{max} 及其影响加以比较。

(1) v_{max} 愈大，则动量 mv 愈大。若从动件突然被阻止，过大的功量会导致极大的冲击力，危及设备和人身安全。因此，当从动件质量较大时，为了减小动量，应选择 v_{max} 值较小的运动规律。

(2) a_{max} 愈大，惯性力愈大，作用在高副接触处的应力愈大，机构的强度和耐磨性要求也就愈高。对于高速凸轮，为了减小惯性力的危害，应选择 a_{max} 值较小的运动规律。

对于摆动从动件凸轮机构，其运动线图的横坐标表示凸轮转角，纵坐标则分别表示从动件的角位移、角速度和角加速度。这类运动线图具有的运动特性与上述相同。

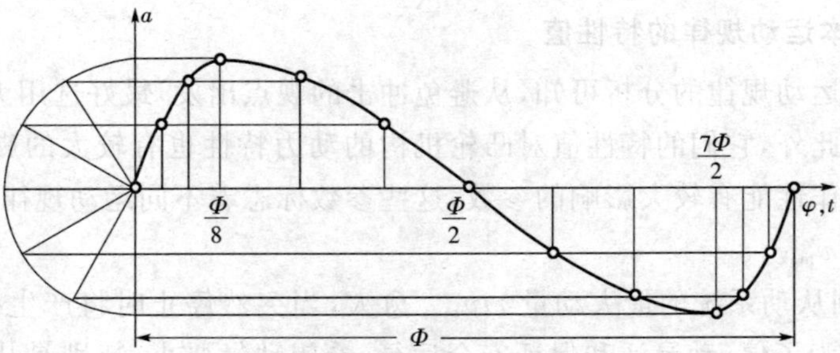

图 3-16　变形正弦加速度规律的加速度线图

3.5　高副机构的啮合基本定律

如图 3-17 所示一平面齿轮机构，齿轮 1、2 分别绕轴 O_1 和 O_2 转动。点 P 是齿轮连心线 O_1O_2 上的一点，该瞬时轮 1 和轮 2 上与点 P 重合的点分别为点 P_1 和 P_2。若它们的绝对速度 v_{P1} 和 v_{P2} 相等，则由三心定理可知，点 P 是这对齿轮的相对速度瞬心。在啮合原理中，将相对速度瞬心称为啮合节点，简称节点。这对齿轮的传动比为

$$i_{12}=\frac{\omega_1}{\omega_2}=\frac{\overline{O_2P}}{\overline{O_1P}}$$

通常两轮的中心 O_1 和 O_2 是固定的，相应中心距 O_1O_2 的长是定值。这样，若传动比 i_{12} 按给定的运动规律变化，则节点 P 的位置也按相应的规律在连心线 O_1O_2 上移动。节点 P 在每个齿轮运动平面上的轨迹为该齿轮的瞬心线，在齿轮啮合原理中又称为节曲线。对于变传动比，两啮合齿轮的节曲线一般是两条非圆曲线，因此这种齿轮称为非圆齿轮，如图 3-17a 所示；对于恒定传动比，节点 P 的位置固定不动，两啮合齿轮的节曲线是两个圆，称为节圆，这种齿轮称为圆形齿轮，如图 3-17b 所示。

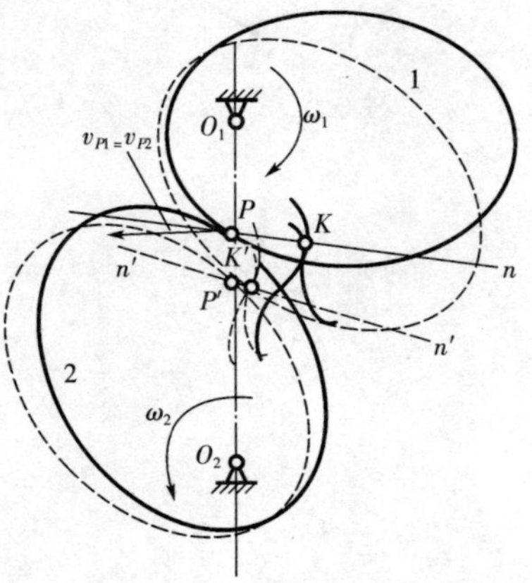

a)非圆齿轮

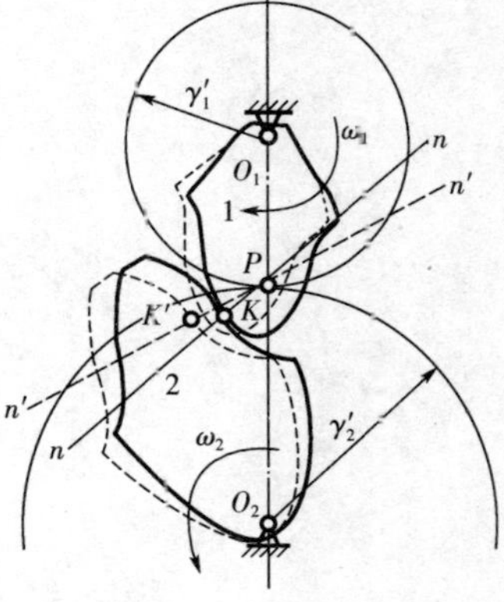

b)圆形齿轮

图 3-17　齿廓啮合基本定律

综上所述，如果一对齿轮的传动比和中心距给定，那么两轮的节曲线就唯一地确定，每一瞬时节点的位置也唯一地确定。另一方面，一对齿轮的运动传递是依靠其轮齿齿廓连续地相切接触来实现的。显然，若要求一对齿轮按给定变化规律的传动比实现运动的传递，则两轮的齿廓曲线必须满足的条件是：在啮合传动的任一瞬时，两轮齿廓曲线在相应接触点的公法线必须通过按给定传动比确定的该瞬时的节点，这一条件称为齿廓啮合的基本定律。该定律是各种平面齿轮机构轮齿齿廓正确啮合的基本条件。

对于圆形平面齿轮传动，即定传动比传动，此定律可表述为：在啮合传动的任一瞬时，两轮齿廓曲线在相应接触点的公法线必须通过按给定传动比确定的固定节点。

因两轮在节点 P 处的相对速度等于零，故一对齿轮齿廓的啮合过程相当于两轮节曲线的纯滚动。圆形平面齿轮的传动可以视为其节圆的纯滚动。若设两轮节圆半径分别为 r'_1

和 r'_2，则其传动比为

$$i_{12}=\frac{\omega_1}{\omega_2}=\frac{\varphi_1}{\varphi_2}=\frac{\overline{O_2P}}{\overline{O_1P}}=\frac{r'_2}{r'_1}=\text{常数}$$

式中 φ_1 和 φ_2 分别为两轮的转角。

思考题

1. 什么是平面机构的位置图？位置图一般用什么方法求解？
2. 什么是平面机构的运动线图？运动线图包括哪几种线图？
3. 铰链四杆机构可以通过哪几种方式演变成其他型式的四杆机构？试说明正弦机构是如何演化而来的？
4. 等速运动规律具有什么特性？等加等减速运动规律具有什么特性？
5. 什么是组合运动规律？将运动规律组合起来时需要满足什么条件？
6. 如何选择从动件的运动规律？
7. 什么是齿轮啮合基本定律？为什么圆形平面齿轮是定传动比传动？

第 4 章　机构运动分析与综合的图解法

4.1　速度瞬心法及其应用

4.1.1　速度瞬心法

1. 速度瞬心的概念

如图 4-1 所示，轮 2 绕机架 1 上固定点 O 转动，O 点为轮 2 的回转中心；如图 4-2 所示，轮 2 在轨道 1 上纯滚动，在此瞬时，P 点为轮 2 的回转中心。

一般地，如图 4-3 所示，构件 2 相对构件 1 作平面运动，在任一瞬时，其相对运动都可以看作是绕某一重合点的转动，该重合点称为瞬时回转中心或速度瞬心，简称瞬心。瞬心是这两构件上相对速度为零的重合点，或瞬时绝对速度相同的重合点。如果两构件之一是静止的，则其速度瞬心称为绝对速度瞬心，简称绝对瞬心。显然，绝对速度瞬心是运动构件上瞬时绝对速度为零的点。如果两构件都是运动的，则其速度瞬心称为相对速度瞬心，简称相对瞬心。不论是绝对速度瞬心，还是相对速度瞬心，都称为速度瞬心，简称瞬心，记 P_{12}。构件 i 和构件 j 的相对瞬心记 P_{ij} 或 P_{ji}。

图 4-1　绕定点转动

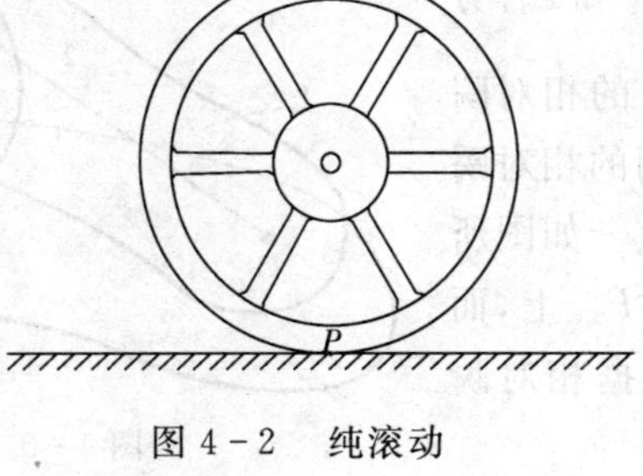

图 4-2　纯滚动

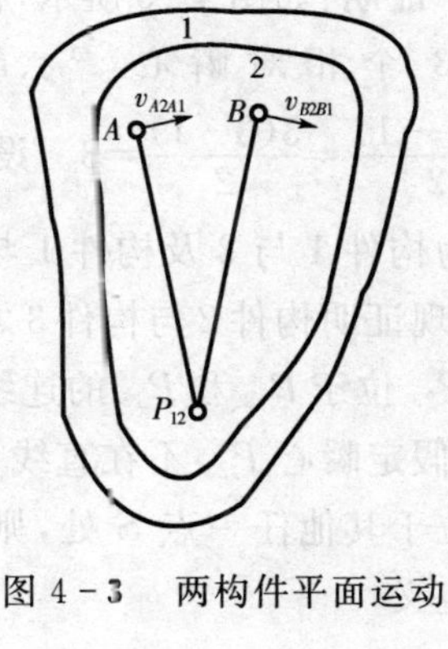

图 4-3　两构件平面运动

2. 速度瞬心的数目

每两个构件都有一个速度瞬心。如果一个机构由 N 个构件组成，根据组合原理，机构所具有的速度瞬心的数目 K 为

$$K=\frac{N(N-1)}{2}$$

3. 速度瞬心的求法

求速度瞬心常用观察法和用三心定理两种方法。

(1) 观察法

以下四种情况，通过观察可以直接确定两构件的瞬心。

① 两构件以转动副联接，铰链中心即为瞬心 P_{12}（图 4-4a）。

② 两构件以移动副联接，构件 1 各点相对构件 2 的移动速度都平行于导路方向，则瞬心 P_{12} 位于垂直于移动副导路的无穷远处（图 4-4b）。

③ 两构件作纯滚动时，接触点无相对速度，接触点就是瞬心 P_{12}（图 4-4c）。

④ 两构件组成高副时，由于构件间具有两个相对运动自由度，不能确定构件 1 上某点对构件 2 的相对速度的大小，因而不能确定瞬心 P_{12} 的确定位置。但是，从两构件必须保持接触出发，可知构件 1 上 M 点的相对速度必定沿着高副公切线 tt 的方向，所以瞬心 P_{12} 虽不能完全确定，但必位于高副的公法线 NN 上（图 4-4d）。

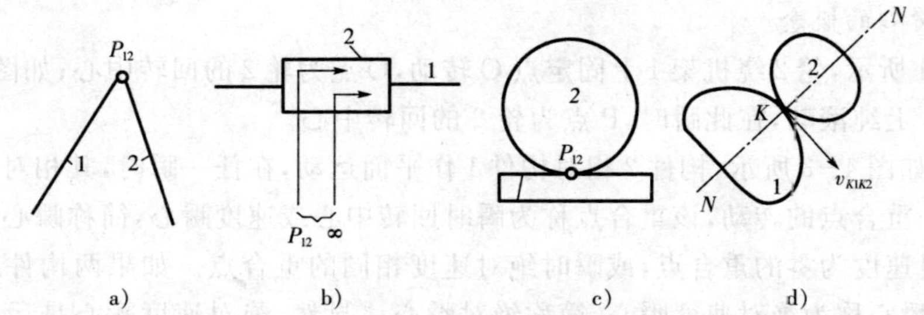

图 4-4　直接确定两构件的瞬心

（2）根据三心定理求两构件的瞬心

三心定理：作平面平行运动的 3 个构件共有 3 个瞬心，它们位于同一直线上。

证明：如图 4-5 所示，构件 1、2、3 共有 3 个相对瞬心 P_{12}、P_{13}、P_{23}，$N=\dfrac{k(k-1)}{2}=\dfrac{3(3-1)}{2}=3$。设 P_{12} 和 P_{13} 分别为构件 1 与 2 及构件 1 与 3 的相对瞬心，现证明构件 2 与构件 3 之间的相对瞬心 P_{23} 位于 P_{12} 和 P_{13} 的连线上。如图所示，假定瞬心 P_{23} 不在直线 $P_{12}P_{13}$ 上，而是位于其他任一点 S 处，则根据相对瞬心定义

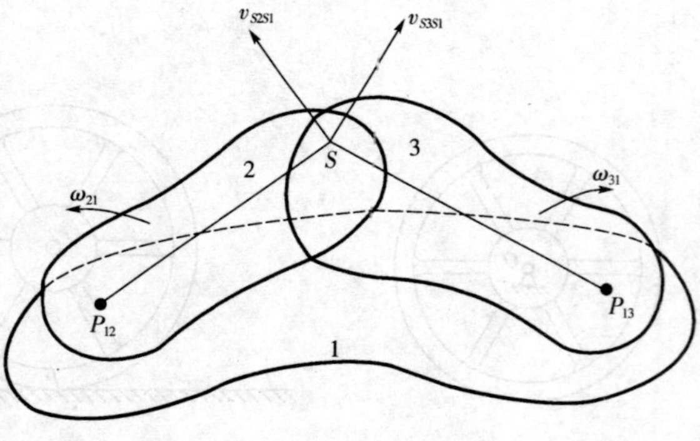

图 4-5　三心定理证明

$$\boldsymbol{v}_{S2}=\boldsymbol{v}_{S3}$$

又假定构件 1 在 S 处的重合点为 S_1

$$\boldsymbol{v}_{S2}=\boldsymbol{v}_{S1}+\boldsymbol{v}_{S2S1},\quad \boldsymbol{v}_{S3}=\boldsymbol{v}_{S1}+\boldsymbol{v}_{S3S1}$$

则

$$\boldsymbol{v}_{S1}+\boldsymbol{v}_{S2S1}=\boldsymbol{v}_{S1}+\boldsymbol{v}_{S3S1}$$

即

$$\boldsymbol{v}_{S2S1}=\boldsymbol{v}_{S3S1}$$

但由图可见 $\boldsymbol{v}_{S2S1}\perp\overline{P_{12}S}$，$\boldsymbol{v}_{S3S1}\perp\overline{P_{13}S}$，故

$$\boldsymbol{v}_{S2S1}\neq\boldsymbol{v}_{S3S1}$$

即

$$\boldsymbol{v}_{S2}\neq\boldsymbol{v}_{S3}$$

因此点 S 不可能是构件 2 与构件 3 之间的相对瞬心。只有当 S 点位于直线 $\overline{P_{12}P_{13}}$ 上时该两重合点的速度向量才可能相等，所以瞬心 P_{23} 必位于 $P_{12}P_{13}$ 的连线上。至于 P_{23} 在直线 $P_{12}P_{13}$ 上哪一点，只有当构件 2 与构件 3 的运动完全已知时才能确定。

当构件间的瞬心不能用观察法确定时，可以用三心定理来求。

4.1.2　速度瞬心法在机构速度分析上的应用

1. 铰链四杆机构

对图 4-6 所示铰链四杆机构，其瞬心数为 $N=\dfrac{k(k-1)}{2}=\dfrac{4(4-1)}{2}=6$。

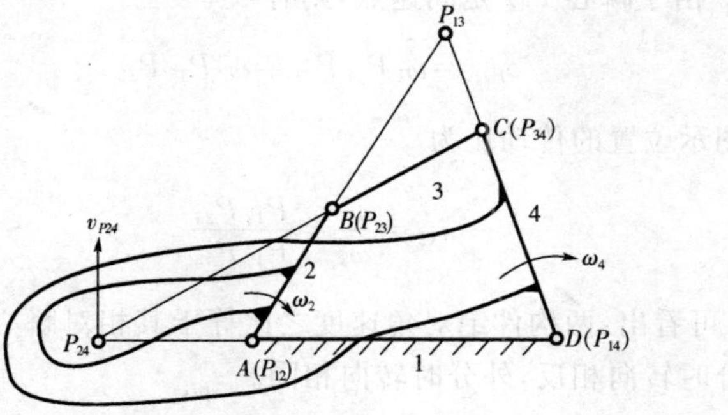

图 4-6　铰链四杆机构的瞬心

由观察，机构的转动副中心 A、B、C 及 D 分别为瞬心 P_{12}、P_{23}、P_{34} 及 P_{14}；由三心定理知，构件 4、1、2 的三个瞬心 P_{14}、P_{12} 及 P_{24} 共线，构件 4、3、2 的三个瞬心 P_{34}、P_{23} 及 P_{24} 也共线。所以两直线 $\overline{P_{14}P_{12}}$、$\overline{P_{34}P_{23}}$ 的交点就是瞬心 P_{24}。

同理，两直线 $\overline{P_{34}P_{14}}$、$\overline{P_{23}P_{12}}$ 的交点就是瞬心 P_{13}。

利用相对瞬心 P_{24}，求出机构在图示位置的瞬时传动比 i_{24}。

因
$$v_{P24}=\omega_2(P_{24}P_{12})=\omega_4(P_{24}P_{14})$$

故
$$i_{24}=\frac{\omega_2}{\omega_4}=\frac{(P_{24}P_{14})}{(P_{24}P_{12})} \tag{4.1-1}$$

2. 曲柄滑块机构

如图 4-7 所示，已知各构件的长度、位置及构件 1 的角速度 ω_1，求滑块 C 的速度 v_C。

为求 v_C，可根据三心定理求构件 1、3 的相对瞬心 P_{13}。滑块 3 作直线运动，其上各点的速度相等，将 P_{13} 看成是滑块上的一点，根据瞬心的定义 $v_C=v_{P_{13}}$。所以 $v_C=v_{lAP_{13}}\omega_1=\mu_l\overline{AP}_{13}\omega_1$，式中 μ_l 为机构的长度比例尺，即

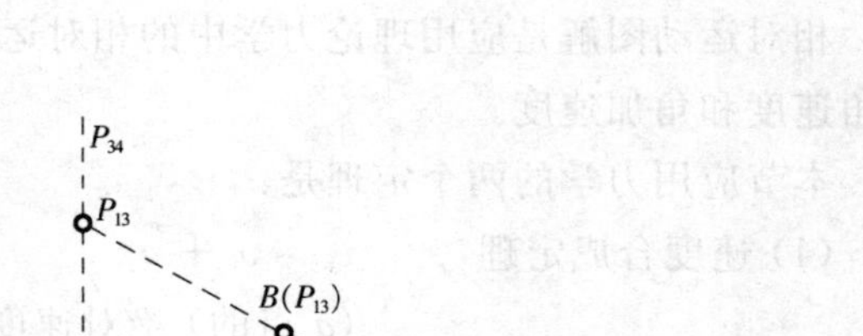

图 4-7　曲柄滑块机构的瞬心

$$\mu_l = \frac{\text{构件实际长度}}{\text{图上所画的构件长度}}$$

量纲为 m/mm,它表示图上每 1mm 代表实际长度值。该例 $\mu_l = \frac{l_{AP_{13}}}{AP_{13}}$,量出 $\overline{AP_{13}}$ 即可得 v_C。

3. 高副机构

对图 4-8 所示高副机构,求传动比 i_{12} 时,可利用相对瞬心 P_{12}。构件 1、构件 2 组成高副,P_{12} 应位于高副接触点 M 的公法线 NN 上;由三心定理,P_{12} 应位于 $P_{13}P_{23}$ 的连线上,故两线的交点为 P_{12}。由于瞬心 P_{12} 是同速点,则有

$$v_{P_{12}} = \omega_1 P_{12}P_{13} = \omega_2 P_{12}P_{23}$$

由此可得,机构在图示位置的传动比为

$$i_{12} = \frac{\omega_1}{\omega_2} = \frac{P_{12}P_{23}}{P_{12}P_{13}} \tag{4.1-2}$$

由式(4.1-2)可看出:两构件绝对角速度之比等于其相对瞬心分其绝对瞬心连线所得两线段的反比,内分时转向相反,外分时转向相同。

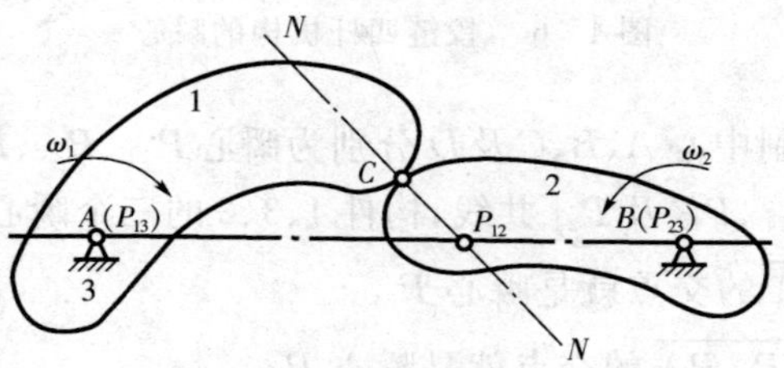

图 4-8　高副机构的瞬心

4.2　相对运动图解法及其应用

相对运动图解是应用理论力学中的相对运动原理求解构件上点的速度和加速度及构件的角速度和角加速度。

本节应用力学的两个定理是:

(1) 速度合成定理　　$v_a = v_r + v_e$

(a 点的)绝对速度 = 相对速度 + 牵连速度

(2) 加速度合成定理　　$a_a = a_r + a_e + a_k$

(a 点的)绝对加速度 = 相对加速度 + 牵连加速度 + 哥氏加速度

其中,$a_k = 2\omega \times v_r$。

首先根据速度合成定理和加速度合成定理列出机构各构件上相应点之间的相对运动矢量方程式,并用一定的比例尺作出矢量多边形,从而求出构件上各指定点的速度和加速度以及各构件的角速度和角加速度。下面以四杆机构为例说明如何对 II 级机构进行运动分析。

在进行机构运动分析时，根据不同的相对运动情况，可有以下两类问题：

4.2.1　在同一构件上的点间的速度和加速度的求法

在如图 4-9a 所示的铰链四杆机构中，已知各构件的长度及构件 1 的位置、角速度 ω_1 和角加速度 α_1。求构件 2 的角速度 ω_2、角加速度 α_2 及其上点 C 和 E 的速度和加速度，以及构件 3 的角速度 ω_3 和角加速度 α_3。

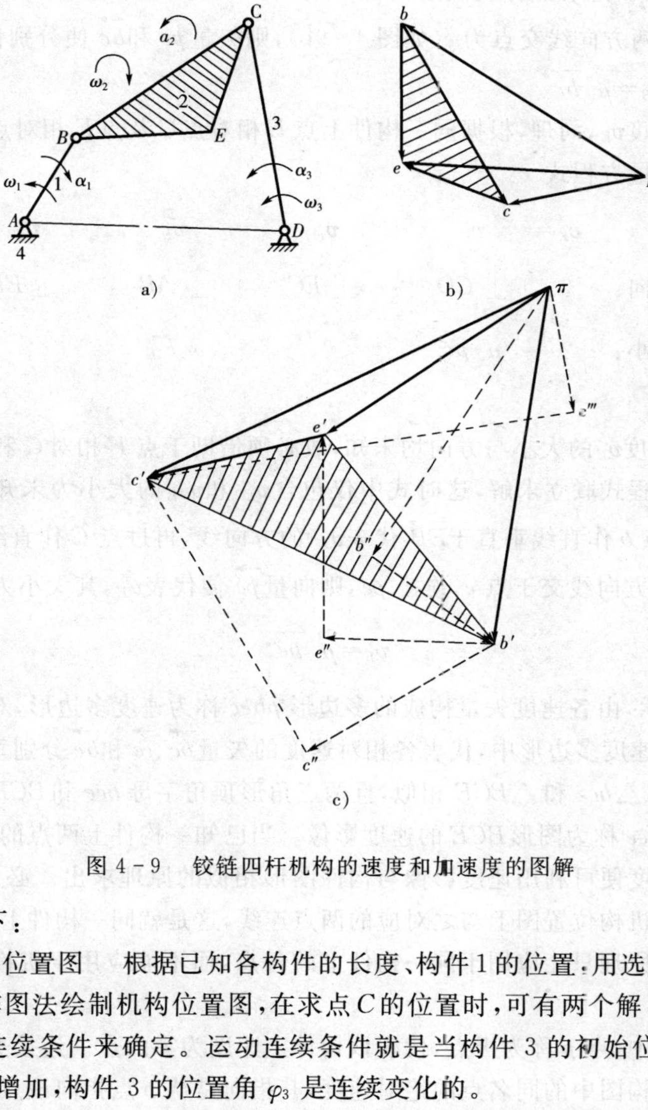

图 4-9　铰链四杆机构的速度和加速度的图解

求解过程如下：

（1）绘制机构位置图　根据已知各构件的长度、构件 1 的位置，用选定的比例尺 μ_l 从构件 1 开始按几何作图法绘制机构位置图，在求点 C 的位置时，可有两个解，要根据从动件 3 的初始位置和运动连续条件来确定。运动连续条件就是当构件 3 的初始位置确定后，随着原动件位置角 φ_1 的增加，构件 3 的位置角 φ_3 是连续变化的。

（2）确定速度和角速度　在进行速度分析时，应从已知点的速度开始，如图示。因为构件 1 角速度 ω_1 的大小、方向已知，故 B 点速度 $\boldsymbol{v}_B$ 大小和方向也已知。为求构件 2 上点 C 的速度，可根据同一构件上相对速度原理写出速度矢量方程式

$$\boldsymbol{v}_C \quad = \quad \boldsymbol{v}_B \quad + \quad \boldsymbol{v}_{CB}$$

	$\boldsymbol{v}_C$	$\boldsymbol{v}_B$	$\boldsymbol{v}_{CB}$
方向：	$\perp CD$	$\perp AB$	$\perp CB$
大小：	？	$\omega_1 l_{AB}$	？

式中$\boldsymbol{v}_C$、$\boldsymbol{v}_B$表示点C、B的绝对速度，$\boldsymbol{v}_{CB}$表示点C相对点B的相对速度，其方向垂直构件CB，大小未知；点C的速度方向垂直构件CD，大小未知。在上面矢量方程式中，仅$\boldsymbol{v}_C$和$\boldsymbol{v}_{CB}$的大小未知，故可用图解法求解。为此可在图上任取一点p，作代表$\boldsymbol{v}_B$的矢量$\overrightarrow{pb}$，其方向垂直AB，指向与ω_1转向一致，长度等于$\boldsymbol{v}_B/\mu_v$，其中μ_v为速度比例尺，单位为$\frac{\mathrm{m/s}}{\mathrm{mm}}$，它表示图上每1mm代表的速度值。过$p$点作直线垂直于$\overline{CD}$表示$\boldsymbol{v}_C$的方向线，再过点$b$作直线垂直$\overline{CB}$代表$\boldsymbol{v}_{CB}$的方向线，这两方向线交点为$c$(如图4-9b)，则矢量$\overrightarrow{pc}$和$\overrightarrow{bc}$便分别代表$\boldsymbol{v}_C$和$\boldsymbol{v}_{CB}$，其大小为$\boldsymbol{v}_C=\mu_v\,\overline{pc}$及$\boldsymbol{v}_{CB}=\mu_v\,\overline{bc}$。

为求点E的速度$\boldsymbol{v}_E$，同理，根据同一构件上点E相对点C及点E相对点B的相对速度原理写出相对速度矢量方程式

	$\boldsymbol{v}_E=$	$\boldsymbol{v}_C$	+	$\boldsymbol{v}_{EC}$	=	$\boldsymbol{v}_B$	+	$\boldsymbol{v}_{EB}$
方向：	?	$\perp CD$		$\perp EC$		$\perp AB$		$\perp EB$
大小：	?	$\mu_v\,\overline{pc}$		?		$\omega_1 l_{AB}$		?

由于点E的速度$\boldsymbol{v}_E$的大小与方向均未知，故必须借助于点E相对C和点E相对B的两个相对速度矢量方程式联立求解，这时式中仅包含$\boldsymbol{v}_{EC}$和$\boldsymbol{v}_{EB}$的大小为未知而可以求解。如图4-9b所示，过点b作直线垂直于$\overline{EB}$代表$\boldsymbol{v}_{EB}$的方向线，再过点C作直线垂直于$\overline{EC}$，代表$\boldsymbol{v}_{EC}$的方向线，该两方向线交于点e，连接pe，则向量$\overrightarrow{pe}$便代表$\boldsymbol{v}_E$，其大小为

$$\boldsymbol{v}_E=\mu_v\,\overline{pe}$$

如图4-9b所示，由各速度矢量构成的多边形$pbec$称为速度多边形，对照图4-9中的图a和b可以看出，在速度多边形中，代表各相对速度的矢量$\overrightarrow{bc}$、$\overrightarrow{ce}$和$\overrightarrow{be}$分别垂直于机构图中的$\overline{BC}$、$\overline{CE}$和$\overline{BE}$，因此$\triangle bce$和$\triangle BCE$相似，且两三角形顶角字母bce和BCE的顺序相同均为顺时针方向，图形bce称为图形BCE的速度影像。当已知一构件上两点的速度时，则该构件上其他任一点的速度便可利用速度影像与构件图形相似的原理求出。必须强调指出：相对速度的方向垂直于机构位置图上与之对应的两点连线，这是就同一构件上的两点而言的，因而速度影像的相似原理只能应用于同一构件上的各点，而不能应用于机构的不同构件上的各点。

在速度多边形中，点p称为极点，代表该构件上速度为零的点。连接点p与任一点的矢量便代表该点在机构图中的同名点的绝对速度，其指向是从p点指向该点；而连接其他任意两点的矢量便代表该两点在机构图中的同名点间的相对速度，其指向适与速度的角标相反，例如矢量$\overrightarrow{bc}$代表$\boldsymbol{v}_{CB}$而不是$\boldsymbol{v}_{BC}$。

构件2的角速度$\omega_2=\dfrac{v_{CB}}{l_{CB}}=\mu_v\dfrac{\overline{bc}}{l_{CB}}$，将代表$\boldsymbol{v}_{CB}$的矢量$\overrightarrow{bc}$平移到机构图上的点$C$，可知$\omega_2$的转向为顺时针方向。同理可得构件3的角速度$\omega_3=\dfrac{v_C}{l_{CD}}=\mu_v\dfrac{\overline{pc}}{l_{CD}}$，将代表$\boldsymbol{v}_C$的矢量$\overrightarrow{pc}$平移到机构图上的点$C$，可知$\omega_3$的转向为逆时针方向。

(3) 确定加速度和角加速度　在进行加速度分析时，也是从已知点的速度开始，因构件 1 的角速度 ω_1 和角加速度 α_1 的大小、方向都已知，故点 B 的法向加速度 $\boldsymbol{a}_B^n$ 和切向加速度 $\boldsymbol{a}_B^t$ 也已知，为求购件 2 上点 C 的加速度，可根据同一构件上相对速度原理写出相对加速度矢量方程式

$$\boldsymbol{a}_C = \boldsymbol{a}_B + \boldsymbol{a}_{CB}$$

或	$\boldsymbol{a}_C^n$	+ $\boldsymbol{a}_C^t$	= $\boldsymbol{a}_B^n$	+ $\boldsymbol{a}_B^t$	+ $\boldsymbol{a}_{CB}^n$	+ $\boldsymbol{a}_{CB}^t$
方向：	$C \to D$	$\perp CD$	$B \to A$	$\perp AB$	$C \to B$	$\perp CB$
大小：	$\dfrac{v_C^2}{l_{CD}}$	?	$\omega_1^2 l_{AB}$	$\alpha_1 l_{AB}$	$\dfrac{v_{CB}^2}{l_{CB}}$	?

式中 $\boldsymbol{a}_{CB}^n$ 表示点 C 相对点 B 的法向加速度，其方向为从 C 指向 B；$\boldsymbol{a}_{CB}^t$ 表示点 C 相对点 B 的切向加速度，其方向垂直 CB。又因速度多边形已作出，所以上式法向加速度都可求出，仅有 $\boldsymbol{a}_C^t$ 和 $\boldsymbol{a}_{CB}^t$ 的大小未知，同样可以用图解法求解。如图 4－9c所示，在图上任取一点 π，作 $\overrightarrow{\pi b''}$ 代表 $\boldsymbol{a}_B^n$，方向为平行 $\overline{AB}$ 并从 B 指向 A，长度为 $(\omega_1^2 l_{AB})/\mu_a$，其中 μ_a 为加速度比例尺，单位是 $\dfrac{\text{m/s}^2}{\text{mm}}$，它表示图上每 1mm 代表的加速度值；过 b'' 作 $\overrightarrow{b''b'}$ 代表 $\boldsymbol{a}_B^t$，方向垂直 AB，长度为 $(\alpha_1 l_{AB})/\mu_a$，连接 $\pi b'$，它表示 $\boldsymbol{a}_B$。再过 b' 作 $\overrightarrow{b'c''}$ 代表 $\boldsymbol{a}_{CB}^n$，方向是平行 $\overline{CB}$ 并从 C 指向 B，长度为 $(\dfrac{v_{CB}^2}{l_{CB}})/\mu_a$；过 c'' 作垂直 CB 代表 $\boldsymbol{a}_{CB}^t$ 的方向线 $c''c'$。又用同一比例尺从点 π 作 $\overrightarrow{\pi c'''}$ 代表 $\boldsymbol{a}_C^n$，方向是平行 CD 并从 C 指向 D，长度为 $(\dfrac{v_C^2}{l_{CD}})/\mu_a$；接着过 c''' 作垂直 $\overline{CD}$ 代表 $\boldsymbol{a}_C^t$ 的方向线 $c'''c'$。该两方向线 $c''c'$ 和 $c'''c'$ 相交于 c'，连接 $\pi c'$，则矢量 $\overrightarrow{\pi c'}$ 便代表 $\boldsymbol{a}_C$，其大小为 $\boldsymbol{a}_C = \mu_a \overline{\pi c'}$。

为求点 E 的加速度，可先求构件 2 的角加速度 α_2，其大小 $\alpha_2 = \dfrac{a_{CB}^t}{l_{CB}} = \dfrac{\mu_a c''c'}{l_{CB}}$，将代表 $\boldsymbol{a}_{CB}^t$ 的矢量 $\overrightarrow{c''c'}$ 平移到机构位置图上的点 C，可确定 α_2 的方向为逆时针方向。同理可得构件 3 的角加速度 $\alpha_3 = \dfrac{a_C^t}{l_{CD}} = \dfrac{\mu_a c'''c'}{l_{CD}}$，将代表 $\boldsymbol{a}_C^t$ 的矢量 $\overrightarrow{c'''c'}$ 平移到机构图上的点 C，可得 α_3 的方向是逆时针方向。再根据构件 2 上 B、E 两点相对加速度原理可写出

	$\boldsymbol{a}_E$	= $\boldsymbol{a}_B$	+ $\boldsymbol{a}_{EB}^n$	+ $\boldsymbol{a}_{EB}^t$
方向：	?	$\pi \to b'$	$E \to B$	$\perp EB$
大小：	?	$\mu_a \overline{\pi b'}$	ω_2^2 / l_{EB}	$\alpha_2 l_{EB}$

上式中只有 $\boldsymbol{a}_E$ 大小和方向未知，故可图解求得。在图 4－9c 中，从 b' 作 $\overrightarrow{b'e''}$ 代表 $\boldsymbol{a}_{EB}^n$，方向平行 $\overline{EB}$ 且从 E 指向 B，长度为 $\omega_2^2 l_{EB}/\mu_a$；再从 e'' 作 $\overrightarrow{e''e'}$ 代表 $\boldsymbol{a}_{EB}^t$，方向为垂直 $\overline{EB}$，长度为 $\alpha_2 l_{EB}/\mu_a$。连接 $\overrightarrow{\pi e'}$ 得点 E 的加速度 $\boldsymbol{a}_E$，其大小为 $\boldsymbol{a}_E = \mu_a \overline{\pi e'}$。

图 4－9c 中由各加速度矢量构成的多边形称为加速度多边形。由加速度多边形可见

$$a_{CB}=\sqrt{(a_{CB}^{n})^{2}+(a_{CB}^{t})^{2}}=\sqrt{(l_{BC}\omega_{2}^{2})^{2}+(l_{BC}\alpha_{2})^{2}}=l_{BC}\sqrt{\omega_{2}^{4}+\alpha_{2}^{2}}$$

同理可得

$$a_{EB}=l_{EB}\sqrt{\omega_{2}^{4}+\alpha_{2}^{2}}$$

$$a_{EC}=l_{EC}\sqrt{\omega_{2}^{4}+\alpha_{2}^{2}}$$

所以
$$a_{CB}:a_{EB}:a_{EC}=l_{CB}:l_{EB}:l_{EC}$$

或
$$\mu_a\overline{b'c'}:\mu_a\overline{b'e'}:\mu_a\overline{c'e'}=\mu_l\overline{BC}:\mu_l\overline{EB}:\mu_l\overline{EC}$$

即
$$\overline{b'c'}:\overline{b'e'}:\overline{c'e'}=\overline{BC}:\overline{EB}:\overline{EC}$$

由此可见，$\triangle b'c'e'$ 与机构位置图中 $\triangle BCE$ 相似，且两三角形顶角字母顺序方向一致，图形 $b'c'e'$ 称为图形 BCE 的加速度影像。当已知一构件上两点的加速度时利用加速度影像便能很容易地求出该构件上其他任一点的加速度。必须强调指出：与速度影像一样，加速度影像的相对原理只能应用于机构中同一构件上的各点，而不能应用于不同构件上的各点。

在加速度多边形中，点 π 称为极点，代表该构件上加速度为零的点。连接点 π 和任一点的矢量便代表该点在机构图中的同名点的绝对加速度，其指向从 π 指向该点；连接带有角标"′"的其他任意两点的矢量，便代表该两点在机构图中的同名点间的相对加速度，其指向恰与加速度的角标相反，例如矢量$\overline{b'c'}$ 代表 a_{CB} 而不是 a_{BC}；代表法向加速度和切向加速度的矢量都用虚线表示，例如$\overline{b'c''}$ 和$\overline{c''c'}$ 分别代表 a_{BC}^{n} 和 a_{BC}^{t}。

4.2.2　组成移动副两构件的重合点间的速度和加速度的求法

如图 4－10a 所示的四杆机构中，已知机构的位置、各构件的长度及构件 1 的等角速度 ω_1，要求构件 3 的角速度 ω_3 和角加速度 α_3。

在图 4－10a 中，构件 2 与构件 3 组成移动副，构件 2 上点 B_2 与构件 3 上点 B_3 为组成移动副两构件的重合点，同样可根据相对运动原理列出相对速度和相对加速度矢量方程式，作速度多边形和加速度多边形。

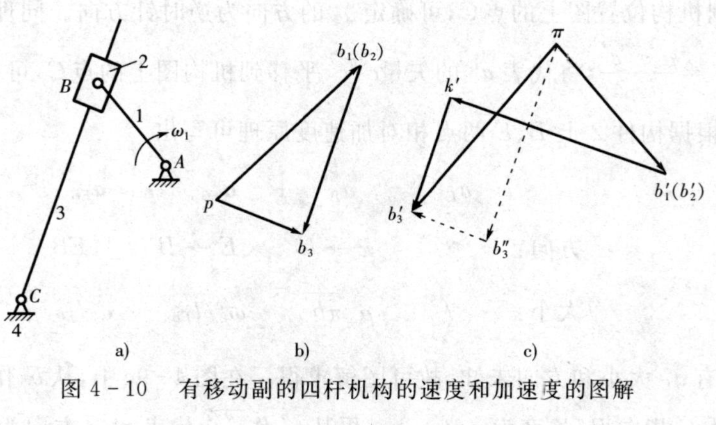

图 4－10　有移动副的四杆机构的速度和加速度的图解

1. 确定构件 3 的角速度 ω_3

已知构件 1 上 B 点的速度$v_{B1}=\omega_1 l_{AB}$，其方向垂直于 AB 而指向与 ω_1 转向一致。因为构件 2 与构件 1 用转动副 B 相联，所以$\boldsymbol{v}_{B2}=\boldsymbol{v}_{B1}$，构件 2、3 组成移动副，其重合点 B 的相对速度矢量方程式为

$$\boldsymbol{v}_{B3} = \boldsymbol{v}_{B2} + \boldsymbol{v}_{B3B2}$$

方向：　$\perp BC$　　$\perp AB$　　$/\!/ BC$

大小：　?　　$\omega_1 l_{AB}$　　?

式中仅$\boldsymbol{v}_{B3}$和$\boldsymbol{v}_{B3B2}$的大小为未知，故可用图解法求解。画速度多边形时，任取一点 p 为极点（见图 4－10b 所示），过 p 作$\overrightarrow{pb_2}$代表点 B_2 的速度$\boldsymbol{v}_{B2}$，其速度比例尺

$$\mu_v=\frac{\omega_1 l_{AB}}{pb_2}\ \frac{\mathrm{m/s}}{\mathrm{mm}}$$

然后过 B_2 作$\boldsymbol{v}_{B3B2}$的方向线b_2b_3，再过 p 点作$\boldsymbol{v}_{B3}$的方向线pb_3，两方向线交于b_3，得速度多边形pb_2b_3，矢量$\overrightarrow{pb_3}$即代表$\boldsymbol{v}_{B3}$，故构件 3 的角速度为

$$\omega_3=\frac{v_{B3}}{l_{B3C}}=\frac{\mu_v\ \overline{pb_3}}{l_{B3C}}$$

将代表$\boldsymbol{v}_{B3}$的矢量$\overrightarrow{pb_3}$平移到机构图上的点 B，可知 ω_3 转角为顺时针方向。

2. 确定构件 3 的角加速度 α_3

由理论力学可知，点 B_3 的绝对加速度与其重合点 B_2 的绝对加速度之间的关系为

$$\boldsymbol{a}_{B3} = \boldsymbol{a}_{B2} + \boldsymbol{a}^{\mathrm{k}}_{B3B2} + \boldsymbol{a}^{\mathrm{r}}_{B3B2}$$

其中
$$\boldsymbol{a}_{B3} = \boldsymbol{a}^{\mathrm{n}}_{B3} + \boldsymbol{a}^{\mathrm{t}}_{B3}$$

故
$$\boldsymbol{a}^{\mathrm{n}}_{B3} + \boldsymbol{a}^{\mathrm{t}}_{B3} = \boldsymbol{a}_{B2} + \boldsymbol{a}^{\mathrm{k}}_{B3B2} + \boldsymbol{a}^{\mathrm{r}}_{B3B2}$$

方向：　$B_3\to C$　　$\perp B_3C$　　$B_2\to A$　　$\perp B_3C$　　$/\!/ B_3C$

大小：　$\omega_3^2 l_{B3C}$　　?　　$\omega_1^2 l_{AB}$　　$2\omega_3 v_{B3B2}$　　?

式中 $\boldsymbol{a}^{\mathrm{n}}_{B3}$ 和 $\boldsymbol{a}^{\mathrm{t}}_{B3}$ 是 $\boldsymbol{a}_{B3}$ 的法线方向和切线方向加速度；$\boldsymbol{a}^{\mathrm{r}}_{B3B2}$ 为点 B_3 对于 B_2 的相对加速度。在一般情况下，$\boldsymbol{a}^{\mathrm{r}}_{B3B2}=\boldsymbol{a}^{\mathrm{n}}_{B3B2}+\boldsymbol{a}^{\mathrm{t}}_{B3B2}$，但是在目前情况下，由于构件 2 和构件 3 组成移动副，所以 $\boldsymbol{a}^{\mathrm{n}}_{B3B2}=0$，则 $\boldsymbol{a}^{\mathrm{r}}_{B3B2}=\boldsymbol{a}^{\mathrm{t}}_{B3B2}$，其方向平行于相对移动方向；$\boldsymbol{a}^{\mathrm{k}}_{B3B2}$ 为哥氏加速度，它的大小为 $a^{\mathrm{k}}_{B3B2}=2\omega_2 v_{B3B2}\sin\theta$，其中 θ 为相对速度$\boldsymbol{v}_{B3B2}$和牵连角速度 ω_2（$=\omega_3$）矢量之间的夹角。但是对于平面运动，ω_2 的矢量垂直于运动平面，而$\boldsymbol{v}_{B3B2}$位于平面运动平面之内，故 $\theta=90°$，从而

$$a^{\mathrm{k}}_{B3B2}=2\omega_2 v_{B3B2}$$

哥氏加速度 $\boldsymbol{a}^{\mathrm{k}}_{B3B2}$ 的方向是将$\boldsymbol{v}_{B3B2}$沿 ω_2 的转动方向转90°（即图 4－10c 中$\overrightarrow{b_1'k'}$的方向）。在上面的矢量方程式中只有 $\boldsymbol{a}^{\mathrm{t}}_{B3}$ 和 $\boldsymbol{a}^{\mathrm{r}}_{B3B2}$ 的大小为未知，故可用图解法求解。如图 4－10c 所示，从任意极点 π 连续作矢量$\overrightarrow{\pi b_2'}$和$\overrightarrow{b_2'k'}$代表$\boldsymbol{a}_{B2}$ 和 $\boldsymbol{a}^{\mathrm{k}}_{B3B2}$，其加速度比例尺$\mu_a=\dfrac{a_{B2}}{\pi b_2'}\ \dfrac{\mathrm{m/s}}{\mathrm{mm}}$；再过点 π 作矢量$\overrightarrow{\pi b_3''}$代表$\boldsymbol{a}^{\mathrm{n}}_{B3}$，然后过点 k' 作直线 $k'b'_3$平行于线段$\overline{CB_3}$代表$\boldsymbol{a}^{\mathrm{r}}_{B3B2}$ 的方向线，并过点 b''_3 作直线 $b''_3b'_3$垂直于线段$\overline{CB_3}$，代表$\boldsymbol{a}^{\mathrm{t}}_{B3}$ 的方向线，它们相交于点 b'_3，则矢量$\overrightarrow{\pi b_3'}$便代表

$\boldsymbol{a}_{B3}$。构件 3 的角加速度为

$$\alpha_3 = \frac{a_{B3}^{t}}{l_{CB}} = \frac{\mu_a \overline{b''_3 b'_3}}{\mu_l \overline{CB_3}}$$

将代表 $\boldsymbol{a}_{B3}^{t}$ 的矢量 $\overrightarrow{b_3'' b_3'}$ 平移到机构图上的点 B_3，可知 α_3 的方向为逆时针方向。

用图解法求解构件上点的速度和加速度是算、画、量交替进行的过程。其精度取决于作图的精度，包括矢量的大小和方向的准确性。用计算机作图（如使用绘图软件 AutoCAD）可以得到很高的精度。

4.3　图解法在机构综合中的应用

4.3.1　凸轮机构的图解法设计

在合理地选择从动件的运动规律之后，根据工作要求、结构所允许的空间、凸轮转向和凸轮的基圆半径，就可设计凸轮的轮廓曲线。设计方法通常有图解法和解析法。图解法简单、直观，但精度有限，可用于低速或精度要求不高的场合。

1. 绘制原理

当凸轮机构工作时，凸轮是运动的，而绘制凸轮轮廓时，却需凸轮与图纸相对静止。所以用图解法绘制凸轮轮廓曲线要利用相对运动原理。

图 4－11 为一对心直动尖顶从动件盘形凸轮机构。当凸轮以等角速度 ω_1 逆时针转动时，从动件将在导路内完成预期的运动规律。根据相对运动原理，如果给整个机构附加上一个绕凸轮轴心 O 的公共角速度 $-\omega_1$，机构各构件间的相对运动不变，但这样凸轮将静止不动，而从动件一方面随机架和导路以角速度 $-\omega_1$ 绕 O 点转动，另一方面又在导路中按原来的运动规律往复移动。

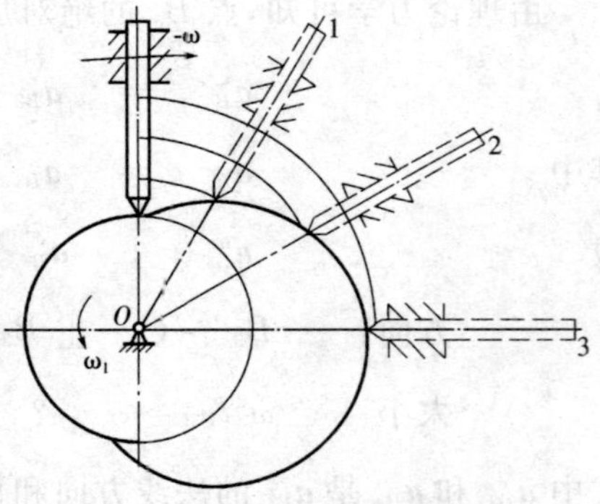

图 4－11　反转法设计凸轮轮廓曲线

由于尖顶始终与凸轮轮廓相接触，所以在从动件的这种复合运动中，其尖顶的运动轨迹就是凸轮轮廓曲线。这种按相对运动原理绘制凸轮轮廓曲线的方法称为“反转法”。

用“反转法”绘制凸轮轮廓在已知从动件位移线图和基圆半径等后，主要包含三个步骤：将凸轮的转角和从动件位移线图分成对应的若干等分；用“反转法”画出反转后从动件各导路的位置；根据所分的等分量的从动件相应的位移，从而得到凸轮的轮廓曲线。

2. 几种常见的凸轮轮廓的绘制

（1）直动从动件盘形凸轮轮廓的绘制

如图 4－12a 所示为从动件导路通过凸轮回转中心的尖顶对心直动从动件盘形凸轮机构。今已知从动件的位移线图（图 4－12b），凸轮的基圆半径，以及凸轮以等角速度 ω_1 逆时针转动，要求绘出此凸轮的轮廓。

根据“反转法”原理，可以作图如下：

① 以基圆半径为半径作基圆。此基圆与导路的交点 B_0 便是从动件尖顶的起始位置。

② 将位移线图的推程和回程所对应的转角分成若干等分(图中均为四等份)。

③ 自 OB_0 开始沿 ω_1 的反方向(即顺时针方向)取凸轮的转角,并与图 4-12b 的各等分相对应,得 C_1、C_2、C_3、… 点。连结 OC_1、OC_2、OC_3…,它们便是机构反转后从动件导路的各个位置。

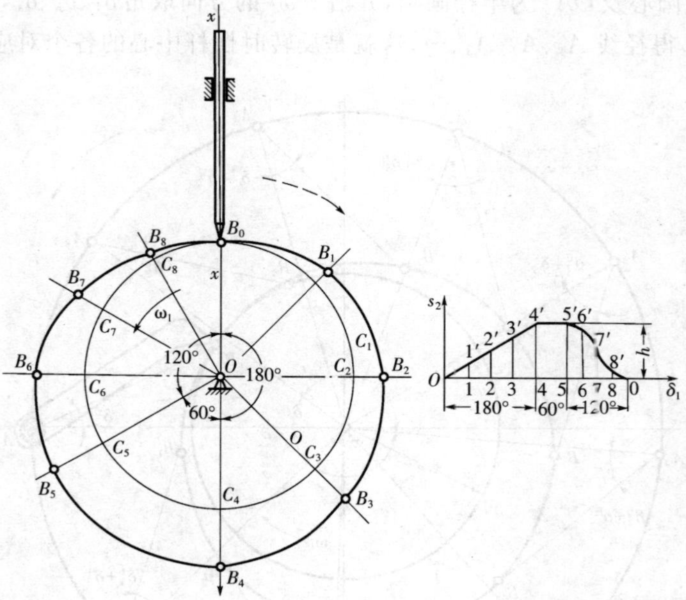

a)绘制过程　　b)从动件位移线图

图 4-12　直动从动件盘形凸轮轮廓曲线的绘制

④ 量取对应的各个位移量,即取 $C_1B^1=11'$、$C_2B_2=22'$、$C_3B_3=33'$、…,得反转后尖顶的一系列位置 B_1、B_2、B_3、…。

⑤ 将 B_0、B_1、B_2、B_3、… 连成光滑的曲线,便得到所要求的凸轮轮廓。

若把尖顶从动件改为滚子从动件时,则按上述方法求得的曲线称为凸轮的理论轮廓。采用滚子从动件时凸轮轮廓的设计方法如图 4-13 所示。首先,把滚子中心看作尖顶从动件的尖顶,按照上面的方法求出一条理论轮廓曲线 β_0 上各点为中心,以滚子半径为半径,画一系列圆,最后作这些圆的包络线 β,它便是使用滚子从动件时凸轮的实际轮廓。值得注意的是,滚子从动件凸轮的基圆半径应当在理论轮廓上度量。

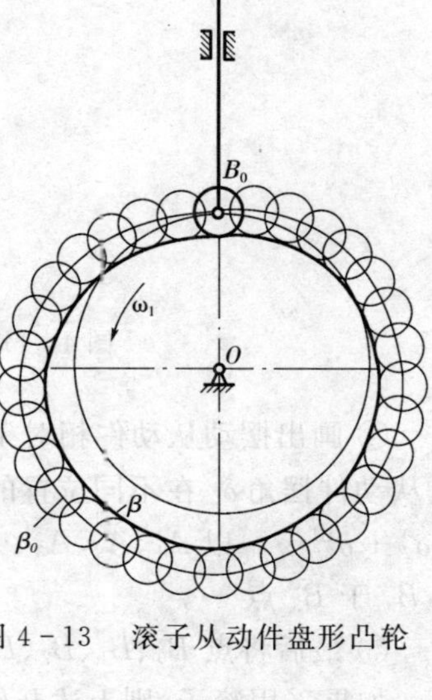

图 4-13　滚子从动件盘形凸轮

(2) 摆动从动件盘形凸轮轮廓的绘制

已知从动件的角位移线图(图 4-14b),凸轮与摆动从动件的中心距 l_{OA},摆动从动件的长度 l_{AB},凸轮的基圆半径 r_{min},凸轮以等角速度 ω_1 逆时针回转,要求绘出此凸轮的轮廓。

用“反转法”绘制尖顶摆动从动件盘形凸轮轮廓曲线的步骤如下：

① 根据 l_{OA} 定出 O 点与 A_0 点的位置，以 O 为圆心及以 r_{min} 为半径作基圆，再以 A_0 为中心及 l_{AB} 为半径作圆弧交基圆于 B_0 点，该点即为从动件尖顶的起始位置。δ_2^0 称为从动件的初位角。

② 将位移线图的推程和回程所对应的转角分成若干等分。

③ 以 O 点为圆心及 OA_0 为半径画圆，并沿 $-\omega_1$ 的方向取角 δ_1、δ_h、δ_s''，且与图 4-14b 中的各等分相对应，得径线 A_1、A_2、A_3、…，这就是反转时摆杆中心的各个对应位置。

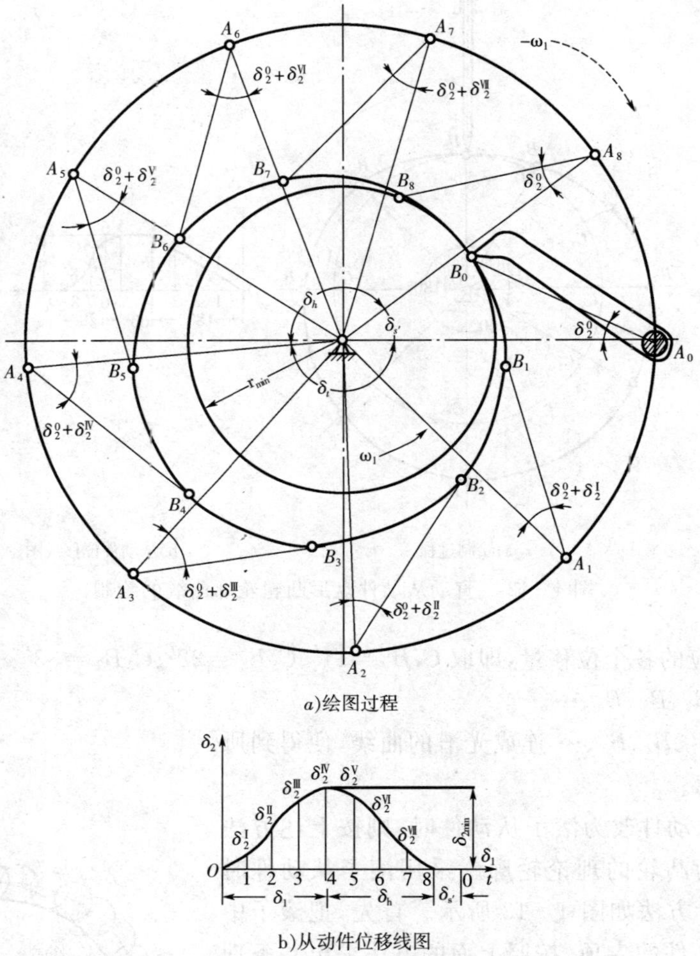

a)绘图过程

b)从动件位移线图

图 4-14　尖顶摆动从动件盘到凸轮轮廓曲线的绘制

④ 画出摆动从动件相对于机架的一系列位置 A_1B_1、A_2B_2、A_3B_3、…，再由图 4-14b 求出从动件摆角 δ_2 在不同位置的数值后，使 $\angle OA_1B_1=\delta_2^0+\delta_2^{I}$、$\angle OA_2B_2=\delta_2^0+\delta_2^{II}$、$\angle OA_3B_3=\delta_2^0+\delta_2^{III}$…。以 A_1、A_2、A_3、… 为圆心、l_{AB} 为半径画圆弧截 A_1B_1 于 B_1 点，A_2B_2 于 B_2 点，A_3B_3 于 B_3 点…。

⑤ 最后将点 B_0、B_1、B_2、B_3… 连成光滑曲线，便得到尖顶从动件的凸轮轮廓。

如果采用滚子，则上述凸轮轮廓为理论轮廓，只要在理论轮廓上选一系列作滚子，最后作其包络线，便可求出相应的实际轮廓曲线。

(3) 对心直动平底从动件盘形凸轮

绘制对心直动平底从动件盘形凸轮轮廓时，把从动件导路中心线与从动件平底的交点作为尖顶从动件的顶点，按尖顶从动件盘形凸轮轮廓的绘制方法可作出平底从动件盘形凸轮的理论轮廓曲线。如图 4-15 所示，首先在平底上选一固定点 A，按照尖顶从动件凸轮轮廓绘制的方法，求出理论轮廓上一系列点 A_1、A_2、A_3、…；过这些点画出代表从动件平底的直线 A_1B_1、A_2B_2、A_3B_3、…，然后作这些平底的包络线，便得到凸轮的实际轮廓曲线。为了保证平底始终与轮廓接触，通过作图可以找出 A 在左右两侧距导路最远的两个切点，如图中位置 1、6 是平底分别与凸轮轮廓相切于平底的最左位置和最右位置，平底中心距左右两侧的长度应分别大于 m 和 l。

3. 设计凸轮机构应注意的问题

设计凸轮机构时，不仅要保证从动件实现预定的运动规律，还要求传动时受力良好、结构紧凑。选择凸轮滚子半径时，应考虑其对凸轮轮廓的影响；基圆半径是凸轮轮廓的一个重要参数，它对凸轮机构尺寸、受力、磨损和效率有重要的影响。

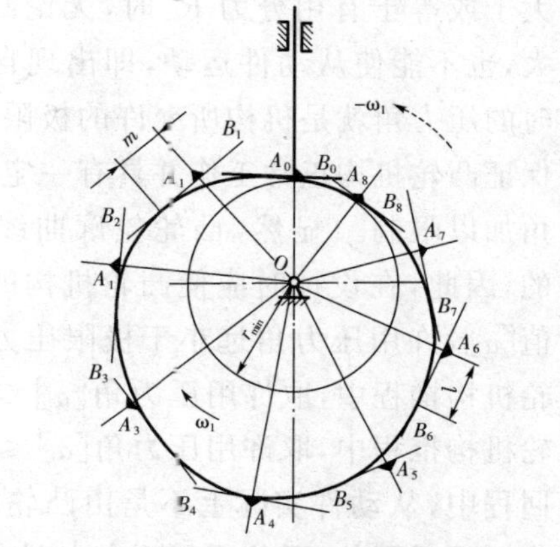

图 4-15　平底直动从动件盘形凸轮

(1) 滚子半径的选择

当，其实际轮廓曲线有可能出现失真。如图 4-16 所示的凸轮理论轮廓外凸部分，某处的曲率半径 ρ_0 与对应的实际轮廓的曲率半径 ρ 和滚子半径 r 之间的关系为 $\rho=\rho_0-r$。如果 $\rho_0>r$，则 $\rho>0$，此时工作轮廓为一光滑曲线，如图 4-16 的 A 处；如果 $\rho_0=r$，则 $\rho=0$，此时工作轮廓在该处将出现尖点，极易磨损，不能使用，如图 4-16 的 B 处；如果 $\rho_0<r$，则 $\rho<0$，此时实际轮廓曲线发生相交，图中阴影部分的轮廓曲线在实际加工时将被切去，使这一部分运动规律无法实现，运动失真，如图 4-16 所示的 C 处。

因此，尽管增大滚子半径可以减小凸轮与滚子间的接触应力，但为了使凸轮轮廓在任何位置既不变尖也不相交，滚子半径必须小于理论轮廓外凸部分的最小曲率半径 ρ_{min}。如果 ρ_{min} 过小，按上述条件选择的滚子半径太小而不能满足安装和强度要求，就应当加大凸轮基圆尺寸，重新设计凸轮轮廓曲线。理论轮廓的内凹部分对滚子半径的选择没有影响，因此时工作轮廓的曲率半径 ρ 等于理论曲率半径 ρ_0 与滚子半径 r 之和，不论滚子半径大小如何，由理论轮廓总可以作出实际轮廓。

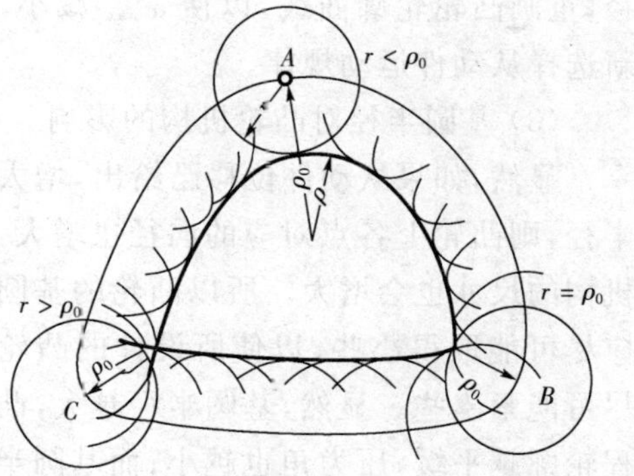

图 4-16　滚子半径的选择

(2) 压力角的校核

凸轮机构中，从动件运动方向和接触轮廓法线（或凸轮对从动件法向力）之间所夹的锐角称为压力角。

图表 4-17 所示为尖顶直动从动件凸轮机构在推程的某个位置。当不考虑摩擦时，凸轮

给予从动件的力 R 沿凸轮轮廓法线方向，故从动件运动方向与力 R 方向之间的夹角 α 即为压力角。R 可分解为两个力：沿从动件运动方向的有用分力 R' 和使从动件对导路产生侧向压力的有害分力 R''，且

$$R' = R\cos\alpha$$

$$R'' = R\sin\alpha$$

当 R 一定时，压力角 α 越大，则有害分力 R'' 越大，机构的效率越低。当 α 增大到一定程度，以致 R'' 所引起的摩擦阻力大于或等于有用分力 R' 时，无论凸轮加给从动件的作用多大，也不能使从动件运动，即出现自锁现象。机构开始自锁时的压力角就是机构所允许的极限压力角。综上所述，为了保证凸轮机构正常工作并具有一定的传动效率，必须对压力角加以限制。显然，凸轮轮廓曲线上各点的压力角是变化的，因此，在设计时应使凸轮机构的最大压力角不超过许用值[α]，许用压力角远小于极限压力角。一般对于直动件凸轮机构推程中，取许用压力角[α] ≤ 30°；对于摆动从动件凸轮机构推程中，取许用压力角[α] ≤ 30° ～ 45°。从动件处于回程中，从动件实际上不是由凸轮推动，而是在弹簧或重力作用下返回的，因此回程不会出现自锁。故通常只须对凸轮机构推程的压力角进行校核。

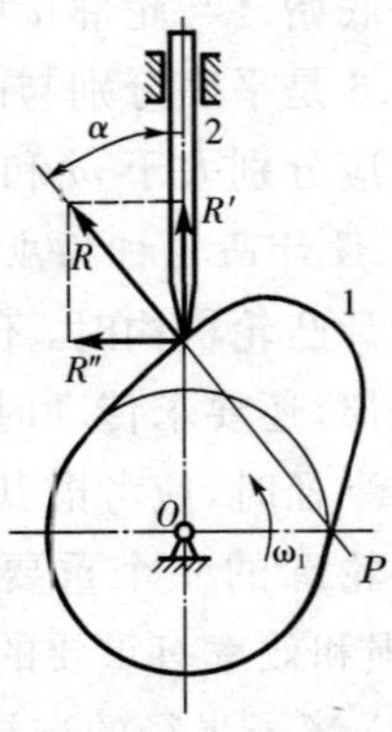

图 4－17　凸轮机构的压力角

对轮廓各处的压力角进行校核，检查其最大压力角是否超过许用值。用图解法检验时，可在凸轮理论轮廓曲线比较陡的地方取若干点，如图 4－18 中取 B_1、B_2 点，作出过这些点的法线和从动件 B 点的运动方向线，求出它们之间所夹的锐角 α_1、α_2、…，看其中最大值是否超过许用压力角值。如果最大压力角 α_{max} 超过许用值，则应考虑修改设计，通常加大基圆半径，重画凸轮轮廓曲线，以使 α_{max} 减小，或重新选择从动件运动规律。

(3) 基圆半径对凸轮机构的影响

显然，如果从动件位移已给出，增大基圆半径，则凸轮上各点对应的向径也增大，凸轮机构的尺寸也会增大。所以凸轮的基圆半径应尽可能取得小些，以使所设计的凸轮机构尽可能紧凑些。显然，基圆半径越大，凸轮推程轮廓越平缓，压力角也越小；而基圆半径越小，凸轮推程轮廓越陡峻，压力角也越大，致使机构工作情况变坏。从压力角的计算公式可以清楚地看到基圆半径对压力角的影响。

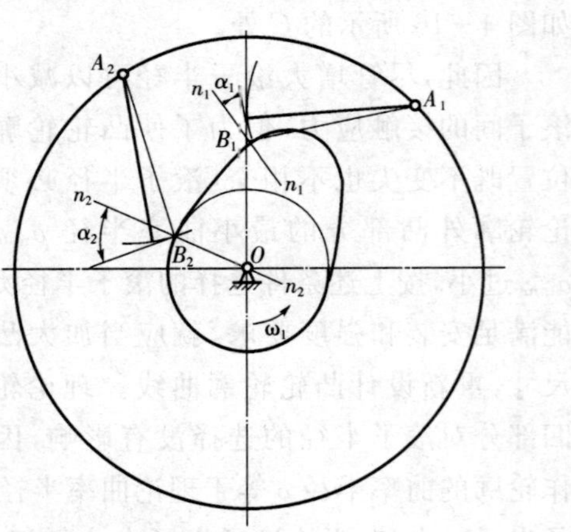

图 4－18　压力角的检验

在图 4－17 中，角 α 为压力角，因 P 点是凸轮 1 和从动件 2 的瞬心，而

$$s_0 = r_{min}$$

故压力角的计算公式为

$$\tan\alpha = \frac{v_2}{\omega_1(s_2 + r_{\min})} \tag{4.3-1}$$

由上式知，在其他条件都不变的情况下，基圆半径 $r_{\min}$ 越小，压力角 α 越大。基圆半径过小，压力角就会超过许用值，使机构效率太低，甚至发生自锁。因此在实际设计中，只是在保证凸轮推程轮廓的最大压力角不超过许用值的前提下，考虑缩小凸轮的尺寸。

4.3.2　平面连杆机构的图解法设计

1. 平面连杆机构设计的基本问题

(1) 实现构件给定位置，即要求连杆机构能引导构件按规定顺序精确或近似地经过给定的若干位置。

(2) 实现已知运动规律，即要求主、从动件满足已知的若干组对应位置关系，包括满足一定的急回特性要求，或者在主动件运动规律一定时，从动件能精确或近似地按给定规律运动。

(3) 实现已知运动轨迹，即要求连杆机构中做平面运动的构件上某一点精确或近似地沿着给定的轨迹运动。

平面连杆机构设计的方法主要有图解法和解析法。图解法是利用机构运动过程中各运动副之间的几何关系，通过作图获得机构相关的参数。图解法形象直观、方便快捷。

以下以平面四杆机构为例对这三类基本问题分别举例介绍。

2. 实现连杆给定位置的平面四杆机构的设计

(1) 连杆位置用动铰链中心 B、C 两点表示

如图 4-19a 所示，已知连杆铰链中心 B、C 的三个位置 B_1C_1、B_2C_2 和 B_3C_3。

由于机构运动过程中两连架杆的长度是不变的，根据三点决定一个圆的道理，可确定 B、C 的转动中心 A、D(图 4-19b)。量出 AB、CD 和 AD 图上的长度乘以对应的比例系数即得两连架杆和机架的实际长度。当 B_1、B_2、B_3 或 C_1、C_2、C_3 共线时，则机构含有一个移动副。

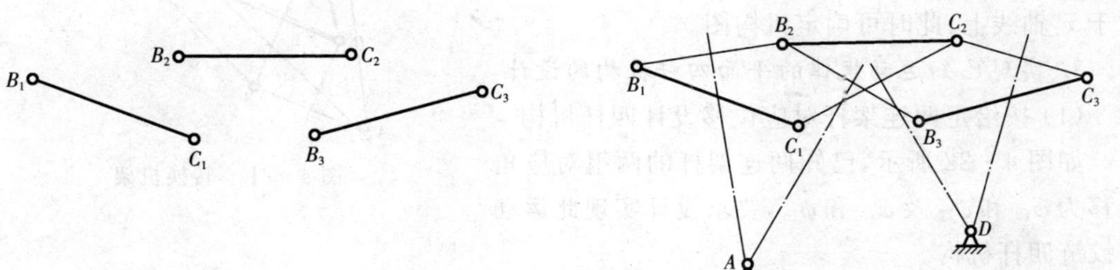

图 4-19　连杆三个位置

如果给定 BC 的两个位置，则有无穷多解。此时可添加一些其他条件，如满足整转副存在条件、最小传动角条件、铰链中心 A、D 的位置范围等，得到一个满意的解。

如果要求 BC 的三个以上位置，一般没有精确解。

如图 4-20 所示，为铸工车间震实式造型机工作台翻转机构，根据工作需要，翻台(即连

杆 BC）在震实和起模时分别处于 B_1C_1、B_2C_2 位置。这是一个实现连杆两个位置的机构设计问题。

(2) 连杆位置用连杆平面上任意两点表示

如图 4-21 所示，已知连杆平面上两点 M、N 的三个位置 M_1、N_1；M_2、N_2；M_3、N_3 及两固定铰链中心 A、D 的位置。利用转换机架法将问题转化为已知 A、D 相对于 M_1N_1（也可取第二或第三位置为机架）三个位置的设计问题，即可确定出铰链 B、C 的位置。

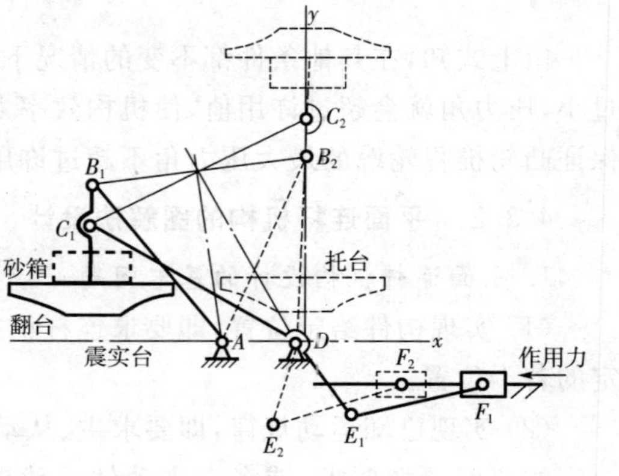

图 4-20　翻转机构

采用转换机架法设计如下：取连杆的第一个位置 M_1N_1（也可以取第二或第三个位置）为"机架"，找出 A、D 相对于 M_1N_1 的位置序列，从而将原问题转化为已知 A、D 相对于 M_1N_1 三个位置的设计问题。为此将四边形 AM_2N_2D 和 AM_3N_3D 予以"刚化"，并搬动这两个四边形使 M_2N_2 和 M_3N_3 均与 M_1N_1 重合，此时原来对应于 M_2N_2 和 M_3N_3 的 AD 则到达 A_2D_2 和 A_3D_3，分别作 AA_2 和 A_2A_3 的中垂线，其交点即为铰链中心 B_1，而 DD_2 和 D_2D_3 中垂线的交点为铰链中心 C_1，AB_1C_1D 即为满足给定要求的铰链四杆机构。

若两固定铰链中心 A、D 的位置未给定时，四杆机构可实现平面上 M、N 的四个或五个位置序列，其设计需要用到原点曲线和中心点曲线理论[1,2]。

若仅给定 BC 的两个位置，则有无穷多个解。此时可添加一些其他条件求解。如翻转机构中，要求实现连杆 BC 图示两位置及固定铰链中心 A、D 位于 x 轴线上，此时可确定机构图。

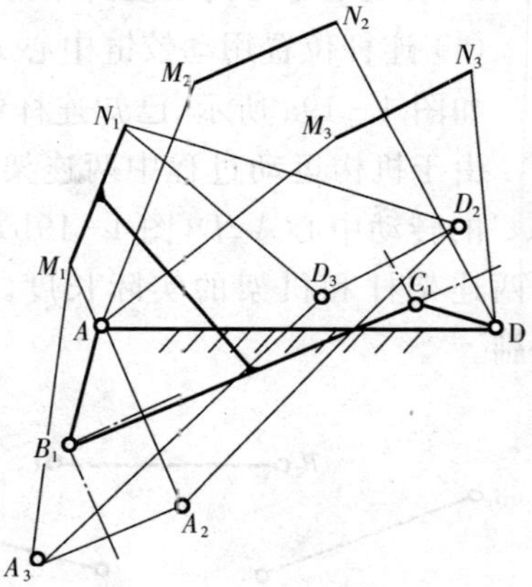

图 4-21　转换机架

3. 实现已知运动规律的平面四杆机构的设计

(1) 按给定两连架杆对应位移设计四杆机构

如图 4-22 所示，已知两连架杆的两组对应角位移为 φ_{12} 和 ψ_{12} 及 φ_{13} 和 ψ_{13}，要求设计实现此运动的铰链四杆机构。

此问题可以利用转换机架法（旋转法）将其转化为已知连杆三个位置的设计问题。设计过程如下：

根据具体工作情况适当选取 AD 的长度。

分别由 A、D 引出任意射线 AE_1 和 DF_1 作为两连架杆的第一位置线，根据两组对应角位移作出第二、第三位置 AE_2 和 DF_2、AE_3 和 DF_3。在连架杆 1 上任取一点作为动铰链中心 B 的位置（图中取 B 与 E 重合）。取

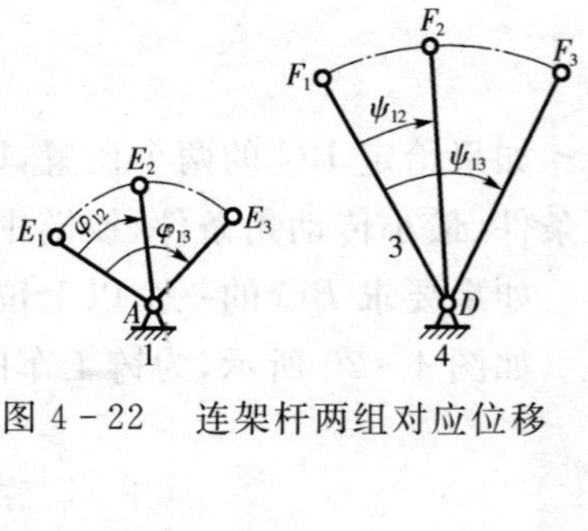

图 4-22　连架杆两组对应位移

DF_1 为“机架”，将四边形 AB_2F_2D 和 AB_3F_3D 予以刚化，并搬动两个四边形使 DF_2 和 DF_3 均与 DF_1 重合，此时原来对应于 DF_2 和 DF_3 的 AB_2 和 AB_3 分别到达 $A'_2B'_2$ 和 $A'_3B'_3$。分别作 $B_1B'_2$ 和 $B'_2B'_3$ 的中垂线，其交点即为连架杆 3 上铰链中心 C_1，而 AB_1C_1D 即为所求机构(如图 4－23 所示)。

由于机架长度和动铰链中心 B 的位置可以任选，因此实现此种运动关系的铰链四杆机构有无穷多个。铰链四杆机构最多能精确实现两连架杆四组对应角位移。

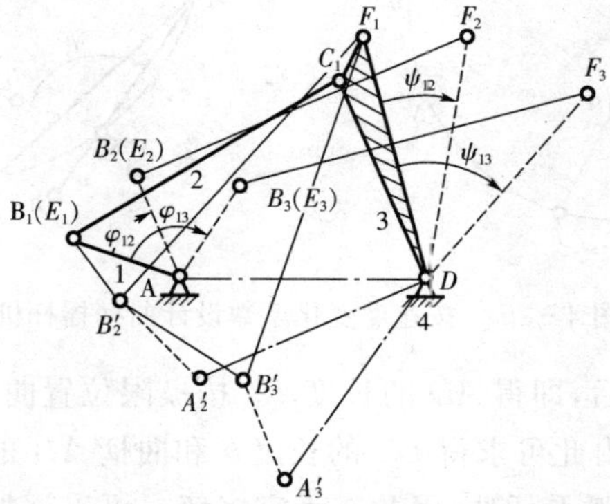

图 4－23　用转换机架法设计连杆机构

如果连架杆 3 是与机架组成移动副的滑块，可用含一个移动副四杆机构实现两连架杆的对应位移，设计方法与上述铰链四杆机构的设计基本相同(图 4－24)。

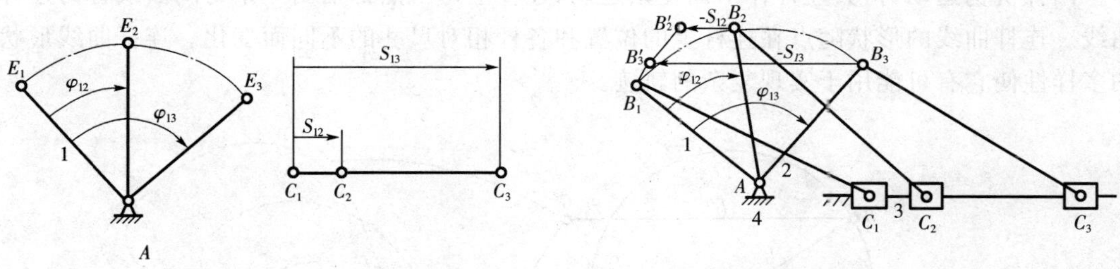

图 4－24　有一个移动副的情况

(2) 按给定从动件行程和行程速度变化系数设计四杆机构

已知曲柄摇杆机构中摇杆 CD 的长度 c、摆角 ψ 和行程速度变化系数 K，要求设计该四杆机构。

设计步骤：

① 求出极位夹角 $\theta = 180^\circ \dfrac{K-1}{K+1}$。

② 任选转动副 D 的位置并作摇杆的两个极限位置 DC_1 和 DC_2。

③ 当 $\theta < 90^\circ$ 时(图 4－25a)，作 $\angle C_1C_2O = \angle C_2C_1O = 90^\circ - \theta$，得 C_1O 和 C_2O 的交点 O。以 O 为圆心，以 OC_1 为半径作圆 η，则圆 η 上除劣弧 C_1C_2 以外的点对应弦 $\overline{C_1C_2}$ 所张的圆周角均为 θ。延长摇杆与圆 η 交于 E、F 两点。弧 C_1ME 或 C_2NF 上任一点可作为固定铰链中心 A。其具体位置由其他辅助条件确定。

如图 4－25b 所示，当 $\theta \geqslant 90^\circ$ 时，在 C_1C_2 线远离点 D 的一侧作 $\angle C_1C_2O = \angle C_2C_1O = 90^\circ$

$-\theta$，得 C_1O 和 C_2O 的交点 O 以 O 为圆心，以 OC_1 为半径作圆 η，若两极限位置的摇杆与圆 η 交于 E 和 F 两点，则弧 C_1E 或 C_2F 上各点均可作为 A。其具体位置由其他辅助条件确定。

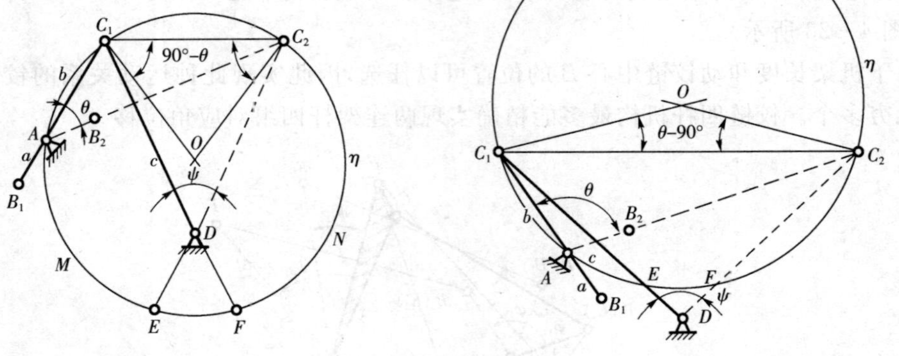

图 4-25　按速度变化系数设计曲柄摇杆机构

(4) 当 A 点位置确定后，即得 AD 的长度 d。按极限位置曲柄与连杆共线的几何特点得 $l_{AC1}=b-a$，$l_{AC2}=b+a$，由此可求得 BC 的长度 b 和曲柄 AB 的长度 a。

由于 A 点可在两段圆弧上任选，因此有无穷多解。可以添加一些其他辅助条件，如机架长度 d、连杆长度 b、曲柄长度 a 三者之一，或最小传动角 γ_{min} 满足给定要求等。

若设计有一个移动副的四杆机构的方法，则与上述方法基本相同。

4. 实现已知运动轨迹的平面四杆机构的设计

四杆机构运动时，其连杆作平面复杂运动，连杆上每一点都描出一条封闭曲线称为连杆曲线。连杆曲线的形状随点在连杆上的位置和各杆相对尺寸的不同而变化。连杆曲线形状的多样性使它有可能用于实现复杂的轨迹。

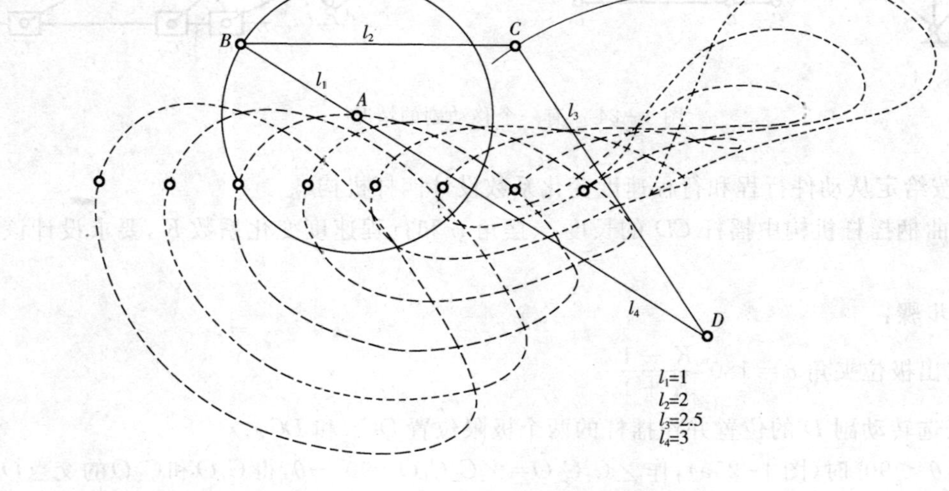

图 4-26　连杆曲线图谱

平面连杆曲线是高阶曲线，所以设计四杆机构使其连杆的某点实现给定的任意轨迹，是十分复杂的。为了便于设计，工程上常常利用事先编就的连杆曲线图谱。

设计时，从编撰汇集的连杆曲线图册中找出与所需的曲线相似的曲线，查出该四杆机构的各尺寸参数；然后，对曲线作放大（缩小）、平移、旋转变换到与所需的曲线一致；最后，对该四杆机构的各尺寸参数也按相应比例的放大（缩小）、平移、旋转，即可得到所需的曲线。这种方法称为图谱法。

得到四杆机构的各尺寸参数后，可以试画验证（图 4－27），试画验证工作也可以用计算机来做，用计算机生成连杆曲线大大的提高工作效率和图形的质量（图 4－28）。

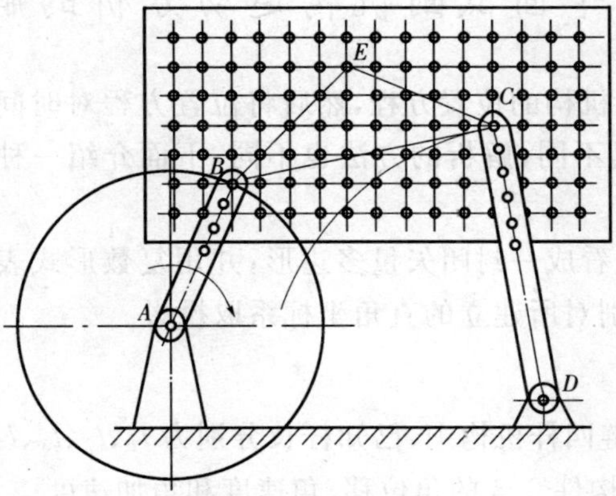

图 4－27　试画连杆曲线

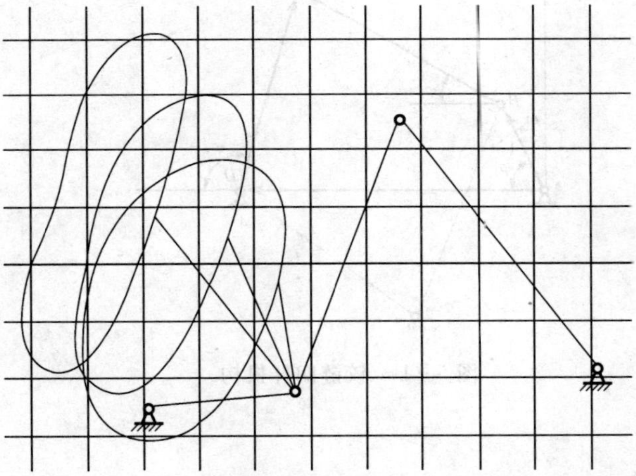

图 4－28　用计算机试画连杆曲线

思考题

1. 如何确定机构中不相互直接连接的构件间的相对瞬心？
2. 用瞬心法可以求构件的加速度吗？
3. 什么情况下会有哥氏加速度存在？其大小和方向如何确定？
4. 使用“反转法”设计机构时要注意什么问题？
5. 什么是凸轮机构的压力角？为什么要规定许用压力角？回程的压力角为什么可以大一些？

第5章　机构运动分析与综合的解析法

5.1　平面低副机构运动分析的解析法

解析法一般是先建立机构的位置方程，然后将位置方程对时间求导得速度和加速度方程。由于所用的数学工具不同，解析的方法也不同，下面介绍一种较简便的方法即复数矢量法。

复数矢量法是将机构看成一封闭矢量多边形，并用复数形式表示该机构的封闭矢量方程式，再将矢量方程式分别对所建立的直角坐标系取投影。

5.1.1 铰链四杆机构

在图5-1所示的铰链四杆机构中，已知杆长分别为l_1、l_2、l_3、l_4，原动件1的转角为φ_1，等角速度为ω_1，要求确定构件2、3的角位移、角速度和角加速度。

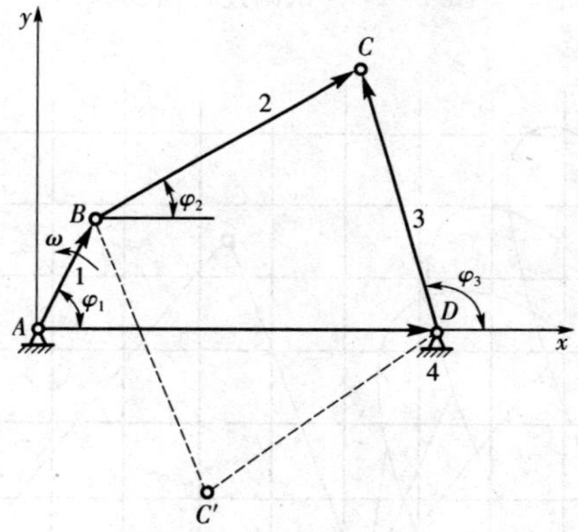

图5-1　铰链四杆机构

1. 位置分析

将铰链四杆机构$ABCD$看作一封闭矢量多边形，如图所示。若以l_1、l_2、l_3、l_4分别表示各构件的矢量，该构件的封闭矢量方程式为

$$\boldsymbol{l}_1+\boldsymbol{l}_2=\boldsymbol{l}_4+\boldsymbol{l}_3$$

以复数形式表示为

$$l_1e^{i\varphi_1}+l_2e^{i\varphi_2}=l_4+l_3e^{i\varphi_3} \tag{5.1-1}$$

规定角φ应以x轴的正向逆时针方向度量。

按欧拉公式展开得

$$l_1(\cos\varphi_1 + i\sin\varphi_1) + l_2(\cos\varphi_2 + i\sin\varphi_2)$$
$$= l_4 + l_3(\cos\varphi_3 + i\sin\varphi_3)$$

该方程式的实部和虚部应分别相等，即

$$\left.\begin{aligned} l_1\cos\varphi_1 + l_2\cos\varphi_2 &= l_4 + l_3\cos\varphi_3 \\ l_1\sin\varphi_1 + l_2\sin\varphi_2 &= l_3\sin\varphi_3 \end{aligned}\right\} \tag{5.1-2}$$

消去 φ_2 得

$$A\cos\varphi_3 + B\sin\varphi_3 + C = 0 \tag{5.1-3}$$

式中系数

$$A = l_4 - l_1\cos\varphi_1$$

$$B = -l_1\sin\varphi_1$$

$$C = \frac{A^2 + B^2 + l_3^2 - l_2^2}{2l_3}$$

又因

$$\sin\varphi_3 = \frac{2\tan(\varphi_3/2)}{1 + \tan^2(\varphi_3/2)}$$

$$\cos\varphi_3 = \frac{1 - \tan^2(\varphi_3/2)}{1 + \tan^2(\varphi_3/2)}$$

代入式(5.1-3)得关于 $\tan(\varphi_3/2)$ 的一元二次方程式，由此解出

$$\varphi_3 = 2\arctan\frac{B \pm \sqrt{A^2 + B^2 - C^2}}{A - C} \tag{5.1-4}$$

式(5.1-4)中 φ_3 有两个值，它说明在满足相同的杆长条件下，该机构有两种装配方案，式中的"+"适用于图标机构 $ABCD$ 位置的装配，根号前为"−"号的 φ_3 值适用于图示机构 $ABC'D$ 位置的装配，究竟取哪一个 φ_3，要根据从动件 3 的初始位置和运动连续条件来确定。

构件 2 的角位移 φ_2 可按式(5.1-2)求得

$$\varphi_2 = \arctan\frac{B + l_3\sin\varphi_3}{A + l_3\cos\varphi_3} \tag{5.1-5}$$

2. 速度分析

将式(5.1-1)对时间求导数得

$$l_1\omega_1 ie^{i\varphi_1} + l_2\omega_2 ie^{i\varphi_2} = l_3\omega_3 ie^{i\varphi_3} \tag{5.1-6}$$

为了消去 ω_2，将上式两边分别乘以 $e^{-i\varphi_2}$ 得

$$l_1\omega_1 ie^{i(\varphi_1-\varphi_2)} + l_2\omega_2 ie^{i(\varphi-\varphi)} = l_3\omega_3 ie^{i(\varphi_3-\varphi_2)}$$

按欧拉公式展开后，取实部得

$$\omega_3 = \omega_1\frac{l_1\sin(\varphi_1 - \varphi_2)}{l_3\sin(\varphi_3 - \varphi_2)} \tag{5.1-7}$$

同理,为了消去 ω_3,将式(5.1-6)两边分别乘以 $e^{-i\varphi_3}$ 得

$$l_1\omega_1 ie^{i(\varphi_1-\varphi_3)}+l_2\omega_2 ie^{i(\varphi_2-\varphi_3)}=l_3\omega_3 i$$

同样取实部得

$$\omega_2=-\omega_1\frac{l_1\sin(\varphi_1-\varphi_3)}{l_2\sin(\varphi_2-\varphi_3)} \tag{5.1-8}$$

角速度为正表示逆时针方向;为负表示顺时针方向。

3. 加速度分析

将式(5.1-6)对时间求导数得

$$-l_1^2\omega_1^2e^{i\varphi_1}+l_2\alpha_2 ie^{i\varphi_2}-l_2\omega_2^2e^{i\varphi_2}=l_3\alpha_3 ie^{i\varphi_3}-l_3\omega_3^2e^{i\varphi_3} \tag{5.1-9}$$

为了消去 α_2,将上式两边乘以 $e^{-i\varphi_2}$ 得

$$-l_1\omega_1^2e^{i(\varphi_1-\varphi_2)}+l_2\alpha_2 i-l_2\omega_2^2=l_3\alpha_3 ie^{i(\varphi_3-\varphi_2)}-l_3\omega_3^2e^{i(\varphi_3-\varphi_2)}$$

取实部得

$$\alpha_3=\frac{l_2\omega_2^2+l_1\omega_1^2\cos(\varphi_1-\varphi_2)-l_3\omega_3^2\cos(\varphi_3-\varphi_2)}{l_3\sin(\varphi_3-\varphi_2)} \tag{5.1-10}$$

为了消去 α_3,将式(5.1-9)两边分别乘以 $e^{-i\varphi_3}$,取实部得

$$\alpha_2=\frac{l_3\omega_3^2-l_1\omega_1^2\cos(\varphi_1-\varphi_3)-l_2\omega_2^2\cos(\varphi_2-\varphi_3)}{l_2\sin(\varphi_2-\varphi_3)} \tag{5.1-11}$$

角加速度的正、负号可表明角速度的变化趋势,角加速度与角速度同号表示加速;反之则为减速。

5.1.2 含移动副的四杆机构

1. 曲柄滑块机构

在图 5-2 所示的曲柄滑块机构中,已知曲柄 1 的长度 l_1、转角 φ_1、等角速度 ω_1 及连杆 2 的长度 l_2,要求确定连杆的转角 φ_2、角速度 ω_2 和角加速度 α_2,以及滑块的位置 $\boldsymbol{x}_C$、速度 $\boldsymbol{v}_C$ 和加速度 $\boldsymbol{a}_C$。

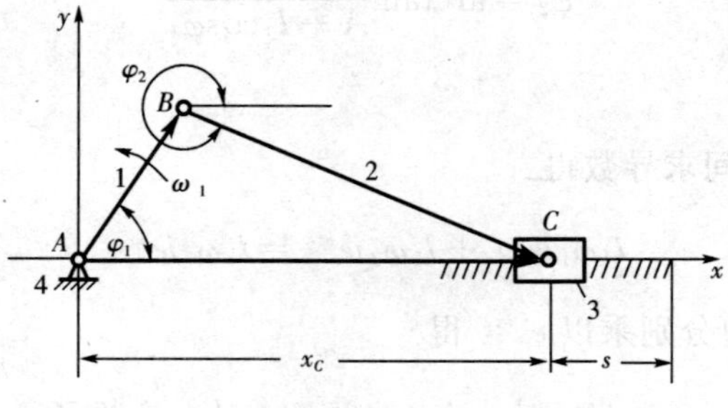

图 5-2 曲柄滑块机构

(1) 位置分析

如图 5-2 所示,该机构的封闭矢量方程式为

$$\boldsymbol{l}_1 + \boldsymbol{l}_2 = \boldsymbol{x}_C$$

$$l_1 e^{i\varphi_1} + l_2 e^{i\varphi_2} = \boldsymbol{x}_C \tag{5.1-12}$$

展开后分别取虚部和实部得

$$l_1 \sin\varphi_1 + l_2 \sin\varphi_2 = 0$$

即

$$\varphi_2 = \arcsin\left(\frac{-l_1 \sin\varphi_1}{l_2}\right) \tag{5.1-13}$$

$$x_C = l_1 \cos\varphi_1 + l_2 \cos\varphi_2 \tag{5.1-14}$$

(2) 速度分析

将式(5.1-12) 对时间求导数得

$$l_1 \omega_1 i e^{i\varphi_1} + l_2 \omega_2 i e^{i\varphi_2} = \boldsymbol{v}_C \tag{5.1-15}$$

两边乘以 $e^{-i\varphi_2}$ 后,展开并取实部得

$$-l_1 \omega_1 \sin(\varphi_1 - \varphi_2) = v_C \cos\varphi_2$$

$$v_C = \frac{-l_1 \omega_1 \sin(\varphi_1 - \varphi_2)}{\cos\varphi_2} \tag{5.1-16}$$

将式(5.1-15) 展开后取虚部得

$$l_1 \omega_1 \cos\varphi_1 + l_2 \omega_2 \cos\varphi_2 = 0$$

即

$$\omega_2 = \frac{-l_1 \omega_1 \cos\varphi_1}{l_2 \cos\varphi_2} \tag{5.1-17}$$

(3) 加速度分析

将式(5.1-15) 对时间求导数得

$$-l_1 \omega_1^2 e^{i\varphi_2} + l_2 \alpha_2 i e^{i\varphi_2} - l_2 \omega_2^2 e^{i\varphi_2} = \boldsymbol{a}_C \tag{5.1-18}$$

两边乘以 $e^{-i\varphi_2}$,展开后取实部得

$$-l_1 \omega_1 \cos(\varphi_1 - \varphi_2) - l_2 \omega_2^2 = a_C \cos\varphi_2$$

$$a_C = -\left[\frac{l_1 \omega_1^2 \cos(\varphi_1 - \varphi_2) + l_2 \omega_2^2}{\cos\varphi_2}\right] \tag{5.1-19}$$

将式(5.1-18) 展开后取虚部得

$$-l_1 \omega_1^2 \sin\varphi_1 + l_2 \alpha_2 \cos\varphi_2 - l_2 \omega_2^2 \sin\varphi_2 = 0$$

$$\alpha_2 = \frac{l_1 \omega_1^2 \sin\varphi_1 + l_2 \omega_2^2 \sin\varphi_2}{l_2 \cos\varphi_2} \tag{5.1-20}$$

在某种情况下,例如计算往复式原动机惯性力的平衡时,只需知道滑块的近似加速度,这时便可按如下方法求解。

由式(5.1-13) 得

$$\sin\varphi_2 = -\frac{l_1}{l_2}\sin\varphi_1 = -\lambda\sin\varphi_1$$

式中 $\lambda = \frac{l_1}{l_2}$ 为曲柄与连杆的长度比，由 $\cos\varphi_2 = \sqrt{1-\sin^2\varphi_2} = \sqrt{1-\lambda^2\sin^2\varphi_1}$，利用牛顿二项式定理展开成级数得

$$\cos\varphi_2 = 1 - \frac{1}{2}\lambda^2\sin^2\varphi_1 - \frac{1}{8}\lambda^4\sin^4\varphi_1 - \cdots$$

这个级数收敛得很快，当 $\lambda \leqslant \frac{1}{3}$ 时，取其前两项便可准确到小数点后三位数字。因此将

$$\cos\varphi_2 \approx 1 - \frac{1}{2}\lambda^2\sin^2\varphi_1 = 1 - \frac{\lambda^2}{2}\left(\frac{1-\cos2\varphi_1}{2}\right)$$

代入式(5.1-13)，得距离 x_C 的近似值为

$$x_C \approx l_1\left(\cos\varphi_1 + \frac{1}{\lambda} - \frac{\lambda}{4} + \frac{\lambda}{4}\cos2\varphi_1\right) \tag{5.1-21}$$

将上式对时间逐次求导，则得滑块的速度和加速度的近似值为

$$v_C \approx -l_1\omega_1\left(\sin\varphi_1 + \frac{\lambda}{2}\sin2\varphi_1\right) \tag{5.1-22}$$

$$a_C \approx -l_1\omega_1^2(\cos\varphi_1 + \lambda\cos2\varphi_1) \tag{5.1-23}$$

2. 导杆机构

在图 5-3 所示的导杆机构中，已知曲柄的长度 l_1、转角 φ_1、等角速度 ω_1 及中心距 l_4，要求确定导杆的转角 φ_3、角速度 ω_3 和角加速度 α_3，以及滑块在导杆上的位置 s、滑动速度 v_{B2B3} 及加速度 a_{B2B3}。

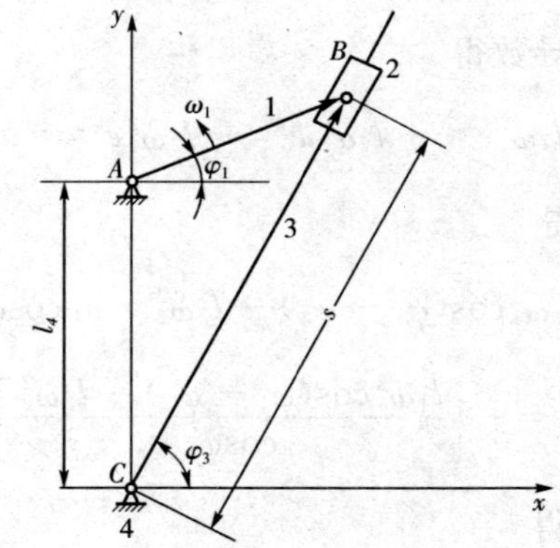

图 5-3　导杆机构

(1) 位置分析

如图所示，该机构的矢量方程式为

$$\boldsymbol{l}_4 + \boldsymbol{l}_1 = \boldsymbol{s}$$

$$l_4 i + l e_1^{i\varphi} = s e^{i\varphi_3} \tag{5.1-24}$$

展开后分别取实部和虚部

$$l_1\cos\varphi_1 = s\cos\varphi_3$$

$$l_4 + l_1\sin\varphi_1 = s\sin\varphi_3$$

两式相除得

$$\tan\varphi_3 = \frac{l_1\sin\varphi_1 + l_4}{l_1\cos\varphi_1} \tag{5.1-25}$$

求得角 φ_3 后可得

$$s = \frac{l_1\cos\varphi_1}{\cos\varphi_3} \tag{5.1-26}$$

(2) 速度分析

将式(5.1-24)对时间求导数得

$$l_1\omega_1 i e^{i\varphi_1} = v_{B2B3}e^{i\varphi_3} + s\omega_3 ie^{i\varphi_3} \tag{5.1-27}$$

两边乘 $e^{-i\varphi_3}$ 后展开，取实部和虚部得

$$v_{B2B3} = -l_1\omega_1\sin(\varphi_1 - \varphi_3)$$

则

$$\omega_3 = \frac{l_1\omega_1\cos(\varphi_1 - \varphi_3)}{s}$$

(3) 加速度分析

将式(5.1-27)对时间求导数得

$$-l_1\omega_1^2 e^{i\varphi_1} = (a_{B2B3} - s\omega_3^2)e^{i\varphi_3} + (s\alpha_3 + 2v_{B2B3}\omega_3)ie^{i\varphi_3} \tag{5.1-28}$$

两边乘以 $e^{-i\varphi_3}$ 后展开，并取实部和虚部得

$$-l_1\omega_1^2\cos(\varphi_1 - \varphi_3) = a_{B2B3} - s\omega_3^2$$

$$-l_1\omega_1^2\sin(\varphi_1 - \varphi_3) = s\alpha_3 + 2v_{B2B3}\omega_3$$

故

$$a_{B2B3} = s\omega_3^2 - l_1\omega_1^2\cos(\varphi_1 - \varphi_3) \tag{5.1-29}$$

$$\alpha_3 = -\frac{2v_{B2B3}\omega_3 + l_1\omega_1^2\sin(\varphi_1 - \varphi_3)}{s} \tag{5.1-30}$$

【例 5-1】 如图 5-4 所示的六杆复合式组合机构中，已知 $l_{AB}=150\text{mm}$，$l_{BC}=500\text{mm}$，$l_{DC}=265\text{mm}$，$l_{BE}=250\text{mm}$，$l_{AF}=600\text{mm}$，$l_{AD}=210\text{mm}$，$\varphi=45°$，$BE \perp BC$，$AF \perp AD$，曲柄 1 的等角速度 $\omega = 20\ \text{rad/s}$，求 ω_4、α_4 及 v_{F4F5}、α_{F4F5}。

【解】 (1) 按封闭矢量 $ABCD$ 分析

取 AD 为 x 轴，AF 为 y 轴，写出 $ABCD$ 的封闭矢量方程式为

$$\boldsymbol{l}_1 + \boldsymbol{l}_2 = \boldsymbol{l}_6 + \boldsymbol{l}_3$$

其中 $\boldsymbol{l}_6 = \boldsymbol{l}_{AD}$

$$l_1 e^{i(\frac{\pi}{2}+\varphi)} + l_2 e^{i\varphi_2} = l_6 + l_3 e^{i\varphi_3} \tag{5.1-31}$$

取实部得 $$-l_1\sin\varphi+l_2\cos\varphi_2=l_6+l_3\cos\varphi_3$$

取虚部得 $$l_1\cos\varphi+l_2\sin\varphi_2=l_3\sin\varphi_3$$

消去 φ_3 得 $$(-l_1\sin\varphi+l_2\cos\varphi_2-l_6)^2+(l_1\cos\varphi+l_2\sin\varphi_2)^2=l_3^2$$

则 $$l_1^2+l_2^2-l_3^2+l_6^2+2l_1l_6\sin\varphi-2(l_1l_2\sin\varphi+l_2l_6)\cos\varphi_2+2l_1l_2\cos\varphi\sin\varphi_2=0$$

令 $$A=2l_1l_2\cos\varphi$$

$$B=-2l_2(l_1\sin\varphi+l_6)$$

$$C=l_1^2+l_2^2-l_3^2+l_6^2+2l_1l_6\sin\varphi$$

则有 $$A\sin\varphi_2+B\cos\varphi_2+C=0$$

$$\tan\frac{\varphi_2}{2}=\frac{-A\pm\sqrt{A^2+B^2-C^2}}{C-B}$$

代入数值得 $$\tan\frac{\varphi_2}{2}=\frac{-106066\pm162824.1}{606988.73}$$

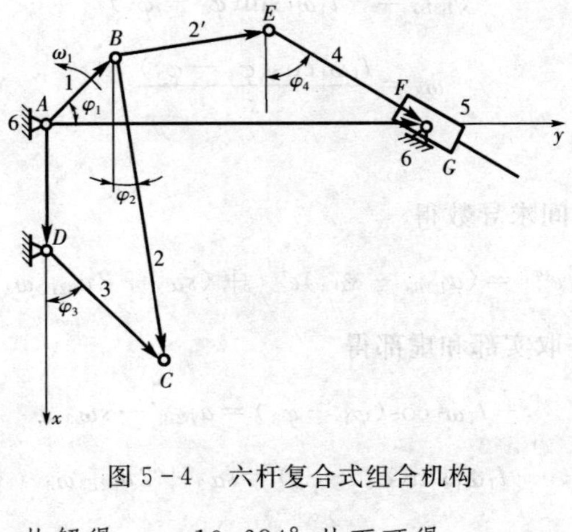

图 5-4　六杆复合式组合机构

由图可知 φ_2 为正值，故解得 $\varphi_2=10.684°$，从而可得

$$\varphi_3=48.594°$$

式(5.1-31)对时间求导数得

$$l_1\omega e^{i(\frac{\pi}{2}+\varphi)}+l_2\omega_2e^{i\varphi_2}=l_3\omega_3e^{i\varphi_3} \tag{5.1-32}$$

各项乘 $e^{-i\varphi_3}$ 并分别取虚部得

$$l_1\omega\sin(\frac{\pi}{2}+\varphi-\varphi_3)+l_2\omega_2\sin(\varphi_2-\varphi_3)=0$$

$$\omega_2=-\frac{l_1\cos(\varphi-\varphi_3)}{l_2\sin(\varphi_2-\varphi_3)}\omega=9.745\ \text{rad/s}$$

就式(5.1-32)取实部得

$$-l_1\omega\sin\varphi+l_2\omega_2\cos\varphi_2=l_3\omega_3\cos\varphi_3$$

$$\omega_3=\frac{l_2\omega_2\cos\varphi_2-l_1\omega\sin\varphi}{l_3\cos\varphi_3}=15.218\,\mathrm{rad/s}$$

式(5.1-32)对 t 求导数得

$$il_1\omega^2e^{i(\frac{\pi}{2}+\varphi)}+l_2\alpha_2e^{i\varphi_2}+il_2\omega_2^2e^{i\varphi_2}=l_3\alpha_3e^{i\varphi_3}+il_3\omega_3^2e^{i\varphi_3}$$

经整理后得

$$-l_1\omega^2\sin(\varphi-\varphi_3)+l_2\alpha_2\sin(\varphi_2-\varphi_3)+l_2\omega_2^2\cos(\varphi_2-\varphi_3)=l_3\omega_3^2$$

则　$$\alpha_2=-65.549\,\mathrm{rad/s^2}$$

(2) 按封闭矢量 $ABEFG$ 分析

为了求构件4和构件5的相对速度和加速度,写出 $ABEFG$ 的封闭矢量方程式为

$$\boldsymbol{l}_1+\boldsymbol{l}_{2'}+\boldsymbol{l}_4=\boldsymbol{l}_7$$

其中 $\boldsymbol{l}_7=\boldsymbol{l}_{AG}$

$$l_1e^{i(\frac{\pi}{2}+\varphi)}+l_2e^{i(\frac{\pi}{2}+\varphi_2)}+l_4e^{i\varphi_4}=il_7 \tag{5.1-33}$$

取实部得　$-l_1\sin\varphi-l_{2'}\sin\varphi_2+l_4\cos\varphi_4=0$

取虚部得　$l_1\cos\varphi+l_{2'}\cos\varphi_2+l_4\sin\varphi_4=l_7$

求得　$$\tan\varphi_4=\frac{l_7-l_1\cos\varphi-l_{2'}\cos\varphi_2}{l_1\sin\varphi+l_{2'}\sin\varphi_2}=1.628$$

$$\varphi_4=58.453°$$

$$l_4=291.319\,\mathrm{mm}$$

式(5.1-33)对 t 求导数得

$$il_1\omega e^{i(\frac{\pi}{2}+\varphi)}+il_{2'}\omega_2e^{i(\frac{\pi}{2}+\varphi)}+il_4\omega_4e^{i\varphi_4}+v_{F4F5}e^{i\varphi_4}=0 \tag{5.1-34}$$

各项乘 $e^{-i\varphi_4}$ 并取虚部得

$$-l_1\omega\sin(\varphi-\varphi_4)-l_{2'}\omega_2\sin(\varphi_2-\varphi_4)+l_4\omega_4=0$$

则　$$\omega_4=-8.588\,\mathrm{rad/s}$$

取实部得

$$-l_1\omega\cos(\varphi-\varphi_4)-l_{2'}\omega_2\cos(\varphi_2-\varphi_4)+v_{F4F5}=0$$

则　$$v_{F4F5}=4555.139\,\mathrm{mm/s}$$

式(5.1-34)对 t 求导数得

$$-l_1\omega^2e^{i(\frac{\pi}{2}+\varphi)}+il_{2'}\alpha_2e^{i(\frac{\pi}{2}+\varphi_2)}-l_{2'}\omega_2^2e^{i(\frac{\pi}{2}+\varphi_2)}+il_4\alpha_4e^{i\varphi_4}-l_4^2\omega_4^2e^{i\varphi_4}+2iv_{F4F5}\omega_4e^{i\varphi_4}+\alpha_{F4F5}e^{i\varphi_4}=0$$

乘 $e^{-i\varphi_4}$ 并取虚部得

$$-l_1\omega^2\cos(\varphi-\varphi_4)-l_{2'}\alpha_2\sin(\varphi_2-\varphi_4)-l_2\omega_2^2\cos(\varphi_2-\varphi_4)+l_4\alpha_4+2v_{F4F5}\omega_4=0$$

则 $\alpha_4 = \dfrac{[-2v_{F4F5}\omega_4 + l_1\omega^2\cos(\varphi - \varphi_4) + l_{2'}\alpha_2\sin(\varphi_2 - \varphi_4) + l_{2'}\omega_2^2\cos(\varphi_2 - \varphi_4)]}{l_4}$

$= 565.868\ \mathrm{rad/s^2}$

取实部得

$$l_1\omega^2\sin(\varphi - \varphi_4) - l_2\alpha_2\cos(\varphi_2 - \varphi_4) + l_{2'}\omega_2^2\sin(\varphi_2 - \varphi_4) - l_4\omega_4^2 + a_{F4F5} = 0$$

则 $a_{F4F5} = 42017.584\ \mathrm{mm/s^2}$

以上例子都是就机构在某一个给定位置进行运动分析，若要求机构在多个位置运动分析时，其重复计算的工作量较大，则宜按杆组编制通用子程序用计算机计算。

5.2 平面低副机构运动综合的解析法

5.2.1 实现连杆给定位置

对于图 5-5 所示铰链四杆机构，在机架上建立固定坐标系 Oxy，已知连杆平面上两点 M、N 在该坐标系中的位置坐标序列为 $M_i(x_{Mi}, y_{Mi})$、$N_i(x_{Ni}, y_{Ni})(i=1,2,\cdots,n)$。以 M 为原点在连杆上建立动坐标系 $Mx'y'$，其中 x' 轴正向为 $M \rightarrow N$ 的指向。设 B、C 两点在动坐标系中的位置坐标为 (x'_B, y'_B)、(x'_C, y'_C)，在固定坐标系中与 M_i、N_i 相对应的位置坐标为 (x_{Bi}, y_{Bi})、(x_C, y_{Ci})，则 B、C 两点分别在固定坐标系和动坐标系中的坐标变换关系为：

$$\left.\begin{aligned} x_{Bi} &= x_{Mi} + x'_B\cos\varphi_i - y'_B\sin\varphi_i \\ y_{Bi} &= y_{Mi} + x'_B\sin\varphi_i + y'_B\cos\varphi_i \end{aligned}\right\} \tag{5.2-1}$$

$$\left.\begin{aligned} x_{Ci} &= x_{Mi} + x_C\cos\varphi_i - y_C\sin\varphi_i \\ y_{Ci} &= y_{Mi} + x_C\sin\varphi_i + y_C\cos\varphi_i \end{aligned}\right\} \tag{5.2-2}$$

其中 φ_i 为 x 轴正向值至 x' 轴正向沿逆时针方向的夹角，由下式给出

$$\varphi_i = \arctan\frac{y_{Mi} - y_{Ni}}{x_{Mi} - x_{Ni}} \tag{5.2-3}$$

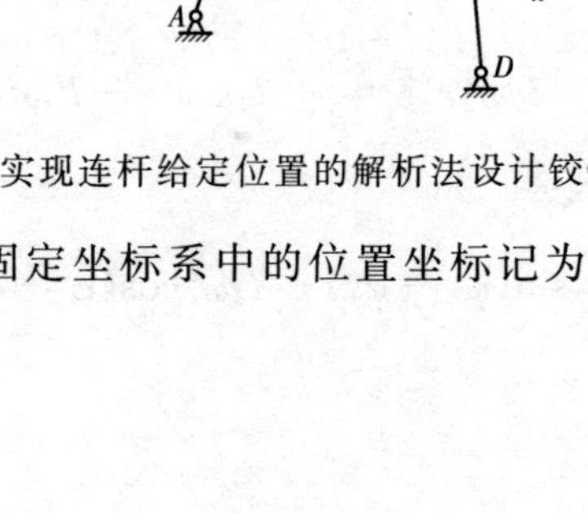

图 5-5 按实现连杆给定位置的解析法设计铰链四杆机构

若固定铰链中心 A、D，在固定坐标系中的位置坐标记为 (x_A, y_A)、(x_D, y_D)，则根据机

构运动过程两连架杆长度不变得

$$(x_{Bi}-x_A)^2+(y_{Bi}-y_A)^2=(x_{B1}-x_A)^2+(y_{B1}-y_A)^2 \quad (i=2,3,\cdots,n) \quad (5.2-4)$$

$$(x_{Ci}-x_D)^2+(y_{Ci}-y_D)^2=(x_{C1}-x_D)^2+(y_{C1}-y_D)^2 \quad (i=2,3,\cdots,n \quad (5.2-5)$$

将式(5.2-1)代入(5.2-4)并整理得

$$E_i x'_B - F_i y'_B + G_i = 0 \quad (i=2,3,\cdots,n) \quad (5.2-6)$$

式中

$$E_i=(x_{Mi}\cos\varphi_i - x_{M1}\cos\varphi_1)+(y_{Mi}\sin\varphi_i - y_{M1}\sin\varphi_1)-$$
$$x_A(\cos\varphi_i-\cos\varphi_1)-y_A(\sin\varphi_i-\sin\varphi_1) \quad (5.2-7)$$

$$F_i=(x_{Mi}\sin\varphi_i - x_{M1}\sin\varphi_1)-(y_{Mi}\cos\varphi_i - y_{M1}\cos\varphi_1)-$$
$$x_A(\sin\varphi_i-\sin\varphi_1)+y_A(\cos\varphi_i-\cos\varphi_1) \quad (5.2-8)$$

$$G_i=(x_{Mi}^2+y_{Mi}^2)/2-(x_{M1}^2+y_{M1}^2)/2-x_A(x_{Mi}-x_{M1})-y_A(y_{Mi}-y_{Mi}) \quad (5.2-9)$$

当 A、D 位置未给定时，式(5.2-6)含有四个未知量 x'_B、y'_B 和 x_A、y_A，共有 $(n-1)$ 个方程，其有解的条件为 $n\leqslant 5$，即四杆机构最多能精确实现连杆五个给定位置。当 $n<5$ 时，可预先选定某些机构参数，以求得唯一解。同样将式(5.2-2)代入式(5.2-5)，得含四个未知量 x'_C、y'_C 和 x_D、y_D 的 $(n-1)$ 个方程。求出此 x'_B、y'_B、x_A、y_A、和 x'_C、y'_C、x_D、y_D 后，利用上述关系即可求得连杆、机架及两连架杆的长度。

若 A、D 位置预先给定，则四杆机构最多可精确实现连杆三个预期位置。

【例5-2】 在图5-5所示的铰链四杆机构中，已知连杆的三个位置：$x_{M1}=10\text{mm}$，$y_{M1}=32\text{mm}$，$\varphi_1=52°$；$x_{M2}=36\text{mm}$，$y_{M2}=39\text{mm}$，$\varphi_2=29°$；$x_{M3}=45\text{mm}$，$y_{M3}=24\text{mm}$，$\varphi_3=0°$。两固定铰链中心的位置坐标为 $A(0,0)$ 和 $D(63,0)$(单位 mm)。求连杆及两连架杆的长度。

【解】 由式(5.2-7)至(5.2-9)得

当 $i=2$ 时

$$E_2=36\times\cos 29°-10\times\cos 52°+39\times\sin 29°-32\times\sin 52°=19.02$$

$$F_2=36\times\sin 29°-10\times\sin 52°-39\times\cos 29°+32\times\cos 52°=-4.84$$

$$G_2=(36^2+39^2)/2-(10^2+32^2)/2=846.5$$

当 $i=3$ 时

$$E_3=45-10\times\cos 52°-32\times\sin 52°=13.63$$

$$F_3=-10\times\sin 52°-24+32\times\cos 52°=-12.18$$

$$G_3=(45^2+24^2)/2-(10^2+32^2)/2=738.5$$

将以上数据代入式(5.2-6)，联立求解两个方程得

$$x'_B=-40.65\text{mm},\ y'_B=-15.15\text{mm}$$

再将其代入连杆第一个位置对应的式(5.2-1)，有

$$x_{B1}=10-40.65\times\cos52°+15.15\times\sin52°=-3.09\text{mm}$$

$$y_{B1}=32-40.65\times\sin52°-15.15\times\cos52°=-9.36\text{mm}$$

则
$$l_{AB}=\sqrt{(x_{B1}-x_A)^2+(y_{B1}-y_A)^2}=9.86\text{mm}$$

同法可得
$$x'_C=34.6\text{mm},y'_C=48.92\text{mm}$$

将其代入连杆第一个位置对应的式(5.2-2)有

$$x_{C1}=69.85\text{mm},y_{C1}=29.15\text{mm}$$

则
$$l_{BC}=\sqrt{x_{B1}-x_{C1})^2+(y_{B1}-y_{C1})^2}=82.48\text{mm}$$

$$l_{CD}=\sqrt{(x_{C1}-x_D)^2+(y_{C1}-y_D)^2}=29.94\text{mm}$$

5.2.2　实现已知运动规律

1. 按给定两连架杆对应位移设计四杆机构

如图5-6所示的铰链四杆机构中，已知两连架杆AB和DC沿逆时针方向的角位移序列为φ_{1i}和$\psi_{1i}(i=2,3,\cdots,n)$，要求确定各构件的长度$a$、$b$、$c$、$d$。

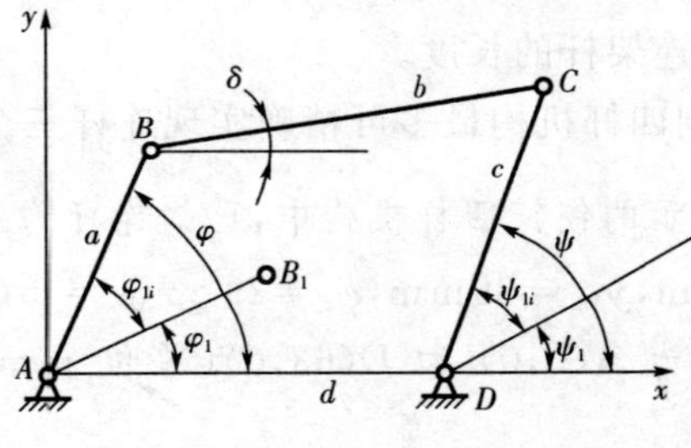

图5-6　按给定两连架杆对应位移的解析法设计四杆机构

以A为原点、机架AD为x轴建立直角坐标系Axy，则它们之间有如下关系：

$$\left.\begin{aligned}a\cos\varphi+b\cos\delta=d+c\cos\psi\\a\sin\varphi+b\sin\delta=c\sin\psi\end{aligned}\right\}\tag{5.2-10}$$

因两连架杆角位移的对应关系，只与构件的相对长度有关，为此以AB的长度a为基准，并设

$$m=\frac{b}{a},n=\frac{c}{a},p=\frac{d}{a}\tag{5.2-11}$$

将其代入式(5.2-10)得

$$m\cos\delta=p+n\cos\psi-\cos\varphi$$

$$m\sin\delta=n\sin\psi-\sin\varphi$$

将上式等号两边平方后相加并整理得

$$\cos\varphi=P_0\cos\psi+P_1\cos(\psi-\varphi)+P_2\tag{5.2-12}$$

式中
$$P_0=n,P_1=-\frac{n}{p},P_2=\frac{p^2+n^2+1-m^2}{2p} \tag{5.2-13}$$

若两连架杆 AB 和 DC 第一位置线相对于 x 轴的夹角分别记为 φ_1 和 ψ_1，则两连架杆第 i 位置相对于 x 轴的夹角分别为 $(\varphi_{1i}+\varphi_1)$ 和 $(\psi_{1i}+\psi_1)$。将式(5.2-12)用于两连架杆的第一和第 i 位置，有

$$\left.\begin{aligned}&\cos\varphi_1=P_0\cos\psi_1+P_1\cos(\psi_1-\varphi_1)+P_2\\&\cos(\varphi_{1i}+\varphi_1)=P_0\cos(\psi_{1i}+\psi_1)+P_1\cos[(\psi_{1i}+\psi_1)-(\varphi_{1i}-\varphi_1)]+P_2\end{aligned}\right\} \tag{5.2-14}$$

式(5.2-14)含有 P_0、P_1、P_2、φ_1 和 ψ_1，五个未知量，共有 n 个方程，其有解的条件为 $n\leqslant5$，即铰链四杆机构最多能精确实现连架杆四组对应角位移，也即两连架杆五组对应角位置。

若 φ_1 和 ψ_1 也预先给定，则铰链四杆机构最多能精确实现两连架杆两组对应角位移，此时式(5.2-14)可写为

$$\left.\begin{aligned}&\cos\varphi_1=P_0\cos\psi_1+P_1\cos(\psi_1-\varphi_1)+P_2\\&\cos(\varphi_{12}+\varphi_1)=P_0\cos(\psi_{12}+\psi_1)+P_1\cos[(\psi_{12}+\psi_1)-(\varphi_{12}+\varphi_1)]+P_2\\&\cos(\varphi_{13}+\varphi_1)=P_0\cos(\psi_{13}+\psi_1)+P_1\cos[(\psi_{13}+\psi_1)-(\varphi_{13}+\varphi_1)]+P_2\end{aligned}\right\} \tag{5.2-15}$$

由以上三个线性方程组可解出 P_0、P_1 和 P_2。将 P_0、P_1 和 P_2 代入式(5.2-13)即得各构件的相对长度 m、n、p，再根据实际需要选定构件 AB 的长度 a 后，其他构件的长度 b、c、d 便可确定。

由于受到机构待定尺寸参数个数限制，四杆机构最多只能精确实现两连架杆五组对应位置。如果给定的对应位置超过五组，甚至希望机构在一定运动范围内，两连架杆对应位置能满足给定的连续函数，那么四杆机构只能近似实现给定运动规律。此类问题可采用函数最优逼近等方法进行近似设计，使两连架杆再现的函数与给定函数之误差最小。

2. 按给定从动件行程和行程速度变化系数设计四杆机构

若给定曲柄摇杆机构中摇杆 CD 的长度 c、摆角 ψ 以及行程速度变化系数 K，则由式 $\theta=180^\circ\dfrac{K-1}{K+1}$ 可算出极位夹角 θ 并可作圆 η，如图 5－7 所示。圆 η 的半径

$$r=l_{OC1}=\frac{c\sin(\psi/2)}{\sin\theta} \tag{5.2-16}$$

固定铰链中心 A 可在圆 η 的两段圆弧上任选，即有无穷多个解。若再给定某些附加条件，A 点的位置就受到了限制，不同附加条件对应的各构件长度的求解方法也略有差异。

如图 5-7 所示，若以 $\beta=\angle AC_2C_1$ 表示 A 点在圆 η 上的位置，并引入符号 δ，即当 $\theta\geqslant\psi/2$ 时 $\delta=+1$，当 $\theta<\psi/2$ 时 $\delta=-1$。则对于 $\theta<90^\circ$ 并按 I 型曲柄摇杆进行设计时，有

$$g=l_{OD}=c\sin[\delta(\theta-\psi/2)]/\sin\theta \tag{5.2-17}$$

$$l_{AC1}=b-a=\frac{l_{C1C2}}{\sin\theta}\sin\beta=2r\sin\beta=2c\sin\beta\sin(\psi/2)/\sin\theta \tag{5.2-18}$$

$$\begin{aligned}l_{AC2}=b+a&=\frac{l_{C1C2}}{\sin\theta}\sin(\beta+\theta)=2r\sin(\beta+\theta)\\&=2c\sin(\beta+\theta)\sin(\psi/2)/\sin\theta\end{aligned} \tag{5.2-19}$$

$$a = c\sin(\psi/2)\left[\sin(\beta+\theta) - \sin\beta\right]/\sin\theta \tag{5.2-20}$$

$$b = c\sin(\psi/2)\left[\sin(\beta+\theta) + \sin\beta\right]/\sin\theta \tag{5.2-21}$$

$$d = \sqrt{r^2 + g^2 + 2rg\delta\cos(2\beta+\theta)} \tag{5.2-22}$$

若附加条件为给定机架 AD 的长度 d，则由式(5.2-21)可求得角 β，将其代入式(5.2-20)和式(5.2-21)便可求得曲柄 AB 和连杆 BC 的 a 和 b。

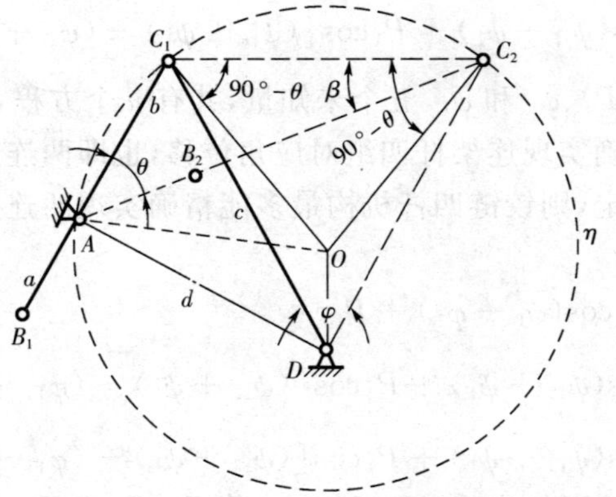

图 5-7　按给定从动件行程和行程速度变化系数的解析法设计四杆机构

又若附加条件为给定 $\gamma_{\min}$，则对于 I 型曲柄摇杆机构，有

$$\cos\gamma_{\min} = \frac{b^2 + c^2 - (d-a)^2}{2bc} \tag{5.2-23}$$

将式(5.2-20)至式(5.2-22)代入上式，得未知量仅为 β 的方程 $\cos\gamma_{\min} = f(\beta)$。采用数值方法求解此式，便可确定最小传动角为给定值时的 β 角及 A 点的位置，将 β 代入式(5.2-20)至式(5.2-22)即可求得 a、b、d。

5.2.3　实现已知运动轨迹

对于图 5-8 所示的铰链四杆机构，以 A 为原点、机架 AD 为 x' 轴建立直角坐标系 $Ax'y'$。若连杆上的一点 M 的位置坐标为 x'、y'，则有

$$x' = a\cos\varphi + l\cos\beta \tag{5.2-24}$$

$$y' = a\sin\varphi + l\sin\beta \tag{5.2-25}$$

或

$$x' = d + c\cos\psi + m\cos(\beta+\delta) \tag{5.2-26}$$

$$y' = c\sin\psi + m\sin(\beta+\delta) \tag{5.2-27}$$

由式(5.2-24)和(5.2-25)消去 φ，得

$$2lx'\cos\beta + 2ly'\sin\beta = x'^2 + y'^2 + l^2 - a^2 \tag{5.2-28}$$

由式(5.2-26)和(5.2-27)消去 ψ 得

$$2(x'-d)m\cos(\beta+\delta) + 2y'm\sin(\beta+\delta) = (x'-d)^2 + y'^2 + m^2 - c^2 \tag{5.2-29}$$

再由式(5.2-28)和(5.2-29)消去 β，则得在坐标系 $Ax'y'$ 中表示 M 点曲线方程

$$U^2+V^2=W^2 \tag{5.2-30}$$

式中

$$U=m[(x'-d)\cos\delta+y'\sin\delta](x'^2+y'^2+l^2-a^2)-lx'[(x'-d)^2+y'^2+m^2-c^2]$$

$$V=m[(x'-d)\sin\delta-y'\cos\delta](x'^2+y'^2+l^2-a^2)+ly'[(x'-d)^2+y'^2+m^2-c^2]$$

$$W=2lm\sin\delta[x'(x'-d)+y'^2-dy'\cot\delta]$$

式(5.2-30)是关于 x'、y' 的一个六次代数方程。

在用铰链四杆机构的连杆点 M 再现给定轨迹时，给定轨迹通常在另一坐标系 Oxy 中表示。如图 5-8 所示，若设 A 在 Oxy 中的位置坐标为 x_A、y_A，x 轴和 x' 轴正向沿逆时针方向的夹角为 φ_0，M 点在 Oxy 中的坐标为 x、y，则有

$$\left.\begin{aligned}x'&=(x-x_A)\cos\varphi_0+(y-y_A)\sin\varphi_0\\y'&=-(x-x_A)\sin\varphi_0+(y-y_A)\cos\varphi_0\end{aligned}\right\} \tag{5.2-31}$$

将上式代入式(5.2-30)，得关于 x、y 的六次代数方程

$$f(x,y,x_A,y_A,a,b,c,d,l,m,\beta)=0 \tag{5.2-32}$$

式中有九个待定尺寸参数，即铰链四杆机构的连杆点最多能精确通过给定轨迹上所选的九个点。若已知给定轨迹上九个点在坐标系 Oxy 中的坐标值为 x_{Mi}、y_{Mi}($i=1,2,\cdots,9$)，将其代入式(5.2-32)，得九个非线性方程，采用数值法解此方程组，便可求得此九个参数。当需通过的轨迹点数少于九个时，可预先选定某些参数，以获得唯一解；而当轨迹点数大于九个时，由于受到待定尺寸参数个数的限制，铰链四杆机构的连杆点只能近似实现给定要求。

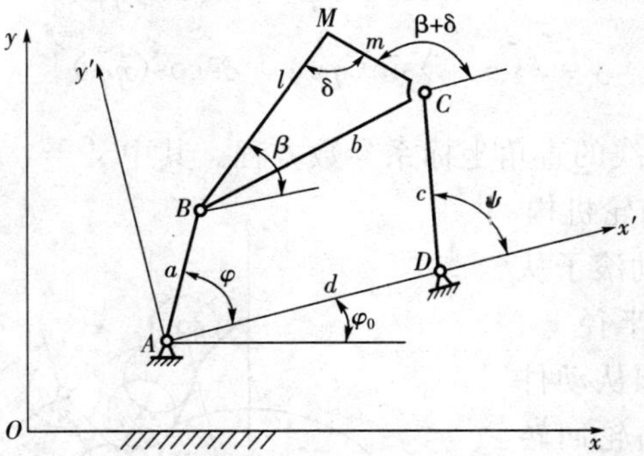

图 5-8　按给定运动轨迹的解析法设计四杆机构

5.3　平面高副机构运动分析与综合的解析法

5.3.1　平面凸轮机构的解析法设计

1. 滚子从动件盘形凸轮机构

(1) 理论轮廓曲线方程

① 直动从动件盘形凸轮机构

图 5-9 所示为偏置直动滚子从动件盘形凸轮机构，偏距 e、基圆半径 r_0 和从动件运动规律 $s=s(\varphi)$ 均已给定。以凸轮回转中心为原点、从动件推程运动方向为 x 轴正向建立右手直角坐标系。为使计算公式统一，引入凸轮转向系数 η 和从动件偏置方向系数 δ，并规定：当凸轮转向为顺时针时 $\eta=1$，逆时针时 $\eta=-1$；经过滚子中心的从动件导路线偏于 y 轴正侧时 $\delta=1$，偏于 y 轴负侧时 $\delta=-1$，与 y 轴重合时 $\delta=0$。当凸轮自初始位置转过角 φ 时，滚子中心将自点 B_0 外移 s 到达 $B'(s+s_0,\delta e)$。根据反转法原理，将点 B' 沿凸轮回转相反方向绕原点转过角 φ，即得凸轮理论轮廓曲线上的对应点 B，其坐标为

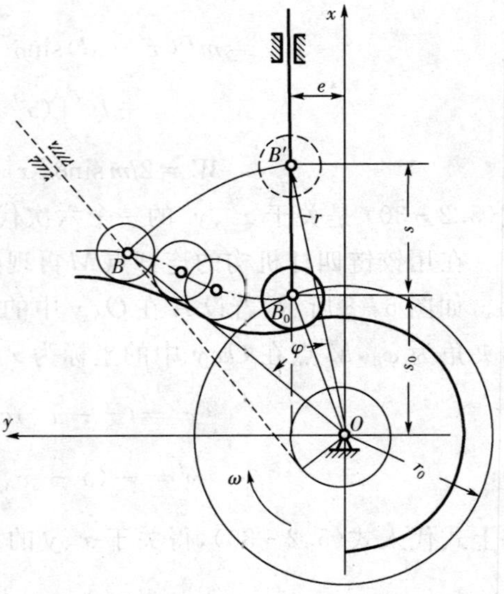

图 5-9　偏置直动滚子从动件盘形凸轮机构

$$\begin{bmatrix} x \\ y \end{bmatrix} = \begin{bmatrix} \cos(\eta\varphi) & -\sin(\eta\varphi) \\ \sin(\eta\varphi) & \cos(\eta\varphi) \end{bmatrix} \begin{bmatrix} s+s_0 \\ \delta e \end{bmatrix}$$

即

$$\left.\begin{aligned} x &= (s+s_0)\cos(\eta\varphi) - \delta e\sin(\eta\varphi) \\ y &= (s+s_0)\sin(\eta\varphi) + \delta e\cos(\eta\varphi) \end{aligned}\right\} \tag{5.3-1}$$

上式即为凸轮理论轮廓曲线的直角坐标系参数方程。其中 $s_0=\sqrt{r_0^2-e^2}$。

② 摆动从动件盘形凸轮机构

如图 5-10 所示为摆动滚子从动件盘形凸轮机构，基圆半径 r_o、从动件长度 l、中心距 a 和从动件运动规律均已给定。以凸轮回转中心 O 为原点、$O\rightarrow A$ 为 x 轴正向建立右手直角坐标系。为使计算公式统一，引入凸轮转向系数 η 和从动件推程摆动方向系数 δ，并规定：当凸轮转向为顺时针时 $\eta=1$，逆时针时 $\eta=-1$；从动件推程摆动方向为顺时针时 $\delta=1$，逆时针

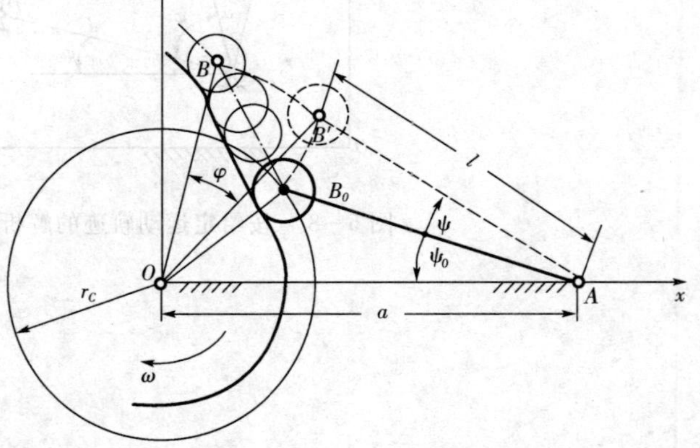

图 5-10　摆动滚子从动件盘形凸轮机构

时$\delta=-1$。当凸轮自初始位置转过角 φ 时，从动件摆过角 ψ，滚子中心由 B_0 到达 $B'\{a-l\cos[\delta(\psi_0+\psi)],l\sin[\delta(\psi_0+\psi)]\}$。根据反转法原理，将点 B' 沿凸轮回转角相反方向绕原点转过角 φ，便可得到凸轮理论轮廓曲线上的对应点 B，其坐标系为

$$\begin{bmatrix}x\\y\end{bmatrix}=\begin{bmatrix}\cos(\eta\varphi) & -\sin(\eta\varphi)\\ \sin(\eta\varphi) & \cos(\eta\varphi)\end{bmatrix}\begin{bmatrix}a-l\cos[\delta(\psi_0+\psi)]\\ l\sin[\delta(\psi_0+\psi)]\end{bmatrix}$$

即

$$\left.\begin{aligned}x&=a\cos(\eta\varphi)-l\cos[\delta(\psi_0+\psi)-\eta\varphi]\\ y&=a\sin(\eta\varphi)+l\sin[\delta(\psi_0+\psi)-\eta\varphi]\end{aligned}\right\}\tag{5.3-2}$$

上式即为凸轮理论轮廓曲线的直角坐标参数方程。式中

$$\psi_0=\arccos\frac{a^2+l^2-r_0^2}{2al},\psi_0>0$$

在式(5.3-1)和(5.3-2)中，s_0、e 和 a、l、ψ_0 均为常数，s 和 ψ 是 φ 的函数。显然，x 和 y 也是凸轮转角 φ 的函数。于是凸轮理论轮廓曲线的直角坐标参数方程一般可表示为

$$\left.\begin{aligned}x&=x(\varphi)\\ y&=y(\varphi)\end{aligned}\right\}$$

(2) 实际轮廓曲线方程

滚子从动件盘形凸轮机构的实际轮廓曲线是滚子圆族的包络线。由微分几何得知，以 φ 为参数的曲线族的包络线方程为

$$\left.\begin{aligned}&f(X,Y,\varphi)=0\\ &\frac{\partial f}{\partial\varphi}(X,Y,\varphi)=0\end{aligned}\right\}\tag{5.3-3}$$

其中 $f(X,Y,\varphi)=0$ 是曲线族的方程，X，Y 是包络线上点的直角坐标值。

对于滚子从动件盘形凸轮机构，产生实际轮廓曲线的曲线族是以理论轮廓曲线上各点为中心、以 r_T 为半径的一族圆。因圆心的坐标(x,y)已由式(5.3-1)或(5.3-2)所确定，故有

$$f(X,Y,\varphi)=(X-x)^2+(Y-y)^2-r_T^2=0\tag{5.3-4}$$

和

$$\frac{\partial f}{\partial\varphi}(X,Y,\varphi)=-2(X-x)\frac{\mathrm{d}x}{\mathrm{d}\varphi}-2(Y-y)\frac{\mathrm{d}y}{\mathrm{d}\varphi}=0$$

或

$$(X-x)=-(Y-y)\frac{\mathrm{d}y/\mathrm{d}\varphi}{\mathrm{d}x/\mathrm{d}\varphi}\tag{5.3-5}$$

将(5.3-4)、(5.3-5)两式联立求解 X 和 Y，即得滚子从动件盘形凸轮机构凸轮实际轮廓曲线的参数方程

$$\left.\begin{aligned}X&=x\pm r_T\frac{\mathrm{d}y/\mathrm{d}\varphi}{\sqrt{\left(\frac{\mathrm{d}x}{\mathrm{d}\varphi}\right)^2+\left(\frac{\mathrm{d}y}{\mathrm{d}\varphi}\right)^2}}\\ Y&=y\mp r_T\frac{\mathrm{d}x/\mathrm{d}\varphi}{\sqrt{\left(\frac{\mathrm{d}x}{\mathrm{d}\varphi}\right)^2+\left(\frac{\mathrm{d}y}{\mathrm{d}\varphi}\right)^2}}\end{aligned}\right\}\tag{5.3-6}$$

式中：上面一组加、减号表示一条外包络线，下面一组加、减号表示另一条内包络线，而$\frac{dx}{d\varphi}$和$\frac{dy}{d\varphi}$可从式(5.3-1)或(5.3-2)对φ求导得到。

(3) 刀具中心轨迹方程

在数控机床上加工凸轮，通常需给出刀具中心的直角坐标值。若刀具半径与滚子半径完全相等，那么理论轮廓曲线的坐标值即为刀具中心的坐标值。但当用数控铣床加工凸轮或用砂轮磨削凸轮时，刀具半径r_C往往大于滚子半径r_T。由图5-11a可以看出，这时刀具中心的运动轨迹η_C为理论轮廓曲线η的等距曲线，相当于以η为中心和以(r_C-r_T)为半径所作一系列滚子的外包络线；反之，当用钼丝在线切割机床上加工凸轮时，$r_C<r_T$，如图5-11b所示。这时刀具中心运动轨迹η_C相当于以η为中心和以(r_T-r_C)为半径所作一系列滚子的内包络线。只要用$|r_C-r_T|$代替r_T，便可由式(5.3-6)求出外包络线和内包络线上各点的坐标值。

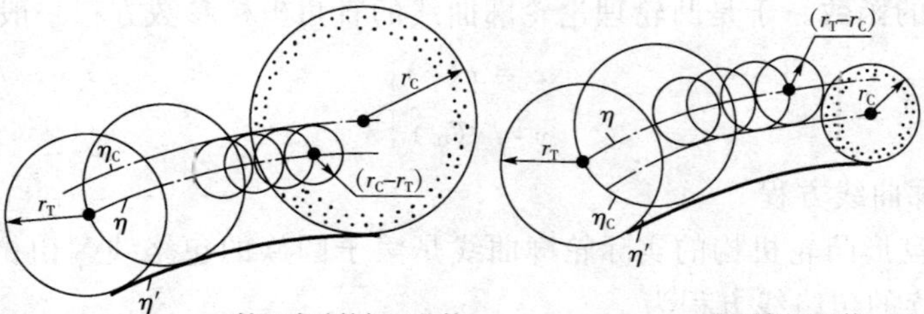

a)铣刀或砂轮加工凸轮　　b)钼丝加工凸轮

图5-11　刀具中心的运动轨迹

2. 平底从动件盘形凸轮机构

(1) 实际轮廓曲线方程

平底从动件盘形凸轮机构的实际轮廓曲线是反转后一系列平底所构成的直线族的包络线。图5-12所示为一直动平底从动件盘形凸轮机构，基圆半径r_o和从动件运动规律$s=s(\varphi)$均已给定。以凸轮回转中心为原点、从动件推程运动方向为x轴正向建立右手直角坐标系，并取导路中心与x轴重合。引入凸轮转向系数η，并规定当凸轮转向为顺时针时$\eta=1$，逆时针时$\eta=-1$。当凸轮自初始位置转过角φ时，导路中心线与平底的交点自B_0外移s到达B'。根据反转法原理，将点沿凸轮回转方向相反方向绕原点转过角，便可得出表示反转后平底的直线AB。由图可知，点B的坐标为

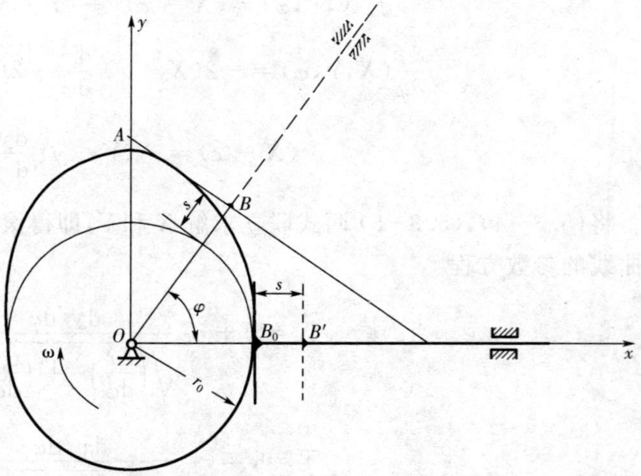

图5-12　直动平底从动件盘形凸轮机构

$$\left.\begin{aligned} x &= (r_0 + s)\cos(\eta\varphi) \\ y &= (r_0 + s)\sin(\eta\varphi) \end{aligned}\right\} \tag{5.3-7}$$

过点 B 的平底直线族方程为

$$Y - (r_0 + s)\sin(\eta\varphi) = k[X - (r_0 + s)\cos(\eta\varphi)]$$

式中 k 为平底直线的斜率。由图可知，$k = \tan(90^0 + \eta\varphi) = -\cot(\eta\varphi)$。将 k 代入上式得

$$f(X, Y, \varphi) = Y\sin(\eta\varphi) + X\cos(\eta\varphi) - (r_0 + s) = 0 \tag{5.3-8}$$

又

$$\frac{\partial f}{\partial \varphi}(X, Y, \varphi) = \eta Y\cos(\eta\varphi) - \eta X\sin(\eta\varphi) - \frac{ds}{d\varphi} = 0 \tag{5.3-9}$$

联立求解(5.3-8)、(5.3-9) 即得凸轮实际轮廓曲线的直角坐标参数方程

$$\left.\begin{aligned} X &= (r_0 + s)\cos(\eta\varphi) - \eta\frac{ds}{d\varphi}\sin(\eta\varphi) \\ Y &= (r_0 + s)\sin(\eta\varphi) + \eta\frac{ds}{d\varphi}\cos(\eta\varphi) \end{aligned}\right\} \tag{5.3-10}$$

(2) 刀具中心轨迹方程

如图 5-13 所示，平底从动件盘形凸轮机构凸轮的轮廓曲线可以用砂轮的端面磨削，也可以用砂轮(铣刀、钼丝) 的外圆加工。由图可以看出，当用砂轮端面加工时，刀具上点 B 的轨迹方程即为如式(5.3-7) 所示；当用外圆加工时，刀具中心 η_c 的轨迹是凸轮实际轮廓曲线的等距曲线，也即是以式(5.3-10) 表示的曲线上各点为中心，以 r_c 为半径所作一族圆的外包络线，其参数方程可根据式(5.3-6) 求出。

实际设计时，为了获得足够多的点的坐标值，可在 $0 \leqslant \varphi \leqslant 2\pi$ 范围内每隔一定步长给一个 φ 值进行计算。这种大量重复的计算工作通常由计算机来完成。

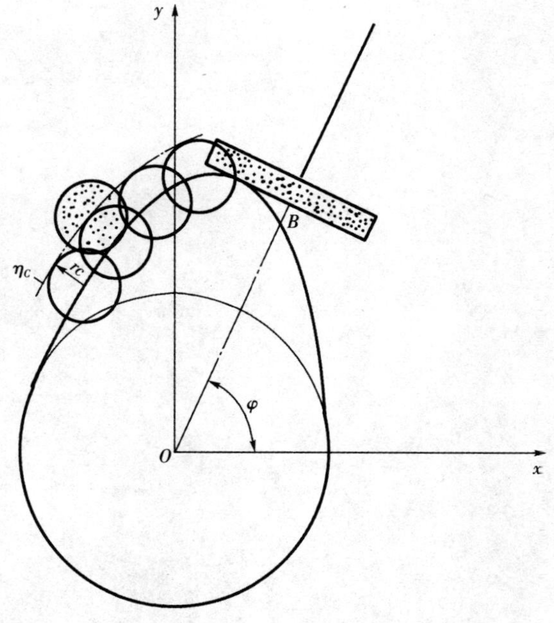

图 5-13　刀具中心的运动轨迹

思 考 题

1. 请说明用解析法进行平面低副机构运动分析的步骤。

2. 在用解析法求机构位置时，得出方程有两个解，应如何确定用哪一个解合理？

3. 解析法设计凸轮机构时，为什么要使用凸轮转向系数 η 和从动件偏置方向系数 δ？

4. 用解析法求解滚子从动件盘形凸轮机构，确定理论轮廓曲线方程后，如何求解实际轮廓曲线方程？刀具中心轨迹方程如何确定？

5. 试比较图解法和解析法在机构运动分析中的优缺点。

第 6 章　齿轮机构及其设计

6.1　渐开线性质及渐开线齿轮啮合特点

6.1.1　渐开线的形成

当一直线 $n-n$ 在一个圆周上作纯滚动时，该直线上任一点 K 的轨迹 AK 称为该圆的渐开线，简称渐开线，这个圆称为基圆，而该直线称为渐开线的发生线，角 θ_K（$\angle AOK$）称为渐开线 AK 段的展角。如图 6-1 所示，发生线从位置 n_0-n_0 沿逆时针方向在半径为 r_b 的基圆圆周上作纯滚动转到 $n-n$ 时，其上任一点 A 的轨迹 AK 为一渐开线。

6.1.2　渐开线的性质

由渐开线形成的过程可知，渐开线具有如下的性质：

(1) 当发生线从位置 n_0-n_0 滚动到位置 $n-n$ 时，因它与基圆之间为纯滚动，没有相对滑动，所以 $\overline{KN}=\widehat{NA}$。

(2) 当发生线在位置 $n-n$ 处沿基圆作纯滚动时，N 点是它的速度瞬心，因此直线 NK 是渐开线上 K 点的法线，且线段 $\overline{NK}$ 为其曲率半径，N 点为其曲率中心。又因发生线始终与基圆相切，所以渐开线上任意一点的法线必与基圆相切。由图 6-1 可知，渐开线离基圆越远，其曲率半径越大，即渐开线越平直。渐开线在基圆起始点处，曲率半径为零。

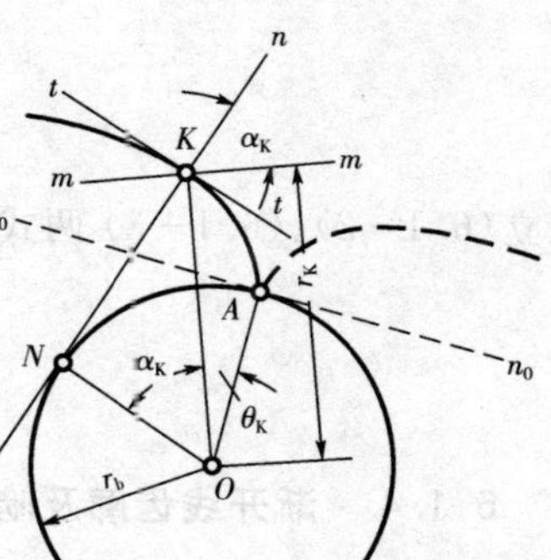

图 6-1　渐开线的形成

(3) 渐开线齿廓上某点的法线（压力方向线），与齿廓上该点速度方向线所夹的锐角，称为该点的压力角。设基圆半径为 r_b，由图 6-1 可知

$$\cos\alpha_K=\frac{ON}{OK}=\frac{r_b}{r_K} \tag{6.1-1}$$

上式表示渐开线齿廓上各点压力角不等，径向 r_k 越大，其压力角越大。

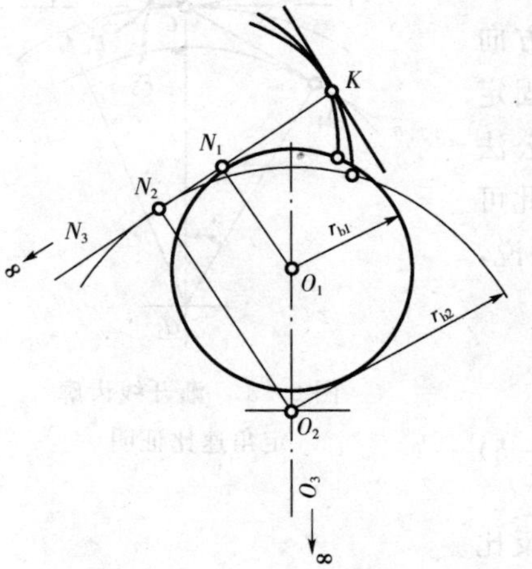

图 6-2　基圆大小对渐开线的影响

(4) 渐开线的形状决定于基圆的大小。大小不等的基圆其渐开线形状不同。如图 6-2 所示，在展角相同处 K 点，基圆越大，它的渐开线在 K 点的曲率半径越大。当基圆半径趋于无穷大时，其渐开线将成为垂直于 N_3K 的直线，这就是渐开线

齿条的齿廓。

(5) 基圆内无渐开线。

6.1.3　渐开线方程

在渐开线齿轮的研究、分析时，常常需要用到渐开线方程。如图 6-1 所示，根据渐开线性质，由式 6.1-1 得

$$r_K = \frac{r_b}{\cos \alpha_K} \tag{6.1-2}$$

又

$$\tan \alpha_K = \frac{\overline{NK}}{\overline{ON}} = \frac{\widehat{AN}}{r_b} = \frac{r_b(\alpha_K + \theta_K)}{r_b} = \alpha_K + \theta_K$$

即

$$\theta_K = \tan \alpha_K - \alpha_K$$

由上式可知，展角 θ_K 是压力角 α_K 的函数，并称为 α_K 的渐开线函数，工程上用 $\mathrm{inv}\alpha_K$ 表示 θ_K，即

$$\theta_K = \mathrm{inv}\,\alpha_K = \tan \alpha_K - \alpha_K \tag{6.1-3}$$

联立(6.1-2)、(6.1-3) 两式，可得到渐开线的极坐标参数方程式

$$\left.\begin{aligned} r_K &= \frac{r_b}{\cos \alpha_K} \\ \theta_K &= \mathrm{inv}\,\alpha_K = \tan \alpha_K - \alpha_K \end{aligned}\right\} \tag{6.1-4}$$

6.1.4　渐开线齿廓及啮合特点

图 6-3 中所示两渐开线齿廓 E_1 和 E_2，当两齿廓在任意点 K 处接触时，过 K 点作两齿廓的公法线 $n-n$ 与两轮连心线交于 C 点。由渐开线的特性可知，$n-n$ 必同时与两基圆相切，也就是说，过啮合点所作的齿廓公法线是两基圆的内公切线。齿轮传动时基圆位置不变，同一方向的内公切线只有一条，它与连心线交点的位置也是固定的。即：无论两齿廓在何处接触，过接触点所作齿廓公法线均通过连心线上固定点 C，即点 C 为固定节点。由此可见，渐开线齿廓满足定角速比(传动比) 要求。也就是说，两轮的传动比为常数。传动比常用 i 表示。

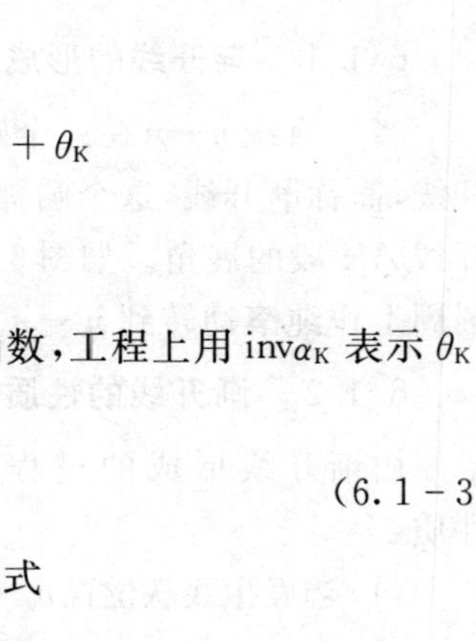

图 6-3　渐开线齿廓定角速比证明

在图 6-3 中，一对齿轮的传动比为：

$$i = \frac{n_1}{n_2} = \frac{\omega_1}{\omega_2} = \frac{r_2'}{r_1'} = \frac{r_{b2}}{r_{b1}} = \text{常数} \tag{6.1-5}$$

上式所示，渐开线齿轮的传动比等于两轮基圆半径的反比。

由图还可以看出渐开线齿廓啮合的一些特点：

(1) 啮合具有可分性。当一对渐开线齿轮制成后，其基圆半径也就固定不变了，由式(6.1-5) 可知，即使两轮中心距稍有改变时，其角速比仍保持原值不变。这种性质称为渐开

线齿轮的可分性。这一特点对渐开线齿轮的制造、安装都十分有利。此外,利用渐开线齿轮的可分性还可以设计变位齿轮。因此,可分性是渐开线齿轮的一大优点。

(2) 啮合线是直线。齿轮传动时其齿廓接触点的轨迹称为啮合线。对于渐开线齿轮,无论在哪一点接触,接触齿廓的公法线总是两基圆的内公切线 N_1N_2。因此直线 N_1N_2 就是渐开线齿廓的啮合线。显然,一对渐开线齿廓的啮合线、公法线和两基圆的公切线三线重合。

(3) 啮合角不变。过节点 C 作两节圆的公切线 $t-t$,它与啮合线 N_1N_2 间的夹角称为啮合角。由图 6-3 可知,渐开线齿轮传动中啮合角为常数,且啮合角的数值等于渐开线在节圆上的压力角。由于啮合角不变,若齿轮传递的力矩恒定时,则轮齿间、轴与轴承间的压力的大小和方向均不变,这对齿轮传动的平稳性是十分有利的。

6.2　渐开线标准直齿轮的基本参数和几何尺寸

6.2.1　齿轮各部分名称

如图 6-4 所示为直齿外齿轮的一部分。齿轮上每一个用于啮合的凸起部分称为齿。一个齿轮的轮齿总数称为齿数,用 z 表示。两相邻齿间称为齿槽。各部分名称如下:

1. 齿顶圆和齿根圆

过所有齿顶端的圆称为齿顶圆,分别用 r_a、d_a 表示其半径和直径。过所有齿槽底部的圆称为齿根圆,分别用 r_f、d_f 表示其半径和直径。

2. 齿槽宽、齿厚和齿距

在任意直径 d_k 的圆周上,轮齿槽两侧齿廓之间的弧线长称为该圆的齿槽宽,用 e_k 表示。轮齿两侧齿廓之间的弧长称为该圆的齿厚,用 s_k 表示。相邻的两齿同侧齿廓之间的弧长称为该圆的齿距,用 p_k 表示。显然 $p_k = s_k + e_k$。

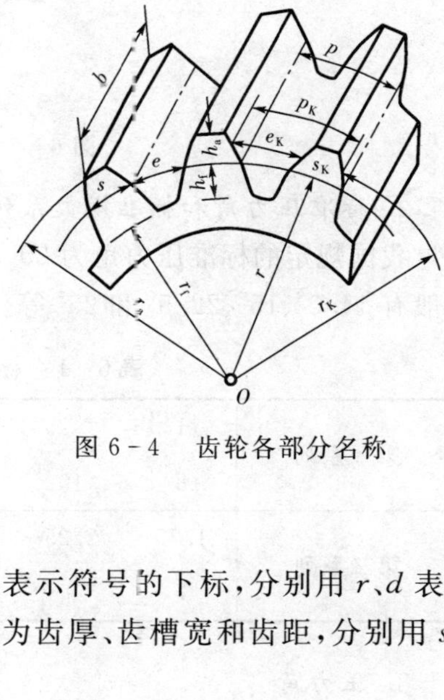

图 6-4　齿轮各部分名称

3. 分度圆

为了确定齿轮各部分的几何尺寸,在齿轮上选择一个圆作为计算的基准,该圆称为齿轮的分度圆,略去表示符号的下标,分别用 r、d 表示其半径和直径,并将分度圆上的齿厚、齿槽宽和齿距简称为齿厚、齿槽宽和齿距,分别用 s、e 和 p 表示,则有 $p = s + e$。

4. 齿顶高、齿根高和齿全高

分度圆将轮齿分为两部分,介于分度圆与齿顶圆间的部分称为齿顶,其径向尺寸称为齿顶高,用 h_a 表示。位于分度圆与齿根圆间的部分称为齿根,其径向尺寸称为齿根高,用 h_f 表示。齿顶圆与齿根圆间的径向尺寸称为齿全高,用 h 表示,则有:$h = h_a + h_f$。

6.2.2　标准齿轮的基本参数

1. 模数 m

设齿轮的齿数为 z,直径为 d_k 的圆周长为 $\pi d_K = p_K z$,则

$$d_K = \frac{p_K}{\pi} z \tag{6.2-1}$$

由上式可知，在不同直径的圆周上，比值 p_k/π 是不同的；又由渐开线特性可知，在不同直径的圆周上，齿廓各点的压力角也是不等的。为了便于设计、制造及互换，将齿轮上分度圆的 p/π 比值和该圆上的压力角均设定为标准值。分度圆上的 p/π 比值称为模数，以 m 表示，即：$m=p/\pi$。模数 m 的单位为 mm。分度圆上的压力角简称为压力角，以 α 表示。模数是决定齿轮尺寸的一个基本参数。对于齿数相同的齿轮，显然，模数 m 越大，则 p 越大，即齿轮尺寸就越大，如图 6-5 所示。分度圆直径 $d=mz$。

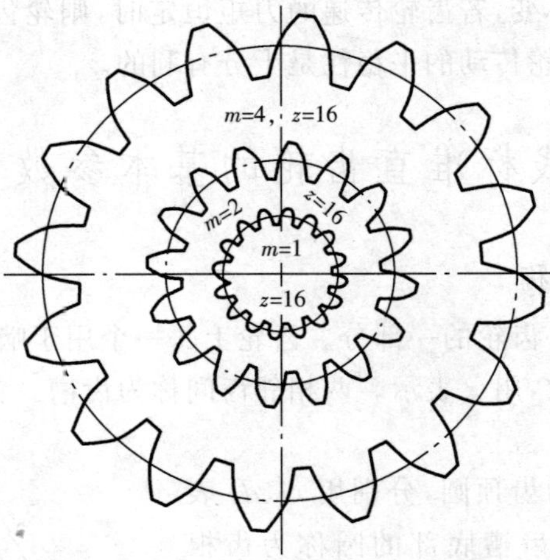

图 6-5　齿数相同、模数不同的齿轮对比

2. 标准压力角和标准模数系列

我国规定的标准压力角为 20°。对于一些特殊用途的齿轮，压力角也可采用非标模数，一般有 14.5°、15°、22.5° 和 25° 等。表 6-1 列出了我国已规定的标准模数系列（部分）。

表 6-1　标准模数系列（摘自 GB/T1357—1987）

第一系列	1	1.25	1.5	2	2.5	3	4	5	6
	8	10	12	16	20	25	32	40	50
第二系列	1.75	2.25	2.75	(3.25)	3.5	(3.75)	4.5	5.5	(6.5)
	7	9	(11)	14	18	22	28	36	45

3. 压力角

由任意圆压力角定义和式(6.2-1)可得

$$\alpha_K = \arccos\,(r_b/r_K)$$

由上式可知，不同圆上的压力角是不同的。分度圆上的压力角简称为压力角，用 α 表示，且有

$$r_b = r\cos\alpha = \frac{mz}{2}\cos\alpha \tag{6.2-2}$$

上式表明，当分度圆大小相同，但压力角不同时，基圆的大小也不相同，则其渐开线齿廓

的形状也就不同。因此，压力角 α 是决定渐开线齿廓形状的一个基本参数。

4. 齿顶高系数和径向间隙系数

若将齿顶高和齿根高分别用模数表示，则

$$\left.\begin{aligned} h_a &= h_a^* m \\ h_f &= (h_a^* + c^*)m \end{aligned}\right\} \tag{6.2-3}$$

式中 h_a^* 和 c^* 分别称为齿顶高系数和径向间隙系数。对于圆柱齿轮，这两个系数的标准值如表 6-2 所示。

表 6-2 渐开线圆柱齿轮的齿顶高系数和径向间隙系数

	正常齿制	短齿制
h_a*	1.0	0.8
$c*$	0.25	0.3

6.2.3 标准齿轮

齿顶高与齿根高均为标准值，分度圆上齿厚 s 与齿槽宽 e 相等的直齿圆柱齿轮称为标准齿轮，否则称为修正齿轮或称为变位齿轮。标准齿轮基本尺寸的计算公式可参见表 6-3。

表 6-3 标准直齿圆柱齿轮的基本尺寸计算公式

名 称	符 号	计 算 公 式
分度圆直径	d	$d_i = mz_i$
基圆直径	d_b	$d_b = mz_i \cos\alpha$
齿顶圆直径	d_a	$d_a = m(z_i + 2h_a^*)$
齿根圆直径	d_f	$d_f = m(z_i - 2h_a^* - 2c^*)$
齿顶高	h_a	$h_a = h_a^* m$
齿根高	h_f	$h_f = (h_a^* + c^*)m$
齿全高	h	$h = h_a + h_f = (2h_a^* + c^*)m$
齿距	p	$p = \pi m$
齿厚	s	$s = \dfrac{\pi m}{2}$
齿槽宽	e	$e = \dfrac{\pi m}{2}$
标准中心距	a	$a = \dfrac{1}{2}m(z_1 + z_2)$

注：表中的 m、α、h_a^*、c^* 均为标准参数，$i = 1,2$。

6.2.4 标准齿条的特点

当齿轮的齿数趋于无穷大时，其基圆和其他圆的半径也就趋于无穷大，此时各圆均变为一些相互平行的直线，渐开线齿廓也就变成了相互平行的斜直线齿廓，这就形成了齿条，如图 6-6 所示。

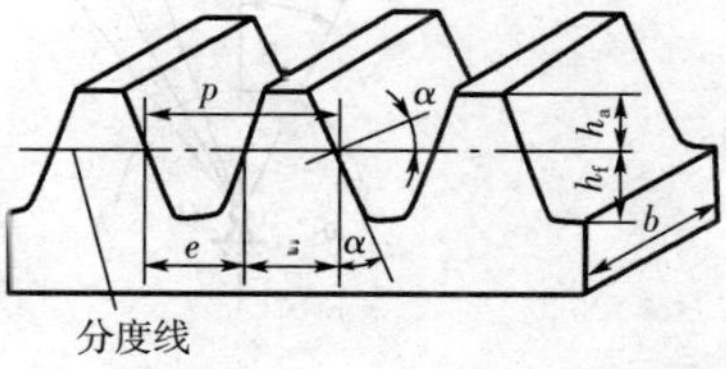

图 6-6 齿条的基本参数

齿条具有如下特点：

(1) 由于齿条齿廓为直线，所以齿廓线上各点的压力角均为标准值，且等于齿廓的倾斜角(也称为齿形角)，对于标准齿条其值为 $\alpha=20°$。

(2) 齿条两侧齿廓是由对称的斜直线组成，因此，在平行于齿顶线的各条直线上具有相同的齿距，且有：$p=\pi m$。对于标准齿条而言，齿厚和齿槽宽相同的直线称为分度线，即 $s=e=\frac{\pi m}{2}$。

6.3　渐开线直齿轮传动的啮合过程和正确啮合条件

6.3.1　渐开线直齿轮传动的啮合过程

如图 6-7 所示，当一对齿开始啮合时，先在 B_2 点处由主动轮 1 的齿根与从动轮 2 的齿顶啮合，再由主动轮 1 推动从动轮 2 转动，最后，在 B_1 点处主动轮 1 的齿顶与从动轮 2 的齿根分离。在整个的啮合过程中，线段 $\overline{B_1B_2}$ 为啮合点的实际轨迹，故称为实际啮合线。由于基圆内没有渐开线，所示实际啮合线不可能超出极限点 N_1 和 N_2。线段 $\overline{N_1N_2}$ 称为理论啮合线。

啮合线 $\overline{N_1N_2}$ 与两齿轮节圆内公切线 $t-t$ 所夹的锐角称为啮合角，用 α' 表示。在齿轮传动过程中，其啮合线和啮合角始终不变。

6.3.2　正确啮合的条件

齿轮传动时，每一对齿仅啮合一段时间便要分离，再由后一对齿接替。为确保传动的连续性，必有一对以上的轮齿同时参加啮合。如图 6-8 所示，当前一对齿在啮合线上 K 点处接触时，其后一对齿应在啮合线的另一点 K' 处接触。

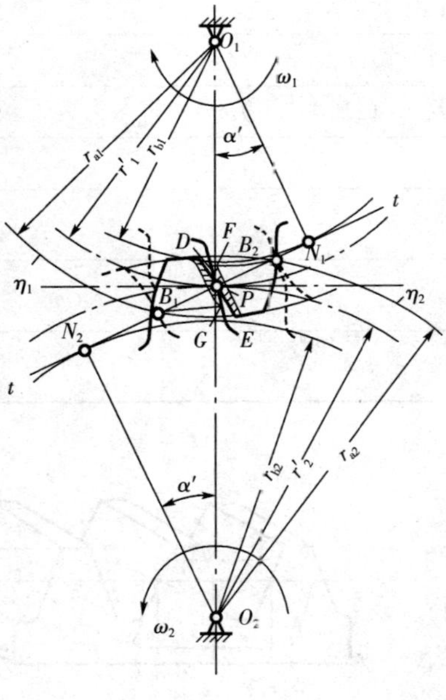

图 6-7　渐开线直齿轮传动的啮合过程

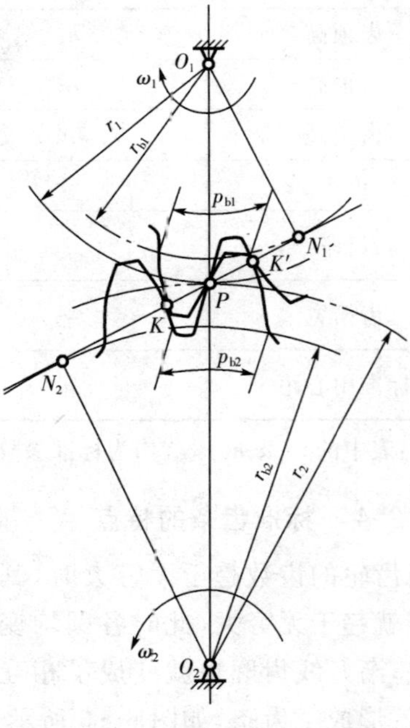

图 6-8　渐开线齿轮正确啮合

为了保证前后两对齿有可能同时在啮合线上接触，轮 1 和轮 2 相邻两齿同侧齿廓沿法线的距离 $K_1K'_1$ 和 $K_2K'_2$ 应相等。即

$$\overline{K_1K_1'}=\overline{K_2K_2'} \tag{6.3-1}$$

由渐开线的性质可知，$\overline{K_1K_1'}$ 和$\overline{K_2K_2'}$ 分别与各自的基圆齿距相等，所以上述条件可写为

$$p_{b1}=p_{b2} \tag{6.3-2}$$

由基圆齿距计算公式得

$$p_b=\frac{\pi d_b}{z}=\frac{\pi}{z}d\cos\alpha=p\cos\alpha=\pi m\cos\alpha \tag{6.3-3}$$

将(6.3-3)代入(6.3-2)得

$$m_1\cos\alpha_1=m_2\cos\alpha_2 \tag{6.3-4}$$

式中 m_1、m_2 和 α_1、α_2 分别为两轮的模数和压力角。但因模数和压力角均已标准化，所以要满足上式就必须使

$$\left.\begin{aligned}m_1=m_2=m\\ \alpha_1=\alpha_2=\alpha\end{aligned}\right\} \tag{6.3-5}$$

上式表明，渐开线齿轮的正确啮合条件是两轮的模数和压力角必须分别相等。

6.3.3　标准齿轮的安装

齿轮传动时，一轮节圆上的齿槽宽与另一轮节圆上的齿厚之差称为齿侧间隙。在齿轮传动中，为了消除反向传动空程和减少撞击，要求齿侧间隙为零。因此，在齿轮设计中，正确安装的齿轮都按无齿间隙的理想情况计算其名义尺寸，如图 6-9 所示。

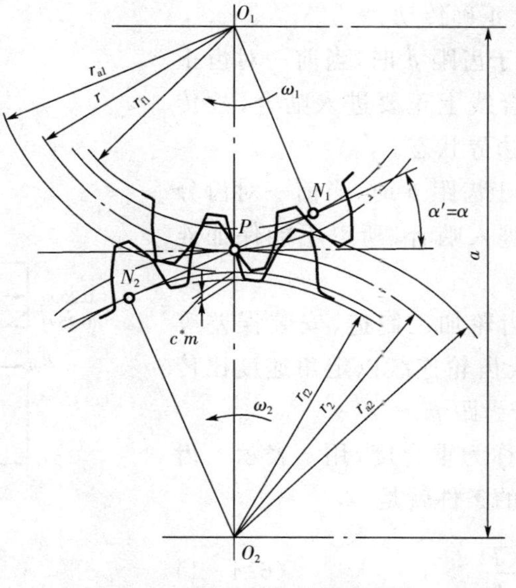

图 6-9　标准齿轮的正确安装

由前定义可知，标准齿轮分度圆上的齿厚和齿槽宽相等，又由正确啮合的一对渐开线齿

轮的模数和压力角相等。若使分度圆与节圆重合(也就是说,两轮的分度圆相切),则齿侧间隙为零。一对标准齿轮分度圆相切时的中心距称为标准中心距,以 a 表示,即

$$a=r_1'+r_2'=r_1+r_2=\frac{m}{2}(z_1+z_2) \tag{6.3-6}$$

6.4 渐开线齿轮连续传动条件

如图 6-10 所示为一对齿轮传动,当一对齿廓开始啮合时,应是主动轮的齿根部分与从动轮的齿顶接触,所以开始啮合点是从动轮的齿顶圆与啮合线 N_1N_2 的交点 B_2。当两轮继续转动时,啮合点位置沿啮合线 N_1N_2 向下移动。终止啮合点是主动轮的齿顶圆与啮合线 N_1N_2 的交点 B_1。线段 B_2B_1 为啮合点的实际轨迹,故称为实际啮合线段。而 N_1N_2 线段为理论上可能的最大的啮合线段,称为理论啮合线段。

为了保证传动的连续性,齿轮传动的任何瞬时,都要有一个或一个以上的齿相啮合。由啮合线特点可知,若相邻两啮合点间的距离大于实际啮合线段的长度,则两点不会同时啮合。

一对齿从开始啮合到终止啮合,分度圆上某一点所经过的弧线距离称为啮合弧,图中圆弧 CD 就是啮合弧。

如图 6-10 所示,可将啮合弧 CD 与齿距 p 的大小分三种情况进行分析:

① 当啮合弧 CD 大于齿距 p 时,当前一对齿正要在终止啮合点 E 处分离时,后一对齿已经在啮合线上啮合,故能保证连续正确传动。

② 当啮合弧 CD 等于齿距 p 时,当前一对齿正要分离时,后一对在啮合线上正要进入啮合,故传动处于连续和不连续的边界状态。

③ 当啮合弧 CD 小于齿距 p 时,当前一对齿分离后,后一对齿还没有进入啮合,所以不能保证连续的定角速度比传动。

由此可见,考虑到齿轮加工制造、安装误差等的存在,为了保证渐开线齿轮连续以定角速度比传动,啮合弧 CD 必须大于齿距 p。

啮合弧与齿距之比称为重合度,用 ε 表示。齿轮连续定角速度比传动的条件就是

$$\varepsilon=\frac{\overset{\frown}{CD}}{p}>1 \tag{6.4-1}$$

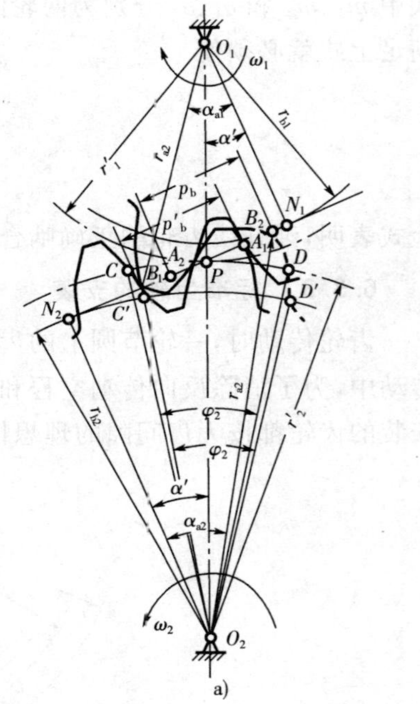

图 6-10 重合度

在实际应用中,ε 值应大于或等于一定的许用值[ε],即

$$\varepsilon \geqslant [\varepsilon]$$

上式中许用重合度[ε]的值随齿轮机构的制造精度和使用情况而定。

重合度的大小反映了参加啮合的轮齿对数的多少。若 $\varepsilon=1$，表示齿轮传动的过程中始终只有一对轮齿啮合；若 $\varepsilon=2$，则表示始终有两对轮齿啮合；若 ε 不是整数，如 $\varepsilon=1.25$，则整个啮合区两端为单齿啮合区，中间部分为双齿啮合区，分别占 25%、75% 和 25%。

重合度 ε 与模数无关，而随齿数 z 的增加而增大。当中心距不为标准值而变大为 a' 时，重合度 ε 将减小。当齿轮的齿数趋于无穷大时，则 $\overline{PB_1}=\overline{PB_2}=h_a^* m/\sin\alpha$，而重合度也趋于最大值 $\varepsilon_{\max}$：

$$\varepsilon_{\max}=2\left(\frac{h_a^* m}{\sin\alpha}\right)/\pi m\cos\alpha=4h_a^*/\pi\sin 2\alpha$$

当 $\alpha=20°$、$h_a^*=1$ 时，$\varepsilon_{\max}=1.981$。

6.5　渐开线齿廓切削加工原理及根切现象

6.5.1　渐开线齿廓的加工原理

齿轮加工的方法很多，主要有切制法、电加工法、粉末冶金法、模锻法、铸造法和冲压法等，目前最常用的还是切制法。用切制法加工齿轮的工艺很多，但其切制原理可以分为成形法和范成法两大类。成形法是用渐开线齿形的成形铣刀直接切出齿形。这种切齿方法简单，不需要专用机床，但生产率低下、精度差，已很少使用。范成法是利用一对齿轮啮合传动时两轮齿廓互为共轭曲线的原理来加工齿轮，是目前齿轮加工中最为常用的一种方法。范成法加工主要有插刀切齿和滚刀切齿两种。

1. 齿轮插刀切制齿轮

齿轮插刀的形状如图 6-11 所示，刀具的下端面形如齿轮，但刀具顶部比正常齿高出 $c^* m$，以便切出径向间隙部分。插齿时，刀具沿轮坯轴线方向作往复运动，同时使刀具与轮坯满足一定的角速比传动，直至全部齿槽切削完成。

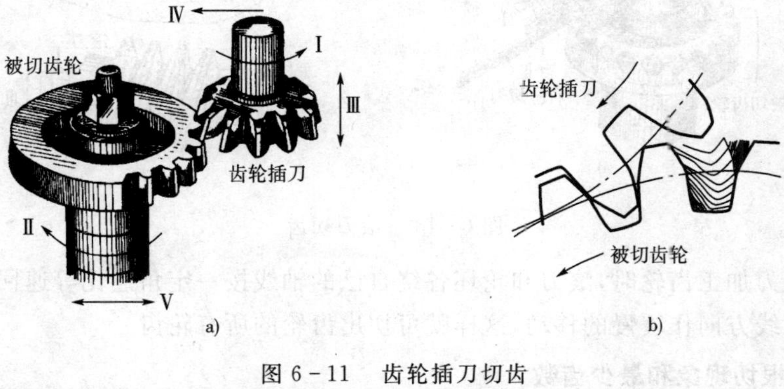

图 6-11　齿轮插刀切齿

当插齿刀的齿廓为渐开线时，所插制的齿轮也是渐开线。根据正确啮合条件，被切齿轮的模数和压力角必定与插刀的模数和压力角相等，所以用同一把插刀加工出的齿轮不论齿数多少都能正确啮合。

2. 齿条插刀切制齿轮

用齿条插刀切齿是模仿齿轮与齿条的啮合过程。如图6-12所示，齿条插刀的形状如齿条，但齿顶比正常的齿条高出$c^* m$。切制渐开线齿轮的齿条齿廓为一直线(图6-12b)，在与中线平行的某一直线上，它们都具有相同的齿距$p=\pi m$(即相同的模数)和相同的齿廓压力角(20°)。

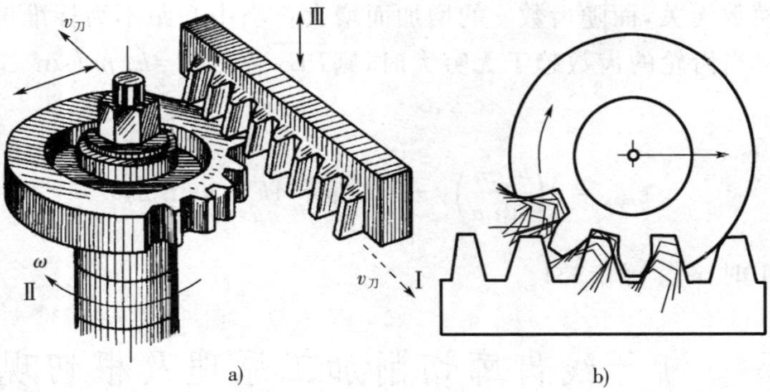

图6-12　齿条插刀的齿廓

在切齿过程中，刀具的中线应与轮坯分度圆相切并保持纯滚动。这样切成的齿轮，分度圆齿厚与分度圆齿槽宽相等，即$s=e=\dfrac{\pi m}{2}$，且模数和压力角与刀具的模数和压力角分别相等。

3. 齿轮滚刀切制齿轮

用齿轮插刀和齿条插刀切削齿轮时，只能间断切削，故生产率较低。目前广泛采用齿轮滚刀，能连续切削，生产率较高。另外，通过调整滚刀安装位置，同一把滚刀既能切削直齿也能切削斜齿的圆柱齿轮，如图6-13所示。

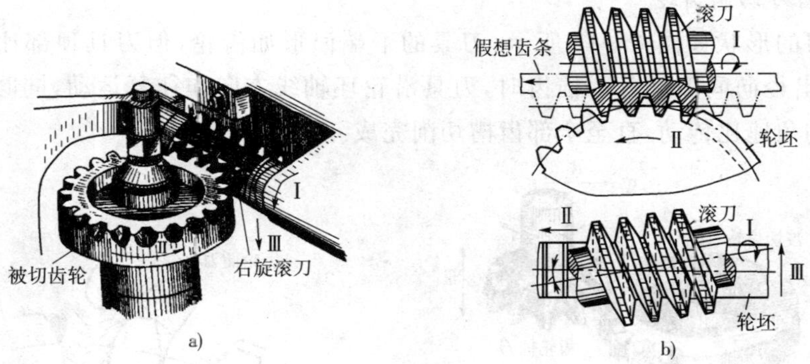

图6-13　滚刀切齿

用齿轮滚刀加工齿轮时，滚刀和轮坯各绕自己的轴线按一定角速比等速回转，同时滚刀又沿轮坯的轴线方向作缓慢的移动，这样就可切出齿轮的所有轮齿。

6.5.2　根切现象和最少齿数

1. 根切现象

用范成法加工齿轮时，有时会出现齿廓的根部的部分渐开线被刀具齿顶部分切去的现象，如图6-14所示，这种现象称为根切现象。根切现象将使轮齿的弯曲强度大大减弱，重迭系数也有所降低，对传动的质量很不利，故应力求避免根切现象的出现。

2. 产生根切的原因

用范成法加工齿轮时，若刀具的齿顶线或齿顶圆与啮合线的交点超过被切齿轮的极限点 N_1，如图 6-15 中的虚线所示位置时，就会出现根切现象。

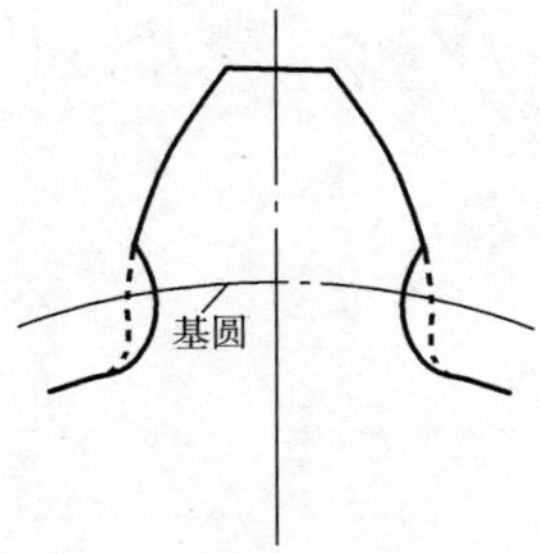

图 6-14　根切现象

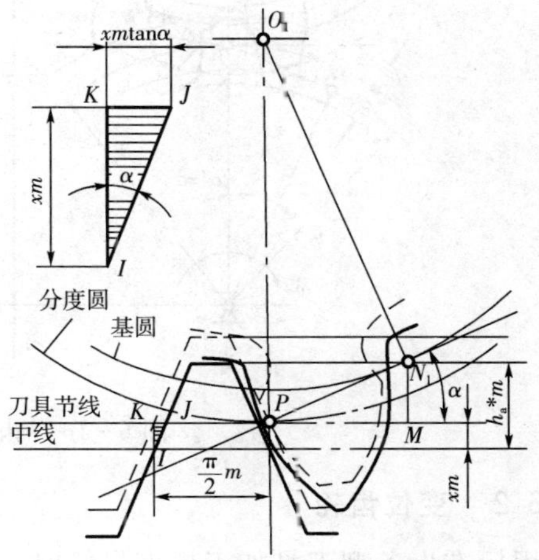

图 6-15　根切现象

3. 最少齿数

标准齿轮是否发生根切取决于其齿数的多少。线段 PO_1 表示被切齿轮的分度圆半径，其 N_1 点在齿顶线下方，故该轮必发生根切。当齿数增多时，分度圆半径增大，轮坯中心上移，且极限点也上移至齿顶线上方的 N_1 处，从而避免根切。即齿数应满足 $z \geqslant 2h_a^* / \sin^2\alpha$。

标准齿轮欲避免根切，其齿数 z 必须大于或等于不根切的最少齿数 $z_{min} = 2h_a^* / \sin^2\alpha$。对于 $\alpha = 20°$ 和 $h_a^* = 1$ 的正常齿制标准渐开线齿轮，当用齿条刀具加工时，其最少齿数 $z_{min} = 17$，若允许略有根切，则正常齿标准齿轮的实际最少齿数可取 14。当需要渐开线齿轮的齿数少于不产生根切的最少齿数时，可以采用变位齿轮。

6.6　变位齿轮与变位齿轮传动

6.6.1　问题的提出

标准齿轮具有互换性好、设计计算方便等优点，但也存在许多不足之处，主要有：

(1) 受不产生根切的最少齿数的限制。标准齿轮的齿数必须大于或等于最少齿数 z_{min}，否则会产生根切。

(2) 受标准安装的限制，不适用于实际中心距 a' 与标准中心距 a 不等场合。对于外啮合齿轮传动，若 $a' < a$ 时，则无法安装；若 $a' > a$ 时，虽能安装，也能保证定传动比，但重合度会减小，齿侧间隙过大，将影响齿轮传动的平稳性，如图 6-16 所示。

(3) 大小齿轮的抗弯能力存在着差别。在一对互相啮合的标准齿轮中，小齿轮较之大齿轮，其齿根厚度小、强度差，且磨损严重，易于损坏。

为了改善和解决标准齿轮存在的上述问题，必须对标准齿轮进行修正。齿轮修正的方法较多，其中最常用的方法是变位修正法，用变位修正法设计制造出的齿轮称为变位齿轮。

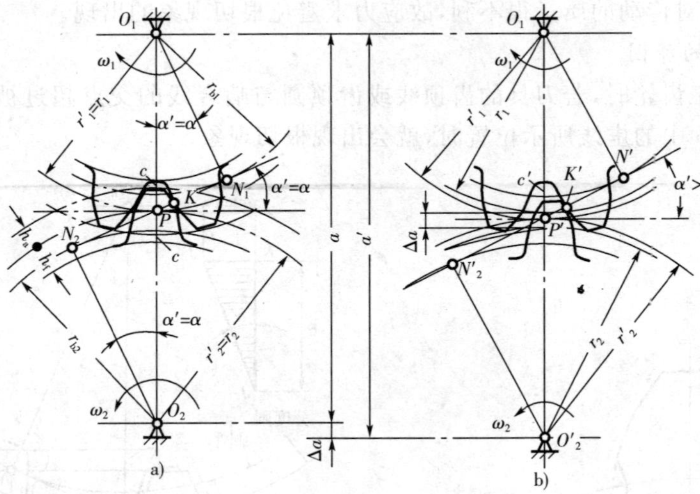

图 6-16　齿轮中心距 $a' > a$

6.6.2　变位齿轮

当用标准齿条型刀具加工标准齿轮时，刀具的分度线与被切齿轮的分度圆相切，刀具距被切轮坯的圆心距离等于分度圆半径。变位修正法中的变位就是通过改变这个距离来实现的。如图 6-15 所示，刀具的中心线从刀具的节线处向外移动了 xm 距离，这个距离称为变位量，x 称为变位系数，且规定，刀具远离轮坯中心时的变位系数 x 为正，切制出的齿轮为正变位齿轮；反之，变位系数 x 为负，切制出的齿轮称为负变位齿轮。当 $x=0$ 时，切制出的齿轮为标准齿轮。

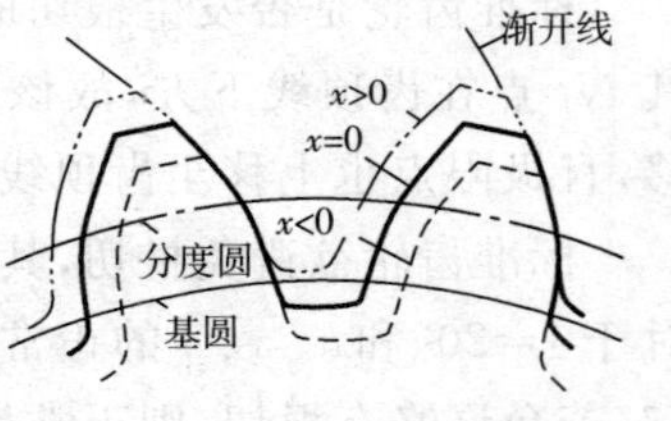

图 6-17　变位齿轮渐开线齿廓

切制变位齿轮所用的刀具和范成运动与切制标准齿轮完全相同，即用同一把刀具可切制出标准齿轮和变位齿轮，其模数和压力角相同，分度圆和基圆也相同。实际上，变位齿轮的齿廓曲线与标准齿轮的齿廓曲线是同一个基圆上展出的渐开线，只不过所截取的部位不同而已，如图 6-17 所示。

6.6.3　最小变位系数 x_{min}

从图 6-15 中虚线部分可知，当刀具的中心线与齿轮的分度圆相切，且刀具的齿顶线超出了极限点 N_1 时，将发生根切现象。若将刀具向外移一段距离 xm，使其齿顶线正好通过极限点 N_1，则切出的齿轮就可以摆脱根切现象，如图 6-18 所示。此时的变位系数就是使被切齿轮不产生根切的最小变位系数，用 x_{min} 表示，计算公式推导如下。

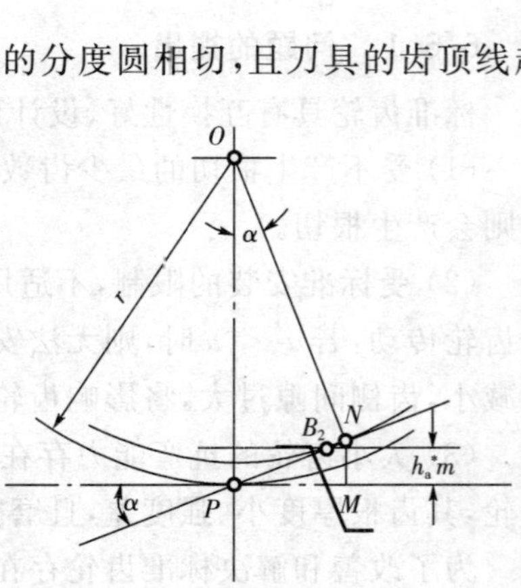

图 6-18　最小变位系数

如图 6-18 所示，将 $\overline{MN}=\overline{PN}\sin\alpha=\overline{OP}\sin^2\alpha=\dfrac{mz}{2}\sin^2\alpha$ 代入不发生根切的条件

$$h_a^* m - xm \leqslant \overline{MN}$$

则有

$$x \geqslant h_a^* - z\sin^2\alpha/2 \tag{6.6-1}$$

由标准齿条型刀具切制齿轮的不产生根切的最少齿数公式可知

$$\frac{\sin^2\alpha}{2} = \frac{h_a^*}{z_{\min}} \tag{6.6-2}$$

将式(6.6-2)代入(6.6-1)后得

$$x \geqslant \frac{h_a^*(z_{\min} - z)}{z_{\min}} \tag{6.6-3}$$

即最小变位系数为

$$x_{\min} = \frac{h_a^*(z_{\min} - z)}{z_{\min}} \tag{6.6-4}$$

对于 $\alpha = 20°$，$h_a^* = 1$ 的标准齿轮，$z_{\min} = 17$，则

$$x_{\min} = \frac{17 - z}{17} \tag{6.6-5}$$

由式(6.6-5)可知，当齿轮的齿数 $z < z_{\min}$ 时，$x_{\min} > 0$，说明为了避免发生根切，刀具应采用正变位，且变位系数 $x \geqslant x_{\min}$。当齿轮的齿数 $z > z_{\min}$ 时，若不变位，切齿时不会发生根切。但若采用负变位，齿轮也可能会发生根切。此时式(6.6-5)同样可以使用，计算出的 $x_{\min}$ 为负值是齿轮不发生根切的最大负变位值。

6.6.4 变位齿轮的参数和几何尺寸

在切制变位齿轮时，刀具上总有一条分度线与齿轮的分度圆相切并保持纯滚动。由于齿条型刀具上任一分度线的齿距 p、模数 m 和刀具角均相等，所以变位齿轮的齿距、模数和压力角仍等于刀具的齿距、模数和压力角。变位齿轮的分度圆直径和基圆直径均保持不变，所以变位后的角速比和定角速比的性质也保持不变。

1. 齿厚 s 和任意圆上的齿厚

由于刀具的位移，刀具分度线上的齿槽宽和齿厚不等，所以此时与分度线相切并保持作纯滚动的被切齿轮的分度圆上的齿厚和齿槽也不等。对于变位为 xm 的变位齿轮，如图 6-15 所示，分度圆上的齿厚增加了 $2ab$，而齿槽宽则减小了 $2ab$，其中

$$ab = xm\tan\alpha \tag{6.6-6}$$

所以变位齿轮分度圆齿厚和齿槽宽的计算公式分别为

$$s = \frac{\pi m}{2} + 2xm\tan\alpha \tag{6.6-7}$$

$$e = \frac{\pi m}{2} - 2xm\tan\alpha \tag{6.6-8}$$

上式对正、负变位均适用，计算时 x 应代入正负号。

由式(6.6-7)可知，采用正变位能增加齿厚，提高轮齿的弯曲强度。所以，在一对变位

齿轮传动设计时，对于齿数较少的齿轮常采用正变位，它不仅能避免根切，还能提高轮齿强度。需强调的是，对于正变位的齿轮，过大的正变位可能引起齿顶变尖($s_a=0$)或齿厚过薄的现象，影响齿顶强度，因此在设计计算变位齿轮时，对于正变位的齿轮必须校核齿顶圆齿厚，一般建议 $s_a \geqslant (0.25 \sim 0.40)m$。

2. 啮合角 α' 与变位系数和 x_Σ

变位齿轮传动的无侧隙啮合条件也为 $s'_1=e'_2$ 或 $s'_2=e'_1$，因此两轮的切圆齿距应满足

$$p'=s'_1+e'_1=s'_2+e'_2 \tag{6.6-9}$$

由齿厚计算公式得

$$s'_1=s_1\frac{r'_1}{r_1}+2r'_1(\mathrm{inv}\alpha-\mathrm{inv}\alpha')$$

$$s'_2=s_2\frac{r'_2}{r_2}+2r'_2(\mathrm{inv}\alpha-\mathrm{inv}\alpha')$$

式中

$$s_1=m(\frac{\pi}{2}+2x_1\tan\alpha),\ s_2=m(\frac{\pi}{2}+2x_2\tan\alpha)$$

又因

$$r_b=r'\cos\alpha'=r\cos\alpha,\ p_b=p'\cos\alpha'=p\cos\alpha$$

得

$$\frac{r'_1}{r_1}=\frac{\cos\alpha}{\cos\alpha'},\ \frac{r'_2}{r_2}=\frac{\cos\alpha}{\cos\alpha'},\ \frac{p'}{p}=\frac{\cos\alpha}{\cos\alpha'}$$

而

$$p=\pi m,\ r_1=mz_1/2,\ r_2=mz_2/2$$

将以上各式代入(6.6-9)式，并简化后得

$$\mathrm{inv}\alpha'=\frac{2(x_1+x_2)}{z_1+z_2}\tan\alpha+\mathrm{inv}\alpha=\frac{2x_\Sigma}{z_\Sigma}\tan\alpha+\mathrm{inv}\alpha \tag{6.6-10}$$

上式称为无侧隙啮合方程，式中 $x_\Sigma=x_1+x_2$ 为变位系数和；$z_\Sigma=z_1+z_2$ 为齿数和。由此可见，若 $x_\Sigma=0$，则啮合角 α' 等于压力角 α，两轮分度圆和节圆重合，其中心距 a' 等于标准中心距 a；若 $x_\Sigma\neq0$，则 $\alpha'\neq\alpha$，两轮分度圆和节圆不重合，其中心距为非标准中心距。

3. 中心距 a' 与中心距变动系数 y

一对变位齿轮按无侧隙啮合条件安装时，其中心距 a' 为

$$a'=r'_1+r'_2=(r_1+r_2)\frac{\cos\alpha}{\cos\alpha'}=a\frac{\cos\alpha}{\cos\alpha'} \tag{6.6-11}$$

当已知一对齿轮的变位系数和 x_Σ，则可先由式(6.6-10)求出啮合角 α'，再由式(6.6-11)计算出变位齿轮传动的中心距 a'；若已知变位齿轮传动的中心距 a'，则可先用式(6.6-11)求出 α'，再由式(6.6-10)求出变位系数和 x_Σ。

现将实际中心距 a' 和标准中心距 a 之差 Δa 用 ym 表示，则有

$$ym=\Delta a=a'-a=a\left(\frac{\cos\alpha}{\cos\alpha'}-1\right)=\frac{mz_\Sigma}{2}\left(\frac{\cos\alpha}{\cos\alpha'}-1\right)$$

得

$$y=\frac{z_{\Sigma}}{2}\left(\frac{\cos\alpha}{\cos\alpha'}-1\right) \tag{6.6-12}$$

式中 y 称为中心距变动系数,用于反映中心距变动情况。当已知 y 时,实际中心距可表示为

$$a'=a+\Delta a=a+ym=\left(\frac{z_{\Sigma}}{2}+y\right)m \tag{6.6-13}$$

4. 齿顶高 h_a、齿根高 h_f、齿全高 h 和齿高变动系数 Δy

由图 6-17 可知,变位后的齿轮基圆和分度圆不变,只是齿廓所截取的渐开线段位置改变了。根据定义,显然齿顶高 h_a 和齿根高 h_f 发生了变化,如果要保证齿全高为标准值 $(2h_a^*+c^*)m$,则齿顶高 h_a、齿根高 h_f 和齿全高 h 为

$$h_a=h_a^*m+xm=(h_a^*+x)m \tag{6.6-14}$$

$$h_f=(h_a^*+c^*-x)m \tag{6.6-15}$$

$$h=h_a+h_f=(2h_a^*+c^*)m \tag{6.6-16}$$

此外如图 6-19 所示,对于变位系数和 $x_{\Sigma}>0$ 的变位齿轮传动,若两齿轮均按标准齿全高切制,两齿轮的顶隙 c^*m 也为标准值。如果变位齿轮切后按此位置安装,则两齿轮之间虽然具有标准顶隙,但会出现侧隙,其中心距为

$$a''=r_1+r_2+(x_1+x_2)m=a+x_{\Sigma}m$$

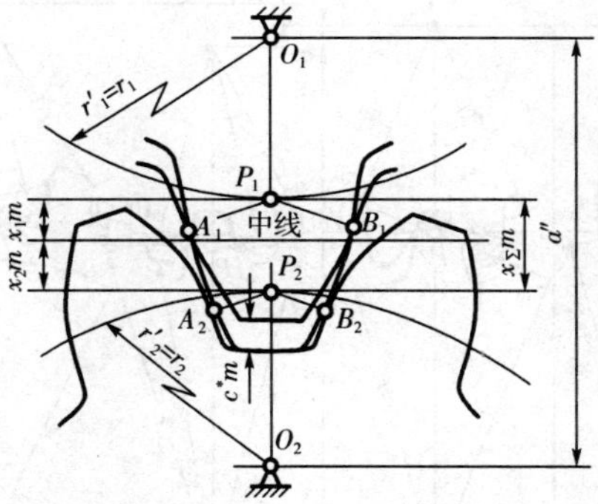

图 6-19　按标准顶隙切制、安装变位齿轮

为了满足无侧隙啮合条件,两齿轮的实际中心距应为 a'。设中心距的缩减量为 Δym,则有

$$\Delta ym=a''-a'=x_{\Sigma}m-ym$$

故

$$\Delta y=x_{\Sigma}-y \tag{6.6-17}$$

式中 Δy 称为齿高变动系数。此时,变位齿轮传动实现了无侧隙啮合,但其顶隙较标准顶隙减小了 Δym,已不是标准值。若要满足无侧隙啮合条件,同时保证具有标准顶隙,只能将两轮的齿顶削去高为 Δym 的一段。此时变位齿轮的齿顶高为

$$h_a=(h_a^*+x-\Delta y)m \tag{6.6-18}$$

且齿全高为

$$h=h_a+h_f=(2h_a^*+c^*)m-\Delta ym \tag{6.6-19}$$

相应的齿顶圆半径也变为

$$r_a=r+h_a=r+(h_a^*+x-\Delta y)m \tag{6.6-20}$$

变位齿轮为了保证标准顶隙，只削去齿顶，而对齿根不作处理，故齿根高和齿根圆不变。另外，可以证明，一对 $x_\Sigma \neq 0$ 的变位齿轮，若要满足无侧隙条件和标准顶隙，都必须将齿顶削去 Δym，即 Δy 恒为正值。

6.6.5　变位齿轮传动

根据一对齿轮变位系数和 x_Σ 的不同，变位齿轮传动可分为零传动（$x_\Sigma=0$）、正传动（$x_\Sigma>0$）和负传动（$x_\Sigma<0$）三种类型。

1. 零传动

当两轮的变位系数满足 $x_1=-x_2\neq 0$，但变位系数和 $x_\Sigma=0$，称为零传动，如图 6-20b 所示。由于小齿轮的齿数较少，易根切，所以小齿轮应取正变位，大齿轮为负变位。另外，由于 $x_\Sigma=0$，故 $\alpha'=\alpha$、$a'=a$，即变位齿轮传动的中心距仍为标准中心距，啮合角也不变，但变位后，两轮的齿顶高和齿根高已不同于标准齿轮，所以这种变位又称为高度变位齿轮传动。

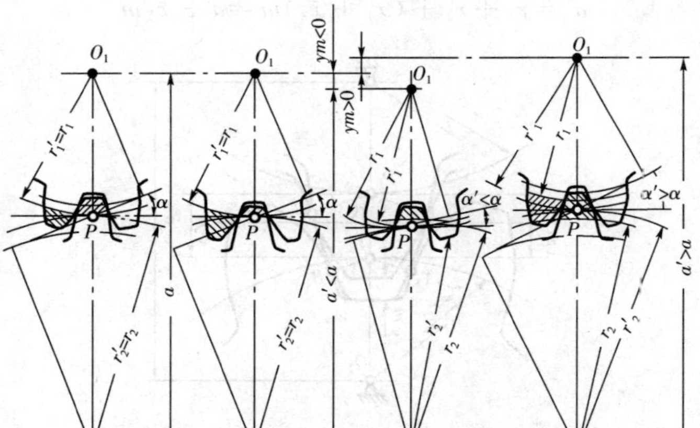

图 6-20　变位齿轮传动

零传动的主要优点有：提高齿轮传动承载能力，改善齿轮的磨损情况，可以成对替换标准齿轮。但主要缺点有：必须成对地设计、制造和使用，小齿轮的齿顶易变尖，重合度略有减少。

2. 正传动

因为变位系数和 $x_\Sigma>0$，故称为正传动。正传动的啮合特点为：$\alpha'>\alpha$、$a'>a$，即变位齿轮传动中心距大于标准中心距，如图 6-20d 所示。正传动的优点有：可以减少机构尺寸和重量，提高轮齿的强度，改善了齿轮的磨损情况等。其缺点有：必须成对设计、制造和使用，重合度减少，齿顶易变尖。

3. 负传动

因为变位系数和 $x_\Sigma < 0$，故称为负传动。负传动的啮合特点为：$\alpha' < \alpha$、$a' < a$，即变位齿轮传动中心距小于标准中心距，如图 6-20c 所示。负传动的特点有：齿轮的强度降低，齿面磨损情况变坏，必须成对设计、制造和使用。

因正传动和负传动的啮合角都不等于分度圆压力角，所以这种变位传动又称为角度变位齿轮传动。

6.7 圆柱斜齿轮

6.7.1 斜齿轮的共轭齿廓曲面和啮合特点

在研究直齿圆柱齿轮的啮合原理时，由于轮齿的方向与轴平行，所有垂直于轴的平面内齿的情形完全相同，所以只须研究齿轮端面就可以了。斜齿圆柱齿轮齿廓曲面的形成方法与直齿圆柱齿轮相同，只是直线 KK 不平行于 NN 而与它成一个角度 β_b，这个角度称为基圆柱上的螺旋角。如图 6-21 所示，当发生面 S 沿基圆柱作纯滚动时，KK 线上任一点的轨迹都是基圆柱的一条渐开线，而整个直线 KK 也展出一个渐开线曲面。当平面 S 分别沿两轮基圆柱作纯滚动时，其上与 N_1N_1 及 N_2N_2 倾斜一个角度的直线 KK 便展出两个共轭的渐开螺旋面，这两个渐开螺旋面即为两轮的齿廓曲面。当这两个齿廓曲面啮合传动时，它们的接触线在平面 S 内平行移动，因此平面 S 又是该两齿轮的啮合面。

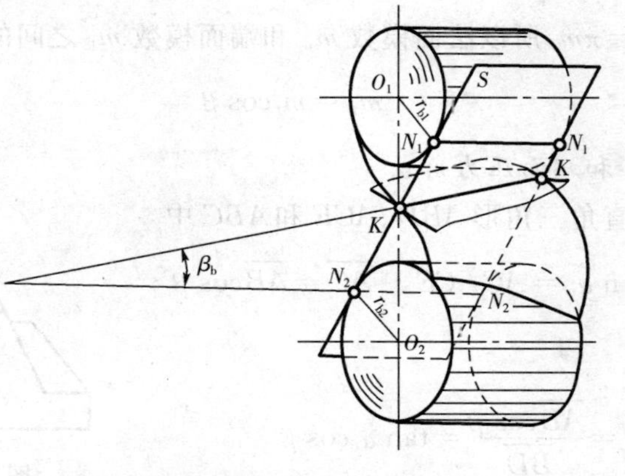

图 6-21 斜齿渐开线齿轮的齿廓曲面

如图 6-21 所示，一对斜齿轮齿廓曲面的啮合与直齿齿廓啮合相似，具有如下特点：

(1) 两斜齿齿廓的公法面既是两基圆柱的公切面，又是传动的啮合面。

(2) 两齿廓的接触线 KK 与轴线的夹角恒为 β_b。

斜齿轮一对齿的啮合过程是从齿轮的一端齿顶开始接触，然后沿齿宽方向顺序接触，最后从另一端齿根逐渐分离，故斜齿轮传动较平稳，冲击和噪声较小。

6.7.2 斜齿轮各部分名称和几何尺寸计算

斜齿轮不同于直齿轮，它的每一基本参数都可以分为法面参数、端面参数和轴面参数，分别用下标 n、t 和 x 来区别。如图 6-22 所示，斜齿轮的参数分析着重于端面参数与法向参数之间的关系。

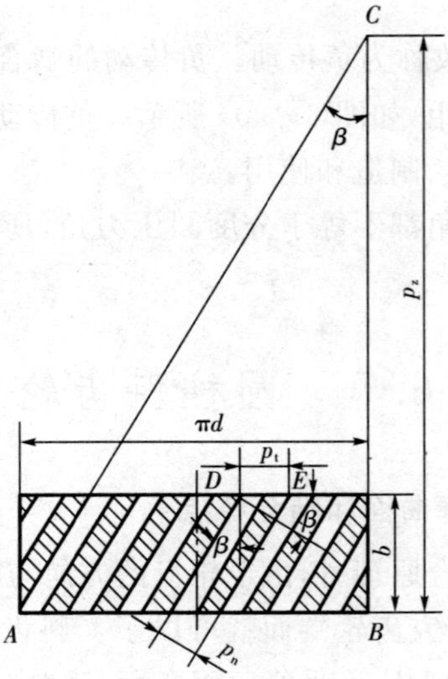

图 6-22　端面齿距与法面齿距

1. 法面模数 m_n 和端面模数 m_t

如图 6-22 所示为斜齿轮分度圆柱的展开图。其中 β 称为分度圆柱的螺旋角。图中 p_n 为法面齿距，p_t 为端面齿距，两者间的关系为

$$p_n = p_t \cos \beta \tag{6.7-1}$$

因齿距与模数满足 $p=\pi m$，所以法面模数 m_n 和端面模数 m_t 之间的关系为

$$m_n = m_t \cos \beta \tag{6.7-2}$$

2. 法面压力角 α_n 和端面压力角 α_t

如图 6-23 示，在直角三角形 ABD、ACE 和 ABC 中

$$\tan \alpha_t = \overline{AB}/\overline{BD} \quad \tan \alpha_n = \overline{AC}/\overline{CE} \quad \overline{AC} = \overline{AB}\cos \beta$$

又因 $\overline{BD}=\overline{CE}$，故得

$$\tan \alpha_n = \frac{\overline{AC}}{\overline{CE}} = \frac{\overline{AB}\cos \beta}{\overline{BD}} = \tan \alpha_t \cos \beta \tag{6.7-3}$$

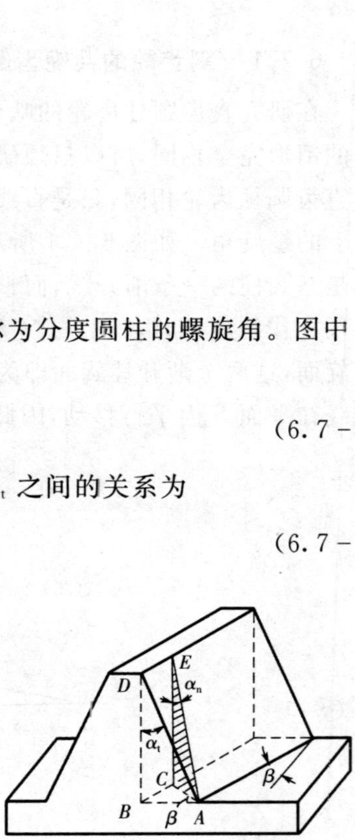

图 6-23　端面压力角与法面压力角

3. 齿顶高系数 h_{an}^* 和 h_{at}^* 及顶隙系数 c_n^* 和 c_t^*

斜齿轮的齿顶高无论是法面还是端面都是相同的，顶隙也相同，即

$$h_{an}^* m_n = h_{at}^* m_t \quad c_n^* m_n = c_t^* m_t$$

将式(6.7-2)代入上两式，得

$$\left.\begin{aligned} h_{at}^* &= h_{an}^* \cos \beta \\ c_t^* &= c_n^* \cos \beta \end{aligned}\right\} \tag{6.7-4}$$

4. 斜齿轮的螺旋角 β

如图 6-22 所示，斜齿轮分度圆柱面上的螺旋角 β 为

$$\tan\beta=\pi d/p_z \tag{6.7-5}$$

式中 p_z 为螺旋线的导程，即螺旋线绕一周时它沿轴方向前进的距离。由于斜齿轮各个圆柱面上的螺旋线的导程相同，所以基圆柱面上的螺旋角 β_b 满足

$$\tan\beta_b=\pi d_b/p_z \tag{6.7-6}$$

由(6.7-5)和(6.7-6)两式得

$$\tan\beta_b=\frac{d_b}{d}\tan\beta=\cos\alpha_t\tan\beta \tag{6.7-7}$$

由于斜齿轮加工时，刀具是沿轮齿的螺旋齿槽方向运动的，所以国标规定斜齿轮的法面参数（法面模数 m_n，法面压力角 α_n，法面齿顶高系数和法面径向间隙系数）取标准值，而端面参数应与法向参数要满足一定的关系，所以端面参数不为标准值。一对斜齿轮传动在端面上相当于一对直齿轮传动，所以斜齿轮几何参数计算时，一般应先算出端面系数，再按直齿轮的几何计算公式进行计算。

6.7.3　平行轴渐开线斜齿轮正确啮合的条件

斜齿轮端面的齿廓曲线为渐开线，所以端面齿轮正确啮合条件为

$$\alpha_{t1}=\alpha_{t2}\qquad m_{t1}=m_{t2} \tag{6.7-8}$$

为了使一对斜齿轮能够传递两平行轴之间的运动，两轮啮合处的轮齿倾斜方向必须一致。当外啮合时，两轮的螺旋角大小相等，旋向相反，即

$$\beta_{b1}=-\beta_{b2} \tag{6.7-9}$$

将式(6.7-8)和(6.7-9)代入式(6.7-7)，可得

$$\beta_1=-\beta_2 \tag{6.7-10}$$

同理，当内啮合时，两轮螺旋角应大小相等，旋向相同，有

$$\beta_1=+\beta_2 \tag{6.7-11}$$

由式(6.7-8)、(6.7-10)、(6.7-11)可得，两轮的法面模数 m_n 和法面压力角 α_n 也应相等，即

$$m_{n1}=m_{n2}\qquad \alpha_{n1}=\alpha_{n2} \tag{6.7-12}$$

综上所述，一对平行轴斜齿圆柱齿轮的正确啮合条件是

$$\left.\begin{aligned}&m_{t1}=m_{t2}=m_t\\&\alpha_{t1}=\alpha_{t2}=\alpha_t\\&\beta_1=\mp\beta_2\end{aligned}\right\}\quad\text{或}\quad\left.\begin{aligned}&m_{n1}=m_{n2}=m_n\\&\alpha_{n1}=\alpha_{n2}=\alpha_n\\&\beta_1=\mp\beta_2\end{aligned}\right\} \tag{6.7-13}$$

式中，负号用于外啮合，正号用于内啮合。

6.7.4　斜齿轮传动的重合度和连续传动条件

如图 6-24 所示是两个端面参数完全相同的直齿和斜齿圆柱齿轮的啮合面示意图。

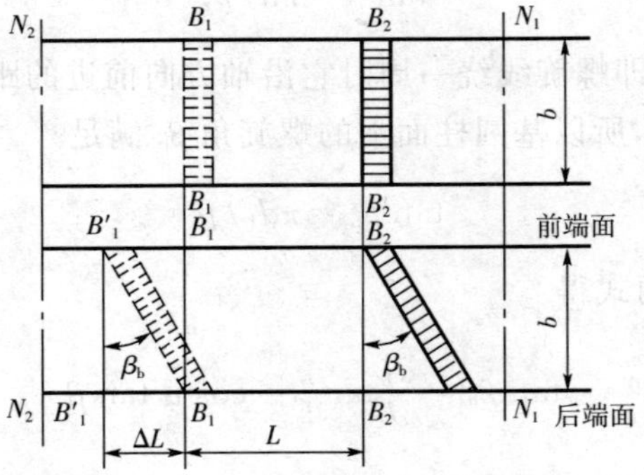

图 6-24　斜齿轮传动的重合度

在上半图直齿传动中，一对轮齿在 B_2B_2 和 B_1B_1 处进入啮合和脱离啮合的位置，其啮合区为 L，重合度 $\varepsilon_a=L/p_{bt}$。在下半图斜齿传动中，轮齿也是在 B_2B_2 处进入啮合，但在齿宽方向上是逐渐进入啮合，同样在 B_1B_1 处脱离也是逐渐的。这样斜齿轮的实际啮合区是从最初一端的进入啮合到最后另一端的脱离啮合，显然，斜齿轮的啮合区比直齿轮增大了 $\triangle L$。重合度增量为

$$\varepsilon_\beta=\frac{\Delta L}{p_{bt}}=\frac{b\tan\beta_b\cos\alpha_t}{p_n\cos\alpha_t/\cos\beta}=\frac{b\sin\beta}{\pi m_n}\qquad(6.7-14)$$

式中，p_{bt} 为斜齿轮的端面基节，ε_β 与斜齿轮的轴向尺寸 b 有关，称为轴面重合度。因此，平行轴斜齿轮机构的总重合度 ε_γ 应由端面重合度 ε_α 和轴面重合度 ε_β 两部分组成，即

$$\varepsilon_\gamma=\varepsilon_\alpha+\varepsilon_\beta\qquad(6.7-15)$$

对于外啮合斜齿轮机构，端面重合度 ε_α 的计算公式为

$$\varepsilon_\alpha=\frac{1}{2\pi}[z_1(\tan\alpha_{at1}-\tan\alpha'_t)+z_2(\tan\alpha_{at2}-\tan\alpha'_t)]\qquad(6.7-16)$$

式中，α'_t 为端面啮合角，当为标准齿轮机构且正确安装时，$\alpha'_t=\alpha_t$。α_{at1} 和 α_{at2} 分别为两齿轮的齿顶圆端面压力角，其值分别为

$$\cos\alpha_{at1}=\frac{z_1\cos\alpha_t}{z_1+2h^*_{an}\cos\beta}$$
$$\qquad(6.7-17)$$
$$\cos\alpha_{at2}=\frac{z_2\cos\alpha_t}{z_2+2h^*_{an}\cos\beta}$$

由式(6.7-14)可知，平行轴斜齿轮机构的重合度随齿轮宽 b 和螺旋角 β 的增大而增大。

6.7.5　斜齿轮的当量齿数

由前面直齿圆柱齿轮的分析可知，轮齿的齿形与齿轮的齿数有关，同一模数下不同齿数的齿形不同，所以齿形是用成形法加工选择铣刀的依据，另外在进行强度计算时也要用到齿形。

对于斜齿轮而言，必须知道斜齿轮的法面齿形。由于法面齿形较为复杂，所以通常采用近似研究。

如图 6-25 所示，沿斜齿轮分度圆上齿廓的任一点 P 切轮齿的法面 nn，该分度圆柱在切面上呈一椭圆。其长半轴为 $a=d/2\cos\beta$，短半轴为 $b=d/2$。椭圆在 P 点处的曲率半径为

$$\rho=\frac{a^2}{b}=\frac{d}{2\cos^2\beta} \tag{6.7-18}$$

以 ρ 为分度圆半径，以 m_n 为模数，取标准压力角 α 作一直齿圆柱齿轮，其齿形即可认为近似于斜齿轮的法面齿形。该直齿圆柱齿轮称为斜齿轮圆柱齿轮的当量齿轮，其齿数称为当量齿数，用 z_v 表示，即

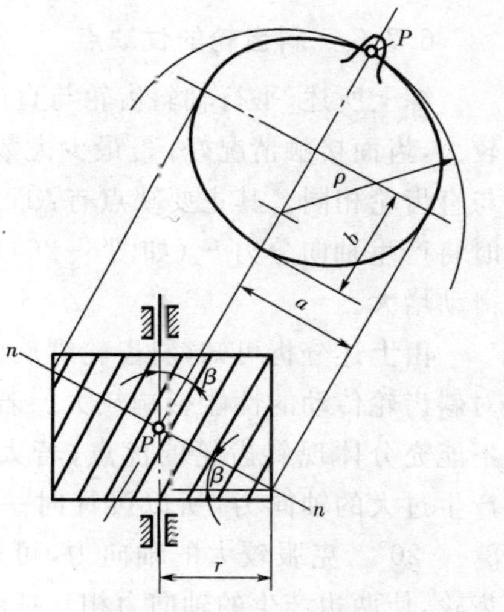

图 6-25　斜齿轮的当量齿轮

$$z_v=\frac{2\rho}{m_n}=\frac{d}{m_n\cos^2\beta}=\frac{m_n z}{m_n\cos^3\beta}=\frac{z}{\cos^3\beta} \tag{6.7-19}$$

式中 z 为斜齿轮的实际齿数。

正常齿标准斜齿轮不发生根切的最少齿数 z_{min} 可由当量直齿轮的最少齿数 z_{vmin} 计算出来，即

$$z_{min}=z_{vmin}\cos^3\beta \tag{6.7-20}$$

渐开线正常齿标准斜齿圆柱齿轮的几何尺寸计算见表 6-4。

表 6-4　渐开线正常齿标准斜齿圆柱齿轮的几何尺寸计算

序　号	名　称	符　号	计算公式及参数选择
1	端面模数	m_t	$m_t=\dfrac{m_n}{\cos\beta}$，$m_n$ 为标准值
2	螺旋角	β	一般取 $\beta=8°\sim20°$
3	端面压力角	α_t	$\alpha_t=\arctan\dfrac{\tan\alpha_n}{\cos\beta}$，$\alpha_n$ 为标准值
4	分度圆直径	d_1、d_2	$d_1=m_t z_1=\dfrac{m_n z_1}{\cos\beta}$，$d_2=m_t z_2=\dfrac{m_n z_2}{\cos\beta}$
5	齿顶高	h_a	$h_a=m_n$
6	齿根高	h_f	$h_f=1.25m_n$
7	全齿高	h	$h=h_a+h_f=2.25m_n$
8	顶　隙	c	$c=h_f-h_a=0.25m_n$
9	齿顶圆直径	d_{a1}、d_{a2}	$d_{a1}=d_1+2h_a$，$d_{a2}=d_2+2h_a$
10	齿根圆直径	d_{f1}、d_{f2}	$d_{f1}=d_1-2h_f$，$d_{f2}=d_2-2h_f$
11	中心距	a	$a=\dfrac{d_1+d_2}{2}=\dfrac{m_t}{2}(z_1+z_2)=\dfrac{m_n(z_1+z_2)}{2\cos\beta}$

6.7.6　斜齿轮的优缺点

综上所述，平行轴斜齿轮与直齿轮相比，其主要优点有：① 传动平稳、噪声小；② 重合度较大，齿面接触情况好；③ 最少齿数小于直齿轮的 z_{min}，故机构更紧凑；④ 斜齿轮的制造成本与直齿轮相同。其主要缺点有：① 斜齿受力时将产生轴向分力 F_a（如图 6-26a）；② 齿间滑动增大。

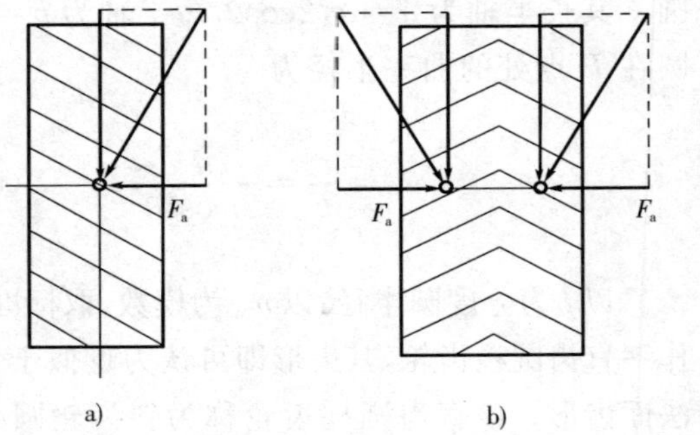

图 6-26　斜齿上的轴向作用力

由上述分析可知，斜齿轮螺旋角的大小对斜齿轮传动的性能影响较大。若太小，则不能充分体现斜齿轮的优点；若太大，则会产生过大的轴向力，所以设计时一般取 $\beta = 8° \sim 20°$。克服较大的轴向力，可采用人字齿轮，使两边产生的轴向力相互抵消，如图 6-26b 所示。但人字齿轮加工比较困难，精度较低，主要用于重型机械中。

6.8　直齿圆锥齿轮

6.8.1　圆锥齿轮概述

圆锥齿轮用于传递两相交轴之间的运动。一对圆锥齿轮的啮合运动相当于一对节圆锥作纯滚动。圆锥齿轮的轮齿排列在截圆锥体上，齿形从大端到小端逐渐收缩变小。与圆柱齿轮的参数相对应，圆锥齿轮参数有节圆锥、分度圆锥、齿顶圆锥、齿根圆锥和基圆锥等。由于圆锥齿轮大端和小端的参数不同，为计算和测量方便，通常取大端参数为标准值。圆锥齿轮的轮齿有直齿、斜齿和曲齿三种类型，其中直齿圆锥齿轮机构设计、制造和安装简单，因而应用很广。

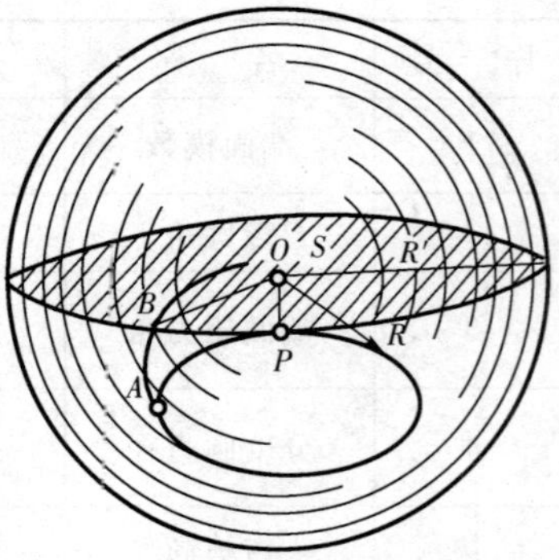

图 6-27　直齿圆锥齿轮齿廓曲面的形成

直齿圆锥齿轮齿廓曲面的形成与圆柱齿轮相似，如图 6-27 所示。圆平面 S（发生面）与基圆锥相切于 OP，圆平面的圆心与锥顶 O 重合，圆平面的半径 R 与基圆锥的锥距 R 相等。当圆平面 S 绕基圆锥作纯滚动时，该平面上的任意的一点 B 将在空间展出一条渐开线 AB，渐开线 AB 上任意一点到锥顶的距离均为 R，故该渐开线必在以 O 为球心、锥距 R 为半径的球面上，亦称球面渐开线。直齿圆锥齿轮的齿廓曲面由一系列以锥顶 O 为球心，半径不同的球面渐开线组成，称为球面渐开线曲面。

由于球面渐开线曲线不能展开成平面曲线，给圆锥齿轮的设计和分析带来了一些困难，为了在工程上应用方便，可以采用一种近似的方法来研究圆锥齿轮的齿廓曲线。

6.8.2　背锥和当量齿数

1. 背锥

如图 6-28 所示为一个圆锥齿轮的轴向半剖面图，OAB 表示分度圆锥。EA 和 FA 为球面齿形的齿顶高和齿根高。过 A 点作 $AO_1 \perp AO$ 交圆锥齿轮的轴线于 O_1 点，再以 OO_1 为轴线及以 O_1A 为母线作圆锥 O_1AB。这个圆锥称为辅助圆锥(或称为圆锥齿轮的背锥，简称背锥)。显然背锥与球面切于圆锥齿轮大端的分度圆 A 点。在背锥上从 A 点取齿顶高和齿根高得 E' 和 F' 点。由图可见，球面上的 $E(F)$ 点与背锥上的 $E'(F')$ 点很接近，因此可以近似地用背锥上的齿形来代替球面上的齿形，通过将背锥面展成平面，对圆锥齿轮进行近似研究。

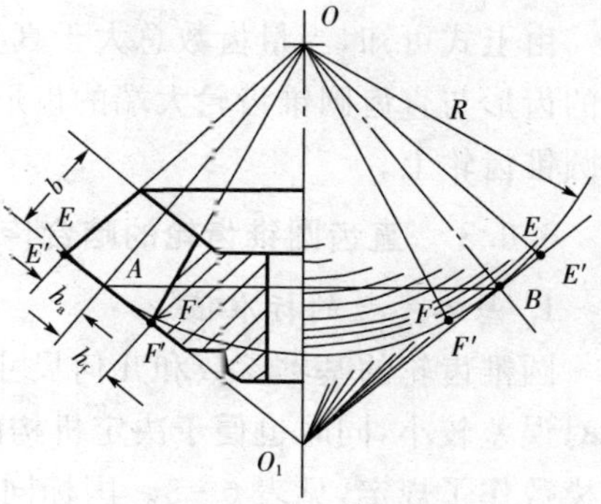

图 6-28　背锥

2. 当量齿数

将上述的背锥展成平面后即可得到一个扇形齿轮。该扇形齿轮的模数、压力角、齿顶高、齿根高及齿数 z 就是圆锥齿轮的相应参数。扇形齿轮的分度圆半径 r_v 就是背锥的锥距。现将扇形齿轮补成完整的圆柱齿轮，这个完整齿轮的齿数 z_v 称为该圆锥齿轮的当量齿数，以补足的完整齿轮作的两圆柱齿轮称为两圆锥齿轮的当量圆柱齿轮，如图 6-29 所示。

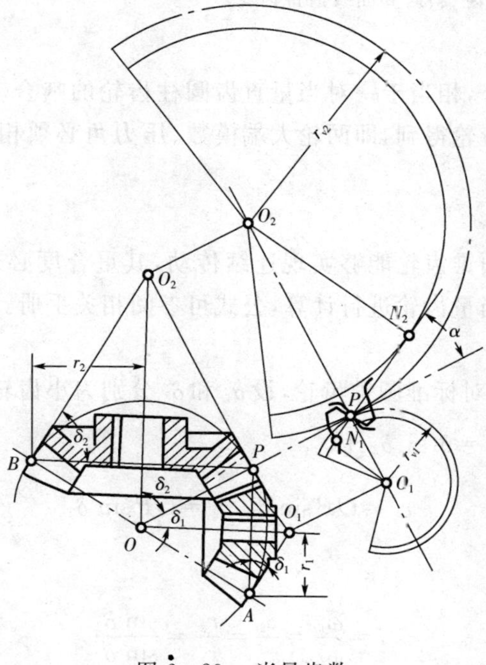

图 6-29　当量齿数

当量齿数计算公式如下

$$r_v = \frac{r}{\cos\delta} = \frac{mz}{2\cos\delta} = \frac{mz_v}{2}$$

故得

$$z_v = \frac{z}{\cos \delta} \tag{6.8-1}$$

由上式可知，当量齿数总大于真实齿数，并且当量齿数不一定是整数。由于当量圆柱齿轮的齿形与直齿圆锥齿轮大端的齿形相近，所以直齿圆柱齿轮的某些原理可以近似地应用到圆锥齿轮上。

6.8.3　直齿圆锥齿轮的啮合传动

1. 基本参数的标准值

圆锥齿轮的基本参数和几何尺寸通常以大端为准，这是因为大端的尺寸计算和测量的相对误差较小，同时也便于决定机构的外形尺寸。GB/T12368－1990 对圆锥齿轮的大端端面模数作了规定，见表 6－5。国标同时还规定大端压力角 $\alpha=20°$，齿顶高系数 $h_a^*=1$，顶隙系数 $c^*=0.2$。

表 6－5　圆锥齿轮模数(GB/T12368－1990)　　(mm)

…	1	1.125	1.25	1.375	1.5	1.75	2
2.25	2.5	2.75	3	3.25	3.5	3.75	4
4.5	5	5.5	6	6.5	7	8	9
10	11	12	14	16	18	20	…

注：(1) 表中模数为锥齿轮大端端面模数；
(2) 该标准适用于直齿、斜齿和曲线齿锥齿轮。

2. 正确啮合条件

一对圆锥齿轮的啮合，相当于一对当量直齿圆柱齿轮的啮合。直齿圆锥齿轮的正确啮合条件也可从当量圆柱齿轮得到，即两轮大端模数、压力角必须相等。此外，两轮的锥距还必须相等。

3. 连续传动条件

为了保证一对直齿圆锥齿轮能够实现连续传动，其重合度必须大于或等于 1。圆锥齿轮机构的重合度可按其当量齿轮进行计算，公式可参阅相关手册。

4. 传动比

如图 6－30 所示为一对标准圆锥齿轮，设 δ_1 和 δ_2 分别为小齿轮和大齿轮的分度圆锥角，$\sum$ 为两轴线的交角，$\sum=\delta_1+\delta_2$，因

$$r_1 = OP\sin\delta_1, r_2 = OP\sin\delta_2$$

故传动比

$$i=\frac{\omega_1}{\omega_2}=\frac{z_2}{z_1}=\frac{r_2}{r_1}=\frac{\sin\delta_2}{\sin\delta_1} \tag{6.8-2}$$

在大多数情况下，$\sum=90°$，这时

$$i=\frac{\omega_1}{\omega_2}=\frac{z_2}{z_1}=\frac{r_2}{r_1}=c\tan\delta_1=\tan\delta_2 \tag{6.8-3}$$

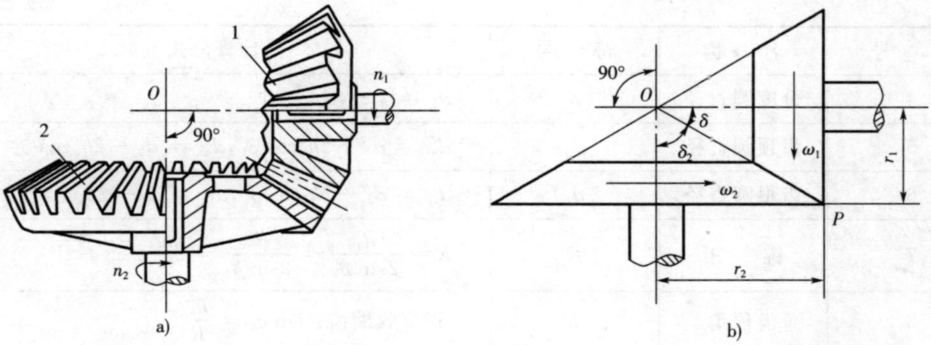

图 6-30　圆锥齿轮传动

在设计直齿圆锥齿轮传动时，可按式(6.8-3)求出两轮的分度圆锥角。通常直齿圆锥齿轮的齿高由大端到小端逐渐收缩，称为收缩齿圆锥齿轮。这类齿轮按顶隙不同又可分为不等顶隙收缩齿(图 6-31a)和等顶隙收缩齿(图 6-31b)两种。由于等顶隙收缩齿增加的小端的顶隙，改善了润滑状况；同时还可降低小端的齿高，提高小端轮齿的弯曲强度，故 GB12369－1990 规定采用等顶隙圆锥齿轮传动。

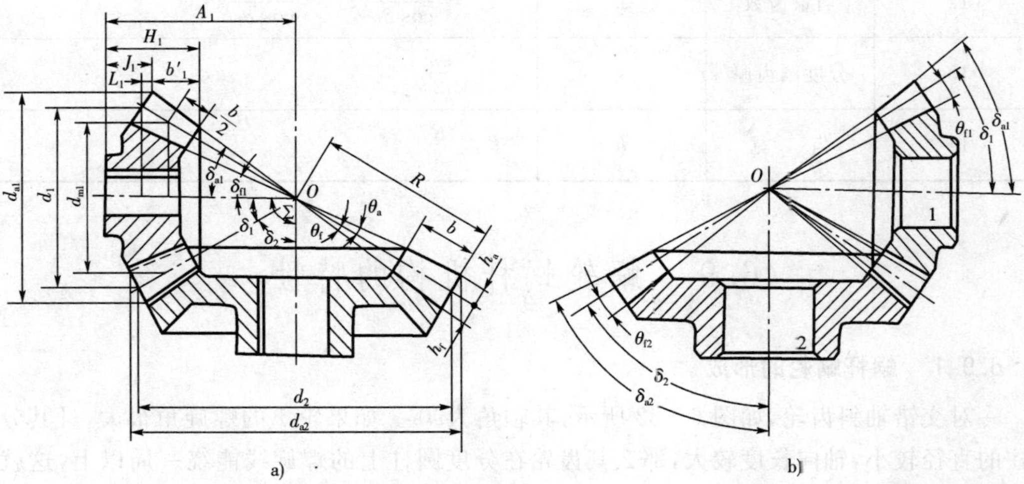

图 6-31　标准直齿圆锥齿轮啮合

5. 标准直齿圆锥齿轮几何尺寸计算

图 6-31 为一对标准直齿圆锥齿轮。其节圆锥与分度圆锥重合，轴交角 $\sum=90°$。它的各部分名称和几何尺寸计算公式见表 6-6。

表 6-6　$\sum=90°$ 标准直齿圆锥齿轮的几何尺寸计算

序　号	名　称	符　号	计算公式
1	分度圆锥角	δ	$\delta_1=\arctan\dfrac{z_2}{z_1},\delta_2=90°-\delta_1$
2	齿顶高	h_a	$h_a=h_a^* m\quad(h_a^*=1)$
3	齿根高	h_f	$h_f=(h_a^*+c^*)m\quad(c^*=0.2)$

（续表）

序　　号	名　　称	符　　号	计算公式
4	分度圆直径	d	$d_1=mz_1, d_2=mz_2$
5	齿顶圆直径	d_a	$d_{a1}=d_1+2h_a\cos\delta_1, d_{a2}=d_2+2h_a\cos\delta_2$
6	齿根圆直径	d_f	$d_{f1}=d_1-2h_f\cos\delta_1, d_{f2}=d_2-2h_f\cos\delta_2$
7	锥　　距	R	$R=\frac{d_1}{2\sin\delta_1}=\frac{d_2}{2\sin\delta_2}=\frac{m}{2}\sqrt{z_1^2+z_2^2}$
8	齿顶角	θ_a	正常收缩齿：$\tan\theta_a=\frac{h_a}{R}$
9	齿根角	θ_f	$\tan\theta_f=\frac{h_f}{R}$
10	顶锥角	δ_a	正常收缩齿：$\delta_a=\delta+\theta_a$ 等顶隙收缩齿：$\delta_{a1}=\delta_1+\theta_{f2}$，$\delta_{a2}=\delta_2+\theta_{f1}$
11	根锥角	δ_f	$\delta_f=\delta-\theta_f$
12	当量齿数	z_v	$z_{v1}=\frac{z_1}{\cos\delta_1}, z_{v2}=\frac{z_2}{\cos\delta_2}$
13	分度圆齿厚	s	$s=\frac{\pi m}{2}$
14	齿　　宽	b	$b\leqslant\frac{R}{3}$

6.9　蜗轮蜗杆机构的特性

6.9.1　蜗杆蜗轮的形成

一对交错轴斜齿轮，如图 6-32 所示，其轴角为90°。如果轮 1 的螺旋角很大，且其分度圆柱的直径较小，轴向长度较大，那么其齿轮在分度圆柱上的螺旋线能绕一周以上，这就使得轮 1 的外形象一螺杆，因此称为蜗杆。而把与蜗杆相啮合的轮 2 称为蜗轮。由此可见，蜗杆蜗轮机构在本质上仍是交错轴斜齿轮机构，故其啮合时仍为点接触。为改善接触情况，通常将轮 2 圆柱表面的直母线改为圆弧形，部分地包住蜗杆，并用与蜗杆相似的滚刀（滚刀的直径和齿形参数与蜗杆相同，差别在于滚刀的外径略大，以加工出保证轮齿啮合时的径向间隙）切制蜗轮。这样加工的蜗轮与蜗杆啮合时，齿间接触为线接触，可传递较大的动力。

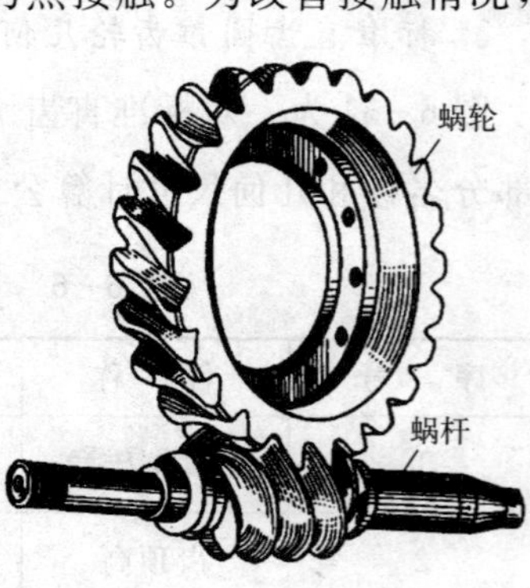

图 6-32　圆柱蜗杆传动

根据蜗杆形状的不同，蜗杆传动可分为圆柱蜗杆传动（图 6-32）、环面蜗杆传动（图 6-33）和锥面蜗杆传动（图 6-34）。考虑到各种类型的蜗杆传动的加工特点，圆柱蜗杆加工较简单，因此最常用。

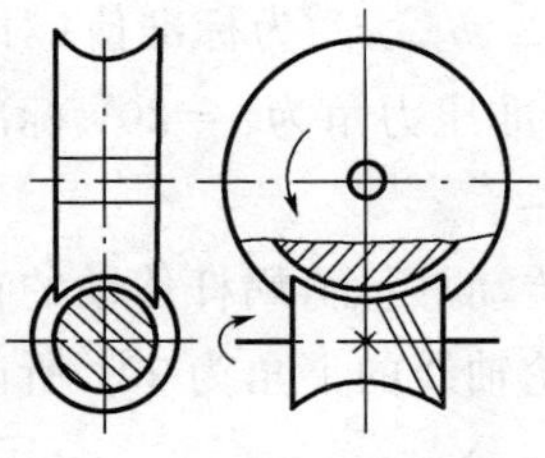

图 6-33　环面蜗杆传动

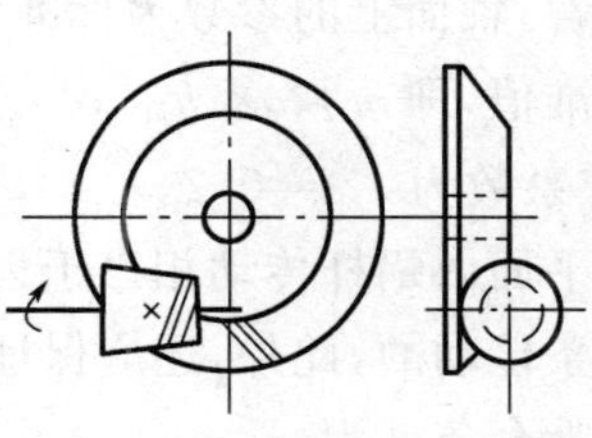

图 6-34　锥面蜗杆传动

在圆柱蜗杆传动中，常用的蜗杆是阿基米德蜗杆，其端面齿形为阿基米德螺旋线，轴面齿形为直线，相当于齿条，如图 6-35 所示。由于切制蜗杆与车梯形螺纹相以，所以加工方便，应用广泛。

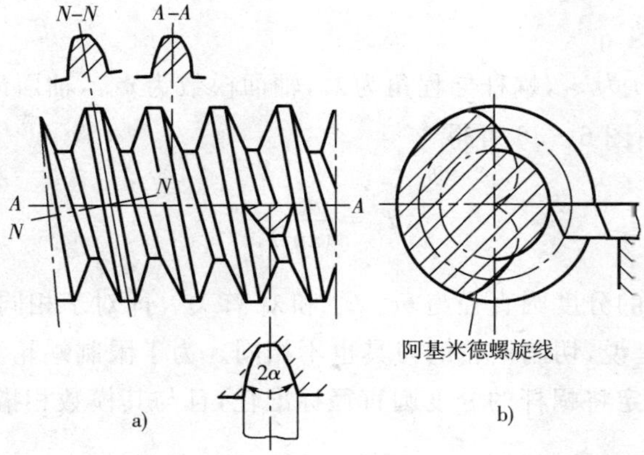

图 6-35　阿基米德蜗杆

此外，与螺杆类似，蜗杆也有左旋、右旋和单头、多头之分，一般多采用右旋蜗杆，而蜗杆的头数就是蜗杆的齿数。

6.9.2　基本参数和正确啮合条件

如图6-36所示，蜗杆和蜗轮啮合时，通过蜗杆轴线并垂直于蜗轮轴线的平面(称为中间平面）内的圆柱蜗杆传动就相当于齿条与齿轮的啮合传动。

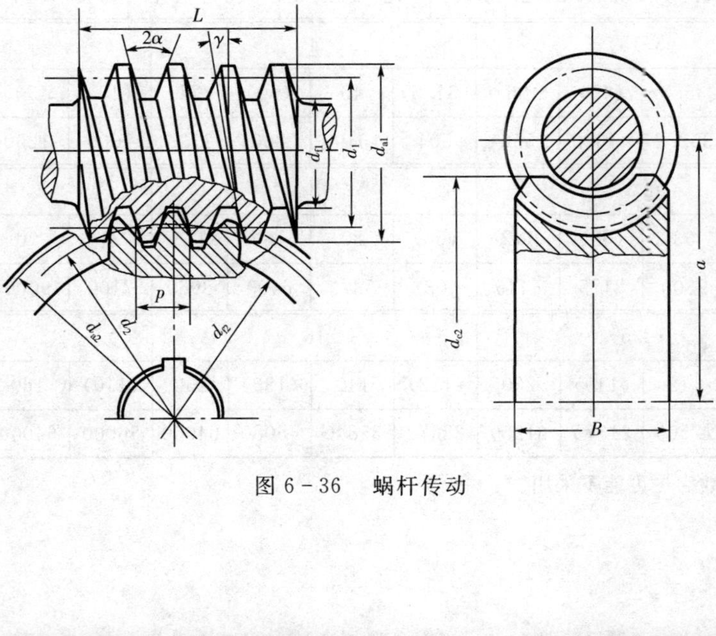

图 6-36　蜗杆传动

对于蜗杆而言，轴面上的参数为标准值，即 m_{a1}、α_{a1}、h_{aa}^*、c_a^* 为标准值；对于蜗轮而言，端面上的参数为标准值，即 m_{t2}、α_{t2}、h_{at}^*、c_t^* 为标准值；标准压力角为 $\alpha=20°$、标准齿顶高系数为 $h_a^*=1$，标准顶隙系数为 $c^*=0.2$。

由于在中间平面内蜗杆传动相当于齿轮与齿条传动，因而，蜗杆传动的正确啮合条件可以借用齿轮与齿条传动的，此外，还应保证蜗杆与蜗轮轴线的夹角为90°，所以阿基米德蜗杆蜗轮传动的正确啮合条件为

$$\left.\begin{aligned} m_{a1}&=m_{t2}=m \\ \alpha_{a1}&=\alpha_{t2}=\alpha \\ \lambda_1&=\beta_2 \end{aligned}\right\} \tag{6.9-1}$$

6.9.3　基本尺寸计算

1. 蜗杆的直径因数 q

设蜗杆头数（齿数）为 z_1，蜗杆导程角为 λ_1，轴面模数为 m_{a1}，轴面齿距为 p_a，蜗杆导程为 L，分度圆直径为 d_1，由图 6-36 可得

$$d_1=\frac{m_{a1}z_1}{\tan\lambda_1} \tag{6.9-2}$$

由上式可知，蜗杆的分度圆直径与 m_{a1}、z_1 和 λ_1 有关。即对于相同的 m_{a1}、z_1，不同的 λ_1，其 d_1 也不相同，也就是说，切制蜗轮的刀具也不相同。为了限制蜗轮滚刀的数目，国家标准 GB/T10088－1988 规定将蜗杆的分度圆直径标准化，且与其模数相搭配，取

$$q=\frac{d_1}{m_a}=\frac{z_1}{\tan\lambda_1} \tag{6.9-3}$$

式中 q 称为蜗杆的直径因数。常用的模数和蜗杆分度圆直径的搭配见表 6-7。

表 6-7　模数 m 与分度圆直径 d_1 的搭配及相应的 m^2d_1 值

m	1	1.25		1.6		2				2.5			
d_1	18	20	22.4	20	28	(18)	22.4	(28)	35.5	22.4	28	(35.5)	25
m^2d_1	18	31.25	35	51.2	71.68	72	89.6	112	142	140	175	221.9	281

m	3.15				4				5			
d_1	(28)	35.3	(45)	56	(31.5)	40	(50)	71	(40)	50	(63)	90
m^2d_1	277.8	352.2	446.5	556	504	640	800	1136	1000	1250	1575	2250
m	6.3				8				10			
d_1	(50)	63	(80)	112	(63)	80	(100)	140	71	90	(112)	160
m^2d_1	1985	2500	3175	4445	4032	5376	6400	8960	7100	9000	11200	16000
m	12.5				16				20			
d_1	(90)	112	(140)	200	(112)	140	(180)	250	(140)	160	(224)	315
m^2d_1	14062	17500	21875	31250	28672	35840	46080	64000	56000	64000	896000	126000

注：括号中的数字尽可能不采用。

2. 变位系数

为了凑蜗杆蜗轮传动的中心距或提高蜗杆蜗轮传动的承载能力，可以采用变位传动。在凑中心距时，通常采用蜗杆不变位，而只是蜗轮变位。此时，蜗杆的基本尺寸不变，只是在与蜗轮啮合时，其节圆与分度圆不重合。变位蜗轮的切制方法与变位齿轮的切制方法相同。蜗轮变位后与蜗杆按无侧隙啮合安装后的中心距为 $a'=a+xm$，因此，变位系数可按下式计算

$$x=(a'-a)/m \tag{6.9-4}$$

3. 基本尺寸计算

蜗杆传动的基本尺寸计算公式见表 6-8。

表 6-8　蜗杆传动几何尺寸计算公式

名　称	计算公式	
	蜗　杆	蜗　轮
分度圆直径	$d_1=mq$	$d_2=mz_2$
齿顶高	$h_{a1}=h_a^* m$	$h_{a2}=(h_a^*-x)m$
齿根高	$h_{f1}=(h_a^*+c^*)m$	$h_{f2}=(h_a^*+c^*-x)m$
齿顶圆直径	$d_{a1}=m(q+2h_a^*)$	$d_{a2}=m(z_2+2h_a^*+2x)$
齿根圆直径	$d_{f1}=m(q-2h_a^*-2c^*)$	$d_{f2}=m(z_2-2h_a^*-2c^*+2x)$
节圆直径	$d_1'=d+2xm$	$d_2'=d_2$
中心距	$a'=\frac{m}{2}(q+z_2+2x)$	

6.9.4　蜗杆传动的特点

1. 能实现较大的传动比

由于蜗杆的头数较少，因此一级蜗杆传动就可获得很大的传动比。在动力传动中，一般传动比 $i=5\sim80$，若只传递运动，传动比可达 1000。在大传动比场合，蜗杆传动零件数目少，结构很紧凑。

2. 工作平稳，噪声低，冲击载荷小

这是由于蜗杆上是连续不断的螺旋齿，同时啮合的齿数较多，且蜗杆和蜗轮是逐渐进入啮合和逐渐退出啮合的。

3. 蜗杆传动具有自锁性

当蜗杆的螺旋线的导程角小于蜗杆蜗轮啮合面的当量摩擦角时，蜗杆传动具有自锁性。

4. 蜗杆传动的摩擦损失较大，效率较低

蜗杆传动在啮合处有相对滑动，当滑动速度较大时，若工作情况不够好，则会产生较严重的摩擦磨损，因此发热大，使润滑情况恶化。所以，蜗杆传动的摩擦损失较大，效率较低。在传动具有自锁性时，传动的效率将低于 0.5，一般仅为 0.4 左右。

5. 蜗轮齿圈常需用比较贵重的青铜制造

为了减少磨损，提高耐磨性，蜗轮齿圈常需用比较贵重的青铜制造，因此蜗杆传动成本较高。

6.10　定轴轮系的传动比

由一对以上的齿轮组成的齿轮传动系统称为轮系。轮系工作时，若各个齿轮的轴线相对于机架的位置不变，则称为定轴轮系。定轴轮系可以由圆柱齿轮、圆锥齿轮和蜗杆蜗轮等组成。

在轮系中，输入轴与输出轴的角速度（或转速）比称为轮系的传动比，用 i_{ab} 表示。下标 a、b 分别为输入轴和输出轴的代号。即

$$i_{ab}=\frac{\omega_a}{\omega_b}=\frac{n_a}{n_b} \tag{6.10-1}$$

一对外啮合齿轮传动时，两轮转向相反；一对内啮合齿轮传动时，两轮转向相同。图 6-37a、b、c 分别为外啮合、内啮合齿轮及锥齿轮传动各轮转向的标注法。蜗杆蜗轮传动时，判断蜗轮的转向可根据蜗杆的螺旋方向和转向，分别用左、右手判断。当蜗杆为右旋时，用左手的四指顺着蜗杆的转向弯曲，拇指的指向表示推动蜗轮转动的方向，如图 6-38a 所示，蜗轮逆时针方向转动；当蜗杆为左旋时，用右手同相判断蜗轮的转向。

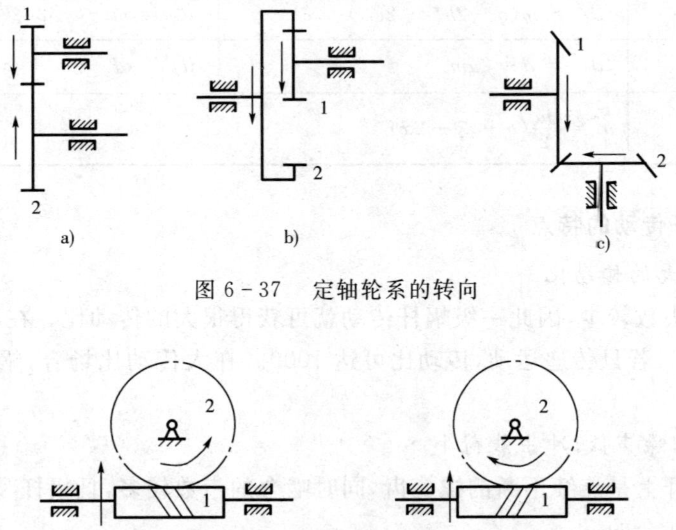

图 6-37　定轴轮系的转向

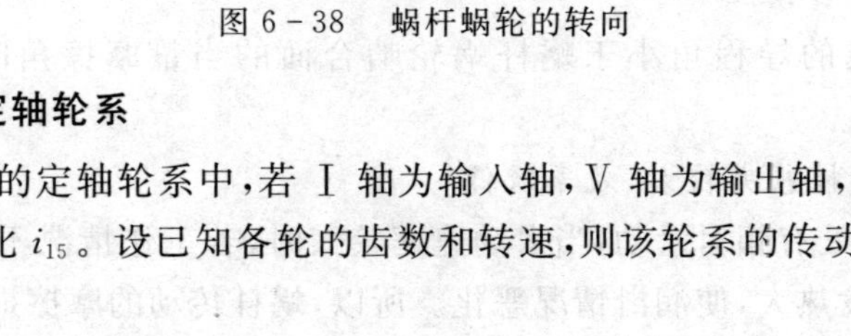

图 6-38　蜗杆蜗轮的转向

6.10.1　平面定轴轮系

如图 6-39 所示的定轴轮系中，若 Ⅰ 轴为输入轴，Ⅴ 轴为输出轴，试计算输入轴与输出轴的转动比，即传动比 i_{15}。设已知各轮的齿数和转速，则该轮系的传动比为

$$\left.\begin{aligned} &i_{12}=\frac{n_1}{n_2}=-\frac{z_2}{z_1};\ i_{23}=\frac{n_2}{n_3}=\frac{n_{2'}}{n_3}=\frac{z_3}{z_{2'}};\\ &i_{34}=\frac{n_3}{n_4}=\frac{n_{3'}}{n_4}=-\frac{z_4}{z_{3'}};\ i_{45}=\frac{n_4}{n_5}=-\frac{z_5}{z_4};\\ &i_{15}=i_{12}i_{23}i_{34}i_{45}=(-1)^3\frac{z_2z_3z_4z_5}{z_1z_{2'}z_{3'}z_4}=(-1)^3\frac{z_2z_3z_5}{z_1z_{2'}z_{3'}} \end{aligned}\right\} \tag{6.10-2}$$

由上式可得出如下结论：

(1) 定轴轮系的传动比等于组成轮系的各对啮合齿轮传动比的连乘积。

(2) 传动比的正负号，则取决于轮系中外啮合齿轮的对数。当传动比为负时，说明输入轴的转向与输出轴的转向相反；当传动比为正时，则转向相同。

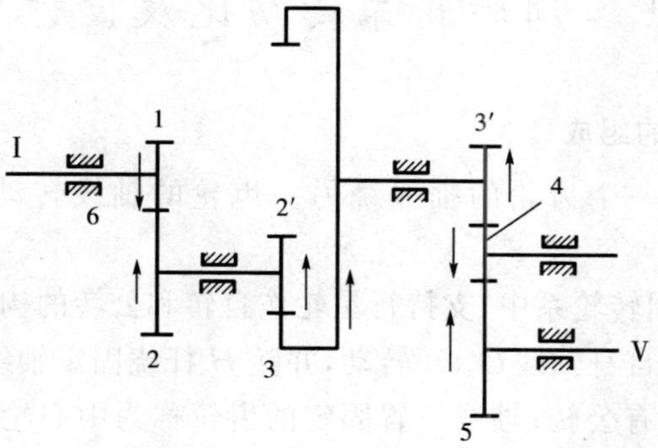

图 6-39 定轴轮系

6.10.2 情轮

如图 6-39 所示轮系中，齿轮 4 和两齿轮同时啮合，对前一级齿轮传动来说它是从动轮，对后一级传动来说它是主动轮，它的齿数不影响传动比的大小，但它却使轮系中外啮合齿轮的对数增一，从而改变了传动比的符号，即改变的最终齿轮的转向。这种齿轮称为惰轮或过桥齿轮。

6.10.3 定轴轮系传动比计算一般式

可将上述分析的结果推广到一般的情况，得定轴轮系传动比计算一般式。设 1 为定轴轮系的输入轴，N 为定轴系的输出轴，m 为轮系中外啮合次数。则

$$i_{1N}=\frac{n_1}{n_N}=(-1)^m\frac{\text{所有从动轮齿数的乘积}}{\text{所有主动轮齿数的乘积}} \tag{6.10-3}$$

式中，用$(-1)^m$ 判断转向，仅限于所有轴线都平行的定轴轮系。对于轮系中含有圆锥齿轮传动、交错轴斜齿轮传动或蜗杆传动等轴线不平行的齿轮传动，其传动比的计算式(6.10-3)仍可使用，但不能用$(-1)^m$ 判断转向，只能采用画箭头的方法确定，如图 6-40 所示。

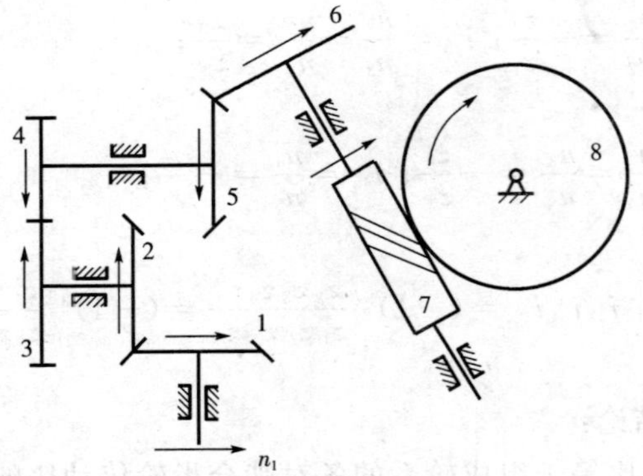

图 6－40　空间定轴轮系

6.11　周转轮系传动比及设计要点

6.11.1　周转轮系的组成

轮系中如果至少有一个齿轮的轴线绕另一齿轮的轴线转动，这样的轮系称为周转轮系。

如图 6－41 所示的周转轮系中，支持行星轮作自转和公转的构件称为转臂或行星架，以 H 表示；H 杆上齿轮 2 绕自身轴线 O_2O_2 转动，并随 H 杆绕固定轴线 O_1O_1 转动，故齿轮 2 称为行星轮，它既有自转又有公转；轴线位置固定的齿轮称为中心轮或太阳轮，以 K 表示，如齿轮 1 和齿轮 3。由图可见，周转轮系是由行星轮、中心轮、行星架和机架组成。

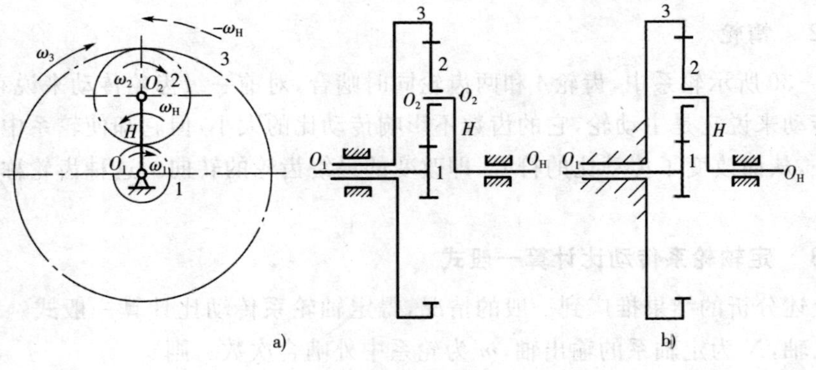

图 6－41　周转轮系

6.11.2　周转轮系的分类

周转轮系的种类很多，常用的分类方法如下：

1. 按周转轮系的自由度分类

(1) 差动轮系

若周转轮系的自由度为 2，则称为差动轮系（如图 6－41a）。此轮系需要两个原动件。

(2) 行星轮系

若周转轮系的自由度为 1，则称为行星轮系（如图 6－41b）。该轮系只需一个原动件。

2. 按轮系的构成分类

(1)2K－H 型周转轮系

该轮系的特点是轮系中有 2 个中心轮，图 6-42a、b、c 所示 2K－H 型周转轮系的三种不同形式。

(2)3K 型周转轮系

该轮系的特点是轮系中有 3 个中心轮，如图 6-42d 所示。

(3)K－H－V 行星轮系

该轮系的特点是轮系中只有一个中心轮，其运动是通过等角速机构由 V 轴输出，如图 6-42e。

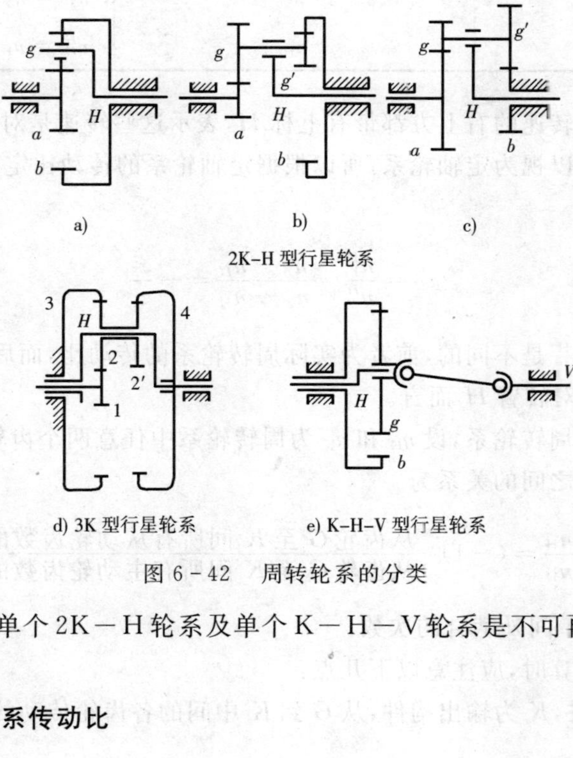

a)　　　　b)　　　　c)

2K-H 型行星轮系

d) 3K 型行星轮系　　　　e) K-H-V 型行星轮系

图 6-42　周转轮系的分类

上述三种型式的单个 2K－H 轮系及单个 K－H－V 轮系是不可再分的，故称为基本周转轮系。

6.11.3　周转轮系传动比

1. 基本思想

由于周转轮系中行星轮的运动既有自转又有公转，所以其传动比不能直接采用求解定轴轮系传动比的方法来计算。为了解决周转轮系的传动比计算问题，应设法将其转化成定轴轮系(即设法使转臂变为固定不变)，再采用定轴轮系的传动比计算公式进行计算。由相对运动原理可知，对周转轮系加一个附加的公共转动后，周转轮系构件间的相对运动并不改变。设 n_H 为转臂 H 的转速，当轮系加上一个大小与转臂 n_H 相同、方向与 n_H 相反的公共转速，即($-n_H$)后，转臂 H 便静止不动了，而各构件的相对运动并不改变。这样所有齿轮的几何轴线的位置全部固定不变，原来的周转轮系便转化为定轴轮系，这个定轴轮系称为原周转轮系的转化轮系，如图 6-43 所

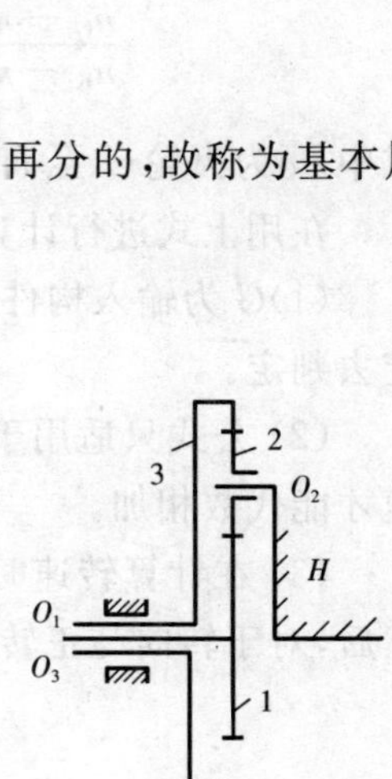

图 6-43　转化轮系

示。运用相对运动原理将周转轮系转化成假想的定轴轮系，然后计算传动比的方法，称为相对速度法或反转法。

2. 计算方法

对于周转轮系中的各构件，原来的转速和转化轮系中的转速列在表 6－9 中。

表 6－9　周转轮系原转速与转化轮系中的转速对照表

构　件	构件原转速	转化轮系中的转速
1	n_1	$n_1^H = n_1 - n_H$
2	n_2	$n_2^H = n_2 - n_H$
3	n_3	$n_3^H = n_3 - n_H$
H	n_H	$n_H^H = n_H - n_H = 0$

转化轮系中的各转速的右上方都带有上标 H，表示这些转速是对转臂 H 的相对转速。

由于转化轮系可以视为定轴轮系，所以根据定轴轮系的传动比定义，齿轮 1 和齿轮 3 的传动比 i_{13}^H 为

$$i_{13}^H = \frac{n_1^H}{n_3^H} = \frac{n_1 - n_H}{n_3 - n_H} = -\frac{z_3}{z_1} \tag{6.11-1}$$

应当注意，i_{13} 和 i_{13}^H 是不同的，前者为实际周转轮系的传动比，而后者是转化轮系的传动比，右上标 H 表示是对转臂 H 而言。

对于一般情形的周转轮系，设 n_G 和 n_K 为周转轮系中任意两个齿轮 G 和 K 的转速，它们与转臂 H 的转速 n_H 之间的关系为

$$\frac{n_G - n_H}{n_K - n_H} = (-1)^m \frac{\text{从齿轮} G \text{至} K \text{间所有从动轮齿数的乘积}}{\text{从齿轮} G \text{至} K \text{间所有主动轮齿数的乘积}} \tag{6.11-2}$$

式中 m 为齿轮 G 至 K 间外啮合的次数。

在用上式进行计算时，应注意以下几点：

(1) G 为输入构件，K 为输出构件，从 G 到 K 中间的各齿轮传动的主从关系应按这一假定去判定。

(2) 公式只适用于齿轮 G、K 和转臂 H 的轴线互相平行的场合，因为只有平行，两轴转速才能代数相加。

(3) 在计算转速时，已知转速的代入应注意转速的正负号。可以先假定一个转向为正，然后，对于转向与正转向一致的转速取正号，相反的转向，转速取负号。

6.12　复合轮系的传动比

在轮系中包含有定轴轮系和基本周转轮系或含有多个基本周转轮系的齿轮传动系统称为复合轮系，如图 6－44 所示。

对于复合轮系的传动比计算，不能套用前述的定轴轮系和周转轮系传动比计算公式，而需区分不同轮系，分别计算或联立计算。复合轮系传动比计算的一般步骤如下：

(1) 正确划分定轴轮系和周转轮系。根据周转轮系的特征，先找出行星轮，再找出行星架和中心轮。每一个行星架对应于一个周转轮系，需从轮系中逐一找出所有的基本周转轮系，剩下的便是定轴轮系。

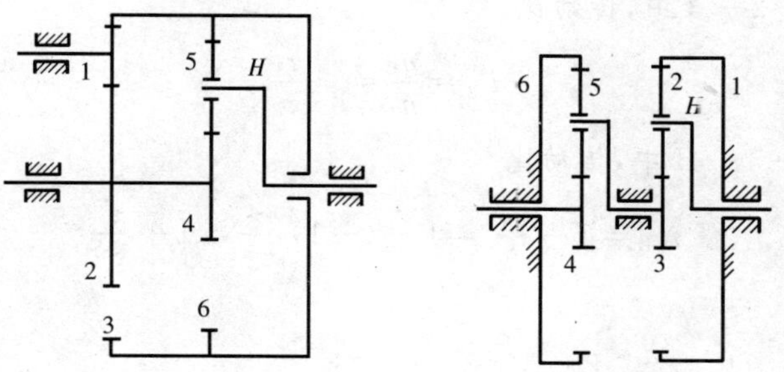

图 6-44　复合轮系

(2) 分别计算各轮系的传动比。

(3) 将各传动比关系式联立求解。

【例 6-1】　图 6-44a 中，已知 $z_1=12, z_2=52, z_3=76, z_4=49, z_5=12, z_6=73$，试求 i_{1H}。

【解】　此轮系为复合轮系，其中，由齿轮 6、4、5 和 H 组成的周转轮系，由齿轮 1、2、3 组成的定轴轮系，分别计算各轮系的传动比

$$i_{46}^{H}=\frac{n_4-n_H}{n_6-n_H}=-\frac{z_6}{z_4}=-\frac{73}{49} \tag{6.12-1}$$

$$i_{12}=\frac{n_1}{n_2}=-\frac{z_2}{z_1}=-\frac{52}{12} \tag{6.12-2}$$

$$i_{13}=\frac{n_1}{n_3}=\frac{z_3}{z_1}=\frac{76}{12} \tag{6.12-3}$$

由于 $n_3=n_6=\frac{12}{76}n_1, n_2=n_4=\frac{12}{52}n_1$，将 n_4、n_6 代入式(6.12-1)得

$$\frac{-\frac{12}{52}n_1-n_H}{\frac{12}{76}n_1-n_H}=-\frac{73}{49}$$

化简后得

$$i_{1H}=\frac{n_1}{n_H}=558.037$$

【例 6-2】　如图 6-45 所示为龙门刨床工作台的变速换向机构。J、K 为电磁制动器，它们分别刹住构件 A 和 6(3－3′)。设已知各轮的齿数，求当分别刹住 A 和 6(3－3′) 时的传动比 i_{1B}。

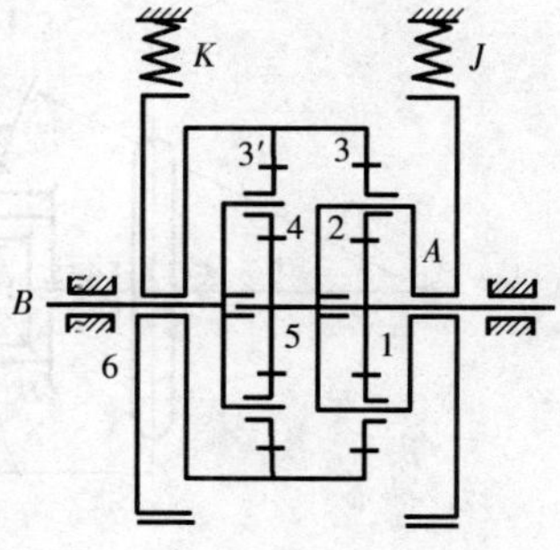

图 6-45　变速换向机构

【解】　(1) 当制动器 J 刹住 A 时，齿轮 5 固定不动，输

入轴的齿轮 1 通过齿轮 2 推动齿轮 3－3′，齿轮 3′ 驱动齿轮 4、5，再驱动输出轴 B。此时，齿轮 5、4、3′ 和行星架 B 组成一个行星轮系。齿轮 1、2 和 3 构成定轴轮系。由此可见，此时的变速换向机构为一个复合轮系，即由一个定轴轮系和一个行星轮系串联而成。

在定轴轮系 1－2－3 中，传动比

$$i_{13}=\frac{n_1}{n_3}=-\frac{z_3}{z_1}$$

在行星轮系 3′－4－5－B 中，传动比

$$i_{3'\mathrm{B}}=1-i_{3'5}^{B}=1-(-1)\frac{z_5}{z_{3'}}=1+\frac{z_5}{z_{3'}}$$

联立解以上两式得

$$i_{1\mathrm{B}}=i_{13}i_{3'B}=-\frac{z_3}{z_1}\left(1+\frac{z_5}{z_{3'}}\right) \tag{6.12-4}$$

(2) 当用制动器 K 刹住 6(3－3′) 时，齿轮 1、2、3 和行星架 A，以及齿轮 5、4、3′ 和行星架 B 构成两个行星轮系。

在行星轮系 1－2－3－A 中，传动比

$$i_{1\mathrm{A}}=1-i_{13}^{A}=1-(-1)\frac{z_3}{z_1}=1+\frac{z_3}{z_1}$$

同理，在行星轮系 5－4－3′－B 中，传动比

$$i_{5\mathrm{B}}=1+\frac{z_{3'}}{z_5}$$

又因 $i_{15}=i_{1\mathrm{A}}$，故有

$$i_{1\mathrm{B}}=i_{15}i_{5\mathrm{B}}=i_{1\mathrm{A}}i_{5\mathrm{B}}=\left(1+\frac{z_3}{z_1}\right)\left(1+\frac{z_{3'}}{z_5}\right) \tag{6.12-5}$$

式(6.12-4)的传动比计算为负值，表示输出轴 B 与输入轴 I 反向转动，而式(6.12-5)的传动比计算为正值，表示两者为同向传动。又因 $\frac{z_3}{z_1}\left(1+\frac{z_5}{z_{3'}}\right)<\left(1+\frac{z_3}{z_1}\right)\left(1+\frac{z_{3'}}{z_5}\right)$，故刹住 A 时为空行程，刹住 6(3－3′) 时为工作行程。

【例 6-3】 如图 6-46 所示为汽车后桥差速器中的轮系结构图，已知各轮齿数，且 $z_1=z_3$，试分析两后轮实现直行和转弯时，n_1、n_3 和 n_4 之间的关系。

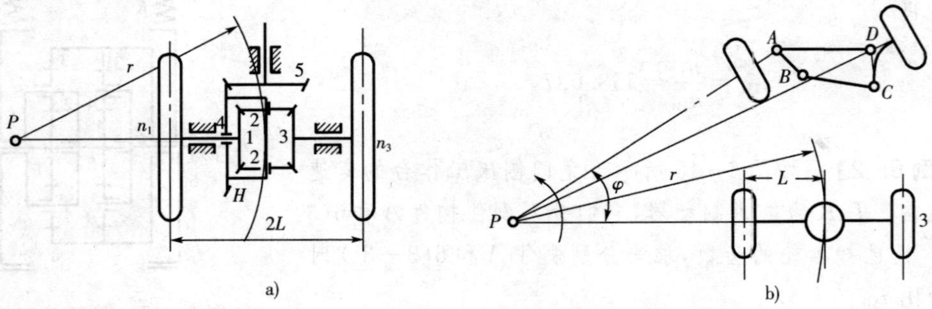

图 6-46　汽车后桥用差速器

【解】 轮系中，齿轮 5、4 为定轴轮系，齿轮 1、2、3 和 4 为差动轮系，因此，该轮系为一个定轴轮系和一个基本周转轮系串联而成。

由 1—2—3 和 4 构成的差动轮系，传动比计算

$$i_{13}^{4}=\frac{n_1-n_4}{n_3-n_4}=-\frac{z_3}{z_1}=-1$$

即

$$n_1+n_3=2n_4 \tag{6.12-6}$$

上式中，已知 n_4，故 n_1、n_3 为两个独立变量。当汽车直行时，$n_1=n_3=n_4$，故差动轮系形成一个各构件无相对运动的整体与后轮轴一齐转动；当汽车转弯时，要保证汽车两轮不打滑，两轮的转速则不同。此时，差动轮系将自动适应不同的转速，两轮的转速满足式(6.12-6)。

思考题

1. 什么叫齿廓啮合基本定律？什么叫共轭齿廓？满足齿廓啮合基本定律的一对齿廓其传动比是否为定值？满足什么条件才能使其传动比为定值？

2. 渐开线齿廓上某点的压力角是如何确定的？渐开线齿廓上各点的压力角是否相同？不同齿数、不同模数的齿轮齿廓对应位置点上的压力角是否相同？

3. 啮合线是如何定义的？啮合角和压力角有何区别？它们在什么情况下相同或不同？

4. 渐开线直齿圆柱齿轮机构应满足什么条件才能正确啮合传动？

5. 什么是重合度？影响重合度的参数有哪些？这些参数的变化会使重合度增加还是减少？

6. 什么是齿轮的标准安装？非标准安装对齿轮机构中的哪些参数会有影响？

7. 什么是变位齿轮？齿轮变位后与标准齿轮相比哪些参数发生了变化？齿轮的正、负变位与齿轮机构的正、负传动有何不同？

8. 标准齿轮、变位齿轮的齿顶高是否可以变化？为什么？

9. 平行轴斜齿圆柱齿轮机构的螺旋角 β 对传动有什么影响？它的常用取值范围是多少？为什么？

10. 蜗杆分度圆直径 d 如何选择？d 的大小对蜗杆蜗轮机构有什么影响？

11. 平行轴斜齿圆柱齿轮机构、蜗杆蜗轮机构和直齿圆锥齿轮机构的正确啮合条件与直齿圆柱齿轮机构的正确啮合条件相比较有何异同？

12. 当两轴中心距不等于齿轮机构标准中心距时，可以采用什么方法解决？各有何优缺点？

13. 定轴轮系、周转轮系的特点各有哪些？设计时，如何选择？还应考虑哪几方面的问题？

第三篇　机械动力学

第7章　平面机构的力分析与机器的机械效率

7.1　研究机构力分析的目的和方法

7.1.1　作用在机械上的力的分类

机械的运动过程是传力和作功的过程。作用在机械上的力，有外部施于机械的原动力、生产阻力、重力以及运动构件受到空气和油液等介质阻力，构件在变速运动时产生的惯性力，以及运动副中的反力。

运动副反力对整个机构来说是内力，而对于一个构件来说则是外力。在运动副反力中，由惯性力引起的部分称为附加动压力。运动副反力可分解为运动副两元素接触处的法向反力和切向反力。法向反力通常称为正压力。由于正压力的存在，将使运动副中产生摩擦力来阻止运动副的相对运动。摩擦力也是运动副反力的切向分力。根据上述诸力对机械运动的影响不同可将它们分为两大类：

1. 驱动力

凡是驱使机械产生运动的力统称为驱动力。驱动力的特征是该力与其作用点速度的方向成锐角，所作的功为正功，常称为驱动功或输入功。

2. 阻抗力

凡是阻止机械产生运动的力统称为阻抗力。阻抗力的特征是该力与其作用点速度的方向成钝角，所作的功为负功，常称为阻抗功。

阻抗力又可分为有益阻力和有害阻力两种。

(1) 有益阻力　即工作阻力，它是机械在生产过程中为了改变工作物的外形、位置和状态所受到的阻力。克服有益阻力所作的功称为有益功或输出功。

(2) 有害阻力　即机械在运动过程中所受到的非工作阻力，如摩擦力、介质阻力等。克服有害阻力所作的功称为损耗功。当然，摩擦力和介质阻力在某些情况下可能是有益阻力，甚至是驱动力。例如磨床砂轮受到工件给予的摩擦力，搅拌机叶片所受到搅拌物质的阻力等均为有益阻力。在带传动中，从动轮所受的摩擦力则是一种驱动力。

此外，作用于构件重心上的重力，是一个大小和方向均不变的力。当重心上升时为阻抗力，当重心下降时则为驱动力。

7.1.2　机构力分析的目的和方法

作用在机械上的力，不仅是影响机械的运动和动力性能的重要参数，而且是决定相应的构件尺寸及结构形状的重要依据，所以，不论是设计新的机械，还是为了合理地使用现有机械，都必须对机械的受力情况进行分析。

机械力分析的任务，主要有以下两部分内容：

1. 确定运动副中的反力

即运动副两元素接触处的作用力。这些力的大小和性质，对于计算零件的强度，决定运动副中的摩擦、磨损，确定机械的效率，对于研究机械的运转、调速及振动等一系列问题，都是极为重要的资料。

2. 确定机械上的平衡力

所谓平衡力是指与作用在机械上的已知外力及按给定规律运动时其各构件的惯性力相平衡的未知外力。机械平衡力的确定，对于设计新的机械及合理使用现有机械，充分挖掘机械的生产潜力都是十分必要的。

对于低速机械，由于惯性力的影响不大，故常忽略不计。在不计惯性力的条件下，对机构进行力的分析称为机构的静力分析。

但对于高速及重型机械，由于其某些构件的惯性力往往比机械所受的外力大得多，故在机械力分析时必须考虑惯性力的影响。根据理论力学的达朗伯原理，把惯性力视为外力，施加于产生该惯性力的构件上，机构视为处于静力平衡状态，采用静力学的方法对其进行受力分析。这种力分析称为动态静力分析。

7.2 构件惯性力的确定

7.2.1 构件惯性力的计算

由理论力学可知，具有质量对称平面的刚体（构件）作平面运动时，其惯性力系可简化为一通过构件质心 S 的力 $\boldsymbol{F}_i$ 和一力偶矩 $\boldsymbol{M}_i$，如图 7-1 所示。

$$\left.\begin{aligned}\boldsymbol{F}_i &= -m\boldsymbol{a}_s \\ \boldsymbol{M}_i &= -\boldsymbol{J}_s\boldsymbol{\alpha}\end{aligned}\right\} \tag{7.2-1}$$

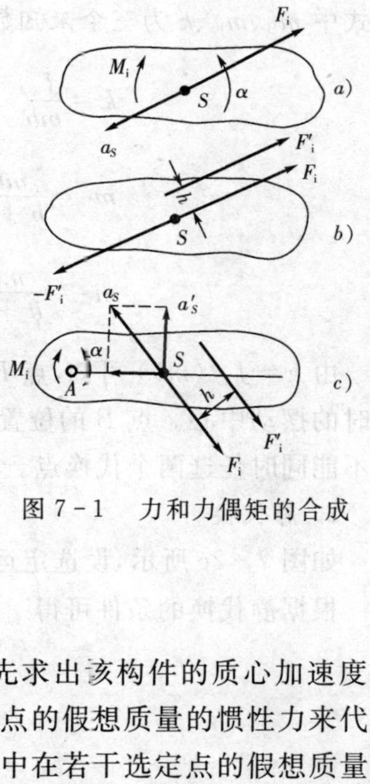

图 7-1　力和力偶矩的合成

式中，m、$\boldsymbol{a}_s$、$\boldsymbol{J}_s$ 和 $\boldsymbol{\alpha}$ 分别为第 i 个构件的质量、质心的加速度、绕质心的转动惯量和角加速度。根据力的平移原理，$\boldsymbol{F}_i$ 和 $\boldsymbol{M}_i$ 可用一个等于 $\boldsymbol{F}_i$ 的总惯性力 $\boldsymbol{F}'_i$ 来代替。$\boldsymbol{F}'_i$ 的作用线与 $\boldsymbol{F}_i$ 的距离由下式计算

$$h = M_i / F_i \tag{7.2-2}$$

偏离方向由 M_i 的方向所决定。

7.2.2 质量代换法

采用上述方法确定构件的惯性力和惯性力偶矩，必须预先求出该构件的质心加速度及角加速度，计算较复杂。为了简化计算，可用集中在某些选定点的假想质量的惯性力来代替原构件的惯性力系。这种按一定条件将构件的分布质量用集中在若干选定点的假想质量来代替的方法称为质量代换法。该假想的集中质量称为代换质量，而代换质量所集中的点称为代换点。质量代换法不但可用来计算惯性力，还可用于机构在机架上的平衡和飞轮设计等方面。质量代换法必须满足下列代换条件：

(1) 集中在各代换点的质量总和应等于原构件的质量，即代换前后构件的质量不变。

(2) 集中在各代换点的质量的总质心应与原构件的质心相重合，即代换前后构件的质

心不变。

(3) 集中在各代换点的质量对质心轴的转动惯量总和应等于原构件对质心轴的转动惯量，即代换前后构件的转动惯量不变。

凡满足前两个条件的代换，其惯性力不变，原构件和代换系统的静力效应完全相同，故称为静代换。三个条件都满足的代换，其惯性力和惯性力偶矩都不变，原构件和代换系统的动力效应完全相同，故称为动代换。

在工程计算中，最常见的是用两个或三个质量代换，下面只讨论应用较多的两质量代换。

1. 动代换

如图 7-2a、b 所示，设选定运动副中心 B 为一个代换点，并以质心 S 为原点，以 BS 方向为 x 轴，则点 B 的坐标 $x_B=-b$ 为已知。若选取另一代换点 K，其坐标为 $x_K=k$，根据动代换的条件可得

$$\left.\begin{aligned} &m_B+m_K=m\\ &m_B(-b)+m_K k=0\\ &m_B(-b)^2+m_K k^2=J_s \end{aligned}\right\} \qquad (7.2-3)$$

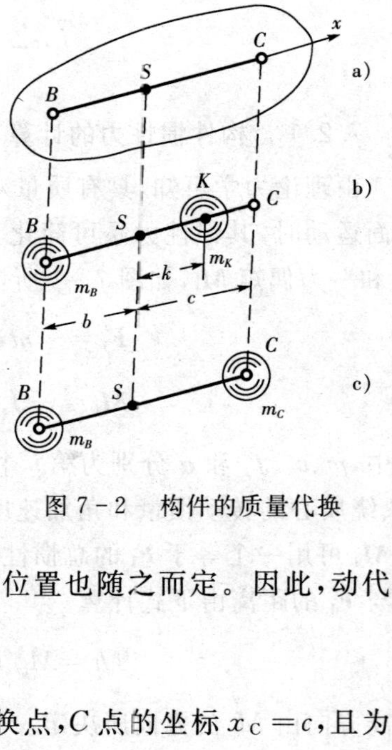

图 7-2　构件的质量代换

上式中 m_B、m_K、k 为三个未知数，由上式可得

$$\left.\begin{aligned} &k=\frac{J_s}{mb}\\ &m_B=\frac{mk}{b+k}\\ &m_K=\frac{mb}{b+k} \end{aligned}\right\} \qquad (7.2-4)$$

由 $k=J_s/(mb)$ 可知，点 K 即为以构件上点 B 为悬点时的摆动中心。点 B 的位置选定后，另一个代换点 K 的位置也随之而定。因此，动代换时不能同时任选两个代换点。

2. 静代换

如图 7-2c 所示，设选定运动副中心 B 和 C 为两个代换点，C 点的坐标 $x_C=c$，且为已知。根据静代换的条件可得

$$\left.\begin{aligned} &m_B+m_C=m\\ &m_B(-b)+m_C c=0 \end{aligned}\right\} \qquad (7.2-5)$$

由上式可得

$$\left.\begin{aligned} &m_B=\frac{c}{b+c}m\\ &m_C=\frac{b}{b+c}m \end{aligned}\right\} \qquad (7.2-6)$$

由上可见，两代换点 B 及 C 可同时任意选择，但因其没有满足代换前后对质心轴的转动惯量不变的条件，故惯性力偶矩将产生误差：

$$\Delta M_{i}=-[J_{s}-(m_{B}b^{2}+m_{C}c^{2})]\alpha=-\left[J_{s}-m\left(\frac{b^{2}c}{b+c}+\frac{bc^{2}}{b+c}\right)\right]\alpha=-[J_{s}=mbc]\alpha$$

在可以容许上述误差的工程计算中，静代换得到较为广泛的应用。

7.3　机构的动态静力分析

机构各构件的惯性力确定后，即可根据假想所受的已知外力（包括惯性力）来确定其各运动副中的反力和需加于机构上的平衡力。但是，运动副中的反力对于整个机构来说是内力，为计算运动副中的反力，必须将机构分解为若干个基本杆组，逐个进行分析，要求每个基本杆组都必须是静定的。

7.3.1　基本杆组的静定条件

所谓基本杆组的静定条件，就是该杆组中的所有未知外力都可以用静力学的方法确定的条件。欲使构件组成为静定的，则对该杆组所能列出独立的力平衡方程的数目等于构件组中所有力的未知要素的数目。当不计摩擦时，转动副中的反力应通过转动副的中心，其大小和方向未知；移动副中的反力应垂直于移动的方向，其大小和作用点未知；平面高副中的反力应沿高副接触点法线方向，其大小未知。

由以上分析可知，每个低副中的反力都有两个未知要素，每个高副中的反力只有一个未知要素。若在构件组中含有 P_{L} 个低副，P_{H} 个高副，则总的未知要素为 $(2P_{L}+P_{H})$。该构件组中共有 n 个构件，每个作平面运动的构件都可列出三个独立的力平衡方程，则整个构件组共有 $3n$ 个方程式。构件组的静定条件为

$$3n=2P_{L}+P_{H} \tag{7.3-1}$$

当构件组中仅有低副时，则有

$$3n=2P_{L} \tag{7.3-2}$$

上式和式(1.5－1)相同，即所有的基本杆组都是静定杆组。

7.3.2　平面连杆机构动态静力分析解析法

在对机构进行动力分析时，常采用动态静力法，它可分为图解法和解析法两种。

用解析法进行动态静力计算时，首先求出机构各构件的惯性力；其次把每个构件上的所有外力、外力矩（包括重力及惯性力等）按大小、方向和作用线位置加到示力图上；再将每个构件上的各外力 F_{i} 和运动副反力 R_{ji} 沿选定的坐标系分解为 x 轴分量和 y 轴分量；进一步列出每个构件的三个动态静力平衡式而联立求解。

下面以四杆机构为例说明用解析法进行动态静力分析的步骤与方法。

【例 7－1】　在图 7－3a 所示的四杆机构中，各构件所受外力 F_{z}、惯性力 F_{2}、F_{3}，惯性力偶矩的 M_{S2}、M_{S3} 大小和方向都已知，用解析法求解各运动副反力和保证原动件按给定角速

度 ω_1 转动时的平衡力矩 M_q（忽略 $F_1, M_{S1}=0$）。

【解】 设构件 i 对构件 j 作用的运动副反力为 R_{ij}，图 7-3b 为各构件的示力图，运动副反力以分力形式给出，并都设定其方向为正。构件 2 和 3 的力平衡方程为

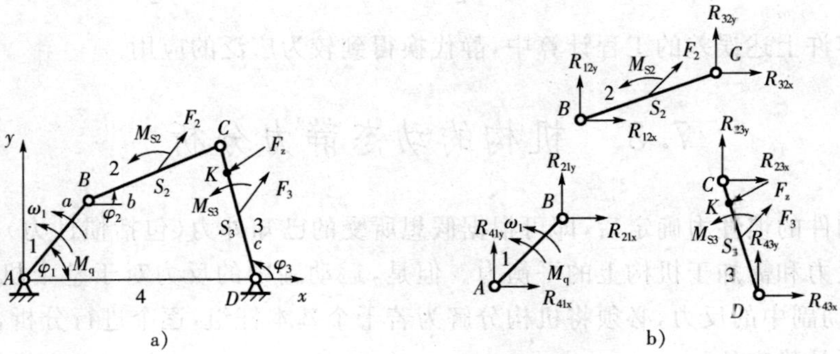

图 7-3　四杆机构动态静力分析

$$\begin{cases} \sum F_x = 0, R_{12x} + R_{32x} + F_{2x} = 0 \\ \sum F_y = 0, R_{12y} + R_{32y} + F_{2y} = 0 \\ \sum M_B = 0, -R_{32x}(b\sin\varphi_2) + R_{32y}(b\cos\varphi_2) - F_2(BS_2\sin\varphi_2) \\ \qquad + F_{2y}(BS_2\cos\varphi_2) + M_{s2} = 0 \end{cases}$$

$$\begin{cases} \sum F_x = 0, R_{23x} + R_{43x} - F_{zx} + F_{3x} = 0 \\ \sum F_y = 0, R_{23y} + R_{43y} - F_{zy} + F_{3y} = 0 \\ \sum M_D = 0, -R_{23x}(c\sin\varphi_3) + R_{23y}(c\cos\varphi_3) + M_{s3} - F_{3x}(DS_3\sin\varphi_3) \\ \qquad + F_{3y}(DS_3\cos\varphi_3) + F_z DK = 0 \end{cases}$$

将 $R_{23x} = -R_{32x}, R_{23y} = -R_{32y}$ 带入上式，整理得如下矩阵（六元线性方程组）

$$\begin{bmatrix} 1 & 0 & 1 & 0 & 0 & 0 \\ 0 & 1 & 0 & 1 & 0 & 0 \\ 0 & 0 & -b\sin\varphi_2 & b\cos\varphi_2 & 0 & 0 \\ 0 & 0 & -1 & 0 & 1 & 0 \\ 0 & 0 & 0 & -1 & 0 & 1 \\ 0 & 0 & s\sin\varphi_3 & -c\cos\varphi_3 & 0 & 0 \end{bmatrix} \begin{bmatrix} R_{12x} \\ R_{12y} \\ R_{32x} \\ R_{32y} \\ R_{43x} \\ R_{43y} \end{bmatrix} = \begin{bmatrix} -F_{2x} \\ -F_{2y} \\ A \\ F_{zx} - F_{3x} \\ F_{zy} - F_{3y} \\ B \end{bmatrix}$$

式中　$A = F_{2x}(BS_2\sin\varphi_2) - F_{2y}(BS_2\cos\varphi_2) - M_{s2}$

$B = F_{3x}(DS_3\sin\varphi_3) - F_{3y}(DS_3\cos\varphi_3) - M_{s3} - F_z DK$

利用高斯消元法程序，可直接在计算机上求得各运动副反力的数值解。

以原动件为研究对象，由 $R_{21x}=-R_{12x}, R_{21y}=-R_{12y}$ 得

$$\sum P_x=0, R_{41x}+R_{21x}=0, \text{则 } R_{41x}=R_{12x}$$

$$\sum P_y=0, R_{41y}+R_{21y}=0, \text{则 } R_{41y}=R_{12y}$$

$$\sum M_A=0, M_q-R_{12x}(a\sin\varphi_1)+R_{12y}(a\cos\varphi_1)=0,$$

则 $M_q=a\sin\varphi_1 R_{21x}-a\cos\varphi_1 R_{21y}$

在用解析法作机构的动态静力分析时，很重要的问题是各项列式中的正负号判断。任何一个方向或符号出错，都会使整个计算数值结果全错。上述示力图上全部力、力矩都按正向设定，惯性力和惯性力矩的取值应按 $\boldsymbol{F}_i=-m\boldsymbol{a}_s, \boldsymbol{M}_i=-J_s\boldsymbol{\alpha}$，这里 $\boldsymbol{a}_s$、$\boldsymbol{\alpha}$ 包含着正负方向的符号。

对计算结果的正误判断很重要，可以用直接方法初步判断计算结果是否正确。也可就一个位置借助图解法进行核对。在计算机上不断改变原动件的位置，计算机构在整个运动循环内全部动态静力分析结果，可以得知输入力矩的波动情况、机构性能的优劣等，充分显示解析法的优越性。

7.4 运动副中摩擦力的确定

7.4.1 移动副中的摩擦力

1. 平面移动副中的摩擦力

如图7-4所示滑块1和平面2组成移动副，设 $\boldsymbol{F}$ 为作用在1上的所有外力的合力，它与接触面法线间的夹角为 β。若将力 $\boldsymbol{F}$ 沿接触面和其法向分成 $\boldsymbol{F}_x$ 和 $\boldsymbol{F}_y$ 两分力，则

$$\boldsymbol{F}_x/\boldsymbol{F}_y=\tan\beta \qquad (7.4-1)$$

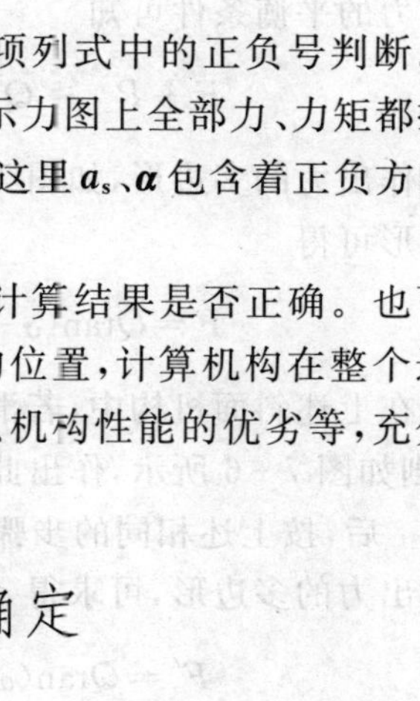

图7-4 平面移动副受力分析

其中 $\boldsymbol{F}_x$ 将使滑块1向左运动或具有运动的趋势。则2作用于1的总反力 $\boldsymbol{R}_{21}$ 可分解为正压力 $\boldsymbol{N}$ 和摩擦力 $\boldsymbol{F}_f$。$\boldsymbol{F}_f$ 的方向与1相对2的速度 v_{12} 的方向相反。根据滑动摩擦的基本定律

$$F_f=N\tan\varphi=Nf \qquad (7.4-2)$$

式中 φ 为摩擦角，其大小取决于摩擦系数 f。由图7-4可知，总反力 R_{21} 的方向与所作用的构件的运动方向成 $90°+\varphi$。由以上分析可知，摩擦力大小为

$$F_f=F_x\tan\varphi/\tan\beta \qquad (7.4-3)$$

分析上式可知：

(1) 当 $\beta<\varphi$ 时，$F_f>F_x$。若滑块1是运动的，则作减速运动直至静止不动；若滑块1是静止的，则无论力 F 的大小如何滑块都不能运动，即具有自锁现象。

(2) 当 $\beta=\varphi$ 时，$F_f=F_x$。即力 $\boldsymbol{F}$ 的作用线与总反力 $\boldsymbol{R}_{21}$ 的作用线重合。若滑块1是运

动的，则作等速运动；若滑块 1 是静止的，则保持静止，即自锁的临界状态。

(3) 当 $\beta > \varphi$ 时，$F_f < F_x$。滑块 1 作加速运动。

如图 7-5a 所示，滑块 1 是置于一升角为 α 的斜面 2 上，$\boldsymbol{Q}$ 为作用在滑块 1 上的铅垂载荷（包括滑块的自重），欲使滑块 1 沿斜面 2 等速上行时，所需的水平驱动力为 $\boldsymbol{F}$。总反力 $\boldsymbol{R}_{21}$ 的方向与所作用的构件的运动方向成 $90° + \varphi$，于是，根据力的平衡条件可知

$$F + R_{21} + Q = 0 \qquad (7.4-4)$$

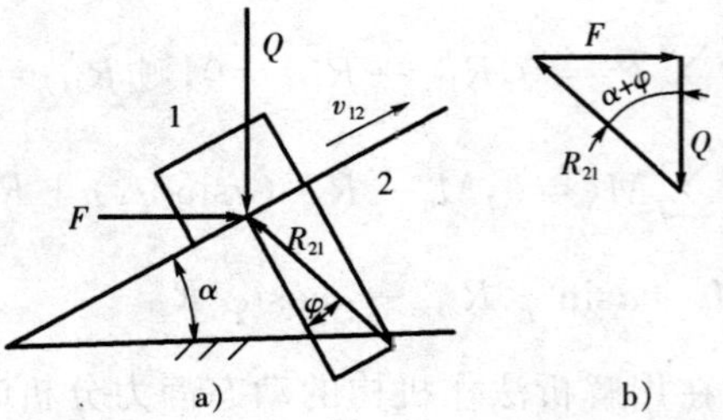

图 7-5　等速上升斜面受力分析

从而作出力的多边形，如图 7-5b 所示。由力的多边形可得

$$F = Q\tan(\alpha + \varphi) \qquad (7.4-5)$$

在上述斜面机构中，若滑块 1 沿斜面 2 等速下降，则如图 7-6 所示，作出此时滑块 1 所受的总反力 $\boldsymbol{R}_{21}$ 后，按上述相同的步骤，根据 $\boldsymbol{F}' + \boldsymbol{R}_{21} + \boldsymbol{Q} = 0$，作出力的多边形，可求得

$$F' = Q\tan(\alpha - \varphi) \qquad (7.4-6)$$

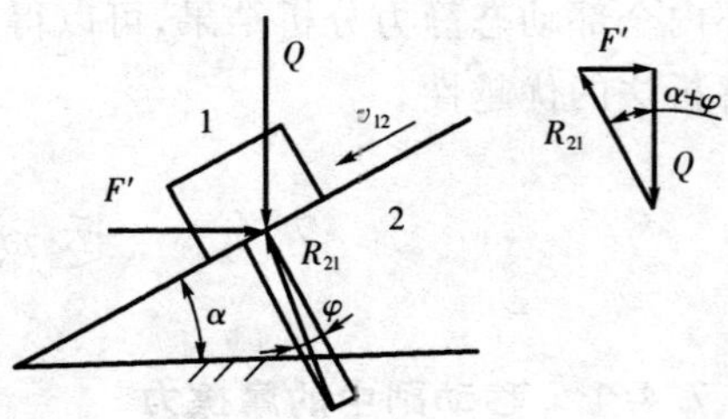

图 7-6　等速下降斜面受力分析

应当注意，当滑块 1 下降时，$\boldsymbol{Q}$ 为驱动力，而 $\boldsymbol{F}'$ 为阻抗力，其作用为阻止滑块加速下滑。又由式 7.4-6 可知，若 $\alpha < \varphi$，则 $\boldsymbol{F}'$ 为负，其方向与图示方向相反。在此情况下，$\boldsymbol{F}'$ 也为驱动力的一部分，其作用则是促使滑块沿斜面等速下滑。

2. 槽面摩擦

如图 7-7 所示，楔形滑块 1 放在槽面 2 中，槽面的夹角为 2θ。$\boldsymbol{Q}$ 为作用在滑块上的铅垂载荷（包括滑块自重），$\boldsymbol{F}$ 为推动滑块 1 沿着槽面 2 等速向右运动的水平力，$\boldsymbol{N}_{21}$ 为槽的每一侧面给滑块的法向反力，于是每一侧面的摩擦力 F_{21} 的大小为

$$F_{21} = f N_{21}$$

$$F_f = 2F_{21} = 2f N_{21} \qquad (7.4-7)$$

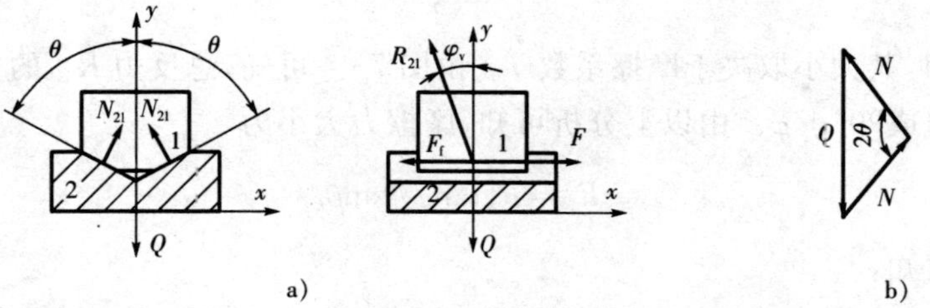

图 7-7　槽面摩擦

根据滑块 1 在铅垂线上的受力平衡条件得

$$Q=2N_{21}\sin\theta$$

由式(7.4-2)得

$$F_{\mathrm{f}}=f\,Q/\sin\theta=f_{\mathrm{V}}Q \tag{7.4-8}$$

式中

$$f_{\mathrm{v}}=f/\sin\theta \tag{7.4-9}$$

将式(7.4-8)与式(7.4-2)相比较可见，f_{V} 相当于平面摩擦中的 f，称其为当量摩擦系数。$\varphi_{\mathrm{V}}=\arctan f_{\mathrm{V}}$ 称为当量摩擦角。引入当量摩擦系数的概念后，具有夹角为 2θ、摩擦系数为 f 的槽面摩擦与摩擦系数为 f_{V} 的平面摩擦相当。由于 $\theta\leqslant 90^\circ$，$f\leqslant f_{\mathrm{V}}$，因此在其他条件相同的情况下，槽面摩擦力大于平面摩擦力。在利用摩擦力工作的地方，可将平面接触改为槽面接触，如 V 带传动和三角形螺纹联接。

7.4.2　转动副中的摩擦

在实际机构中常见的转动副可视为由轴和轴承构成。轴安装在轴承中的部分称为轴颈。载荷作用于其半径方向，如图 7-8a 所示，称为径向轴颈；载荷作用于其轴线方向，如图 7-8b 所示，称为止推轴颈。

1. 径向轴颈的摩擦

如图 7-9 所示，设半径为 r 的轴颈 1 在径向载荷 Q、驱动力偶矩 M 作用下，相对轴承 2 以等角速度 ω_{12} 回转，在其接触面之间必将产生摩擦力来阻止其回转。如取 1 为示力体，则 2 加于 1 的总反力为 R_{21}。根据平衡方程可知

$$R_{21}=-Q$$

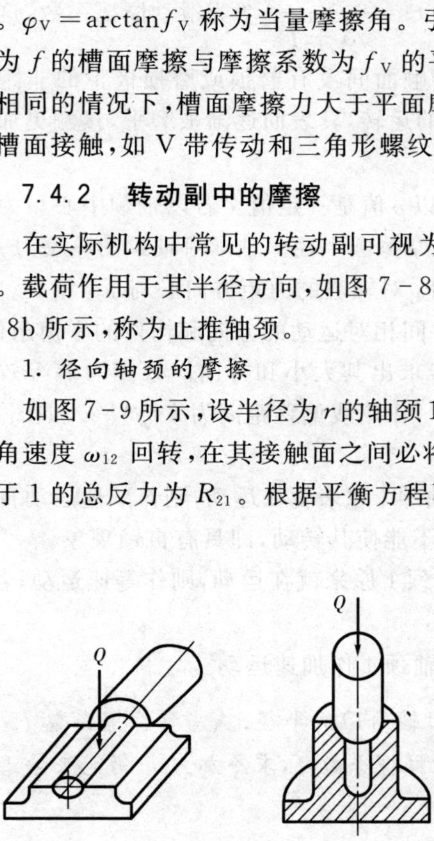

图 7-8　轴颈

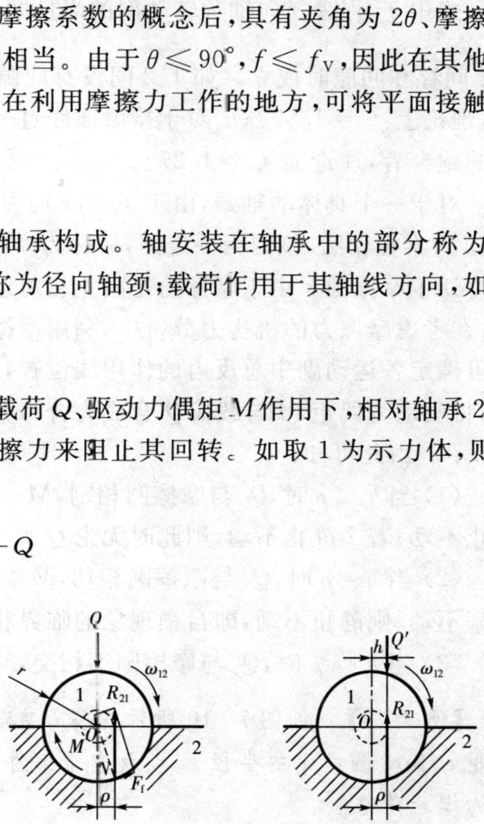

图 7-9　径向轴颈力分析

由 R_{21} 与 Q 构成一阻止轴颈转动的力偶矩 M_{f} 与 M 相平衡。设 R_{21} 与 Q 的距离为 ρ，则

$$M_{\mathrm{f}}=R_{12}\rho \tag{7.4-10}$$

若将 R_{21} 在轴颈的作用点处分解成通过轴心和切于轴颈的两个分力 N 和 F_{f}，正压力 N 对点 O 力矩为零，只有 F_{f} 构成力偶矩 M_{f} 阻止轴颈的运动。M_{f} 称为摩擦力矩。

若 1、2 之间存在间隙，则两者近似为线接触，符合摩擦学的基本定律，由式(7.4-2)可得 $F_{\mathrm{f}}=f\,N$。故

$$R_{21}=\sqrt{N^2+F_{\mathrm{f}}^2}=\sqrt{1+f^2}\,N$$

则
$$M_f = F_f r = fNr = \frac{f}{\sqrt{1+f^2}} R_{21} r$$

由以上两式相比较可知

$$\rho = \frac{f}{\sqrt{1+f^2}} r = f_v r$$

且
$$M_f = R_{21} f_v r = Q f_v r$$

式中 f_v 称为径向轴颈转动副的当量摩擦系数。$f_v = \frac{f}{\sqrt{1+f^2}}$，$f$ 为滑动摩擦系数，这在 1、2 间存在间隙时成立。如 1、2 间没有间隙，即两接触面间没有磨损或磨损极少的非跑合者，理论上 $f_v = 1.57f$；而对于接触面经过一段时间的运转，其表面逐渐被磨平，接触更加完善的跑合者，理论上 $f_v = 1.27f$。

对于一个具体的轴颈，由于 f_v 和 r 均为定值，所以 ρ 值是一定值。若以轴颈中心 O 为圆心，ρ 为半径作圆，该圆为一定圆，故称为摩擦圆，ρ 为摩擦圆半径。轴承对轴颈的总反力 R_{21} 始终切于摩擦圆。由于摩擦力矩阻止相对运动，故 R_{21} 对轴心的力矩方向必与 ω_{12} 相反。因此，在考虑摩擦力的机构力分析中，利用摩擦圆、构件间相对运动的方向和构件的平衡条件，便可确定各运动副中总反力的作用线位置，并进一步求出其大小和方向。根据力偶等效定律，将驱动力偶矩 M 与载荷 $\boldsymbol{Q}$ 合成为合力 $\boldsymbol{Q}'$，$Q=Q'$，作用线偏移距离为 $h=M/Q$，如图 7-9 所示。由此可知：

(1) 当 $h<\rho$ 时，$\boldsymbol{Q}'$ 与摩擦圆相割，$M<M_f$，若轴颈 1 原来就在运动，则作减速运动直至静止不动；若 1 静止不动，则此时无论 $\boldsymbol{Q}$ 大小如何都不能使其转动，即具有自锁现象。

(2) 当 $h=\rho$ 时，$\boldsymbol{Q}'$ 与摩擦圆相切，$M=M_f$，若轴颈 1 原来就在运动，则作等速运动；若 1 原来不动，则静止不动，即自锁现象的临界状态。

(3) 当 $h>\rho$ 时，$\boldsymbol{Q}'$ 与摩擦圆不相交，$M>M_f$，轴颈 1 作加速运动。

【例 7-2】 如图 7-10 所示的偏心夹具中，已知轴颈 O 的半径 r_0、当量摩擦系数 f_0、偏心距 e、偏心圆盘 1 的半径 r_1 以及它与工件 2 之间的摩擦系数 f，求不加力 F 仍能夹紧工件时的楔紧角 β。

【解】 轴颈 O 的摩擦圆半径 $\rho = r_0 f_0$，偏心圆盘与工件之间的摩擦角 $\varphi = \arctan f$

当偏心圆盘松开时，它的转动方向为逆时针方向，因此反力 $\boldsymbol{R}_{21}$ 的方向应向左上方。对偏心轮的轴颈而言，$\boldsymbol{R}_{21}$ 即相当于前述的载荷 $\boldsymbol{Q}'$，若 $\boldsymbol{R}_{21}$ 与轴颈 O 的摩擦角相割或相切，则该机构均发生自锁。因此得

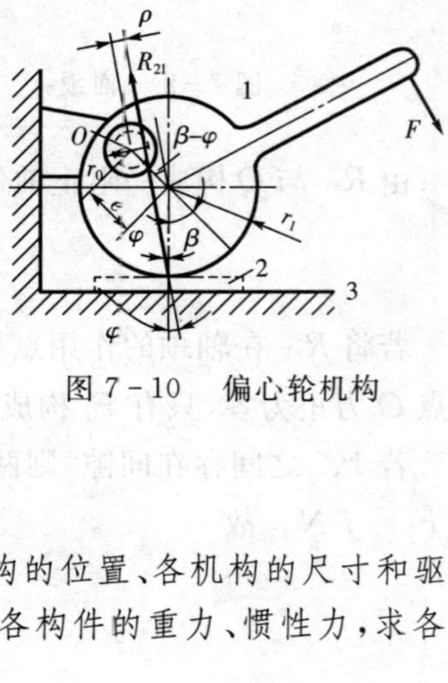

图 7-10　偏心轮机构

$$e\sin(\beta-\varphi) - r_1 \sin\varphi \leqslant \rho$$

则
$$\beta \leqslant \arcsin\left(\frac{r_1 \sin\varphi + \rho}{e}\right) + \varphi$$

【例 7-3】 如图 7-11 所示的铰链四杆机构中，已知机构的位置、各机构的尺寸和驱动力 F，各转动副的半径和当量摩擦系数均为 r 和 f_0。若不计各构件的重力、惯性力，求各转

动副中反力的作用线和作用在从动件 3 上的阻力偶矩 M_3 的方向。

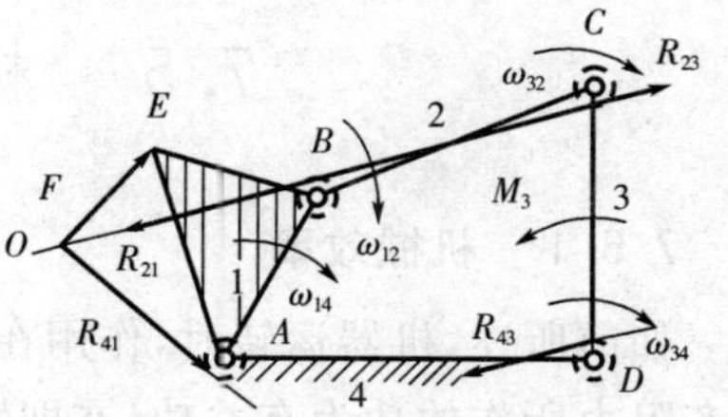

图 7-11　四杆机构

【解】 (1) 按 $\rho = f_0 r$ 算出各转动副的摩擦圆半径，并将这些摩擦圆以虚线画在图上（可不按尺寸比例）。

(2) 确定转动副 B 和 C 中反力的作用线：当图示力 $\boldsymbol{F}$ 为驱动力时，构件 1 对机架 4 的转速 ω_{14} 的方向为顺时针向。此时 $\angle ABC$ 增大，故 ω_{12} 为顺时针方向；连杆 2 受压力，故 $\boldsymbol{R}_{21}$ 应指向左方，它对转动副 B 的中心的力矩方向应与 ω_{12} 相反，因此 $\boldsymbol{R}_{21}$ 必切于 B 处摩擦圆的上方。同理，此时 $\angle BCD$ 减小，ω_{32} 为顺时针方向，$\boldsymbol{R}_{23}$ 应指向右方，它对转动副 C 的中心的力矩方向应与 ω_{32} 相反，因此 $\boldsymbol{R}_{23}$ 应切于 C 处摩擦圆的下方。又因连杆为二力杆构件，故 $\boldsymbol{R}_{12}(=-R_{21})$ 与 $\boldsymbol{R}_{32}(=-R_{23})$ 共线。综上所述可知 $\boldsymbol{R}_{21}$ 和 $\boldsymbol{R}_{23}$ 的作用线应为 B、C 两处摩擦圆的内公切线，如图所示。

(3) 确定转动副 A 中反作用力 $\boldsymbol{R}_{41}$ 的作用线：因构件 1 为三力构件，故力 $\boldsymbol{F}$ 和 $\boldsymbol{R}_{21}$ 的交点 O 必然为第三力 $\boldsymbol{R}_{41}$ 的作用线所通过。从力的平衡条件分析，$\boldsymbol{R}_{41}$ 应指向右下方，又因 $\boldsymbol{R}_{41}$ 对转动副 A 的中心的力矩方向应与 ω_{14} 相反，所以 $\boldsymbol{R}_{41}$ 的作用线应切于 A 处摩擦圆的左下方且通过点 O。

(4) 确定转动副 D 中反作用力 $\boldsymbol{R}_{43}$ 的作用线：因构件 3 在力 $\boldsymbol{R}_{23}$ 和 $\boldsymbol{R}_{43}$ 以及力偶矩 M_3 的作用下平衡，故 $\boldsymbol{R}_{43}$ 与 $\boldsymbol{R}_{23}$ 构成一顺时针方向力偶，即 $\boldsymbol{R}_{43} = -\boldsymbol{R}_{23}$；阻力偶矩 M_3 的方向必然为逆时针向。又因 $\boldsymbol{R}_{43}$ 对转动副 D 的中心的力矩方向应与 ω_{34} 相反，故 $\boldsymbol{R}_{43}$ 的作用线应切于 D 处摩擦圆的上方。

2. 止推轴颈转动副中的摩擦力

止推轴颈又称轴踵，它与轴承的接触面可以是任意的回转体的表面（例如圆锥面），但最常用的为一个圆平面、一个圆环面或数个圆环面。

止推轴颈和轴承的摩擦力矩大小决定于接触面上压强 p 的分布规律。与径向轴颈相同，止推轴颈也可分为非跑合的和跑合的两种。

如图 7-12 所示，设 Q 为轴向载荷，f 为接触面间的摩擦系数，r_1 和 r_2 为接触面的内半径和外半径，则当轴颈 1 在轴承 2 内转动时，它的摩擦力矩的大小为

$$M_f = f Q r' \qquad (7.4-11)$$

式中，r' 称为当量摩擦半径，其值随压强 p 的分布规律而异。对于非跑合的止推轴颈

$$r' = \frac{2}{3}\left(\frac{r_2^3 - r_1^3}{r_2^2 - r_1^2}\right)$$

对于跑合的止推轴颈

$$r' = \frac{r_1 + r_2}{2}$$

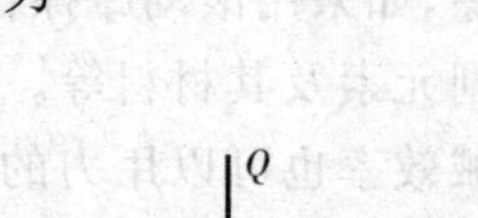

图 7-12　止推轴颈力分析

7.5　机器的机械效率和自锁

7.5.1　机械效率

如前所述,机器运转时,作用在机械上的驱动力所作的功为驱动功(亦即输入功),克服生产阻力所作的功为有益功(亦即输出功),而克服有害阻力所作的功为损耗功。

当机械正常运转时,输入功将等于输出功与损耗功之和,即

$$W_d = W_r + W_f \tag{7.5-1}$$

式中 W_d、W_r、W_f 分别表示输入功、输出功和损耗功。输出功和输入功的比值,反映了输入功在机械中有效利用的程度,称为机械效率,通常以 η 表示,即

$$\eta = \frac{W_r}{W_d} \tag{7.5-2}$$

或

$$\eta = \frac{W_r}{W_d} = \frac{W_d - W_f}{W_d} = 1 - \frac{W_f}{W_d} \tag{7.5-3}$$

如将以上三式各项除以做功的时间 t,则得

$$N_d = N_r + N_f \tag{7.5-4}$$

即

$$\eta = \frac{W_r/t}{W_d/t} = \frac{N_r}{N_d} \tag{7.5-5}$$

或

$$\eta = 1 - \frac{N_f}{N_d} \tag{7.5-6}$$

式中 N_d、N_r、N_f 分别为输入功率、输出功率与损耗功率。

由式(7.5-3)及(7.5-6)可知,因为损耗功 W_f 或损耗功率 N_f 不可能为零,所以机械效率 η 总是小于1。而且 W_f 或 N_f 越大,机械效率就越低。因此在机械设计时,为使其具有较高的机械效率,应尽可能减小机械的损耗,主要是减小摩擦损耗。这就要求:一方面应尽量简化机械传动系统,使功率传递通过的运动副数目越少越好;另一方面,应设法减少运动副中的摩擦,如采用滚动摩擦代替滑动摩擦,选用适当的润滑剂及润滑装置进行润滑,合理选用运动副元素及其材料等。

机械效率也可以用力的比值的形式来表达。图7-13所示为一机械传动示意图,设 F 为驱动力,Q 为生产阻力,v_P 和 v_Q 分别为 F 和 Q 的作用点沿该力作用线方向的速度,根据式(7.5-5)可得

$$\eta = \frac{N_r}{N_d} = \frac{Qv_Q}{Pv_P} \tag{7.5-7}$$

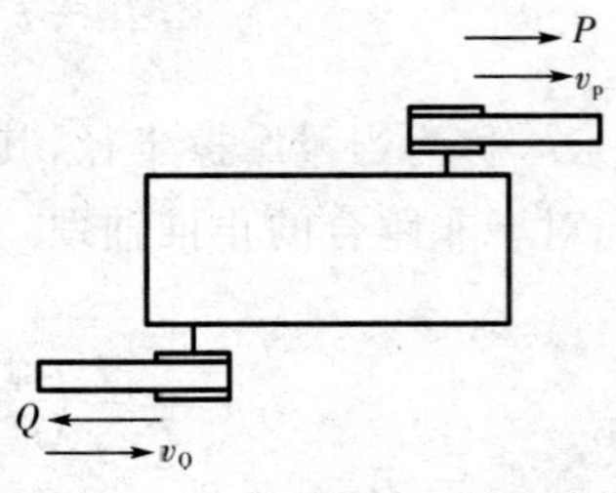

图7-13　机械传动示意图

对于理想机械不存在摩擦,为了克服同样的生产阻力 Q,其所需的驱动力 F_0(可称为理想驱动力)显然小于 F。对理想机械来说,其效率 η_0 应等于1,故得

$$\eta_0 = \frac{Qv_Q}{P_0 v_P} = 1$$

即

$$Qv_Q = P_0 v_P \tag{7.5-8}$$

于是，将式(7.5－8)带入(7.5－7)，得

$$\eta = \frac{Qv_Q}{Pv_P} = \frac{P_0 v_P}{Pv_P} = \frac{P_0}{P} \tag{7.5-9}$$

此式说明，机械效率等于不计摩擦时，克服生产阻力所需的理想驱动力 F_0，与克服同样生产阻力(连同克服摩擦力)时该机械实际所需的驱动力 F 之比。

同理，机械效率也可以用力矩之比的形式表达，即

$$\eta = \frac{M_0}{M} \tag{7.5-10}$$

式中 M_0 和 M 分别表示为了克服同样生产阻力所需的理想驱动力矩和实际驱动力矩。综合式(7.5－9)和(7.5－10)可得

$$\eta = \frac{\text{理想驱动力}}{\text{实际驱动力}} = \frac{\text{理想驱动力矩}}{\text{实际驱动力矩}} \tag{7.5-11}$$

同理可得

$$\eta = \frac{\text{实际生产阻力(矩)}}{\text{理论生产阻力(矩)}} \tag{7.5-12}$$

式(7.5-11)可用来具体计算一些机构的机械效率。例如在图7-5所示的斜面机构中，滑块等速上升时，其机械效率可按以下方法求出：由式(7.4－5)可知，当计及摩擦时需要的驱动力为

$$F = Q\tan(\alpha + \varphi)$$

设机构中没有摩擦，则摩擦角 $\varphi = 0$，克服载荷 Q 而需要的理想驱动力为

$$F_0 = Q\tan\alpha$$

于是得

$$\eta = \frac{F_0}{F} = \frac{\tan\alpha}{\tan(\alpha + \varphi)}$$

当滑块在载荷 Q 作用下，向下运动时，其机械效率将与上面求出的不同。应当注意的是：此时载荷 Q 为驱动力，F' 为阻力，所以根据式(7.5－12)，此时的机械效率应为

$$\eta = \frac{F'}{F_0}$$

而由式(7.4－6)可知

$$F' = Q\tan(\alpha - \varphi)$$

$$\eta = \frac{\tan(\alpha - \varphi)}{\tan\alpha}$$

机械效率的确定,除了用计算方法外,还常用试验方法来确定。对于已有的机器,可以用实验的方法直接测定机械效率。对于设计机械,虽然不能用实验法测定机械效率,但是,各种机器都是由一些基本机构组合而成,而这些基本机构的效率,通过实验积累的资料却是可以预先估定的。在已知这些基本机构和运动副的机械效率后,通过计算确定出整个机器的机械效率。同理,对于由许多机器组成的机组而言,只要知道了各台机械的机械效率,则该机组的总效率也可以由计算求得。具体的计算方法可按下述三种不同的情况进行。

(1) 串联

如图 7-14 所示为几种机器串联组成的机组。设机组的输入功率为 N_d,依次经过机器 1,2,…,而传到机器 k。N_k 为该机组的输出功率。于是该机组的机械效率应为

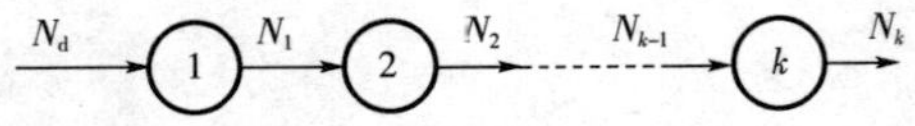

图 7-14　串联机组

$$\eta = \frac{N_k}{N_d}$$

而功率在传递的过程中,前一机器的输出功率即为后一机器的输入功率,设各机器的效率分别为 η_1、η_2、…、η_k,则得

$$\eta_1 = \frac{N_1}{N_d}、\eta_2 = \frac{N_2}{N_1}、\cdots、\eta_k = \frac{N_k}{N_{k-1}}$$

将 η_1、η_2、…、η_k,连乘起来,得

$$\eta_1 \cdot \eta_2 \cdots \eta_k = \frac{N_1}{N_d} \cdot \frac{N_2}{N_1} \cdots \frac{N_k}{N_{k-1}} = \frac{N_k}{N_d} = \eta \tag{7.5-12}$$

此即表明,串联机组的总效率等于组成该机组的各个机器的效率的连乘积。

(2) 并联

如图 7-15 所示为几种机器并联组成的机组。设各个机器的输入功率分别为 N_1、N_2、…、N_k,而输出功率分别为 N'_1、N'_2、…、N'_k。因总输入功率为

$$N_d = N_1 + N_2 + \cdots + N_k$$

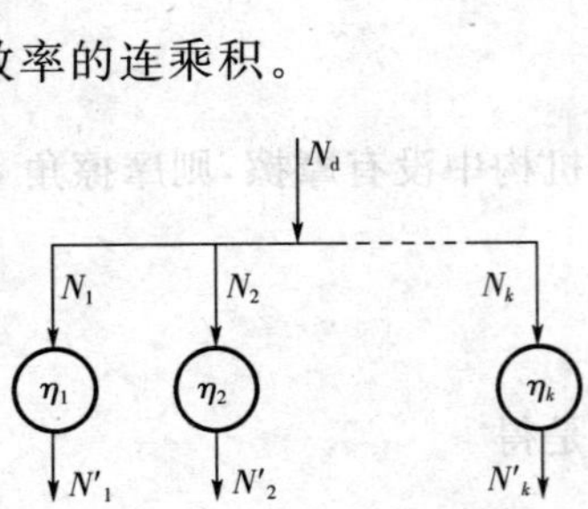

图 7-15　并联机组

总输出功率为

$$N_r = N'_1 - N'_2 + \cdots + N'_k = N_1\eta_1 + N_2\eta_2 + \cdots + N_k\eta_k$$

所以总效率 η 为

$$\eta = \frac{N_r}{N_d} = \frac{N_1\eta_1 + N_2\eta_2 + \cdots + N_k\eta_k}{N_1 + N_2 + \cdots + N_k} \tag{7.5-13}$$

上式表明并联机组的总效率 η 不仅与各机器的效率有关，而且与各机器所传递的功率有关。

(3) 混联

如图 7-16 所示为兼有串联和并联的混联机组。为了计算其总效率，可先将输入功至输出功的路线弄清，然后分别按各部分的联接的方式，参照式(7.5-11)和(7.5-12)的方法推导出总效率的计算公式。如图 7-16 所示，设机组串联部分的效率为 η'，并联部分的效率为 η''，则机组的总效率应为

$$\eta = \eta' \eta'' \tag{7.5-13}$$

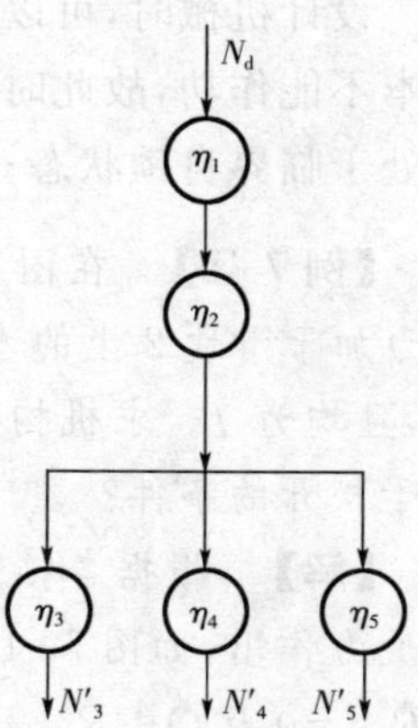

图 7-16　混联机组

【例 7-4】　如图 7-17 所示为一输送辊道的传动简图。设已知一对圆柱齿轮传动的效率为 0.95，一对圆锥齿轮传动的效率为 0.92(均已包括轴承效率)。现需求该传动装置的总效率 η。

【解】　由图可见，此传动装置为一混联系统，圆柱齿轮 1、2、3、4 为串联，而圆锥齿轮 5—6、7—8、9—10、11—12 为并联，每对圆锥齿轮各驱动一个辊道辊子。又由题设知，各对圆锥齿轮的效率均相同，故并联部分的总效率就等于一对圆锥齿轮的效率，于是，此传动装置的总效率 η 为

$$\eta = \eta_{12}\eta_{34}\eta_{56} = 0.95^2 \times 0.92 = 0.83$$

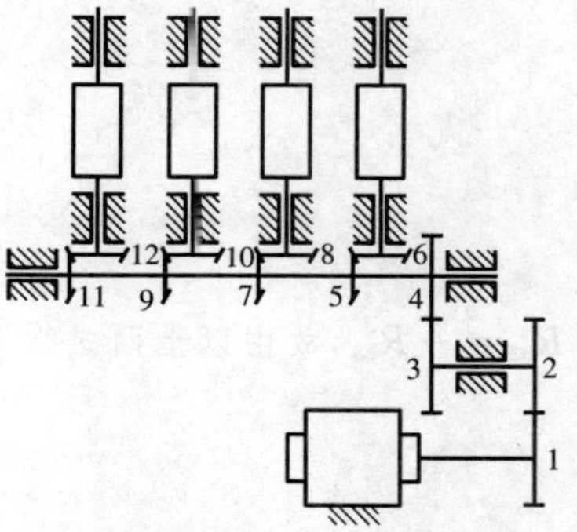

图 7-17　输送辊盖

7.5.2　自锁

如前所述，有些机械，就其结构情况分析，只要加上足够大的驱动力，按理就应该能够沿着有效驱动力作用的方向运动，而实际上由于摩擦的存在，却会出现无论这个驱动力如何增大，也无法使它运动的现象，这种现象就叫做机械的自锁。

自锁现象在机械工程中具有十分重要的意义。一方面，设计机械时，为使机械能够实现预期的运动，当然必须避免该机械在所需的运动方向发生自锁；另一方面，有些机械的工作又需要具有自锁的特性。那么机械为什么会发生自锁现象呢？发生自锁现象的条件又是什么呢？

当作用于机械的驱动力的大小在 $0 \to \infty$ 之间任意变化时，如果该驱动力总小于或等于由其本身所引起的最大摩擦力(或最大摩擦力矩)，那么该机械将必然发生自锁现象。同时还可看出，一个机械是否会发生自锁是与其所受驱动力的作用点和作用方向有关的。如图 7-4 所示，滑块 1 与平台 2 组成移动副的自锁条件为：$\beta \leqslant \varphi$；斜面机构的自锁条件为：斜面升角 $\alpha \leqslant \varphi$；轴颈和轴承组成转动副的自锁条件为：$h \leqslant \rho$。

对于一个机械来说，如果通过逐个分析其所含运动副的自锁情况来判定其是否自锁显然是很麻烦的，有的甚至是不可能的。下面介绍另一种确定机械自锁条件的方法。

当出现自锁的情况时，则无论驱动力的大小如何变化，都不能使机械发生运动。这实质上是由于在此情况下，驱动力所能做的功总是小于(或等于)克服由其可能引起的最大摩擦阻力所需要的功的缘故。因此，根据式(7.5-10)可见，当机械自锁时，其机械效率将恒小于

或等于零，即

$$\eta \leqslant 0 \tag{7.5-14}$$

设计机械时，可以利用上式来判断其是否自锁及出现自锁的条件。当然，机械自锁时已根本不能作功，故此时，η已没有一般效率的意义，它只表明机械自锁的程度。当$\eta=0$时，机械处于临界自锁状态；若$\eta<0$，则其绝对值越大，表明自锁越可靠。

【例7-5】 在图7-18a所示的斜面压榨机中，Q为被压紧的物体对滑块3的反作用力，F为加于滑块2上的水平驱动力。α为滑块2上斜面的生成角。设各接触面的摩擦系数相同，且均为f。求机构的机械效率。又当力F撤去后，该机构在力Q的作用下，被压物体不至于松开的条件?

【解】 根据各接触面间的相对运动及已知的摩擦角$\varphi(\varphi=\arctan f)$，将两滑块所受的总反力作出，如图7-18a所示。然后分别取滑块2和3为分离体，列出力平衡方程式$F+R_{12}+R_{32}=0$及$Q+R_{13}+R_{23}=0$，根据这两个方程式作出力多边形如图7-18b所示，于是由正弦定理可得

$$F=\frac{R_{32}\sin(\alpha-2\varphi)}{\cos\varphi}$$

$$Q=\frac{R_{23}\cos(\alpha-2\varphi)}{\cos\varphi}$$

因$R_{32}=-R_{23}$，故由以上两式得

$$Q=F\cot(\alpha-2\varphi)$$

当假想该机构中不存在摩擦时，则$\varphi=0$，于是得理想驱动力

$$Q_0=F\cot\alpha$$

因此该机构的效率为

$$\eta'=\frac{Q_0}{Q}=\frac{\cot\alpha}{\cot(\alpha-2\varphi)}$$

现令$\eta'\leqslant 0$，即

$$\tan(\alpha-2\varphi)\leqslant 0$$

故得

$$\alpha\leqslant 2\varphi$$

此即当压紧力Q为驱动力时，此斜面压榨机的自锁条件。如设接触面间的摩擦系数$f=0.12$，则$\varphi=7^{0}$，即自锁条件为$\alpha\leqslant 14^{0}$，在通常夹具设计中，取楔形滑块2的斜度为1∶10，即$\alpha=\arctan 0.1=6^{0}$，因此能够保证夹紧机构具有可靠的自锁性能。

通过上面例题可知，所谓机械具有自锁性，只是说当它所受的驱动力作用于其某处或按某方向作用时是自锁的，而在另外的情况下却是能够运动的。如图7-18所示的斜面压榨

机，要求在力 Q 为驱动力时自锁，即滑块 2 不至向右松退出来，但在足够大的驱动力 F 的作用下滑块2却可向左移动而将物体4压紧，即以力 F 为驱动力时此压榨机是不自锁的。这就是所谓机械自锁的方向性。

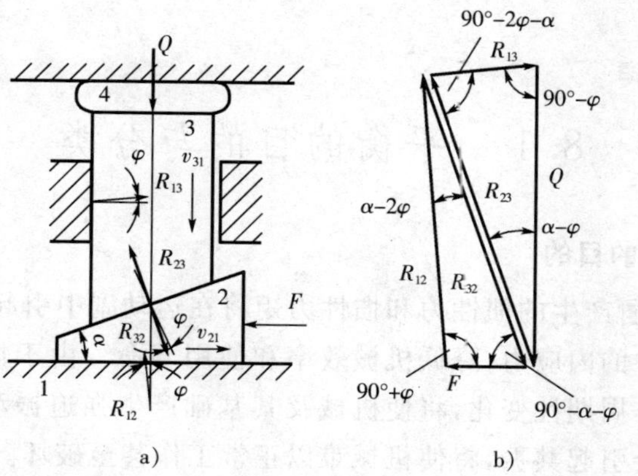

图 7-18　斜面压榨机及力多边形

思考题

1. 作用于机构中的力有哪几种？它们的性质有何不同？为什么要研究机构的力分析？

2. 应用质量代换法的目的是什么？静代换和动代换各自的特点是什么？试指出它们之间的主要差别和代换后存在的误差。

3. 摩擦力的运动副反力的方向与组成此运动副的两构件间的相对运动存在何种关系？如何使用角标保证判别时不易发生错误？

4. 从受力观点分析，机构中移动副和转动副发生自锁的条件分别是什么？请分析比较并举例说明。

5. 在平面四杆机构的连杆上如作用有未知外力，如何进行该机构的力分析？

6. 对于变速稳定运动的机器，为何要按整个运动循环来计算其效率？而对于匀速稳定运动的机器，为何可用瞬时效率代替其效率？

7. 自锁机构有何特点？试举一些实例。

8. 为何将三角螺纹用于联接的螺旋，而将方螺纹用于传递运动和动力的螺旋？

第 8 章　平面机构的平衡

8.1　平衡的目的与分类

8.1.1　机械平衡的目的

机械运转时，构件所产生的惯性力和惯性力矩将在运动副中引起附加的动压力，增大运动副中的摩擦和构件中的内应力，降低机械效率和使用寿命。由于惯性力和惯性力矩的大小和方向随机械运动作周期性变化，将使机械及其基础产生强迫振动。当振动频率接近机械系统的固有频率时会引起共振，将使机械难以正常工作甚至破坏。

研究机械平衡的目的：设法消除或减小构件的惯性力和惯性力矩，从而改善机械工作性能并能延长其使用寿命。

8.1.2　机械平衡的分类

机械平衡问题可分为下列两类：

1. 转子的平衡

指绕固定轴的回转构件（简称转子）的惯性力和惯性力矩的平衡。它又分为刚性转子的平衡和挠性转子的平衡。前者把转子视为刚体，忽略它在惯性力作用下引起的弹性变形，这种平衡方法适用于一般中、低速机械；后者将转子作为挠性件处理，必须考虑弹性变形所引起的不平衡因素，这种平衡方法应用于高速机械。

2. 机构的平衡

指机构中各构件的惯性力和惯性力矩在机座上的平衡。作往复运动或作平面复合运动的构件的惯性力，不能像转子那样可以单独得到平衡。此时各构件的惯性力，将以合力和合力矩的形式作用在机座上。所以，这类平衡问题称为机构在机座上的平衡，简称为机构的平衡。

8.2　刚性回转件的平衡

刚性转子的平衡分为静平衡和动平衡。

图 8-1 所示的转子直径为 d、宽度为 b，左右两面各有一个不平衡质量 m_1、m_2。回转轴线与中心主惯性轴线交于 O 点。当转子以等角速度 ω 旋转时，转子上各点所产生的惯性力可简化为一个通过质心 C 的惯性力 $\boldsymbol{F}$ 和惯性力矩 M。

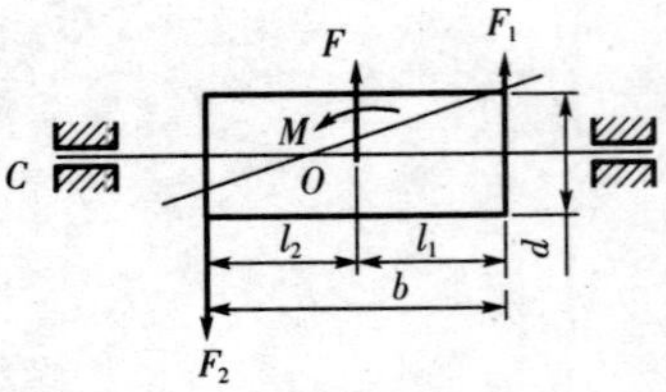

图 8-1　转子惯性力的简化

$$F = F_1 + F_2 \tag{8.2-1}$$

$$M = F_1 l_1 + F_2 l_2 \tag{8.2-2}$$

静平衡仅使转子所产生的不平衡的惯性力得到平衡，即满足

$$\sum \boldsymbol{F}_i = 0 \tag{8.2-3}$$

动平衡应使转子所产生的不平衡的惯性力和惯性力矩都得到平衡，即满足

$$\sum \boldsymbol{F}_i = 0 \qquad \sum \boldsymbol{M}_i = 0 \tag{8.2-4}$$

静平衡的条件是：分布在该转子上各个质量的离心力的合力等于零。

动平衡的条件是：分布在该转子上各个质量的离心力的合力等于零，由离心力所引起的力矩的合力矩也等于零。

动平衡同时满足静平衡的条件。经过动平衡的转子一定静平衡，经过静平衡的转子不一定动平衡。

8.2.1　刚性转子的静平衡设计

对于$\dfrac{b}{d} \leqslant \dfrac{1}{5}$的圆盘状转子，如凸轮、飞轮等，可进行静平衡设计。由于忽略转子宽度，转子上的不平衡质量可近似认为集中在一个平面内。设计的问题是找出转子在该平面应加（应减）配重的大小和方位，使应加（应减）配重所产生的离心惯性力与转子上各不平衡质量所产生离心力的合力为零。

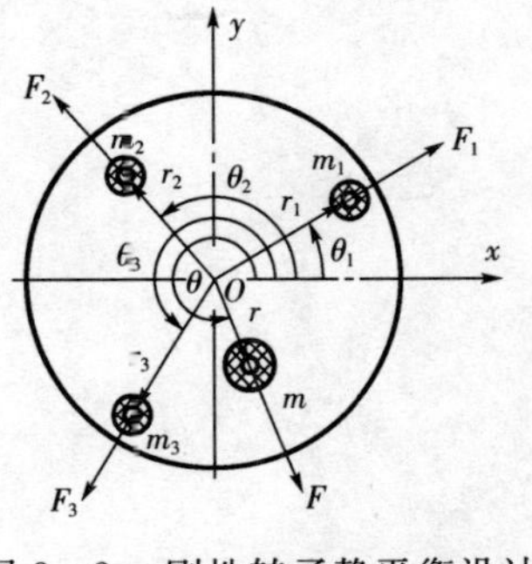

图 8-2　刚性转子静平衡设计

如图 8-2 所示的转子上，已知三个不平衡质量的大小分别是 m_1、m_2、m_3，相对直角坐标系 Oyz 在的方位分别为 $\boldsymbol{r}_1$、θ_1，$\boldsymbol{r}_2$、θ_2，$\boldsymbol{r}_3$、θ_3。设应加配重的质量为 m，其方位为 $\boldsymbol{r}$、θ。质量 m 产生的惯性力与三个不平衡质量 m_1、m_2、m_3 所产生的惯性力的合力为零时，转子的质心位于回转轴线，实现了转子的静平衡。

根据力系平衡方程可有下式

$$\left.\begin{aligned} F_1\cos\theta_1 + F_2\cos\theta_2 + F_3\cos\theta_3 + F\cos\theta = 0 \\ F_1\sin\theta_1 + F_2\sin\theta_2 + F_3\sin\theta_3 + F\sin\theta = 0 \end{aligned}\right\} \tag{8.2-5}$$

设第 i 个质量的惯性力为 F_i，其值为 $F_i = m_i r_i \omega^2$。将其带入方程(8.2-5)并整理得

$$\left.\begin{aligned} m_1\boldsymbol{r}_1\cos\theta_1 + m_2\boldsymbol{r}_2\cos\theta_2 + m_3\boldsymbol{r}_3\cos\theta_3 + \mathrm{m}\boldsymbol{r}cos\ \theta = 0 \\ \mathrm{m}_1\boldsymbol{r}_1\sin\theta_1 + m_2\boldsymbol{r}_2\sin\theta_2 + m_3\boldsymbol{r}_3\sin\theta_3 + m\boldsymbol{r}\sin\theta = 0 \end{aligned}\right\} \tag{8.2-6}$$

如转子上有 i 个不平衡质量，式(8.2-6)可写为

$$\left.\begin{aligned} \sum m_\mathrm{i}\boldsymbol{r}_\mathrm{i}\cos\theta_\mathrm{i} + \mathrm{m}\boldsymbol{r}\cos\theta = 0 \\ \sum m_\mathrm{i}\boldsymbol{r}_\mathrm{i}\sin\theta_\mathrm{i} + \mathrm{m}\boldsymbol{r}\sin\theta = 0 \end{aligned}\right\} \tag{8.2-7}$$

解方程(8.2-7)，可求出转子上配重的质径积 mr。

$$mr=\sqrt{\left(\sum m_i r_i\cos\theta_i\right)^2+\left(\sum m_i r_i\sin\theta_i\right)^2} \tag{8.2-8}$$

选定配重半径 r 后，即可确定配重的质量。配重所在方位角 θ 为

$$\theta=\arctan\left[\frac{\sum_{i=1}^{n}(-m_i r_i\sin\theta_i)}{\sum_{i=1}^{n}(-m_i r_i\cos\theta_i)}\right] \tag{8.2-9}$$

式(8.2-9)中分子与分母的负号可区别方位角所在的象限。

8.2.2　刚性转子的动平衡设计

对于 $\frac{b}{d}>\frac{1}{5}$ 的长圆柱状转子，如曲轴等，需进行动平衡设计。由于不能忽略转子的宽度，不平衡的质量分布在转子的多个平面内。在图 8-3 所示的转子中，设已知偏心质量 m_1、m_2、m_3 分别位于平面 1、2、3、内，方位分别为 r_1、θ_1，r_2、θ_2，r_3、θ_3。当转子以等角速度 ω 转动时所产生的惯性力 F_1、F_2、F_3 形成一个空间力系，$F_1=m_1r_1\omega^2$、$F_2=m_2r_2\omega^2$、$F_3=m_3r_3\omega^2$。

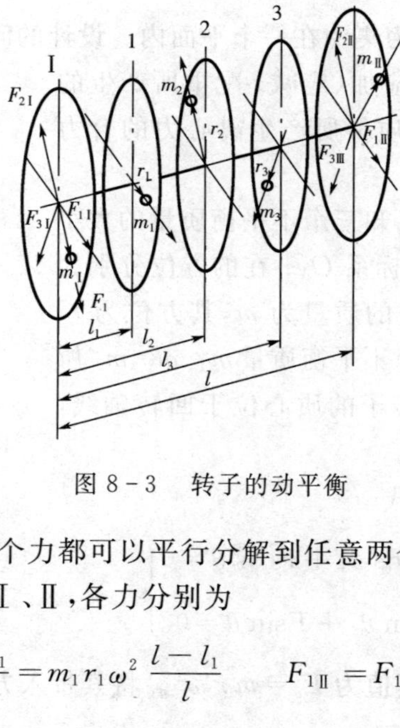

图 8-3　转子的动平衡

根据力的平衡原理，每一个力都可以平行分解到任意两个平面内。把惯性力 F_1、F_2、F_3 分解到两个选定的平衡基面 Ⅰ、Ⅱ，各力分别为

$$F_{1\mathrm{I}}=F_1\frac{l-l_1}{l}=m_1r_1\omega^2\frac{l-l_1}{l}\qquad F_{1\mathrm{II}}=F_1\frac{l_1}{l}=m_1r_1\omega^2\frac{l_1}{l}$$

$$F_{2\mathrm{I}}=F_2\frac{l-l_2}{l}=m_2r_2\omega^2\frac{l-l_2}{l}\qquad F_{2\mathrm{II}}=F_2\frac{l_2}{l}=m_2r_2\omega^2\frac{l_2}{l}$$

$$F_{3\mathrm{I}}=F_3\frac{l-l_3}{l}=m_3r_3\omega^2\frac{l-l_3}{l}\qquad F_{3\mathrm{II}}=F_3\frac{l_3}{l}=m_3r_3\omega^2\frac{l_3}{l}$$

这样，把空间力系的平衡问题转化为两个平面汇交力系的平衡问题。在平衡面 Ⅰ、Ⅱ 上分别加配重 m_{I}、m_{II}，产生惯性力 $\boldsymbol{F}_{\mathrm{I}}$、$\boldsymbol{F}_{\mathrm{II}}$，使其惯性力之和分别为零，在 Ⅰ 平面则有

$$\sum_{i=1}^{3}\boldsymbol{F}_{i\mathrm{I}}+\boldsymbol{F}_{\mathrm{I}}=0 \tag{8.2-10}$$

在 Ⅱ 平面则有

$$\sum_{i=1}^{3} \boldsymbol{F}_{i\mathrm{II}} + \boldsymbol{F}_{\mathrm{II}} = 0 \tag{8.2-11}$$

Ⅰ、Ⅱ 面的汇交力系平衡如图 8-4 所示。

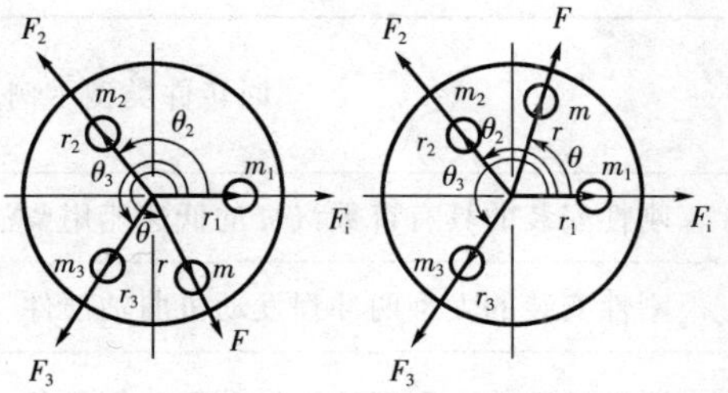

图 8-4　两平衡面的平面公交力系平衡

8.2.3　刚性转子的静平衡试验

经过静平衡设计,只是从理论上解决转子静不平衡问题。由于材料的不均匀,制造的不精确及安装的不准确等原因,实际的转子不能真正的平衡,只能由试验的方法加以平衡。

把待平衡的转子的轴架在两根水平的钢刃导轨上,如果转子的重心不在回转轴线上,必然转动到重心处于最低的位置。可在相反方向加一平衡配重,再重复上述步骤直至该转子可在任意位置停止。根据所加配重计算质径积,在选定位置加一平衡配重或在相反位置除去。图8-5是刀口式静平衡试验装置。这种试验装置比较简单,平衡精度也较高,但必须保证两刃口在同一水平面内,且互相平行,故调整比较困难。而且支承转子的轴的两端尺寸不同,也不能平衡。图 8-6 是圆盘式静平衡试验装置。平衡时把被平衡的转子的轴支承在两对滚子上,平衡方法与上述相同,其优点是应用较方便,但因摩擦阻力较大,精度不如刀口式。

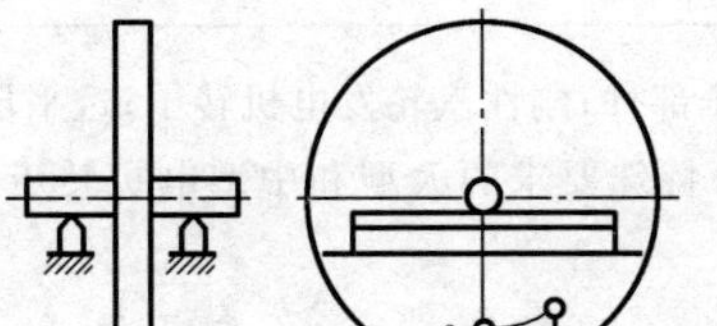

图 8-5　刀口式静平衡试验示意图

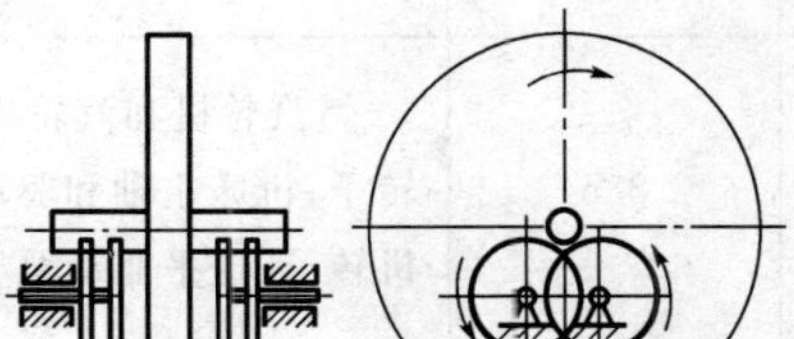

图 8-6　圆盘式静平衡试验示意图

8.2.4　刚性转子的动平衡试验

刚性转子的动平衡试验要在动平衡试验机上进行。转子的不平衡而产生的离心惯性力和惯性力矩,将使转子的支承产生强迫振动,转子支承处振动的强弱反映转子的不平衡。动平衡试验机的工作原理是通过测量支承处的振动强度和相位来测定转子不平衡量的大小和方位。有关动平衡试验机结构和试验方法,详见动平衡实验指导书。

8.2.5　平衡精度

由于技术性和经济性，转子一般不可能达到完全平衡。设计时，应根据不同的使用要求，规定其允许的不平衡量。表 8-1 为国际标准化组织在“刚性转子平衡精度”(ISO 1940，1973) 中制定的各种刚性转子适用的平衡精度。

表 8-1　各种典型刚性回转件的平衡精度等级

精度等级	$\frac{e\omega}{1000}$(mm/s)	回转件类型示例
G4000	4000	刚性安装的具有奇数汽缸的低速船用柴油机曲轴部件
G1600	1600	刚性安装的大型两冲程发动机曲轴部件
G630	630	刚性安装的大型四冲程发动机曲轴部件；弹性安装的船用柴油机曲轴部件
G250	250	刚性安装的高速四缸柴油机曲轴部件
G100	100	六缸或六缸以上高速柴油机曲轴部件；汽车、机车用发动机整机
G40	40	汽车轮、轮缘、轮组、传动轴；弹性安装的六缸或六缸以上高速四冲程发动机曲轴部件；汽车、机车用发动机曲轴部件
G16	16	特殊要求的传动轴(螺旋桨轴、万向节轴)；破碎机械和农业机械的零部件；汽车和机车用发动机的特殊部件；特殊要求的六缸或六缸以上发动机曲轴部件
G6.3	6.3	农业机械的回转零件；船用主汽轮机的齿轮；风扇；航空燃汽轮机转子部件；泵的叶轮；离心机的鼓轮；机床及一般机械的回转零、部件；普通电机转子；特殊要求的发动机回转零、部件
G2.5	2.5	燃汽轮机和汽轮机的转子部件；刚性汽轮发电机转子；透平压缩机的转子；机床主轴和驱动部件；特殊要求的大型和中型电机转子；小型电机转子；透平驱动泵
G1.0	1.0	磁带记录仪及录音机驱动部件；磨床驱动部件；特殊要求的微型电极转子
G0.4	0.4	精密磨床的主轴、砂轮盘及电机转子；陀螺仪

$$A=\frac{[e]\omega}{1000} \tag{8.2-12}$$

式中，$[e]$ 为许用偏心距。

如离心泵叶轮的平衡精度等级可由表 8-1 查得应为 G6.3 级。若叶轮的最高工作转速为 3000r/min，则可按上式算出

$$[e]=\frac{1000\times 60}{3000\times 2\pi}\times 6.3=20\mu\mathrm{m}$$

8.3　机构的平衡

8.3.1　机构平衡的概述

机构中作平面运动或往复直线运动的构件,质心位置随原动件的运动而变化,质心处的加速度大小和方向也在变化,故质心处的惯性力和惯性力矩也随原动件的运动发生变化。因此,该类构件上的惯性力不能利用在构件上加减配重的方法得到平衡,必须把各运动构件和机架作为一个整体来考虑惯性力和惯性力矩的平衡。

图 8-7 所示机构中各构件上的惯性力可以合成为一个通过机构总质心 $\boldsymbol{S}$ 的总惯性力和总惯性力矩。如该机构处于平衡状态,则有

$$\sum m_i \boldsymbol{a}_S = 0 \qquad (8.3-1)$$

$$\sum \boldsymbol{M}_z = 0 \qquad (8.3-2)$$

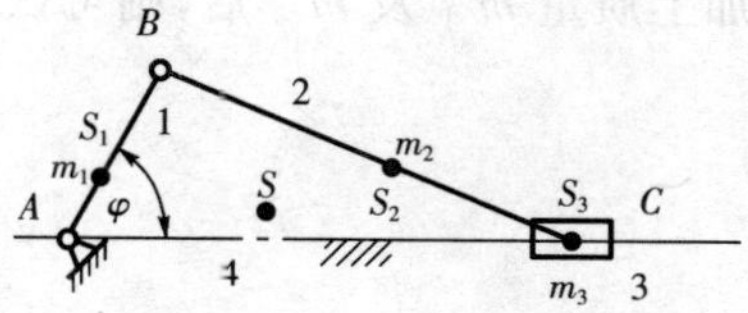

图 8-7　曲柄滑块机构的平衡

式中,$\sum m_i$ 为机构中各构件的总质量;$\boldsymbol{a}_S$ 为机构总质心处的加速度;$\sum \boldsymbol{M}_z$ 为机构中各构件的总惯性力矩。

若机构满足式(8.3-1)则称为惯性力完全平衡。由于总质量不可能为零,必须使 $\boldsymbol{a}_S=0$。即机构的总质心应作等速直线运动或静止不动。由于机构的运动是周期性的,其总质心不可能总是作等速直线运动,欲使 $a_S=0$,唯一的可能是使其总质心静止不动。

8.3.2　机构惯性力的完全平衡

1. 利用对称机构平衡

如图 8-8 所示,由两个相同的曲柄滑块机构对称布置。机构中各活动构件在运动过程中保持对称,机构的总质心位置将静止不动。相同机构对称布置可以实现惯性力完全平衡,但结构复杂,增加机器的重量。

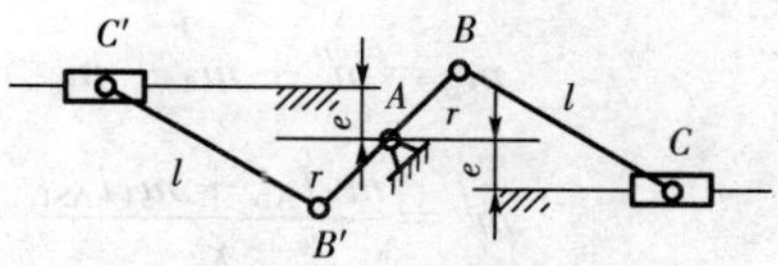

图 8-8　曲柄滑块机构的对称布置

2. 利用配重平衡

如图8-9所示的铰链四杆机构中,设构件1、2、3的质量分别为 m_1、m_2、m_3,其质心分别位于 S_1、S_2、S_3 处。为了进行平衡,将构件 2 的质量用 m_2 分别集中于 B、C 两点的两个质量 m_{2B}、m_{2C} 来代换,而 m_{2B}、m_{2C} 的大小根据式(7.2-6)得

$$m_{2B}=m_2\frac{l_{CS2}}{l_{BC}} \qquad (8.3-3)$$

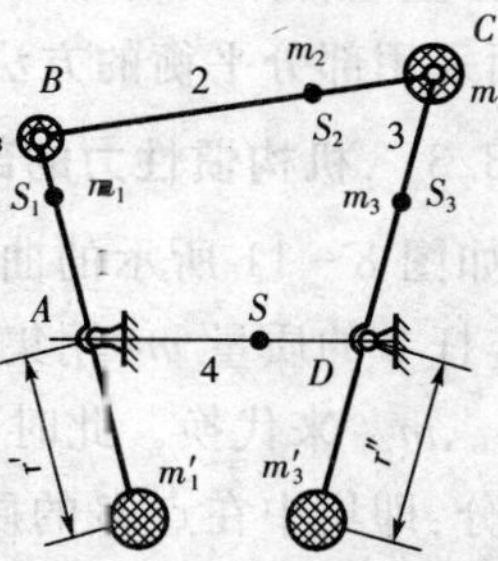

图 8-9　铰链四杆机构完全平衡法

$$m_{2C}=m_2\frac{l_{BS2}}{l_{BC}} \tag{8.3-4}$$

在构件1的延长线上加一质量m'_1来平衡1的集中质量m_{2B}和m_1，使构件1的质心位于固定轴A处。m'_1的大小可由下式求得

$$m'_1=\frac{m_{2B}l_{AB}+m_1l_{AS1}}{r'} \tag{8.3-5}$$

同理，在构件3的延长线上加一质量m'_3来平衡3的集中质量m_{2C}和m_3，使构件3的质心位于固定轴D处。m'_3的大小可由下式求得

$$m'_3=\frac{m_{2C}l_{AB}+m_3l_{DS3}}{r''} \tag{8.3-6}$$

在加上质量m'_1及m'_3后，则可认为在点A及D分别集中两个质量m_A、m_D，而

$$m_A=m_{2B}+m_1+m'_1$$

$$m_D=m_{2C}+m_3+m'_3$$

因而机构的总质心S应位于AD线上一固定点，且

$$l_{AS}:l_{DS}=m_D:m_A$$

因为机构的总质心S固定不动，即$a_S=0$，机构的惯性力得以平衡。

运用同样的方法，可对图8-10所示的曲柄滑块机构进行平衡。即增加质量m''、m'后，使机构的总质心位于固定轴A处。平衡质量m''、m'可由下式求得

$$m''=\frac{m_2l_{BS2}+m_3l_{BC}}{r''}$$

$$m_B=m''+m_2+m_3$$

$$m'=\frac{m_Bl_{AB}+m_1l_{AS1}}{r'}$$

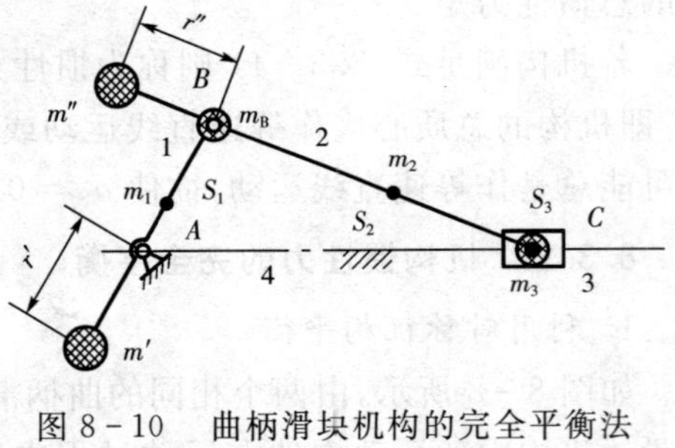

图8-10　曲柄滑块机构的完全平衡法

以上所讨论的机构平衡方法，从理论上使机构的总惯性力得到完全平衡，但其主要缺点是机构的重量将大大增加，尤其是把配重安装在连杆上更为不便。实际上往往不采用这种方法，而采用部分平衡的方法。

8.3.3　机构惯性力的部分平衡

对如图8-11所示的曲柄滑块机构进行平衡时，将连杆2的质量m_2用集中于B、C两点的两个质量m_{2B}、m_{2C}来代换。此时，机构产生的惯性力只有两部分：即集中在点B的质量$m_B=m_{2B}+m_{1B}$所产生的离心惯性力F_B和集中在点C的质量$m_C=m_{2C}+m_3$所产生的离心惯性力F_C。为了平衡惯性

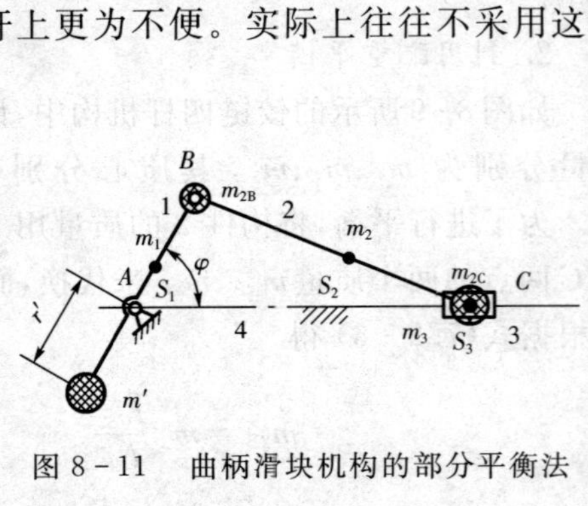

图8-11　曲柄滑块机构的部分平衡法

力 F_B,在构件1的延长线上加一质量 m',使构件1的质心位于固定轴 A 处。m' 的大小由下式求得

$$m'r = m_B l_{AB}$$

而往复惯性力 F_C 因其大小随曲柄转角 φ 的不同而不同,其平衡问题不像平衡惯性力 F_B 那么简单。由机构的运动分析得到 C 点的运动方程式,用级数法展开,并取前两项得

$$F_C = m_C \omega^2 l_{AB}\left(\cos\varphi + \frac{l_{AB}}{l_{BC}}\cos 2\varphi\right)$$

由上式可见,F_C 由两部分组成。$m_C\omega^2 l_{AB}\cos\varphi$、$m_C\omega^2 l_{AB}\dfrac{l_{AB}}{l_{BC}}\cos 2\varphi$ 分别称其为第一级惯性力和第二级惯性力。通常只考虑第一级惯性力,即取

$$F_C = m_C\omega^2 l_{AB}\cos\varphi$$

为了平衡惯性力 F_C,在曲柄延长线上再加上一平衡质量 m'',并且使

$$m''r = m_C l_{AB}$$

质量 m'' 所产生的惯性力可分解为一水平分力 F''_h 和一垂直分力 F''_v,而

$$F''_h = m''\omega^2 r\cos\varphi$$

$$F''_v = m''\omega^2 r\sin\varphi$$

由于 $m''r = m_C l_{AB}$,故知 $F''_h = F_C$,即 F''_h 已将往复惯性力平衡。不过此时,新产生一个不平衡惯性力 F''_v,该力对机构的运动也不利。为了减小不利影响,处理的方法是取

$$F''_h = KF_C = \left(\frac{1}{3}\sim\frac{1}{2}\right)F_C$$

也就是

$$m''r = \left(\frac{1}{3}\sim\frac{1}{2}\right)m_C l_{AB}$$

即只平衡往复惯性力的一部分,这样,可以减小往复惯性力的大小,又使在垂直方向新产生的不平衡惯性力不至于太大。

思考题

1. 在实际生产中,回转件的平衡问题有何不同的情况?它们的处理方法有何不同?

2. 根据组成刚性回转件的各质量分布的不同,如何计算其平衡问题?从力学观点看,它们各有一些什么特点?

3. 为什么设计一个刚性回转件时要确定它的许用不平衡量?如何确定?

4. 何种平面机构要进行机架上的平衡?机架上的平衡是否使构件达到完全平衡?

第 9 章　刚性构件机械系统的动力学

9.1　概　述

9.1.1　研究机械运转及其速度波动调节的目的

机械的运转，决定于该系统中外力所作的功。当驱动力所作的功大于阻抗力所作的功，机械动能增加；当驱动力所作的功小于阻抗力所作的功，机械动能减少。机械动能的增减导致运转速度的波动。要使机械的主轴保持匀速转动，其前提条件是在任一瞬时，驱动力所作的功等于阻抗力所作的功。对于大多数机械来说，工作时并不具备这一条件，而是呈现一定程度的速度波动。这种速度波动使机械的运动副产生附加的动压力，降低机械效率和工作的可靠性；会引起机械振动，影响零件的强度和寿命；还会降低机械的精度和机械性能，使产品质量下降。所以，必须对机械的速度波动进行调节。

9.1.2　机械的运转过程

机械的运转过程通常要经历三个阶段，即起动阶段、稳定运转阶段和停车阶段。

机械原动件的角速度 ω 由零逐渐上升到正常运转的平均角速度 ω_m 所经历的时间称为起动阶段。设在起动阶段，驱动力、阻抗力及有害力所作的功分别为驱动功 W_d、阻抗功 W_r、损耗功 W_f，起动阶段开始和结束时机械的动能为 E_0 及 E，根据动能定理有 $E-E_0=W_d-W_r-W_f$。由于 $E_0=0$，动能的增量 $\Delta E=E>0$，所以驱动功大于阻抗功。为了缩短起动时间，应使驱动功除了克服损耗功外，全部转换成机械的动能，也就是使 $W_r=0$，即机械空载起动。

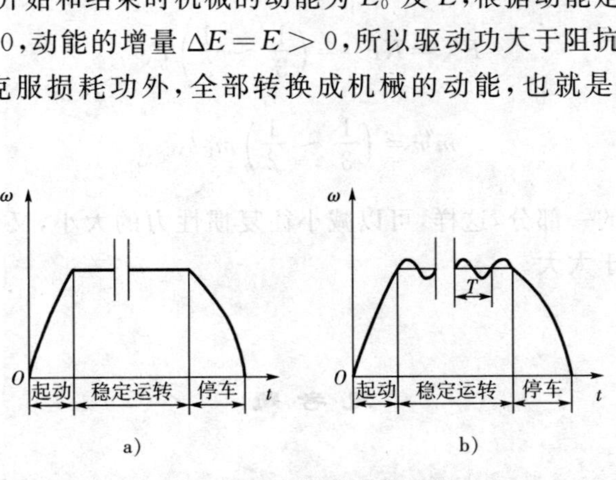

图 9-1　机械的运转过程

起动阶段结束后，机械进入稳定运转阶段，即是机械的正常工作阶段。稳定运转阶段通常分为两种情况。其一是机械主轴的角速度保持恒定不变，即所谓的等速稳定运转，如图 9-1a 所示。由于运转速度恒定不变，所以在稳定运转阶段的任一瞬时机械的动能增量 ΔE 均为零，驱动功恒等于阻抗功及损耗功之和。其二是机械主轴的角速度绕某一平均角速度 ω_m 作周期性波动，即周期性变速稳定运转，如图 9-1b 所示。机械原动件的速度、加速度经过一个运动周期又等于原有的值，所以机械在一个运动循环内，动能增量 ΔE 为零，驱动功等于阻抗功及损耗功之和，但在每一瞬时，驱动功不等于阻抗功及损耗功之和。当 $W_d - W_r - W_f > 0$，出现盈功，使机械主轴的角速度上升；$W_d - W_r - W_f < 0$，出现亏功，使机械主轴的角速度下降；因而机械的运转呈现周期性的速度波动。

撤去驱动力，机械进入停车阶段。该阶段 $W_d = 0$，机械靠起动阶段所积累的动能来克服阻力维持运动。当动能耗尽，机械停止运转。为了缩短停车时间，一些机械安装制动装置。

9.2　机械等效动力学模型

9.2.1　等效动力学模型的建立

机械系统的运动，取决于作用在该系统中的所有外力以及组成该系统的各个构件的质量。对于单自由度的机械系统，当系统中某一构件的运动确定后，整个系统的运动也就确定。这样，研究机械系统运动问题可演化为单一构件运动的问题。这一构件称为等效构件。如图 9-2 所示等效构件在假想力(力矩)作用下的瞬时功率与机械系统中所有外力作用下的瞬时功率相等，这一假想力(力矩)称为等效力(力矩)；具有假想质量(转动惯量)的等效构件瞬时动能与机械系统瞬时动能相等，这一假想质量(转动惯量)称为等效质量(等效转动惯量)。即任一瞬时，在等效力(力矩)作用下，具有等效质量(转动惯量)的等效构件的动力性能与机械系统的动力性能相同。这样就把机械系统简化为一等效动力学模型。

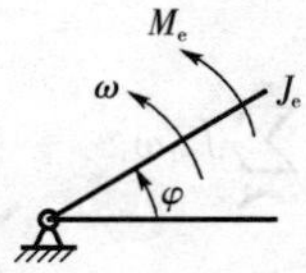

a)定轴转动的构件为等效构件

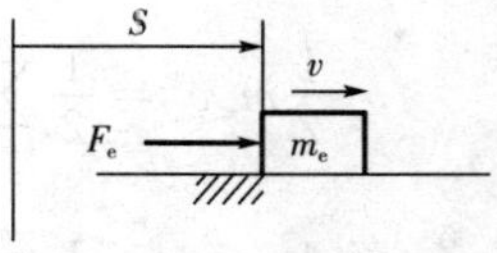

b)往复移动的构件为等效构件

图 9-2　等效构件

9.2.2　等效力和等效力矩

根据等效力和等效力矩的定义有

$$F_e v = \sum_{i=1}^{n} F_i v_i \cos\theta_i + \sum_{i=1}^{n} \pm M_i \omega_i$$

$$M_e \omega = \sum_{i=1}^{n} F_i v_i \cos\theta_i + \sum_{i=1}^{n} \pm M_i \omega_i$$

$$F_e = \sum_{i=1}^{n} F_i \left(\frac{v_i}{v}\right) \cos\theta_i + \sum_{i=1}^{n} \pm M_i \left(\frac{\omega_i}{v}\right) \tag{9.2-1}$$

$$M_e = \sum_{i=1}^{n} F_i \left(\frac{v_i}{\omega}\right) \cos\theta_i + \sum_{i=1}^{n} \pm M_i \left(\frac{\omega_i}{\omega}\right) \tag{9.2-2}$$

式中，F_e、v 为等效力及等效力作用点的速度；M_e、ω 为等效力矩及等效构件的角速度；F_i、v_i 为作用在原机械系统中第 i 个构件上的外力及力作用点的速度；M_i、ω_i 为作用在原机械系统中第 i 个构件上的外力及该构件上的角速度；θ_i 为力 F_i 与速度 v_i 之间的夹角。式中 M_i 和 ω_i

同方向时取"+"号，否则取"-"号。

由式(9.2-1)及式(9.2-2)可知，等效力及等效力矩与作用在原机械系统中的主动力、力矩以及速比有关。由于主动力和力矩可以是常数(如提升机的工作载荷、重锤产生的驱动力等)，或是机械位置的函数(如往复式活塞压缩机上的阻力、弹簧力等)，还可以是速度的函数(如鼓风机和离心泵叶轮上的阻力，各种电动机的驱动力等)，而速比不是常数就是机械位置的函数，所以等效力和等效力矩可能是常数，也可能是机械位置的函数，还可能是机械位置与速度等变量的函数。

作用在机械系统中的主动力及力矩，可以是驱动力、驱动力矩，也可以是阻力、阻力矩。有时为了求解需要，可分别对它们求等效力或等效力矩，分别称之为等效驱动力 F_{ed}、等效驱动力矩 M_{ed} 和等效阻力 F_{er}、等效阻力矩 M_{er}。此时机械系统的等效力或等效力矩为

$$F_e = F_{ed} - F_{er} \tag{9.2-3}$$

$$M_e = M_{ed} - M_{er} \tag{9.2-4}$$

值得注意的是，等效力或等效力矩是在建立机械系统的等效动力学模型时引入的一个假想力或假想力矩。它作用在等效构件上，产生的功率等于原机械系统中所有主动力和力矩产生的功率之和。它不是原机械系统中所有主动力或力矩的合力或合力矩。

9.2.3 等效质量和等效转动惯量

根据等效质量和等效转动惯量的定义有

$$\frac{1}{2}m_e v^2 = \frac{1}{2}\sum_{i=1}^{n} m_i v_{si}^2 + \frac{1}{2}\sum_{i=1}^{n} J_{si}\omega_i^2$$

$$\frac{1}{2}J_e \omega^2 = \frac{1}{2}\sum_{i=1}^{n} m_i v_{si}^2 + \frac{1}{2}\sum_{i=1}^{n} J_{si}\omega_i^2$$

$$m_e = \sum_{i=1}^{n} m_i \left(\frac{v_{si}}{v}\right)^2 + \sum_{i=1}^{n} J_{si}\left(\frac{\omega_i}{v}\right)^2 \tag{9.2-5}$$

$$J_e = \sum_{i=1}^{n} m_i \left(\frac{v_{si}}{\omega}\right)^2 + \sum_{i=1}^{n} J_{si}\left(\frac{\omega_i}{\omega}\right)^2 \tag{9.2-6}$$

式中，m_e、v 为等效质量及等效构件的平移速度；J_e、ω 为等效转动惯量及等效构件的角速度；m_i、J_{si} 为第 i 个构件的质量及其对质心轴的转动惯量；ω_i、v_{si} 为第 i 个构件的角速度及其质心的速度。

由式(9.2-5)及式(9.2-6)可知，等效质量或等效转动惯量与原机械系统中各活动构件的质量与转动惯量以及各速比的平方有关，而各速比与各活动构件的真实速度无关，只取决于结构尺寸与位置。当机械系统中各活动构件的质量与转动惯量及结构尺寸和位置给定后，即使尚未求得机械的真实速度也可求得等效质量或等效转动惯量。通常等效质量或等效转动惯量可能是常数也可能是原机械系统中原动件的位置的周期函数，其变化周期对应于原动件的一个运动循环。

等效质量或等效转动惯量是在建立机械系统等效动力学模型时引入的等效构件所具有的一个假想的集中质量或转动惯量。它使等效构件在运动过程中的每一瞬时所具有的动能

都等于原机械系统中所有活动构件在同一瞬时所具有的动能之和。它不是简单地把机械系统中所有活动构件质量或转动惯量相加。

【例 9-1】 在图 9-3a 所示的正弦机构中，设已知曲柄 1 的长度为 l_1，曲柄绕轴的转动惯量为 J_1，构件 2 和构件 3 的质量分别为 m_2 和 m_3，作用在构件 3 上的阻力为 F_3。若取曲柄 1 为等效构件，求机构的等效转动惯量以及阻力 F_3 的等效力矩。

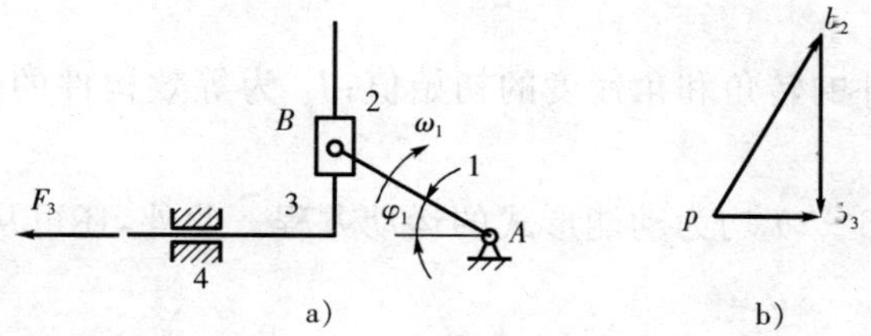

图 9-3　正弦机构

【解】 由式(9.2-1) 和式(9.2-6) 可得

$$M_e = F_3\ \frac{v_3}{\omega_1}\cos 180^\circ \tag{a}$$

$$J_e = J_1\left(\frac{\omega_1}{\omega_1}\right)^2 + m_2\left(\frac{v_{B2}}{\omega_1}\right)^2 + m_3\left(\frac{v_3}{\omega_1}\right)^2 \tag{b}$$

式中，$v_{B2} = \omega_1 l_1$

又由速度多边形(图 9-3b) 可知

$$v_3 = v_{B2}\sin\varphi_1 = \omega_1 l_1 \sin\varphi_1$$

代入(a)、(b) 两式，可得

$$M_e = F_3\ \frac{\omega_1 l_1 \sin\varphi_1}{\omega_1}\cos 180^\circ = -F_3 l_1 \sin\varphi_1$$

$$J_e = J_1 + m_2 l_1 + m_3 l_1\ \sin^2\varphi_1$$

在本例中，等效转动惯量 J_e 的前两项为常数，第三项则随等效构件的转角 φ_1 而变化。一般来说，含有连杆机构的机械系统的等效转动惯量通常由常数和变量两部分组成，且由于连杆机构常安装在低速级，其对应的等效转动惯量中的变量部分较小，在计算中有时可以忽略不计。

9.3　机械系统运动方程及其求解

9.3.1　机械系统运动方程式

求解机械的真实运动规律，首先列出机械系统运动方程式。由于平面单自由度机械系统的动力特性等价于其等效动力学模型，为此，研究机械系统的运动规律问题就简化为研究等效构件的运动规律问题。

为了书写方便，将等效转动惯量(等效质量) 和等效力矩(等效力) 的下标“e” 均省略不

写。若以曲柄为等效构件，根据动能定理，其微分形式的动能方程为

$$\mathrm{d}\left(\frac{1}{2}J\omega^2\right)=M\mathrm{d}\varphi \tag{9.3-1}$$

将上式积分即可得积分形式的动能方程

$$\frac{1}{2}J\omega^2-\frac{1}{2}J_0\omega_0=\int_{\varphi_0}^{\varphi}M\mathrm{d}\varphi \tag{9.3-2}$$

式中，φ_0、ω_0 为等效构件的转角和角速度的初始值；J_0 为等效构件的转角为 φ_0 时的等效转动惯量。

式(9.3-1)和(9.3-2)均为动能形式的运动方程。此外，还可从式(9.3-1)导出力矩形式的运动方程

$$\frac{\mathrm{d}\left(\frac{1}{2}J\omega^2\right)}{\mathrm{d}\varphi}=M$$

即

$$J\frac{\mathrm{d}\left(\frac{1}{2}\omega^2\right)}{\mathrm{d}\varphi}+\frac{1}{2}\omega^2\frac{\mathrm{d}J}{\mathrm{d}\varphi}=M$$

整理，得

$$J\frac{\mathrm{d}\omega}{\mathrm{d}t}+\frac{1}{2}\omega^2\frac{\mathrm{d}J}{\mathrm{d}\varphi}=M \tag{9.3-3}$$

同理，若以滑块为等效构件，可得微分形式的动能方程

$$\mathrm{d}\left(\frac{1}{2}mv^2\right)=F\mathrm{d}s \tag{9.3-4}$$

积分形式的动能方程

$$\frac{1}{2}mv^2-\frac{1}{2}m_0v_0=\int_{s_0}^{s}F\mathrm{d}s \tag{9.3-5}$$

式中，s_0、v_0 为等效构件的位移和速度的初始值。

力形式的运动方程

$$m\frac{\mathrm{d}v}{\mathrm{d}t}+\frac{1}{2}v^2\frac{\mathrm{d}m}{\mathrm{d}s}=F \tag{9.3-6}$$

9.3.2　运动方程的求解

一般来说，等效转动惯量可能是常数也可能是机械原动件位置的函数；而等效力矩或是机械原动件位置的函数，或是速度的函数。因此，运动方程的求解可根据不同的情况采用图解法、解析法及数值计算法。

1. 等效力矩或等效转动惯量均为常数

由于等效转动惯量为常数，则式(9.3-3)变为

$$J\frac{\mathrm{d}\omega}{\mathrm{d}t}=M \tag{9.3-7}$$

上式可写成

$$\frac{\mathrm{d}\omega}{\mathrm{d}t}=\frac{M}{J}=\alpha\quad（为常数）$$

$$\omega=\omega_0+\alpha t$$

$$\varphi=\varphi_0+\omega_0 t+\frac{1}{2}\alpha t^2 \tag{9.3-8}$$

式中，φ_0、ω_0 为等效构件起始位置的角位移和角速度；α 为等效构件角加速度。

这类问题常见于恒定载荷的齿轮传动或机械制动过程中。

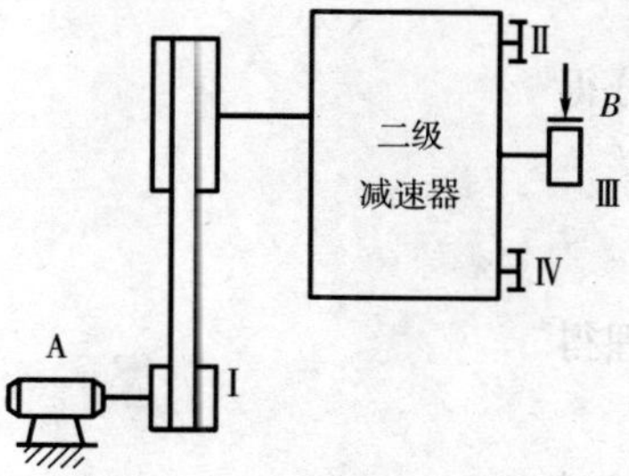

图 9-4　简单机械系统

【例 9-2】　图 9-4 所示为某机械的传动系统。它由电动机 A 驱动，经由一带传动和二级齿轮减速器将动力传至输出轴 Ⅳ，其制动器 B 安装在轴 Ⅲ 上。已知电动机的转速为 1420r/min，各轴间传动比分别为 $i_{12}=2.5$，$i_{23}=4.5$，$i_{34}=3$；各轴系的转动惯量（单位 kg · m²）分别为 $J_1=0.15$，$J_2=0.5$，$J_3=0.24$，$J_4=0.3$，制动器 B 转动惯量 $J_b=0.15$；当切断电动机电源后，要求在不到 2s 的时间内使该传动系统停止运转，问所需的制动力矩 M_r 为多大？

【解】　选取制动器 B 所在轴系为等效构件，其角速度 ω_3 为

$$\omega_3=\omega_1/i_{12}i_{23}=\frac{2\pi 1420}{60}\times\frac{1}{2.5\times 4.5}=13.218\mathrm{rad/s}$$

由式(9.2-6)，求得其等效转动惯量

$$J=J_1\left(\frac{\omega_1}{\omega_3}\right)^2+J_2\left(\frac{\omega_2}{\omega_3}\right)^2+(J_3+J_B)\left(\frac{\omega_3}{\omega_3}\right)^2+J_4\left(\frac{\omega_4}{\omega_3}\right)^2$$

$$=0.15\times(2.5\times 4.5)^2+0.5\times(4.5)^2+0.39+0.3\times(1/3)^2$$

$$=29.533\mathrm{kg\cdot m^2}$$

等效构件的角加速度 α 为

$$\alpha=\frac{0-\omega_3}{t}=\frac{-13.218}{2}=-6.609\mathrm{rad/s}$$

所需制动力矩

$$M=J\alpha=29.533\times(-6.609)=-195.183\mathrm{N\cdot m}$$

2. 等效力矩是速度函数，等效转动惯量是常数

由式(9.3-8)分离变量后得

$$\frac{\mathrm{d}\omega}{M(\omega)}=\frac{1}{J}\mathrm{d}t$$

积分得

$$t_0\int_{\omega_0}^{\omega}\frac{\mathrm{d}\omega}{M(\omega)}=\int_{t_0}^{t}\frac{1}{J}\mathrm{d}t$$

整理得

$$t=t_0+J\int_{\omega_0}^{\omega}\frac{\mathrm{d}\omega}{M(\omega)} \tag{9.3-9}$$

式(9.3-7)还可变换成

$$\frac{\omega}{M(\omega)}\mathrm{d}\omega=\frac{1}{J}\mathrm{d}\varphi$$

积分得

$$\int\frac{\omega}{M(\omega)}\mathrm{d}\omega=\int_{\varphi_0}^{\varphi}\frac{1}{J}\mathrm{d}\varphi \tag{9.3-10}$$

整理得

$$\omega=\omega_0+J\int_{\omega_0}^{\omega}\frac{\omega}{M(\omega)}\mathrm{d}\omega$$

这类问题常见于电动机驱动的鼓风机、离心泵等机械。

【例 9-3】 已知某机械系统的等效驱动力矩 $M_{od}=a-b\omega$，等效阻抗力矩 M_{or} 为常数，如图 9-5a 所示，其中，a，b 均为正值，且为常数。若该系统的等效转动惯量 J_o 也为常数，试求该机械的运动规律。

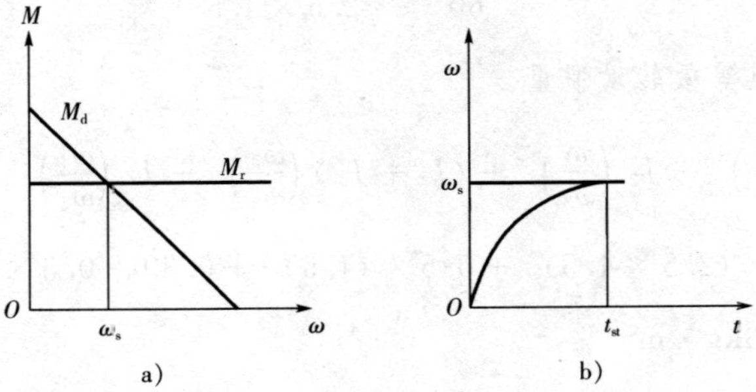

图 9-5　机械系统的机械特性曲线

【解】 该系统从静止开始起动，随着速度的上升，驱动力矩下降。假设驱动力矩与阻抗力矩相等时，对应的转速为 ω_s，则

$$a-M_r=b\omega_s$$

$$\omega_s=\frac{a-M_r}{b}$$

于是，等效力矩

$$M=M_d-M_r=(a-M_r)\left(1-\frac{\omega}{\omega_s}\right)$$

由式(9.3-9)得

$$t=J\int_0^{\omega}\frac{\mathrm{d}\omega}{(a-M_r)\left(1-\frac{\omega}{\omega_s}\right)}$$

解得

$$\omega=\omega_s(1-e^{-\frac{a-M_r}{J\omega_s}t})$$

该系统的运动曲线如图 9-5b 所示，反映了机械的起动过程。当 $t\to\infty$ 时，$\omega\to\omega_s$，即机械处于稳定运转。由于该曲线是一条递增的，且收敛于 ω_s 的曲线，所以一般认为机械的运转速度达到 ω_s 的某一百分比，如 95% 时，机械即进入稳定运转阶段，相应所需的时间 t_{st} 即为起始时间。

3. **等效力矩和等效转动惯量均为等效构件位置的函数**

这类问题采用式(9.3-2)表述的积分形式的动能方程求解较为方便

$$\omega=\sqrt{\frac{2}{J}\int_{\varphi_0}^{\varphi}M\mathrm{d}\varphi+\frac{J_C}{J}\omega_0}\tag{9.3-11}$$

等效构件的角加速度

$$\alpha=\frac{\mathrm{d}\omega}{\mathrm{d}t}=\omega\frac{\mathrm{d}\omega}{\mathrm{d}\varphi}\tag{9.3-12}$$

机械运动时间

$$t=t_0+\int\frac{1}{\omega(\varphi)}\mathrm{d}\varphi\tag{9.3-13}$$

当等效力矩不是一个简单的可积函数表达式，甚至不能以解析式表达时，可采用数值解法求解较为方便。

这类问题常见于内燃机驱动的含有连杆机构的机械系统。

4. **等效力矩是位置和速度的函数，等效转动惯量是位置的函数**

这种情况可按式(9.3-1)列出其运动方程式

$$\mathrm{d}\left[\frac{1}{2}J(\varphi)\omega^2\right]=M(\varphi,\omega)\,\mathrm{d}\varphi$$

这是一个非线性微分方程，通常难以求出其解析解。一般情况下只能用数值方法求解。

首先，构造一个适宜于数值解的迭代计算公式。为此，将上式展开

$$\frac{1}{2}\omega^2\mathrm{d}J(\varphi)+J(\varphi)\omega\mathrm{d}\omega=M(\varphi,\omega)\,\mathrm{d}\varphi\tag{9.3-14}$$

用差分代替微分

$$\mathrm{d}\varphi=\Delta\varphi=\varphi_{i+1}-\varphi_i$$

$$\mathrm{d}\omega=\Delta\omega=\omega_{i+1}-\omega_i$$

$$dJ(\varphi)=\Delta J(\varphi)=J_{i+1}-J_i=J(\varphi_{i+1})-J(\varphi_i)$$

代入式(9.3－14)得

$$\frac{1}{2}\omega_i(J_{i+1}-J_i)+J_i\omega_i(\omega_{i+1}-\omega_i)+M(\varphi_i,\omega_i)\Delta\varphi$$

整理得

$$\omega_{i+1}=\frac{M(\varphi_i,\omega_i)}{J_i\omega_i}\Delta\varphi+\frac{3J_i-J_{i+1}}{2J_i}\omega_i \tag{9.3-15}$$

采用式(9.3－15)进行迭代计算时，首先需选定初值 ω_0，然后按一定的转角步长 $\Delta\varphi$ 计算出一个运动循环中各等分点的 ω_{i1}，最后进行收敛判别，即应使终值 ω_n 和初值 ω_0 相等。否则应重复选定 ω_0 重复上述运算，直至收敛。

用数值解法求解机械运动方程时，通常都要构造一个迭代计算公式。迭代算式的不同，决定了其计算工作量以及计算结果的精度的不同。究竟选用何种方法，读者可参考有关的书籍。例如，用四阶龙格 — 库塔法求解此类方程就可得到较高精度的数值解。

这类问题常见于电动机驱动的冲床、刨床、插床等含有连杆机构的机械系统等场合。在这些实例中，电动机的驱动力矩是速度的函数，而工作机的工作阻力则为机构位置的函数，因此等效力矩是机构位置和速度的函数；由于该系统中含有速比不为常数的构件，等效转动惯量成为机构位置的函数。

9.4　周期性速度波动及其调节

9.4.1　周期性速度波动产生的原因及条件

通常，作用在机械上的驱动力矩和阻抗力矩是机械主轴的转角 φ 的周期性函数，因而其等效驱动力矩 M_d 与等效阻抗力矩 M_r 必然也是等效构件转角 φ 的周期函数。由于等效转动惯量 J 也是等效构件转角 φ 的周期函数，所以必然能找到它们的公共周期 φ_T(即运动周期所对应的转角)，使

$$M(\varphi+\varphi_T)=M(\varphi)$$

$$J(\varphi+\varphi_T)=J(\varphi) \tag{9.4-1}$$

例如，某机械系统中若工作机的阻力矩所对应的转角为 2π，则采用二冲程的内燃机为原动机，该系统的运动周期所对应的转角为 2π；采用四冲程内燃机为原动机，则该系统的运动周期所对应的转角为 4π。设图 9－6a 所示为某一机械在稳定运转过程中其等效构件在一个运动周期 φ_T 中所受等效驱动力矩 $M_d(\varphi)$ 与等效阻抗力矩 $M_r(\varphi)$ 的变化曲线。则

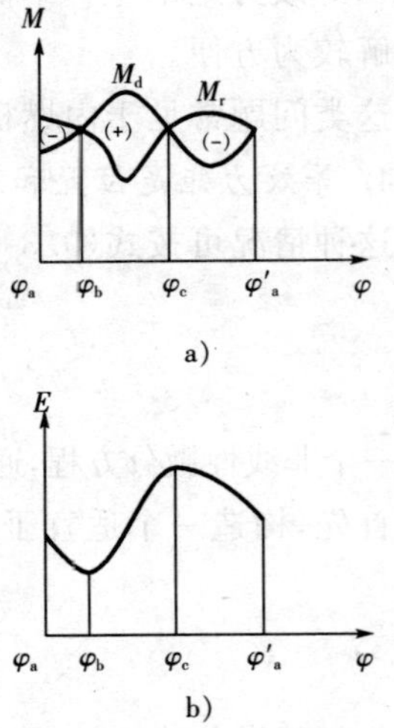

图 9－6　机械运转的功能曲线

$$W_{\mathrm{d}}(\varphi)=\int_{\varphi_{\mathrm{a}}}^{\varphi} M_{\mathrm{d}}(\varphi)\mathrm{d}\varphi$$

$$W_{\mathrm{r}}(\varphi)=\int_{\varphi_{\mathrm{a}}}^{\varphi} M_{\mathrm{r}}(\varphi)\mathrm{d}\varphi \tag{9.4-3}$$

机械动能的增量为

$$\Delta E=\frac{1}{2}J(\varphi)\omega^{2}(\varphi)-\frac{1}{2}J(\varphi_{\mathrm{a}})\omega^{2}(\varphi_{\mathrm{a}})=\int_{\varphi_{\mathrm{a}}}^{\varphi}[M_{\mathrm{d}}(\varphi)-M_{\mathrm{r}}(\varphi)]\mathrm{d}\varphi \tag{9.4-3}$$

机械在任一位置的动能为

$$E(\varphi)=\frac{1}{2}J(\varphi)\omega^{2}(\varphi)=\frac{1}{2}J(\varphi_{\mathrm{a}})\omega^{2}(\varphi_{\mathrm{a}})+\int_{\varphi_{\mathrm{a}}}^{\varphi}[M_{\mathrm{d}}(\varphi)-M_{\mathrm{r}}(\varphi)]\mathrm{d}\varphi \tag{9.4-4}$$

其变化曲线如图 9-6b 所示。

在图 9-6a 中，当机械运转在 $\varphi_{\mathrm{a}}\sim\varphi_{\mathrm{b}}$ 段时，由于 $M_{\mathrm{d}}<M_{\mathrm{r}}$，因而驱动功小于阻抗功，其差值为负，称之为亏功，等效构件的角速度因动能的减少而下降。当机械运转在 $\varphi_{\mathrm{b}}\sim\varphi_{\mathrm{c}}$ 段时，由于 $M_{\mathrm{d}}>M_{\mathrm{r}}$，因而驱动功大于阻抗功，其差值为正，称之为盈功，等效构件的角速度因动能的增加而上升。

显然，在周期内的任一段，由于驱动功与阻抗功并不相等，引起机械的动能发生变化，使机械的运转角速度产生波动，这就是机械产生速度波动的原因。

要使机械作周期性变速稳定运转，即 $\omega(\varphi+\varphi_{\mathrm{T}})=\omega(\varphi)$，则

$$E(\varphi)=\frac{1}{2}J(\varphi)\omega^{2}(\varphi)$$

$$E(\varphi+\varphi_{\mathrm{T}})=\frac{1}{2}J(\varphi+\varphi_{\mathrm{T}})\omega^{2}(\varphi+\varphi_{\mathrm{T}})=\frac{1}{2}J(\varphi)\omega^{2}(\varphi)=E(\varphi)$$

由式(9.4-3) 及式(9.4-4)，得

$$\begin{aligned}\Delta E&=E(\varphi+\varphi_{\mathrm{T}})-E(\varphi)\\&=\left\{\frac{1}{2}J(\varphi_{\mathrm{a}})\omega^{2}(\varphi_{\mathrm{a}})+\int_{\varphi_{\mathrm{a}}}^{\varphi+\varphi_{\mathrm{T}}}[M_{\mathrm{d}}(\varphi)-M_{\mathrm{r}}(\varphi)]\mathrm{d}\varphi\right\}-\\&\quad\left\{\frac{1}{2}J(\varphi_{\mathrm{a}})\omega^{2}(\varphi_{\mathrm{a}})+\int_{\varphi_{\mathrm{a}}}^{\varphi}[M_{\mathrm{d}}(\varphi)-M_{\mathrm{r}}(\varphi)]\mathrm{d}\varphi\right\}\\&=\int_{\varphi_{\mathrm{a}}}^{\varphi+\varphi_{\mathrm{T}}}[M_{\mathrm{d}}(\varphi)-M_{\mathrm{r}}(\varphi)]\mathrm{d}\varphi\end{aligned} \tag{9.4-5}$$

上式说明，要使机械作周期变速稳定运转，在一个公共周期 φ_T 内，驱动功等于阻抗功或盈功等于亏功，这就是机械作周期性速度波动的必要条件。

9.4.2　机械运转不均匀系数

图 9-7 所示为一个周期内等效构件角速度的变化曲线，其实际平均角速度为

$$\omega_m = \frac{1}{\varphi_T}\int_0^{\varphi_T} \omega(\varphi)\,d\varphi \qquad (9.4-6)$$

为了简化计算，在工程实际中，常用算术平均角速度代替实际平均角速度，即

$$\omega_m = \frac{1}{2}(\omega_{max} + \omega_{min}) \qquad (9.4-7)$$

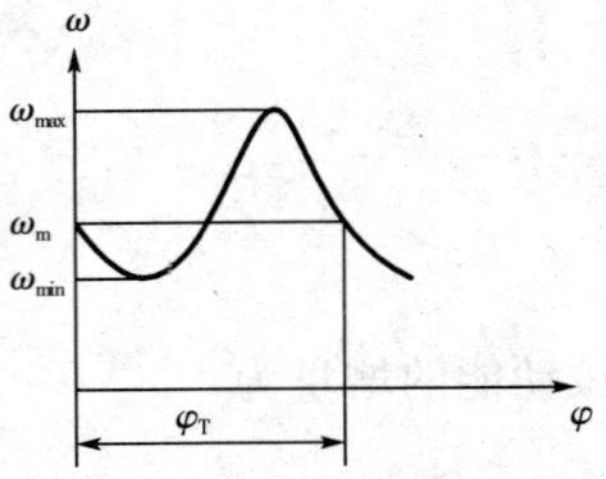

图 9-7　角速度变化曲线

等效构件的最大角速度 ω_{max} 与最小角速度 ω_{min} 之差反映了机械运转速度波动的绝对量，但不能真实反映机械运转速度的不均匀程度，速度波动绝对量相同而平均角速度不同的两台机器，平均角速度较低者机械的运转速度的不均匀程度较高。因此，平均角速度 ω_m 也是反映机械速度波动的一个重要指标。综合考虑这两方面的因素，用机械运转速度波动的绝对量与其平均角速度之比来表示机械运转速度波动的程度，这一比值称为机械运转速度不均匀系数，用 δ 表示，即

$$\delta = \frac{\omega_{max} + \omega_{min}}{\omega_m} \qquad (9.4-8)$$

由式(9.4-7)和式(9.4-8)可得

$$\omega_{max} = \omega_m\left(1 + \frac{1}{2}\delta\right) \qquad (9.4-9)$$

$$\omega_{min} = \omega_m\left(1 - \frac{1}{2}\delta\right) \qquad (9.4-10)$$

$$\omega_{max}^2 - \omega_{min}^2 = 2\delta\omega_m^2 \qquad (9.4-11)$$

不同类型的机械，由于其工作性能要求不同而对机械运转速度不均匀系数提出不同的要求(见表 9-1)。

表 9-1　部分机械的运转速度不均匀系数的许用值[δ]

机器名称	δ	机器名称	δ
粉碎机	1/5 ～ 1/20	纺纱机	1/60 ～ 1/100
冲、剪、锻床	1/7 ～ 1/20	船用发动机	1/20 ～ 1/150
泵	1/5 ～ 1/30	压缩机	1/50 ～ 1/100
轧钢机	1/10 ～ 1/25	内燃机	1/80 ～ 1/150
农业机械	1/5 ～ 1/50	直流发电机	1/100 ～ 1/200
织布、印刷、制粉机	1/10 ～ 1/50	交流发电机	1/200 ～ 1/300
金属切削机床	1/20 ～ 1/50	航空发动机	＜1/200
汽车与拖拉机	1/20 ～ 1/60	汽轮发电机	＜1/200

9.4.3　周期性速度波动的调节

所谓机械的周期性速度波动的调节，就是将所设计的机械的运转速度不均匀系数限制在一个许用值内。即 $\delta \leqslant [\delta]$。通常所采用的方法是在变速轴上安装一个具有很大转动惯量的回转构件 —— 飞轮。

1. 飞轮的调速原理

机械产生速度波动的原因是在机械运转的某一时段内驱动功不等于阻抗功。当出现盈功时，机械和飞轮的运转速度将会增大，盈功的大部分将被飞轮以动能的形式储存起来；反之，当出现亏功时，机械和飞轮的运转速度将会减小，飞轮释放动能以弥补能量的不足。由于飞轮的转动惯量可以设计得足够大，因此在盈亏功相对有限的情况下，飞轮的速度波动幅度不会很大，也就是机械速度波动得到了限制。

在这一过程中，飞轮实质上是一个能量储存器，它以动能的形式自发地按需要把能量储存或释放出来。由于飞轮的转动惯量相当大，其角速度的微小升降，即可调节机械系统较大的能量增减，这就是飞轮的调速原理。

此外，对于某些工作时间短、峰值载荷大、但在工艺上对运转不均匀程度要求不高的机械，如破碎机、冲压机等，可以利用飞轮在机械非工作时间所储存的动能来克服其尖峰载荷，从而选用功率较小的原动机。所以机械安装飞轮后不仅可以调速，而且可以减低能耗。

2. 飞轮转动惯量的近似计算

机械系统的等效转动惯量 J 一般由常量 J_c 和变量 J_v 两部分组成，即 $J=J_c+J_v$。当在等效构件上安装了一转动惯量为 J_F 的飞轮后，由于 $J_v \ll J_F$，在近似计算中可略去不计，即认为系统的等效转动惯量 $J=J_c+J_F$。

由式(9.4-4)可得系统在任一位置的动能

$$E(\varphi)=\frac{1}{2}(J_c+J_F)\omega^2(\varphi)=E(\varphi_a)+\int_{\varphi_a}^{\varphi}[M_d(\varphi)-M_r(\varphi)]\mathrm{d}\varphi$$

令

$$W(\varphi)=\int_{\varphi_a}^{\varphi}[M_d(\varphi)-M_r(\varphi)]\mathrm{d}\varphi$$

它是系统的等效力矩在所研究的区间 $[\varphi_a,\varphi]$ 内所作的功。显然，当等效力矩所作的功最大时，系统具有的能量最大，此时对应的等效构件的角速度亦最大；等效力矩所作的功最小时，系统具有的能量最小，对应的等效构件的角速度亦最小。即

$$E_{\max}=\frac{1}{2}(J_c+J_F)\omega_{\max}^2=E(\varphi_a)+W_{\max}$$

$$E_{\min}=\frac{1}{2}(J_c+J_F)\omega_{\min}^2=E(\varphi_a)+W_{\min}$$

两式相减，得

$$\frac{1}{2}(J_c+J_F)(\omega_{\max}^2-\omega_{\min}^2)=W_{\max}-W_{\min} \tag{9.4-12}$$

将式(9.4－11)代入式(9.4－12),解得

$$J_F=\frac{[W]}{\omega(\delta)}-J_c \tag{9.4-13}$$

式中,$[W]=W_{max}-W_{min}$,称为最大盈亏功。

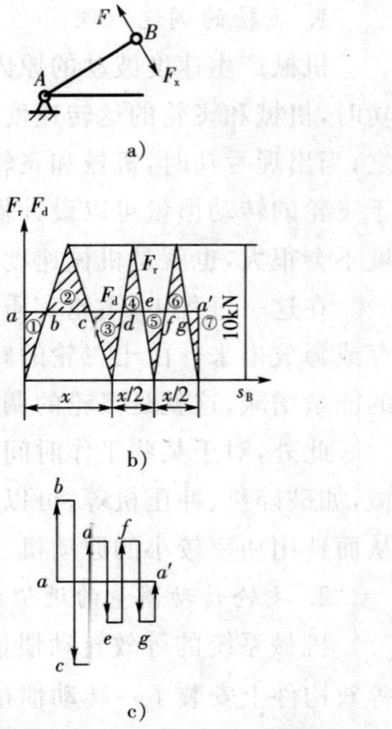

图 9－8　机组曲柄等效力矩变化图

【例 9－4】 如图 9－8 所示将机组的力和质量都等效到曲柄 AB 上的点 B。在机组稳定运动时,它的一个运动循环对应于轴的一转。已知切向等效阻力 F_r 是点 B 行程 s_B 的函数,$F_r=F_r(s_B)$;切向等效驱动力 F_d 在稳定运动中为常数;机组各构件质量的等效质量 $m=150\text{kg}=$常数;等效点的平均速度 $v_B=2.5\text{m/s}$;曲轴的长度 $l_{AB}=100\text{mm}$,装在轴 A 上的轮形飞轮的平均直径 $d=500\text{mm}$。求:

(1) 保证不均匀系数 δ 不超过 0.05 的飞轮转动惯量 J_F;

(2) 飞轮的最大角加速度 α_{max}。

【解】 (1) 按题意,机组各构件在轴 A 的等效转动惯量

$$J_R=J_C=ml_{AB}^{\ 2}=150\times0.1^2=1.5\text{kg}\cdot\text{m}^2=\text{常数}$$

而不计 J_v 的作用。曲柄的平均角加速度为

$$\omega_m=v_B/l_{AB}=2.5/0.1=25\text{rad/s}$$

又根据一个运动循环中驱动力的功与阻力的功相等,而题设等效驱动力 F_d 为常数,故可用下式求出 F_d 的值。按题意

$$F_d=\frac{\int_0^{2x}F_x\,\mathrm{d}s_B}{2x}$$

上式积分即为图 b 中 $F_r=F_r(s_B)$ 曲线与横坐标轴线所包括的三个三角形面积乘以 μ_F 和 μ_s。故得

$$F_d=\frac{\frac{1}{2}\times10\times\left(x+\frac{x}{2}+\frac{x}{2}\right)}{2x}=5\text{kN}$$

在图 b 中 $F_d=F_d(s_B)$ 为一水平直线 aa',它与 $F_r=F_r(s_B)$ 曲线相交于 b、c、d、e、f、g 各点,所包围的面积 ①、②,…,⑦ 各代表相应区间的盈亏功,亦即机组的动能增量。由于这些面积均为三角形,且其高度相同,所以它们与其底边 ab、bc,…,ga' 成正比,其大小也容易求出,在此情况下不必再求曲线 ΔE。可用图 c 所示的能量指示图直接确定各极值点剩余功的

相应变化。图c中矢量ab、bc,…,ga'各代表面积①、②,…,⑦(可直接根据各三角形的底边长作出)。那么,最高点b和最低点c即对应于机组动能最大和最小时的位置,亦即等效构件最大角速度ω_{max}和最小角速度ω_{min}的位置。bc长代表该区间的盈亏功W_{bc}(对应于面积②),即最大盈亏功

$$[W]=\frac{1}{2}\times\left(\frac{x}{2}\right)\times 5=\frac{\pi l_{AB}}{4}\times 5=\frac{\pi\times 0.1}{4}\times 5=393\text{Nm}$$

得

$$J_F=\frac{393}{0.05\times 25^2}-1.5=11.076\approx 11.1\text{kgm}^2$$

(2) 飞轮的最大角加速度α_{max}为

$$\alpha_{max}=\frac{(M_d-M_r)}{J_F+J_C}=\frac{(5\times 0.1-0)}{11.1+1.5}\times 1000=39.7\text{rad/s}^2$$

9.4.4　飞轮尺寸的计算

求得飞轮的转动惯量以后,可确定其尺寸。飞轮常作成轮形,如图 9-9 所示。它由轮缘A、轮毂B和轮辐C三部分组成。因与轮缘比较,轮辐及轮毂的转动惯量较小,故常略去不计。设Q_A为轮缘的重量,D_1和D_2为轮缘的外径和内径,则轮缘的转动惯量近似为

$$J_A\approx J_F=\frac{Q_A}{2g}\left(\frac{D_1^2+D_2^2}{4}\right)$$

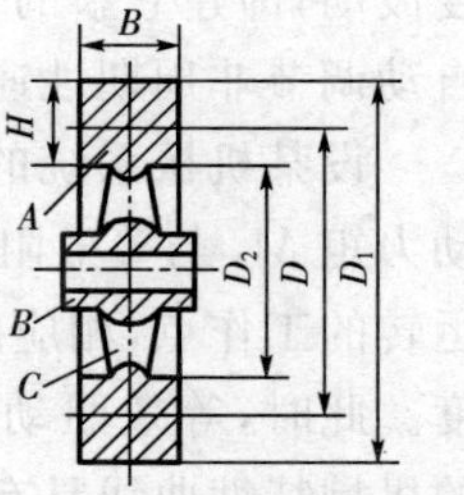

图 9-9　飞轮形状

又因轮缘的厚度H与其平均直径D相比较其值一般较小,故可以近似认为轮缘的质量均集中在直径D上。于是可得

$$J_A=J_F=\frac{Q_AD^2}{4g}$$

或
$$Q_AD^2=4gJ_F \tag{9.4-14}$$

式中J_F是飞轮实际的转动惯量,Q_AD^2称为飞轮的飞轮转矩,其单位为Nm^2。由上式可知,当选定飞轮轮缘的平均直径D时,即可求出飞轮轮缘的重量Q_A。至于平均直径D的选择,一方面需考虑飞轮在机械中的安装空间,另一方面还需使其圆周速度不致过大,以免轮缘因离心力过大而破裂。

又设轮缘的宽度为b,材料单位体积的重量为$\gamma(\text{N/m}^3)$,则

$$Q_A=\pi DHb\gamma N$$

于是
$$Hb=\frac{Q_A}{\pi D\gamma} \tag{9.4-15}$$

式中D、H及b的单位为m。当飞轮的材料及比值H/b选定后，由上式可求得轮缘的横断面尺寸H和b。

9.5　非周期性速度波动的调节

9.5.1　概述

机械系统作周期性的稳定运转，需要一定的条件。当这种条件遭到破坏，系统的运转速度将是不规则的，呈现出非周期性的波动。如果不能及时地对这种速度波动进行调节，有时会对机械系统造成极其严重的危害。例如，当系统的等效驱动力矩所作的功恒大于（或小于）等效阻抗力矩所做的功，促使系统的运转速度持续地向单一方向发展，导致速度越来越高或越来越低，直至出现飞车或停车现象，影响机械的正常工作，严重时还会破坏机械设备。因此，必须对机械的非周期性速度波动进行调节。

9.5.2　非周期性速度波动的调节方法

机械作非周期性速度波动时由于机械运转的平衡条件受到了破坏，要调节非周期性速度波动，即建立新的平衡条件。对于某些机械系统来说，由于其特殊的机械特性，使其具备自动调节非周期性速度波动的能力（称为机械的自调性）。

设某机械系统的机械特性如图9-10所示。等效驱动力矩M_d与等效阻抗力矩M_r曲线的交点s为系统稳定运转的工作点，相应的角速度ω_s是系统稳定运转的角速度。此时，等效驱动力矩与等效阻抗力矩相等。该系统的机械特性曲线具有下降的特性，即

$$\frac{\partial M_d}{\partial \omega} < \frac{\partial M_r}{\partial \omega} \qquad (9.4-16)$$

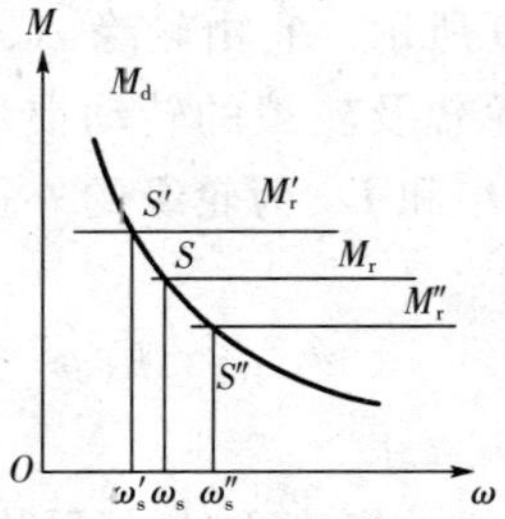

图9-10　具有自调性系统的机械特性曲线

这样的系统本身就具有自调性。因为当系统由于某种原因而使载荷或角速度发生变化，例如M_r突然增大至M'_r，这时，等效驱动力矩M_d将小于等效阻抗力矩M'_r，系统的稳定运转速度ω_s将下降，由于系统具有下降的特性，随着转速的下降，系统的等效驱动力矩将上升，直至等于等效阻抗力矩M'_r，系统将在新的工作点s'处作稳定运转；反之，若M_r突然减小至M''_r，此时由于$M_d > M''_r$而使ω上升，但是随着转速的上升，系统的等效驱动力矩将下降，当ω上升至ω''_s时，M_d与M''_r又达到了平衡。于是系统在新的稳定工作点s''恢复稳定运转。显然，利用自调性进行调节的机械系统，对应于不同的载荷，就有不同的稳定工作点，其运转速度ω_s将随着载荷的变化而变化。

若系统的机械特性曲线具有上升的特性，即

$$\frac{\partial M_d}{\partial \omega} > \frac{\partial M_r}{\partial \omega} \qquad (9.4-17)$$

如图9-11所示，则系统将不具有自调性。此时，若系统的平衡条件遭受破坏，将会导致速度波动向单一方向持续发展，这样的系统不能正常工作。

为了使机械系统能够正常工作，系统必须具有调节非周期性速度波动的能力。如果机械系统没有自调性，或者系统依靠自调性进行调节不能满足其工作要求，则必须在机械系统中安装一个专门的调节装置 —— 调速器。下面以机械式离心式调速器为例，简单介绍一下其工作原理。

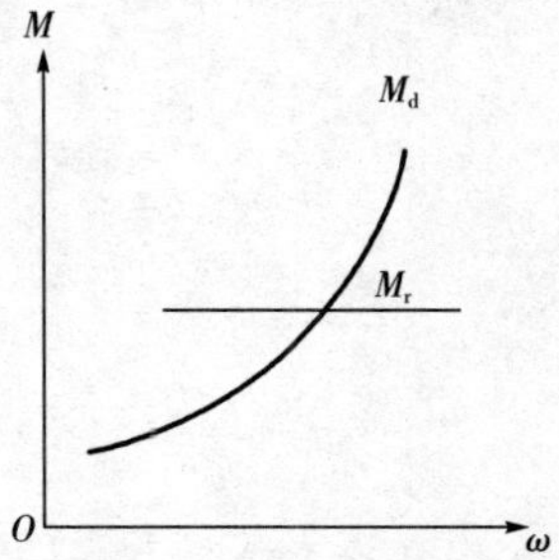

图 9-11　不具有自调性系统的机械特性曲线

图 9-12 所示为一离心式调速器，机械系统的原动机的主轴通过传动装置与调速器主轴相连。当系统的工作载荷减小时，其运转速度将上升，从而离心式调速器的主轴转速也随之升高，其上的重球 A 在增大了的离心力作用下而张开，带动套筒 B 上升，再通过连杆机构将阀门 C 关小，使进入原动机的工作介质减少，导致原动机输出的驱动力减少而与工作载荷重新建立平衡关系，使系统获得稳定运转。反之，若工作载荷增大，则调速器的转速下降，重球 A 收拢，套筒 B 下降，阀门 C 开大，进入原动件的工作介质增多，原动机输出的驱动力增大，再次与工作载荷保持平衡而使机械系统稳定运转。

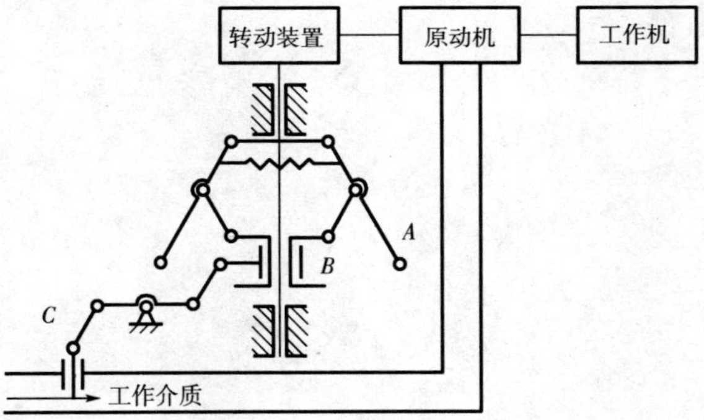

图 9-12　机械式调速器

思考题

1. 机器运动方程式有哪几种表达形式？试举例说明它们的适用场合。

2. 何谓机器运转的“平均速度”和“不均匀系数”？在设计飞轮时是否不均匀系数选得愈小愈好？

3. 为了减少飞轮的质量，飞轮最好安装在何处？

4. 在曲线 $\Delta E = \Delta E(\varphi)$ 上，ΔE_{max} 处的等效构件速度为最大，ΔE_{min} 处的角速度为最小，这个说法是否一定正确？

第四篇 机械系统运动方案设计

第 10 章　机械系统运动方案设计

10.1　机械系统运动方案设计的目的及过程

前面研究了各种常用机构的特性和设计方法，其目的是为了设计新的机械产品，满足社会需要。对新产品要求的程度不同，则设计的类型也不同，主要有下列三种：

(1) 创新设计　产品是全新的，其工作原理、功能和构型等具有一定的创新特点。

(2) 改进设计　产品的部分功能和构形根据新的需要作局部的改进。

(3) 系列设计　产品仅在功能规格上有量的变化。

通常进行机器创新设计的难度最大，其过程和步骤如表 10-1 所示。表中各项步骤完成后都要进行审定和修改。

步骤 1 ～ 步骤 2 是产品的规划阶段，其中"功能要求"包含机器规格、执行、使用和制造等方面有关要求，是机器设计的前提。步骤 3 ～ 步骤 5 便是机械运动方案拟定阶段，主要实现机器的执行功能，是机器设计的关键。步骤 6 ～ 步骤 10 是详细设计阶段，确定组成机器各构件的具体构形，是机器设计的最后成果。

表 10-1　机器设计的步骤

序次	步　骤	目　标
1	进行产品规划，提出机器功能要求，明确设计任务	设计任务书（设计、审定的依据）
2	做功能分析，选择机器工作原理，确定工艺动作过程	工作原理和工艺过程图（初步的机器运动循环图）
3	分解工艺动作为几个独立运动，确定实现该运动的构件（执行机构）	确定机器执行构件数目和运动规律
4	选择和组合能实现各执行构件所需运动的机构（执行机构）	机构示意图
5	确定机器各执行机构的运动协调关系	机器运动循环图和整机机构示意图
6	各机构根据运动规律、动力条件确定机构尺寸和各机构间的相对尺寸	各机构运动简图和整机组合尺寸，修订机器运动循环图
7	构形设计，选主要零件用材，定结构、外形和尺寸	结构和外形草图
8	总体设计	总体装配图
9	零、部件设计	零、部件图
10	编写技术文件	计算书、说明书等

综观设计全过程，合理的运动方案可以正确体现设计任务，保证后续工作的顺利进行。机械实现其功能所依据的工作原理可以是相同的，也可以是不相同的，具有不同工作原理的机械其运动方案肯定是不同的。所以依据相同工作原理可以设计不相同的运动方案。如范成法加工齿轮，其原理相同，所采用刀具不同，机器的运动方案也不同。所以机械运动方案的拟定在机器设计中的地位是十分重要的。

机械运动方案的拟定是如何选择和组合机构，来实现工艺动作的运动要求。由于各种机器的要求各式各样，动作千变万化，所以一种机构往往难于实现。机器是由各个机构所构成的系统，多数机器都含有若干个不同的机构。

前面相关章节已分别介绍了平面连杆机构、凸轮机构、齿轮机构和间歇运动机构等常用机构的特性、运动学、示意图的绘制和计算方法。本章将讨论上述常用机构间的组合方式、运动特性和设计方法；探讨如何根据执行机构的运动要求选择机构的型式，以及如何协调各执行机构的运动问题。

10.2　机构的选型

机械运动方案的构思、设计、拟订是机械创新设计的主要内容。机构选型是机械运动方案设计中的重要部分。机构形式的选择是否合适，直接关系到方案的先进性、通用性、适用性和可靠性。

机构选型，就是选择或创造合适的机构形式，以实现机器所要求的各种执行动作和运动形式。机构选型不能脱离设计者的经验和直觉知识，但还是有一些思考方法和规律可以借助。虽然这些方法、规律永远不能代替设计者的创造力，但可以扩展设计者的知识面，运用创造技法提高设计效率，在较高的设计水平上提供选择机构的办法。

10.2.1　按运动形式选择机构

常见的机器工艺运动所要求的运动形式有：单向转动、摆动、移动；双向转动、摆动、移动；摆动至极限位置作停歇运动；移动至极限位置作停歇运动。为了形象直观地加以描述，表 10－2 列出了常见的运动形式与表达符号。

表 10－2　常见运动形式与表达符号

运动形式	连续运动			间歇运动			极限位停歇	
	转动	摆动	移动	转动	摆动	移动	摆动	移动
单向		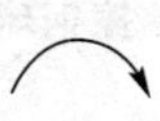				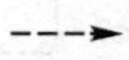		
双向					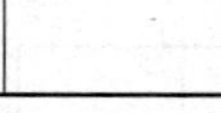		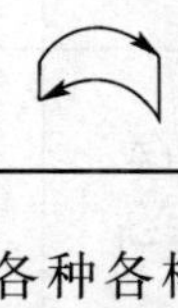	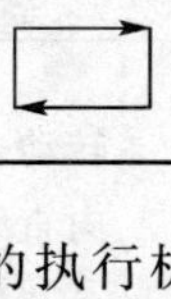

设计者要解决的问题，是把原动机的运动形式和运动参数转换为各种各样的执行机构的运动形式和运动参数。一个原动机往往要驱动多个执行机构动作，因此在原动机和执行

机构之间必须采用具有不同功能的机构来进行运动形式和运动参数的转换，以实现执行构件的预期动作。由此看来，对机器的运动转换必须进行功能分析，即对原动机和执行机构所形成的传动链两端的运动形式和运动参数进行运动分析研究。只有考虑在运动传递过程中轴线位置的配置等功能要求，才能确定各中间机构的基本功能，如由转动转换成移动、摆动、间歇转动等。将基本功能用规定符号来表示，并配上符合该功能的机构形式，这样设计者可以较方便地进行选择或在此基础上进行机构的变异和创造。

表 10－3 列出了常见的运动转换基本功能及实现这些基本功能的机构。表中基本功能用两个矩形框中的符号表示，表示由左框中的运动形式转换为右框中的运动形式。

表 10－3　常见运动转换基本功能、代表符号和匹配机构

名　称	符　号	功能载体
转动变为双向摆动	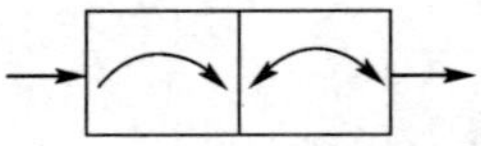	曲柄摇杆机构，摆动从动件凸轮机构，曲柄摇块机构，电风扇摇头机构，摆动导杆机构，曲柄六连杆机构
转动变为单向间歇转动	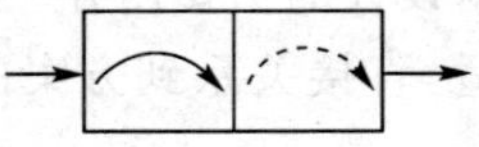	槽轮机构，平面凸轮间歇机构，不完全齿轮机构，圆柱凸轮分度机构，针轮间歇转动机构，蜗杆凸轮分度机构，偏心轮分度定位机构，内啮合星轮间歇机构
转动变为单侧间歇摆动	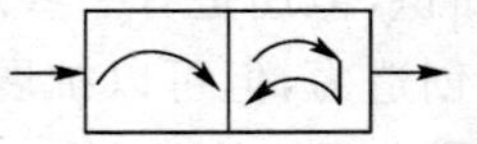	摆动从动件凸轮机构，连杆曲线间歇摆动机构，曲线槽导杆机构
转动变为双侧间歇摆动	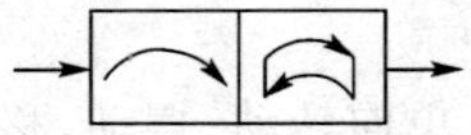	六连杆机构两极限位置停歇摆动机构，四连杆扇形齿轮双侧停歇摆动机构
转动变为实现预定轨迹	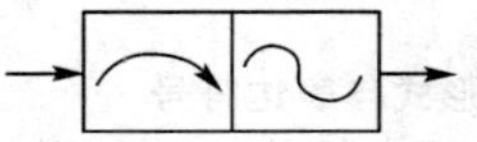	行星轮直线机构，联动凸轮机构，铰链五杆机构，铰链六杆椭圆轨迹机构，连杆凸轮组合机构，行星轮摆线正多边形轨迹机构
摆动变为单向间歇转动	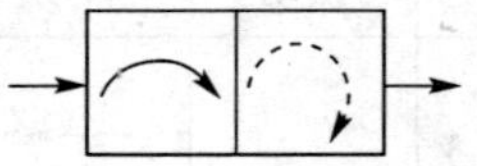	棘轮机构，摩擦钢球超越单向机构
转动变为单向直线移动	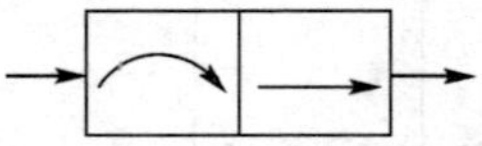	齿轮齿条机构，螺旋机构，带传动机构，链传动机构
转动变为双向直线运动	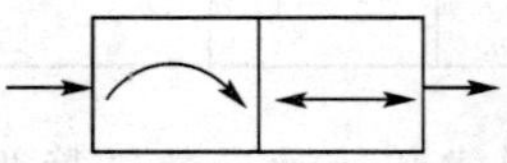	曲柄滑块机构，六连杆滑块机构，移动从动件凸轮机构，不完全齿轮齿条机构，连杆凸轮组合机构，正弦机构

（续表）

名　称	符　号	功能载体
转动变为单侧间歇移动	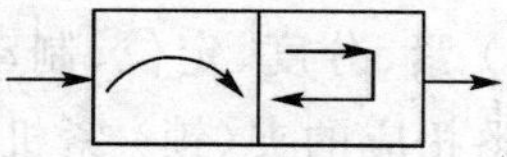	连杆单侧停歇曲线槽导杆机构，移动凸轮间歇移动机构，行星内摆线间歇移动机构
转动变为双侧间歇移动	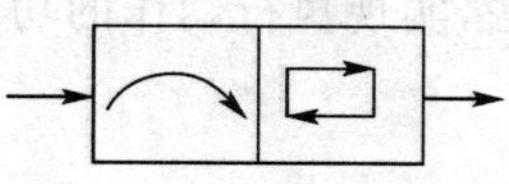	不完全齿轮齿条往复移动间歇机构（用于印刷机），不完全齿轮移动导杆间歇机构，移动从动件凸轮机构，八连杆滑块上下端停歇机构（用于喷气机开口机构）
运动缩小 运动放大	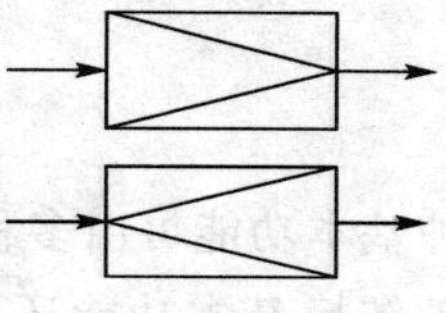	齿轮传动机构，谐波传动机构，链传动机构，行星传动机构，摆线针轮传动机构，摩擦轮传动机构，蜗轮蜗杆机构，带传动机构，螺旋转动机构，流体传动机构，连杆机构
运动合成	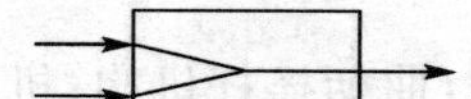	差动螺旋机构（用于测微机、分度机构、调节机构、夹具等），差动轮系，差动连杆机构，二自由度机构
运动分解	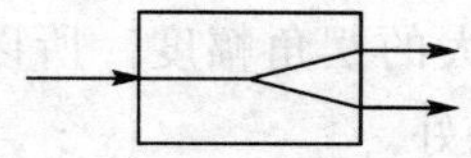	差动轮系，二自由度机构
运动换向	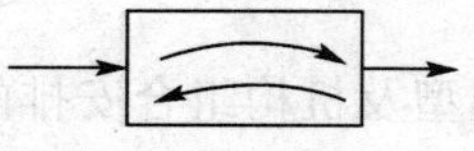	惰轮换向机构，棘轮机构，滑移齿轮换向机构，摩擦差动换向机构，行星齿轮换向机构，离合器锥齿轮换向机构
运动轴线变向	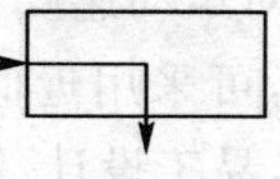	锥齿轮传动，交叉带传动，螺旋齿轮传动、蜗杆传动，单万向节传动
运动轴线平移	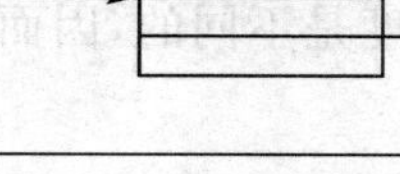	圆柱齿轮传动，带传动，链传动，平形四边形机构，双万向联轴节，圆柱摩擦轮传动
运动分支	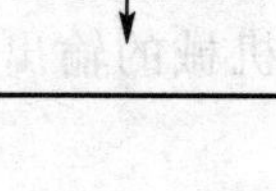	齿轮系，带轮系，链轮系

由表10-3知实现某一运动转换基本功能的机构型式有多种，因此把这些机构按运动的不同传递顺序组合起来构成的运动方案也有很多种。

10.2.2　按执行机构的功用选择机构

有时，机器执行动作的功用很明确，如夹(锁)紧、分度、定位、制动、导向等功用。设计者可以遵照这些功用，先查阅有关机构手册，熟悉相应的夹(锁)紧机构、分度机构、定位机构、制动机构和导向机构等内容，然后进行分析对比，选择确定一种适用于所设计机器的机构。即使选择不到合适的机构形式，也能达到开阔思路，借鉴启发的作用，可在已有机构形式的基础上增加辅助机构或组合成新机构等方法，实现执行动作的功能要求。

10.2.3　按不同的动力源形式选择机构

常用的动力源有电动机、气液动力源、直流电动机等。机构选型时应充分考虑动力源情况和生产情况，当有气液源时常用气动、液压机构，这样可以简化机械结构，省去传动机构与运动转换机构。特别对具有多个执行机构的工程机械、自动生产线、自动机等，应优先考虑。

10.2.4　按先易后难选择机构

表10-3列出了多种运动转换基本功能。每种基本功能可由多种机构型式来实现，其中大部分属于较简单的基本机构。实际上，每种运动转换基本功能还可以匹配多种机构组合和组合机构。设计者如何在众多的机构型式中合理选择呢？通常的选择顺序是：先选基本机构，再选机构组合，最后选组合机构。

例如，实现转动转换为摆动的功能，基本机构：曲柄摇杆机构；机构组合：曲柄摇杆机构串联导杆机构，或串联铰链四杆机构等，都能满足这一转换功能。设计者可先选基本机构，只有当曲柄摇杆机构不能满足摆幅要求，或不能满足动力特性要求时，再考虑选择曲柄摇杆机构串联导杆机构的组合型式，以获得从动件更大的摆角幅度。所以必须对各类机构的运动特性有深入的理解，机构选型才能选得准，选得好。

10.2.5　选择机构及其组合安排时应考虑到主要要求和条件

1. 运动规律

执行机构的运动规律及其调节范围是机构选型及机构组合安排的基本依据。

2. 运动精度

运动精度的高低对机构选型影响很大。例如，对运动速度和运动时间要求很高时，就不宜采用液压和气压传动；如果对运动精度要求不高，可采用近似直线运动代替直线运动，用近似停歇代替停歇。这样，可使所选机构结构简单，易于设计、制造。

3. 承载能力与工作速度

各种机构的承载能力和所能达到的最大工作速度是不同的，因而需根据速度的高低、载荷的大小及其不同的特性来选用合适的机构。

4. 总体布局

原动机和执行构件的工作位置、传动机构与执行机构的布局要求等是机构选型和组合安排必须考虑的因素。要求总体布局合理、紧凑，使机械的输出端尽可能靠近输入端，这样可省去不必要的传动机构。

5. 使用要求与工作条件

使用单位所提出的生产工艺要求,生产车间的条件、使用和维修要求等,均对机构选型和组合安排有很大影响。

10.3　机构的组合

当单一的基本机构不能满足自动机、自动生产线的复杂多样的运动要求时,可将多个基本机构按一定的方式组合起来,形成组合机构,以适应生产机械化、自动化的需要。

10.3.1　机构的组合方式

1. 串联式

把多个基本子机构按串联的方式组合,这时组合中的各子机构保持其原有的结构,各自相对独立。通常前一机构的输出件就是后一机构的输入件。

如图 10-1a 所示为曲柄摇杆机构 1—2—3—4 与曲柄滑块机构(或摇杆滑块机构)3′—5—6—4 串联起来,输出构件 6 具有急回运动特性,且工作行程中滑块又有近似的匀速运动。图 10-1b 为组合方式框图。

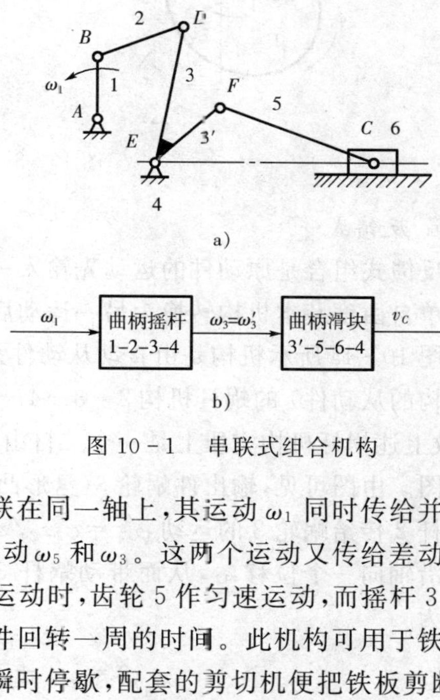

图 10-1　串联式组合机构

2. 并联式

原动件的一个运动同时输入 n 个并列布置的单自由度基本机构,从而转换成 n 个输出运动;而这 n 个运动又输入给一个 n 自由度的基本机构,合成为一个输出运动。

图 10-2a 所示的机构由定轴轮系 1′—5—4 和曲柄摇杆机构 1—2—3—4,以及差动轮系 5—6—7—3—4 组成。原动齿轮 1′ 和曲柄 1 固联在同一轴上,其运动 ω_1 同时传给并列布置的定轴轮系和曲柄摇杆机构,从而转换成两个运动 ω_5 和 ω_3。这两个运动又传给差动轮系合成为一个输出运动 ω_7。当原动件 1(1′) 作匀速运动时,齿轮 5 作匀速运动,而摇杆 3 作变速摆动,所以内齿轮 7 作变速转动,其周期为原动件回转一周的时间。此机构可用于铁板输送机。当内齿轮 7 将铁板输送一定的距离后即作瞬时停歇,配套的剪切机便把铁板剪断(图中未表示出)。该机构的组合方式框图见图 10-2b。该机构系用两个并列的单自由度机构封闭了一个二自由度的差动轮系,故属并联式组合机构。

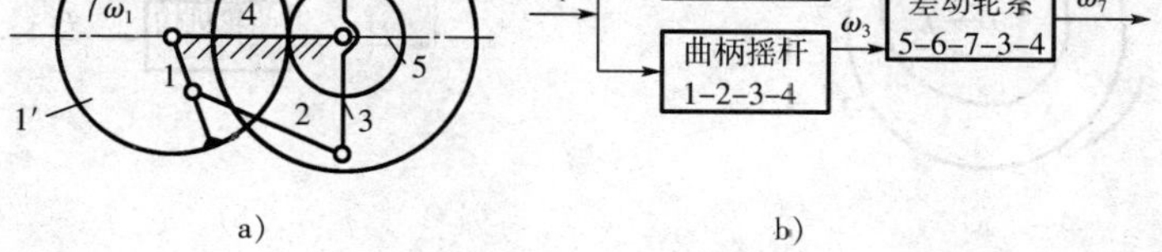

图 10-2　并联式组合机构

3. 复合式

复合式组合是原动件的运动一方面传给一个单自由度基本机构，转换运动后再传给一个二自由度基本机构；同时，原动件又将其运动直接传给该二自由度基本机构，而后者将输入的两个运动合成为一个输出运动。

图 10-3a 所示机构由凸轮机构 1′—4—5 和二自由度五杆机构 1—2—3—4—5 组合而成。原动凸轮 1′ 和曲柄 1 固接，构件 4 是两个基本机构的公共构件。当原动凸轮 1′ 转动时，从动件 4 移动，凸轮 1′ 和构件 4 同时给五杆机构输入一个转动 φ 和一个移动 s，故此五杆机构有确定的运动。这时构件 2 或构件 3 上任一点（例如 C 点）便能实现比四杆机构的连杆曲线更为复杂的轨迹曲线 C。图 10-3b 所示即为该机构的组合方式框图。

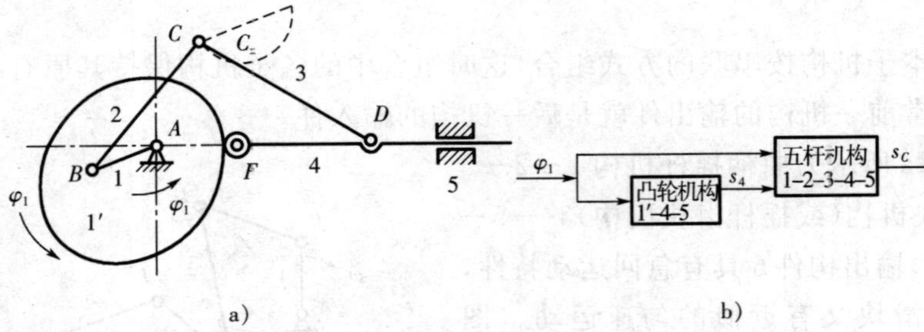

图 10-3　复合式组合式机构

4. 反馈式

反馈式组合是原动件的运动先输入一个多自由度基本机构，该机构的一个输出运动经过一单自由度基本机构转换为另一运动后，又反馈给原来的多自由度基本机构。

图 10-4a 所示机构是由直动从动件盘形凸轮机构 3′—4—1 和带有滑架 4（同时又是凸轮机构的从动件）的蜗杆机构 2—3—4—1 组合而成。其中蜗杆 2 能转动和由滑架 4 带着移动，故上述蜗杆机构实质上是一个二自由度的高副四杆机构。图 10-4b 为该机构的组合方式框图。由图可见，输出件蜗轮 3（盘形凸轮 3′ 与之固连）的运动 φ_3 由两部分组成：其一是由蜗杆 2 传给蜗轮 3 的运动 $\varphi'_3=\varphi_2 z_2/z_3$；其二是由凸轮机构将蜗轮的运动反馈至蜗杆，使蜗杆沿轴向一个位移 s_2，从而带动蜗杆 3，所产生的附加转动 $\varphi''_3=s_2/r_3$。因此蜗轮 3 的转动为

$$\varphi_3=\varphi'_3\pm\varphi''_3=\varphi_2 z_2/z_3\pm s_2/r_3$$

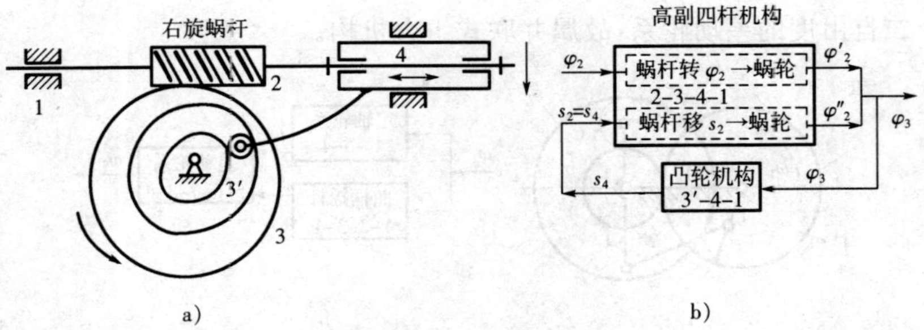

图 10-4　反馈式组合机构

式中 r_3 为蜗轮 3 的节圆半径。若蜗杆转动所产生的蜗轮转动与蜗杆移动所产生的蜗轮转动的方向相同时，则上式等号右边取“+”号，反之，则取“−”号。

反馈式组合机构能补偿运动，故在齿轮加工机床中用它来校正传动系数的误差。如上图蜗轮的实际转动因传动误差而与理想转动不符时，就可根据所测得的误差来设计凸轮机构，以补偿运动误差。

5. 叠联式

叠联式与前述各种组合方式不同的是：各基本机构没有基本的机架，而是互相叠联在一起。其特点是：每一个基本机构各有一个动力源，前一个机构的输出件是后一个机构的相对机架。图 10-5a 所示的挖掘机机构就是一种叠联式组合机构。图 10-5b 为该机构的组合框图(图中 s 和 φ 的下标 ij 表示构件 i 相对于构件 j)。

在一些机器人或机器手中也常见到这类叠联式组合机构。

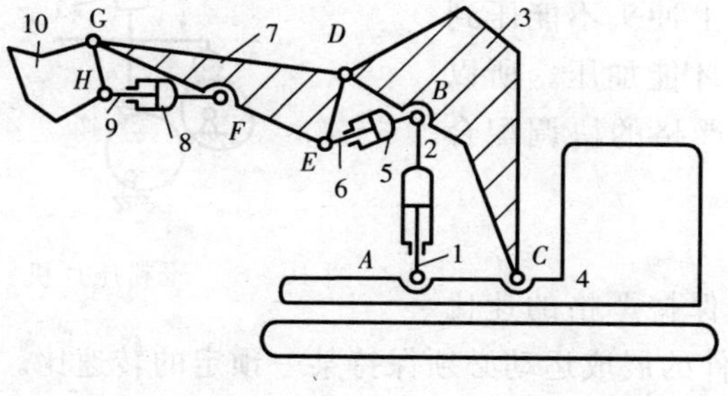

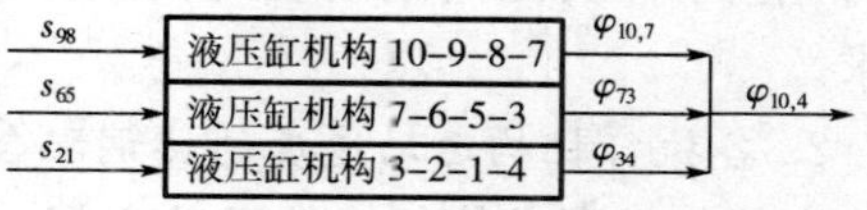

图 10-5　叠联式组合机构

10.3.2　机构组合与组合机构

1. 机构组合

在前述单自由度机构的串联式组合和叠联式组合中，各基本机构运动参数间关系简单，各机构仍保持相对独立，所以设计方法与各原机构一样。因此，单自由度机构按串联方式或按叠联方式组合而成的机构系统，被称为机构组合。

2. 组合机构

在用单自由度基本机构来约束封闭二自由度机构的并联式、复合式和反馈式组合中，以及在含有二自由度机构的串联式组合中，各基本机构已不能独立，它们之间是一种“有机”的连接。因此，这种由基本机构“有机”连接而成的独特机构称为组合机构。每种组合机构具有各自特有的型综合、尺寸综合和分析设计方法。随着电子计算机和现代计算方法的发展，极大地推动了组合机构的研究。目前组合机构已在各种自动机和自动生产线上得到广泛的应用。

10.4　机器执行机构及其协调设计

根据机械的总功能分解成的分功能，可依确定机器有几个动作通过相互配合来完成一个工艺动作过程。把这些动作看成机械的执行动作，易与其他生产动作区别开来。

完成执行动作的构件称为执行构件。与执行构件相匹配的机构称为执行机构。一般来说，一个执行动作由一个执行机构来完成。但也有用多个执行机构完成一个执行动作，或用一个执行机构完成多个执行动作。

机械中各执行动作是有序的、相互协调配合的，所以机械执行机构的协调设计，以及描述协调关系的机械运动循环图设计显得十分重要。

10.4.1　机械执行机构的协调设计

1. 各执行机构的动作在时间和空间上协调配合

有些机械要求各执行构件在运动时间的先后上和运动位置的安排上，必须准确协调地相互配合。

如图10-6所示为一干粉料压片机。它有上冲头（六杆机构）；下冲头（双凸轮机构）；料筛传送机构（凸轮连杆机构）所组成。料筛由传送机构把它送至上、下冲头之间，通过上、下冲头加压把粉压成片状。显然，在送料期间上冲头不能压到料筛，只有当料筛位于上、下冲头之间，冲头才能加压。所以送料，上、下冲头之间运动在时间顺序上有严格的协调配合要求。

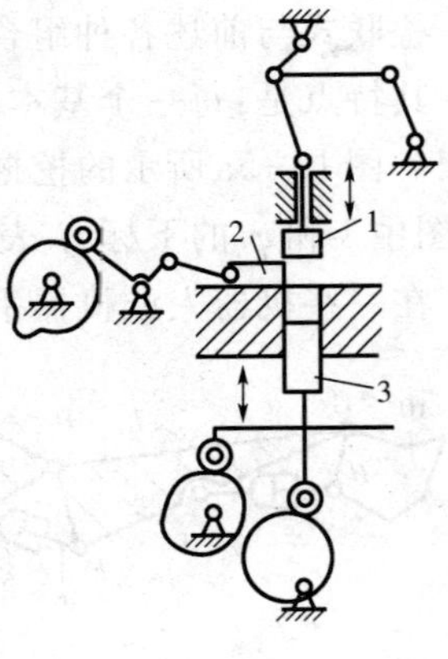

图10-6　干粉压片机

2. 各执行机构运动速度的协调配合

有些机械要求执行构件运动之间，必须保持严格的速比关系。例如按展成法加工齿轮时，刀具和工件的展成运动必须保持某一预定的转速比。

3. 多个执行机构完成一个执行动作时，其执行机构运动的协调配合

图10-7为一纸板冲孔机构。为完成冲孔这一工艺动作，要求有两个执行机构的组合运动来实现：一是曲柄摇杆机构中摇杆的上下摆动，带动冲头滑块上下摆动；二是电磁铁动作，四杆滑块机构带动滑块冲头在动导路（摆杆）上移动。只有当冲头滑块移至冲针上方，同时冲头向下摆时才打击冲针，完成冲孔任务。显然，这两个执行机构的运动必须精确协调配合，否则就会产生空冲现象。

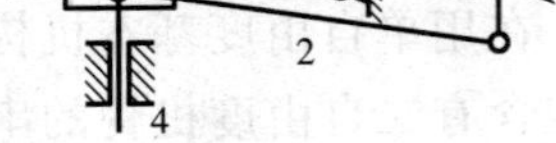

图10-7　纸板冲孔机构

10.4.2　机械运动循环图

为了描述各执行机构之间有序的、制约的相互配合的运动关系，可编制出机械在一个运动循环中的循环图。首先从机械中选择一个构件作为定标件，以该构件运动的转角或时间作为确定其他执行机构运动先后顺序的基准。通常运动循环图有两种形式。

1. 圆形运动循环图

如图10-8a所示，它是把运动循环各运动区段的时间和顺序按比例绘在圆形坐标上。其优点是能直接观察各个执行机构的原动件在分配轴上所处的位置，便于各原动件的安装和调整。其缺点是当执行机构太多时，同心圆太多，不易看清。

2. 直角坐标式运动循环图

如图10-8b所示，它是把运动循环各运动区段的时间和顺序按比例绘在直角坐标上。其优点是能直接观察各个执行机构的运动状态及起迄时间，对指导各个执行机构的几何尺

寸设计非常便利。

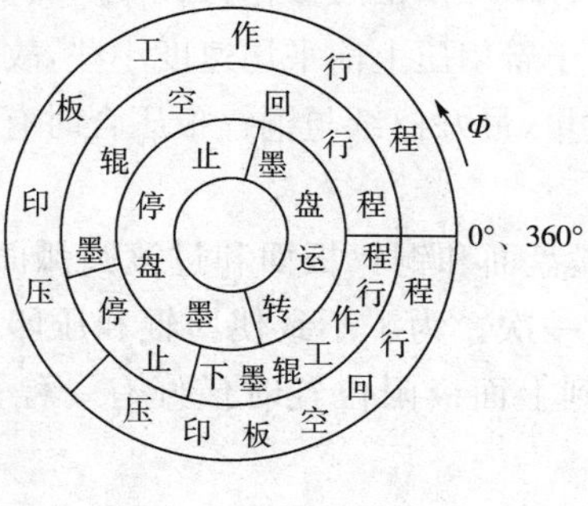

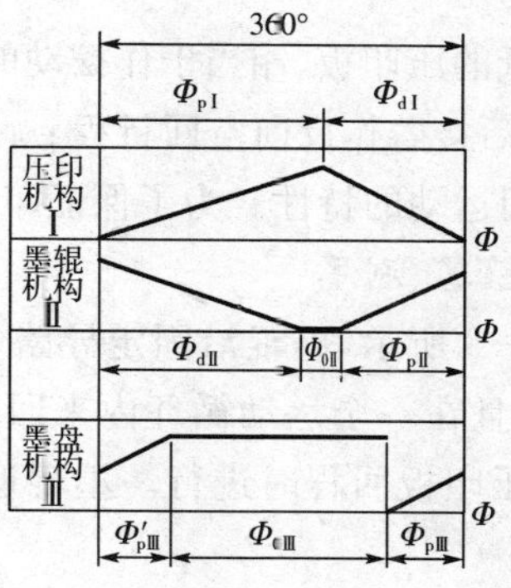

a)　　　　b)

图 10-8　盘形印刷机运动循环图

10.5　机械系统运动方案拟定示例

本节以圆盘印刷机为例，说明机械系统运动方案的拟定过程。

10.5.1　设计要求

圆盘印刷机印刷各种表格、单据、账册、商标等八开以下的印刷品。由于该机适用于各中、小型印刷厂，故要求结构简单、使用方便、便于维护、价格低廉。该机工艺过程是在做有文字、表格或图案的铜锌平板上用墨辊刷上油墨，然后在铜锌板上覆盖白纸，再用压印板压上，使铜锌板上的文字、图表完全印到白纸上。因此，对圆盘机的设计要求是：① 首先要满足给墨辊均匀供油墨的要求；② 使墨辊均匀地蘸上油墨后，再将油墨均匀地涂到铜锌板面上；③ 为了提高工作效率，当墨辊开始退出铜锌板面时，压印板就要启动。在墨辊退出铜锌板面时，放有白纸的压印板慢慢压上铜锌板面。此时，墨辊回到原来的起始位置。

考虑到运动部分质量尽量小些，故建议将铜锌板固定在机架上。白纸放在压印板上，且放纸与取纸均用手工完成。墨辊在铜锌板上刷油墨时的速度能均匀些更好，但结构不能太复杂。

10.5.2　工艺动作分解和机器运动循环图

根据上述要求，参阅图 10-8a，工艺动作可分解为：① 设置一墨盘 2，先将油墨定量输送至墨盘，另墨盘做间歇转动，使墨辊 1 蘸墨时能较均匀地得到供墨；② 墨辊沿墨盘面和铜锌板面 11 上下运动，完成蘸墨和刷墨动作；③ 放有白纸的印刷板 3 绕一固定点 D 来回摆动，其工作行程终点使白纸与涂有油墨的铜锌板压合，完成印刷工艺。当空回行程时便可取出成品。

从工艺动作做分解可知，圆盘印刷机需要三个执行构件：圆盘、墨辊和印刷板。根据设计、装配和调整的需要画出直角坐标系循环图和圆形循环图，分别如图 10-8b 和 10-8a 所示。由于压印板直接装着工件（白纸），故以它的原动件每转一圈作为一个运动循环，原动件的转角 Φ 作为横坐标，相应于工作行程的起点位置为零位（$\Phi=0°$），纵坐标为执行构件的位移。对各执行机构的具体要求是：

1. 压印

装有白纸的压印板(相当于作摆动的摇杆 CD）作正向工作行程 $\varphi_{pⅠ}$，终点位置正好与铜锌板面压紧，然后接着作反向空回行程 $\varphi_{dⅠ}$。由于希望压上前平均速度小些，故 $\varphi_{pⅠ} > \varphi_{dⅠ}$，即相应的机构有急回运动的特性。为了保证印刷质量，最好白纸与铜锌板压合时有瞬时停留。

2. 墨辊蘸墨、刷墨

如图 10－9 所示，墨辊沿固定导路（由墨盘面和铜锌板面和过渡圆弧面构成）滚动，其回转中心为 B，且在一个运动循环内来回往复一次。为了不致使墨辊和压印板相碰，墨辊的工作行程是在压印板回程时进行。墨辊返回到上面极限位置时最好有一停止时间(相应的原动件转角 $\varphi_{0Ⅱ}$）

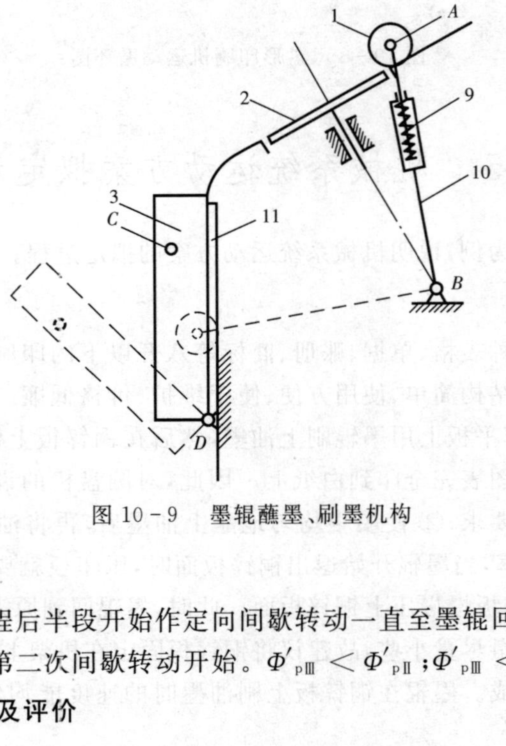

图 10－9　墨辊蘸墨、刷墨机构

3. 墨盘间歇转动

墨盘在墨辊工作行程后半段开始作定向间歇转动一直至墨辊回程的中段完成转动。墨盘此后保持停止状态至第二次间歇转动开始。$\Phi'_{pⅢ} < \Phi'_{pⅡ}$；$\Phi'_{pⅢ} < \Phi'_{dⅡ}$。

10.5.3　机构选型及评价

1. 压印机构

根据其急回特性和执行构件作往复摆动的要求，则根据表10-3有各种机构可供选择。但加上结构简单和在压合时有瞬时停留的一对矛盾要求时，可以有两种不同的选择。① 强调结构简单，则有曲柄摇杆机构和摆动导杆机构可选，它们都是结构简单、设计计算方便、有急回特性、运动可靠，但后者具有移动副，比较起来以曲柄摇杆机构为佳；② 强调压合时有瞬时停留特性，则有凸轮机构（摆动从动件）及凸轮机构和曲柄摇杆机构的串联机构或相应的组合机构。它们都能实现瞬时停留，但一般结构比较复杂，其中最简单的单一的凸轮机构结构比较简单、设计计算方便，但因具有高副，故容易磨损，制造比较困难。

2. 墨辊机构

为了简化机构，保证墨辊能紧贴墨盘面和铜锌板面滚动，故将操纵墨辊的执行构件选成绕点摆动，且长度能伸缩的弹性摆杆 10，参阅图 10－9，摆杆 10 与墨辊 1 通过以点 B 为中心的转动副连接在一起，杆身分成两段，并以弹簧 9 相连，使沿 AB 向可以自由伸缩。当将墨辊放置固定导路上时，墨辊便能紧贴导路面(即墨盘和铜锌板面)。这样，机构的要求便和上述压印机构类似，即如要结构简单可选曲柄摇杆机构；如要能有瞬时停留特性可选凸轮机构等。但上述机构都不能保证墨辊在铜锌板上刷油墨时的速度均匀。如一定要实现速度均匀的要求，可考虑选用双回路六连杆机构(即曲柄摇杆机构再串联一个双摇杆机构)，但结构比较复杂，设计也较难。

3. 墨盘机构

根据表 10－3 能实现单向间歇运动的机构很多，有棘轮机构、槽轮机构、凸轮机构、不完全齿轮机构等。其中棘轮机构结构简单、适用于低速，但需加一曲柄摇杆机构(如曲柄长可调则间歇转动的角度也可调)；槽轮机构具有与棘轮机构相同的优点，不需另加机构，但转角大小不能调；不完全齿轮与槽轮相比，其从动轮的停歇时间变化范围大，设计时选择灵活，但工艺复杂，且运动开始和终止时冲击大，需用附加杆减小冲击；凸轮机构适用于高速场合。

图 10－10 所示，即为拟定的圆盘印刷机运动方案示意图。其中压印机构选用曲柄摇杆机构 $EFCD$；墨辊机构选用曲柄摇杆机构 $EMNA$(其中杆 10 分成两段，用弹簧 9 相连，再通过转动副和墨辊相连，相当于该曲柄摇杆机构串联了一个以固定导路为凸轮轮廓的固定凸轮机构)；墨盘机构选用棘轮机构 4 加上曲柄摇杆机构 $EGHK$ 推动棘轮，由于墨盘和曲柄摇杆机构不在同一运动平面，故在棘轮机构和曲柄杆机构间加一对圆锥齿轮 5 相连，如图示。因为需在一个运动循环中，上述三个曲柄摇杆机构的曲柄都回转一周，故曲柄 EF、EM 和 EG 都固接在同一轴上。该轴通过一对外齿轮 6 和带传动机构 7 与电动机 8 相连，由此获得轴 E 所需要的转速。即该圆盘印刷机的运动循环周期可通过选用齿轮机构 6 和带传动机构 7 的传动比得到所希望的数值。

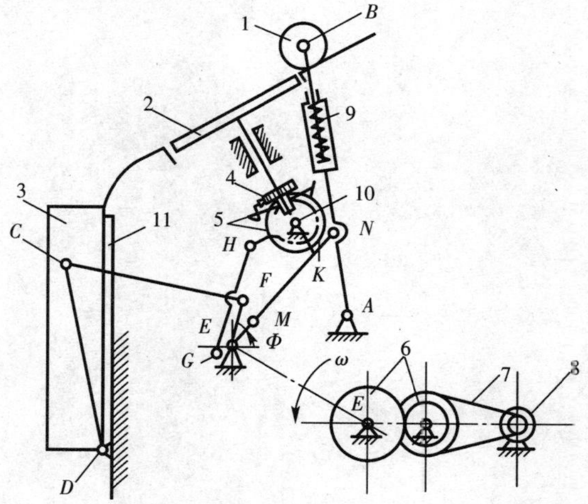

图 10－10　圆盘印刷机运动方案示意图

上述圆盘印刷机的运动方案的主要特点是结构简单、动作可靠、便于维护、价格低廉。但“瞬时停留”的要求没有满足，图 10－8b 中的 $\varphi_{0\mathrm{II}}$ 也不存在。其影响如何就需要有经验的专家作进一步评价和改进。

思 考 题

1. 单自由度基本机构间的串联组合是否属组合机构？为什么？

2. 机构选型时需要考虑哪些问题？

3. 何谓机器运动循环图？它有什么作用？是否所有机器都需要它？

第 11 章　现代机构分析与设计方法简介

11.1 概　述

随着电子技术、计算机技术、网络技术的迅猛发展，信息时代的来临，人们的生活方式、工作方式和思维方式发生了巨大的改变，由此对机械设计的各方面产生了深远的影响。市场竞争的需要和各种新方法、新技术、新工艺、新材料的不断涌现，推动了设计方法和技术的进步，机械产品设计从传统的经验设计阶段进入现代设计阶段。

现代机构设计是对传统机构设计的深入、丰富和完善，而非独立于传统机构设计的全新设计。它是以市场需求为基础，以知识获取为中心，以现代设计思想、方法和现代技术手段为工具，考虑产品的整个生命周期和人、机、环境相容性等因素的设计。

11.1.1　现代机构设计的手段

设计手段是人的设计思想借以实现的工具和技术。计算机技术、软件技术和数据库技术的发展对设计手段起到了变革性的作用，以计算机为工作平台的设计工具正在广泛取代传统的图板，计算机辅助设计正在成为现代机构设计的主要手段，它使设计效率、设计水平和设计质量得到全面提高。计算机辅助设计包括如下内容：

1. 计算机辅助绘图

计算机辅助绘图的速度大大高于人工绘图，且电子图纸的修改、存储和管理方便，可明显提高设计效率和减轻人的劳动强度。

2. 计算机辅助几何建模

计算机辅助几何建模就是利用计算机建立虚拟产品零件的实体模型或曲面模型，并实现零件的装配和干涉检查。几何建模是三维设计的主体。

3. 工程分析与计算

大多现代机构设计方法都涉及复杂计算，人工或计算器无法完成这些计算。计算机通过各种计算机辅助设计(CAD) 软件能使这些方法得以工程实现。

4. 智能设计与专家系统

将人工智能、神经网络等技术引入工程设计并开发出具有专家指导功能的软件 —— 专家系统，可以提高设计者的决策判断能力，加快设计速度，减少设计失误。

5. 数据库管理系统

数据库是设计数据的集合。利用数据库管理系统可对设计数据快速、有序、合理地存储、查询和控制，从而提高设计的水平和效率。

11.1.2　现代机构设计的特征

以计算机技术为核心是现代机构设计的主要特征。计算机技术的飞速发展对设计产生了巨大影响，表现为以下方面。

1. 设计手段的更新

传统机构设计以图板、直尺、铅笔等作为工具,这种设计手段效率低、劳动强度大。CAD技术的出现和发展,使甩掉图板的"无纸设计"成为现代机构设计的主流,显著提高了设计效率。

2. 产品表示的改变

传统机械设计利用投影原理表示产品结构,这种二维表示数据单一,数据量小,不便于产品的进一步分析和制造。随着CAD技术的发展,三维"产品模型"越来越得到广泛应用。三维表示不仅包括反映产品形状和尺寸的几何信息,还可以包括分析、加工、材料、特性等数据,从而可直接用于分析和制造。因此计算机技术推动了产品表示从"二维"向"三维"的转变。

3. 设计方法的发展

一些先进的机械设计方法如有限元分析、优化、模态分析等都涉及大量复杂计算,计算机硬件和先进的软件技术是这些方法实施的保证。只有计算机技术的发展才能推动这些方法的进步和应用。同时,计算机技术也促进了一些新的设计方法的出现,如并行设计、虚拟设计、计算机仿真等。

4. 工作方式的变化

受设计手段的限制,传统设计过程采用串行方式进行,即设计任务按时序从一个环节传入下一个环节。随着数据库技术和网络技术的发展,并行设计正得到广泛应用。它要求设计小组同时地、并行地参与设计,并最大限度地交流信息,以缩短设计周期及有助于将各种新思想、新技术、新方法融入到产品设计中。因此计算机技术促进了设计方式从"串行"到"并行"的变化。

5. 设计与制造一体化

存储在计算机内的产品模型可直接进入计算机辅助工艺设计系统进行工艺规划和NC编程,进而加工代码可直接传入NC机床、加工中心进行加工。产品模型加强了设计与制造两个环节的连接,提高了产品开发的效率。

6. 管理水平的提高

产品设计是一个复杂的系统工程,设计过程中涉及大量设计数据和设计行为的管理。数据库技术的发展改变了传统的手工管理模式,各种管理信息系统(management information system,MIS)、产品数据管理(product data management,PDM)系统的广泛应用大大提高了设计的管理水平,保证了设计过程的高效、协同和安全。

7. 组织模式的开放

网络技术的发展加快了数据通信速度,缩短了企业之间的距离。传统的局限于企业内部的封闭设计正在变为不受行政隶属关系约束的、多企业共同参与的异地设计。为完成一种设计任务形成的虚拟企业或动态联盟将实现优势互补和资源共享,极大地提高了设计效率和水平。

现代机构设计方法把设计对象看作一个系统,同时考虑系统与外界的联系,用系统工程的概念进行分析和综合,力求系统整体最优。现代机构设计方法强调创造能力开发和充分发挥人员的创造性,重视产品的原理方案的设计、开发和创新;强调综合考虑与分析市场需求、设计、生产、管理、使用和销售等各方面因素;强调综合运用优化设计、系统工程、可靠性理论、价值工程、计算机技术等学科知识，探索多种解决设计问题的科学途径。总之，现代机构设计方法把经验的、类比的设计观念变成逻辑的、推理的、系统的设计观念，采用动态的、多变量的、多方案的、扩散性的设计思维方式，具有系统性、创造性、综合性和程式性的特点。

11.2　计算机辅助机构分析与仿真

机械产品设计过程的一个重要环节是分析、计算。其中包括对产品几何模型进行分析、计算，通过应力变形进行结构分析，对设计方案进行分析、评价等。传统的分析方法采用手工计算，过程繁琐，效率低，有时为了计算方便，往往需要对原型进行较大的简化并引入更多的假设，因此传统的分析方法一般比较粗略，分析结果不够可靠，只能用来对产品设计方案作定性的比较分析，而不能作出定量的评价。

计算机辅助机构分析是 CAD 技术的基本功能之一，主要是由计算机采用数值分析方法进行辅助机构分析，是 CAD 中应用最早、卓有成效的领域之一。计算机辅助机构分析的关键是在三维实体建模的基础上，从产品的方案设计阶段开始，按照实际使用的条件进行仿真和结构分析；按照性能要求进行设计和综合评价，以便从多个设计方案中选择最佳方案。计算机辅助机构分析通常包括有限元分析、优化设计、仿真、可靠性分析、试验模态分析等。本节主要介绍应用最广泛的有限元分析和计算机仿真。

11.2.1　有限元分析法

有限元分析法是力学与近代计算机技术相结合的产物，是一种解决工程问题的数值计算方法。1960 年美国 Clogh 教授首先提出“有限元法(The Fine Element Method)”的概念。从此，有限元法正式作为一种数值分析方法出现在工程技术领域。经过 40 多年的应用和发展，有限元法日趋成熟。现在，有限元法已成为结构分析中应用最广泛的、必不可少的工具。有限元建模(Finite Element Model，简称 FEM) 和有限元分析(Finite Element Analysis，简称 FEA) 技术已经成为建立分析模型、共享数据的有效途径，是解决各种工程实际问题的便利工具和有效手段。

有限元法可以处理任何复杂形状、不同物理性质、多变的边界条件和任何承载情况的工程问题，广泛应用于场强(力场、电场、磁场、温度场、流体场) 等分析、热传导、非线性材料的弹塑性蠕变分析等研究领域中。

1. 有限元法的基本思想

有限元法的基本思想是：先把一个原来是连续的物体剖分(离散) 成有限个单元，而且它们相互连接在有限个节点上(如图 11－1 所示)，承受等效的结点载荷，并根据平衡条件进行分析，然后根据变形协调条件把这些单元重新组合起来，成为一个组合体，再综合求解。由于单元的个数是有限的，结点数目也是有限的，所以称为有限元法。

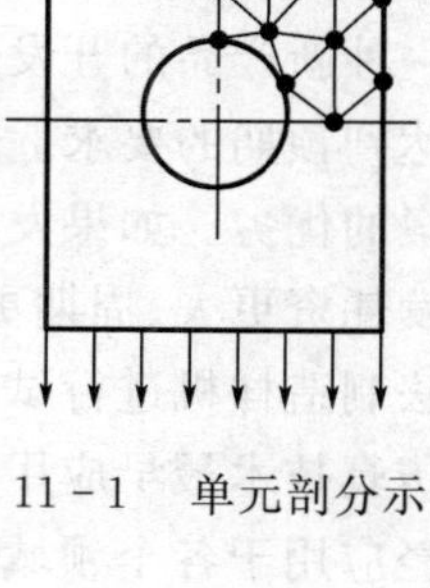

图 11－1　单元剖分示例

在采用有限元法对结构进行分析计算时，分析对象不同，采用单元类型(形状) 也不同。常见的单元类型有：杆单元、梁单元、板单元(三角形、矩形等)、多面体单元(四面体、六面体)等。

2. 有限元法的基本解法

有限元问题最终可以归结为:在满足边界条件的情况下,求解基本方程。在实际求解时,先求出某些未知量,再由它们求解其他未知量。40 多年来,有限元的方法模式得到很大的发展,除经典的最小势能原理的位移有限元模式(位移法)外,还有基于余能原理的应力平衡模式(应力法)、基于广义势能原理的位移杂交模式(位移杂交法)、基于广义余能原理的应力杂交模式(应力杂交法)、基于 H－W 混合变分原理的混合有限元模式等。同时,还发展了一些特殊的方法形态,如有限条带法、无限元、半解析有限元以及边界元等,从而大大提高了有限元法解决实际问题的能力。有限元法求解的具体步骤如图 11－2 所示。

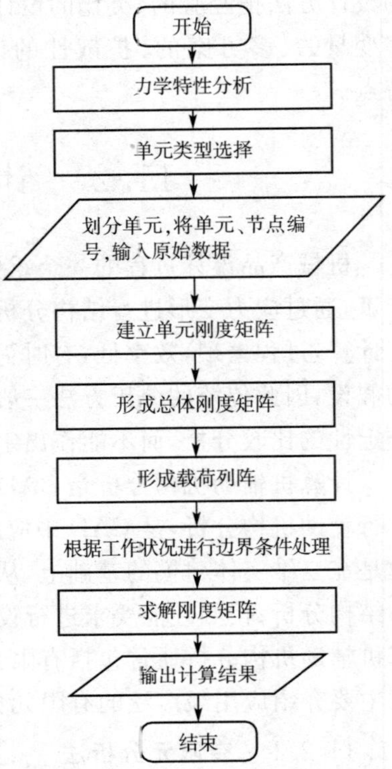

图 11－2　有限元基本求解过程

(1) 单元剖分

把连续弹性体分割成许多个有限大小的单元,并为单元和结点编号。

(2) 单元特征分析

以结点位移 $\{\delta\}^e$ 为基本未知量,设选一个单元位移函数后,进行以下工作:

① 用结点位移表示单元位移,$\{f\}=[N]\{\delta\}^e$;

② 通过几何方程用结点位移表示单元应变,$\{\varepsilon\}=[B]\{\delta\}^e$;

③ 通过物理方程用结点位移表示单元应力,$\{\sigma\}=[S]\{\delta\}^e$;

④ 通过最小势能原理用结点位移表示结点力,$\{R\}^e=[K]^e\{\delta\}^e$。

3. 总体结构合成

(1) 分析整理各单元刚度矩阵,建立以总体刚度矩阵为系数的线性方程组 $\{R\}=[K]\{\delta\}$。

(2) 对线性方程组进行边界条件处理,求解结点位移,再由 $\{\sigma\}=[S]\{\delta\}^e$ 可求得单元应力。

11.2.2　计算机仿真

仿真学是近几十年发展起来的一门综合性技术学科,它为系统分析、综合、研究和设计以及对专业人员的培训提供了一种先进技术手段。

一种新产品的开发总要经历设计、分析、计算、修改的反复过程。即使这样,也不能完全保证达到预期的要求。通常还需要制造样机,进行试验,检测产品性能指标,以此来确定设计方案的优劣。如果发现问题,则要修改设计方案或参数,重新制造样机和试验,致使产品的开发耗资更大、周期更长。在研究导弹飞行、宇航、核反应堆控制时,直接试验很危险,或者无法制造样机进行试验。而仿真技术是一种改变上述状况的安全、重要的工具。

仿真技术最早应用于航空航天领域。随着计算机的普及和科学技术的发展,计算机仿真已经应用于各个领域,如军事、水利、电力、冶金、机械工程、化工、社会经济、交通运输和生物医学等。仿真技术能够降低投资风险，避免实际试验对生命财产的危害，减少试验时间并不受时空的限制，可以处理一般方法难以处理的大型系统的问题。

1. 仿真的基本概念

为了对系统进行分析、研究，首先要建立实际系统的模型（模拟系统），然后在此模型上进行试验研究，这一过程就是仿真（Simulation）。模型是对真实系统及其参数的一种描述，是一种简化和替代。仿真的关键是如何建立从实际系统抽象出来的仿真模型。

系统是仿真研究的对象。从仿真角度出发，按照系统状态变化是否连续可以分为连续系统和离散系统两种。如果一个系统的状态是随着时间连续变化的，就称为连续系统。如果一个系统的状态变化只在离散时刻发生，而且由随机事件驱动，就称为离散事件系统。对于离散系统，很难用解析方法求出结果，只有用仿真技术进行研究和分析。

2. 仿真的类型

仿真是在模型上反复试验研究的过程。模型有物理模型、数学模型和物理 — 数学模型三种。仿真根据所使用模型的不同，也可分为物理仿真、数学仿真和物理 — 数学仿真三种类型。根据仿真系统使用设备的不同，仿真又可分为模拟仿真、数字仿真、混合仿真和全数字并行仿真四种类型。

3. 计算机仿真的特点

(1) 以计算机为实验环境，依赖实际系统的抽象仿真模型。

(2) 计算机仿真结果是实验解，而不是纯粹的数学解析或数值分析解。

(3) 既能展示实际系统的模拟静态，又能直观表现系统的动态特性。

4. 计算机仿真的主要步骤

计算机仿真的实现可以独立于真实过程，不干扰真实过程的运行，可以随时研究仿真对象的随机状况，观察复杂系统运行的瞬时变化。其基本方法是将实际系统抽象为数学模型，再进一步转化为计算机求解的仿真模型，然后编制程序，上机运行仿真模型，进行仿真实验并显示结果。计算机仿真的主要步骤是：

(1) 建立数学模型。根据仿真的目的，建立系统的数学模型。系统的数学模型是系统本身固有特性以及外界作用下响应的数学描述形态。

(2) 模型变换。在数学模型的基础上，选择仿真方法，将数学模型变换为计算机可以接受的仿真模型。

(3) 编制仿真程序。根据仿真模型，画出仿真流程图，再使用通用高级语言或专用仿真语言编制计算机程序。目前世界上已发表过数百种各有侧重的仿真语言，常用的有 SIMULA、SLAM、SIMSCRIPT、GPSS、GASP、CSL、CSMP 等。与通用高级语言相比，仿真程序具有编制简单、仿真效率高、仿真过程数据处理能力强等特点。

(4) 进行仿真实验。选择并输入仿真所需要的全部数据，在计算机上运行仿真程序，进行仿真实验，以获得实验数据，并动态显示仿真结果。

(5) 结果的统计分析。对实验结果数据进行统计分析，对照设计需求和预期目标，综合评价仿真对象。

(6) 仿真工作总结。对仿真模型的适用范围、可信度，仿真实验的运行状态、费用等进行总结。

5. 计算机仿真的意义

计算机仿真的广泛应用具有十分重要的意义，主要体现在以下几个方面：

(1) 替代许多难以或无法实施的实验。采用计算机仿真可以对诸如地震灾害程度、气候变化、人口发展与控制等难以真正实施的事件进行抽象，在抽象的仿真模型上进行反复的实验，从而替代无法实际运作的实验。

(2) 解决一般方法难以求解的大型系统问题。有些庞大的系统，比如计算机集成制造系统、核电站的控制等，采用理论分析或数学求解的方法进行研究常常显得无能为力，可以通过计算机仿真，用实验的方法来加以研究。

(3) 降低投资风险，节省研究开发费用。计算机仿真有效地提高了决策的科学性，减少了盲目投资，避免了重新设计或重建的巨大浪费。

(4) 避免实际实验对生命、财产的危害。计算机仿真避免了在实际系统实验时对人员伤害和对设施等的破坏，较好地达到实验的目的。

(5) 缩短实验时间，不受时空限制。计算机仿真不受场地、天气和时间等限制，充分利用了计算机的优势，既可缩短实验时间，又可多次重复进行。

11.3 计算机辅助机构设计

11.3.1 传统机械设计的特点

在传统的机械产品设计过程中，各设计环节主要依靠手工方式完成，所以有很多的不足之处：

(1) 难以实现最优方案的选择

传统设计方法设计方案的拟定，很大程度上取决于设计者本身的设计经验，通过经验公式或类比分析确定设计方案。对特别重要的设计或计算和工作量不大的设计，可能会拟定几个方案进行计算、比较和选择，但由于工作量大，不可能做到多选，所以传统的设计方法很难对方案进行优化。

(2) 难以进行动态的或精确的设计计算

传统设计的分析计算中，由于受条件的限制，只能采用静态或近似的方法计算，计算结果必然会影响到设计质量。

(3) 设计工作效率低、周期长

传统设计采用手工绘图、计算，费时费力，且容易出错。若方案做一点修改则整套图样可能全部抛弃。

11.3.2 计算机辅助设计的含义

计算机辅助设计(Computer Aided Design，CAD) 是指在设计活动中，利用计算机作为工具，帮助工程技术人员进行设计的一切适用技术的总和。计算机辅助设计是人和计算机相结合、各尽所长的新型设计方法。在设计过程中，人们可以进行创造性的思维活动，完成设计方案构思、工作原理拟定等，并将设计思想、设计方法经过综合、分析，转换成计算机可以处理的数学模型和解析这些模型的程序。在程序运行过程中，人可以评价设计结果，控制设计过程；计算机则可以发挥其分析计算和存储信息的能力，完成信息管理、绘图、模拟、优化和其他数值分析任务。一个好的计算机辅助设计系统既能充分发挥人的创造性，又能充分利用计算机的高速分析计算能力，找到人和计算机的最佳结合点。

计算机辅助设计的任务是进行大量的信息加工、管理和交换。也就是在设计人员的初步构思、判断、决策的基础上，由计算机对数据库中大量设计资料进行检索，根据设计要求进行计算、分析及优化，将初步设计结果显示在图形显示器上，以人机交互方式反复加以修改，经设计人员确认之后，在自动绘图机及打印机上输出设计结果。在 CAD 作业过程中，逻辑判断、科学计算和创造性思维是反复交叉进行的。一个完整的 CAD 系统，应在设计过程中的各个阶段都能发挥作用。其功能模型如图 11－3 所示。

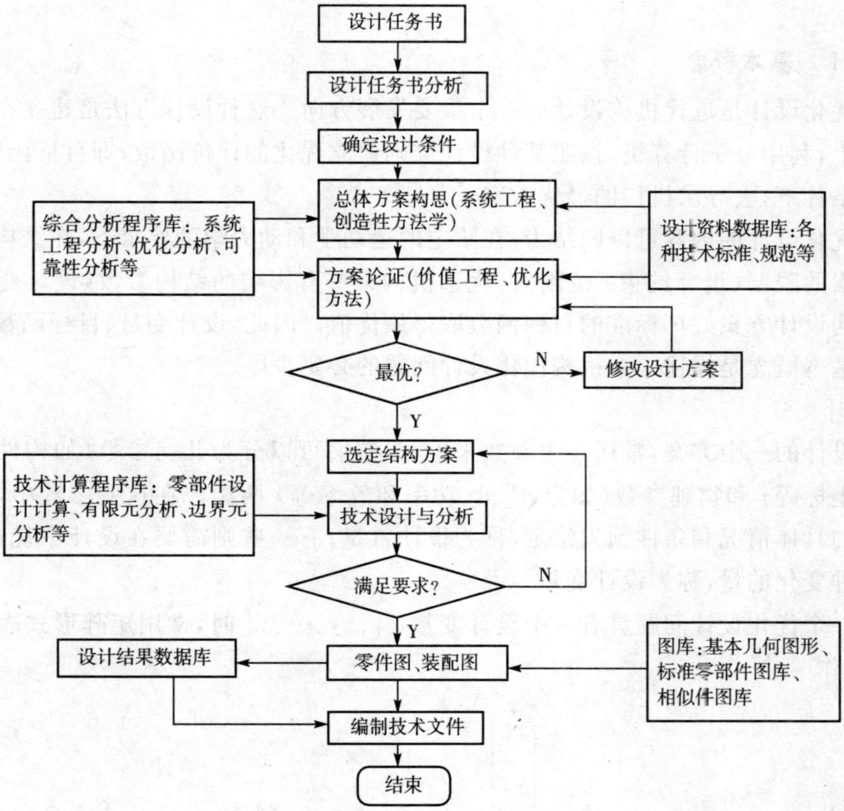

图 11－3　计算机辅助设计流程图

从图中可以看出，一个完备的 CAD 系统具有以下的特点：

(1) 产品方案的优化设计

CAD 技术可以帮助技术人员运用系统工程进行方案的优化设计，从整体的角度来认识设计对象，优化产品的结构布局方案。

(2) 产品结构设计与分析

产品方案选定好后，CAD 技术可以帮助设计人员进行产品结构的几何模型(二维、三维)设计与分析；可以方便、快捷地进行产品结构的几何外形的设计与修改；可以立体地、多角度地、直观地观察产品的外形、颜色是否符合消费者的审美观，操作部件是否符合人机工程学等。

(3) 产品的性能分析与动态模拟

设计人员还可以利用 CAD 技术对产品的工作过程、运动过程进行模拟,对产品的性能进行计算、分析,若不满足要求,可方便地修改设计。

(4) 自动生成产品的设计文档资料

通过 CAD 技术,可以快速地生成精确美观的产品设计文档,如装配图、零件图等;也可以自动生成产品技术数据文件,这些技术数据还可以直接用于后续的 CAM 系统。

11.4　机构优化设计

11.4.1　基本概念

机构优化设计是近代机构设计的一个重要发展方向。这种设计方法是建立在数学规划论的基础上,利用电子计算机,按照某种设计准则建立优化的评价函数,即目标函数,在考虑附加约束条件下,去寻求机构的最优方案。

机构优化设计的内容可以归结为:在给定的运动学和动力学的要求下,在结构参数本身和其他因素的限制(设计约束)范围内,优选机构某些有影响的结构参数(设计变量),使作为判定机构设计方案好坏标准的目标函数取得最优值。因此,设计变量、目标函数和设计约束这三个基本概念是描述一个机构优化设计问题的必要手段。

1. 设计变量

机构设计的一个方案,常用一组参数来表示,它们可以分为几何参数(如构件长度和固定铰接点坐标等)和物理参数(如力、质量、功率和效率等)两类。在这些参数中,有些可以根据设计的具体情况和条件预先给定,称为设计常量;有一些则需要在设计中优选,因而是设计中一种变化的量,称为设计变量。

如果一个优化设计问题具有 n 个设计变量 x_1、x_2、…、x_n 时,常用矩阵形式表示成一个列向量,记作

$$X=\begin{bmatrix} x_1 \\ x_2 \\ \cdots \\ x_n \end{bmatrix}=(x_1,x_2,\cdots,x_n)^T \tag{11.4-1}$$

即一组设计变量对应着一个以坐标原点为始点的向量,向量端点的坐标值就是这一组设计量。一组设计变量表示着一个设计方案,它与一个向量端点相对应,后者称为设计点。设计点的集合称为设计空间,它是以 n 个设计变量为坐标轴组成的实空间,通常称为实欧氏空间。若用符号 R^n 来表示 n 维的实欧氏空间,则用集合的概念可写出 $X\in R^n$。

2. 目标函数

评判设计方案的优劣,需要有一个衡量的标准。我们若把这个衡量标准表示为设计变量的可计算函数,那么优化这个函数,就可取得一组最优设计变量,即一个最优设计方案。在优化设计中,这种用于评判设计方案优劣的函数,称为目标函数,其数学表达式为

$$f(X)=f(x_1,x_2,\cdots,x_n) \tag{11.4-2}$$

在一般情况下，我们总是追求目标函数的极小值，即目标函数值愈小，设计方案愈优。但某些设计问题也可能追求目标函数的极大值，例如：追求效率最高。由于求目标函数 $f(X)$ 的极大化等价于求目标函数 $-f(X)$ 的极小化，故为了简化算法和程序起见，一律把优化过程看成是追求目标函数极小化的过程，记作

$$f(X*)=\min f(X) \tag{11.4-3}$$

目标函数有单目标函数和多目标函数之分。仅根据一项设计准则建立的目标函数称为单目标函数。若某项设计要求同时满足若干个设计准则，这就是多目标函数。

3. 设计约束

在工程设计问题中，设计变量的选取，一般总要受到某些条件的制约，这些限制条件就称为设计约束。设计约束一般分为边界约束和性能约束两大类。所谓边界约束是指考虑设计变量的限制范围的一种约束。例如：连杆机构设计中，各构件长度不能等于零或负值，最长亦不能超过某一值。所谓性能约束是指由机械工作性能所提出的一些限制条件。

设计约束在数学模型中可以表达成不等式约束函数

或
$$\left.\begin{aligned} g_i(X)\geqslant 0 \\ g_i(X)\leqslant 0 \end{aligned}\right\} \quad i=1,2,\cdots,m \tag{11.4-4}$$

和等式约束函数

$$h_i(X)=0 \qquad i=m+1,\cdots,p \tag{11.4-5}$$

4. 优化设计的数学模型

优化设计问题可归纳为如下数学模型：

设某项设计有 n 个设计变量

$$X=[x_1,x_2,\cdots,x_n]^T, \qquad X\in R^n$$

在满足
$$g_i(X)\geqslant 0, \quad i=1,2,\cdots,m$$

和
$$h_i(X)=0, \qquad i=m+1,\cdots,p$$

的约束条件下，求目标函数 $f(X)=f(x_1,x_2,\cdots,x_n)$ 最小（或最大）。

式中 R^n 表示 n 维实欧氏空间。上述数学模型通常简记为

$$\left.\begin{aligned} &\min_{X\in R^n} f(X) \\ s.t.\quad & g_i(X)\geqslant 0, \quad i=1,2,\cdots,m \\ & h_i(X)=0, \quad i=m+1,\cdots,p \end{aligned}\right\} \tag{11.4-6}$$

在上式表述的优化问题中，若目标函数和约束条件都是设计变量的线性函数，则称为线性规划问题。只要目标函数和约束条件中有一个是非线性函数的优化问题，就称为非线性规划问题。在机构设计中，绝大多数优化设计问题都属于非线性规划问题。

11.4.2　一维搜索的最优化方法

求一元函数的极值问题就是一个一维最优化问题，它的求解过程叫做一维搜索。一维优化方法是优化方法中最简单、最基本的方法。一维搜索的最优化方法很多，如切线法、平分法、0.618 法、分数法、抛物线法、二次插值法、三次插值法和有理插值法等。下面我们将介绍其中两种较为常用的方法——0.618 法和二次插值法。

进行一维搜索，一般要分成两步走，第一步是确定搜索区间，要求该区间必须是单峰区间。所谓单峰区间，是指在此区间上函数只有一个峰值。第二步是在单峰区间寻找极小点。第一步是第二步的必要前提，因为在非单峰区间上寻找极小点是毫无意义的。

1. 0.618 法

0.618 法又称黄金分割法，其基本思想是通过不断缩小单峰区间的长度来搜索函数 $f(X)$ 的极小点。这种方法步骤简单，效果也比较好，是实际计算中常应用的方法之一。在已确定的函数单峰区间 $[a,b]$ 上，其函数值的性态是两端高、中间低。为了逐步缩小单峰区间的长度，必须取包括 a,b 在内的四个点进行函数值的比较。

设初始搜索区间为 $[a,b]$，在其内部任取两点 c、d，并有 $a<c<d<b$（如图 11-4 所示）。计算函数值 $f(c)$、$f(d)$，比较它们的大小：

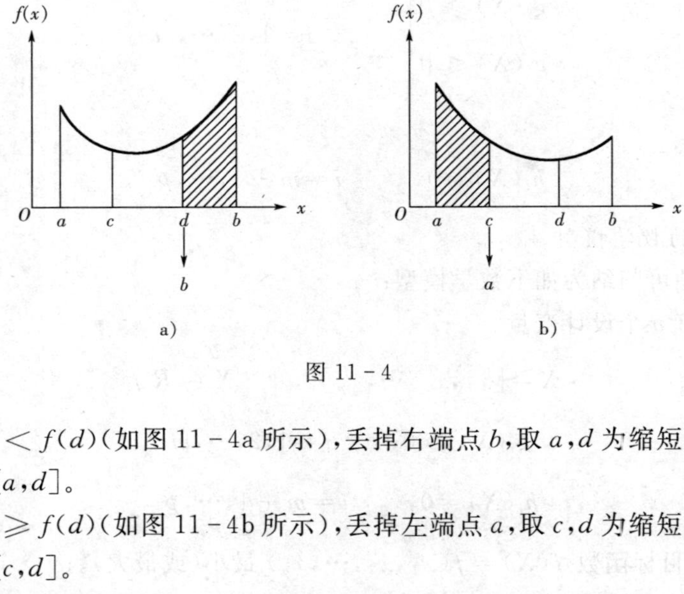

图 11-4

(1) 若 $f(c)<f(d)$（如图 11-4a 所示），丢掉右端点 b，取 a,d 为缩短后的搜索区间，得新区间 $[a,b]=[a,d]$。

(2) 若 $f(c)\geqslant f(d)$（如图 11-4b 所示），丢掉左端点 a，取 c,d 为缩短后的搜索区间，得新区间 $[a,b]=[c,d]$。

(3) 判断新区间长度 $(b-a)$ 是否达到预先给定的充分小数，即 $b-a\leqslant\varepsilon$？若满足，则迭代终止，得最优解 $x^*=0.5(b+a)$，$f^*=f(x^*)$。

(4) 若不能满足，返回到(1)，继续寻优，直到满足为止。

2. 二次插值法

二次插值法是多项式近似法的一种。多项式近似法的基本原理是利用一个低次多项式来拟合目标函数，从而求出这个多项式的极小点作为目标函数的近似极小点。也就是说，在已确定的初始搜索区间（单峰区间）上，我们可利用在若干点处的函数值来构成低次插值多项式，并以此作为求极小点的函数近似表达式，从而求出极小点作为目标函数的近似极小点。因为低次多项式的极小点容易计算，故常用的插值多项式为二次或三次多项式。以二次插值多项式代替目标函数的优化方法称为二次插值法。它计算简单，且又具有一定的精度，所以应用较广。

11.4.3　无约束最优化方法

无约束最优化问题的数学模型可表达为

$$\min_{x \in R^n} f(X) \tag{11.4-7}$$

式中 $f(X)$ 为目标函数，R^n 为欧氏空间定义域。

无约束最优化方法是研究最优化技术的基础。在工程实际问题中，虽然大量属于有约束最优化问题，但是它们可以通过对约束的处理而转化成无约束最优化问题来求解，因而研究无约束最优化方法就具有普遍意义。

根据搜索时是否需要求导，无约束最优化方法可分为两种类型：一种是需要用到目标函数的一阶或二阶导数的最优化方法，如梯度法、牛顿法、变尺度法等；另一类是不用导数的直接搜索方法，如单纯形法、可变多面体搜索法、随机搜索法、鲍威尔法等。构成上述各种算法之间的主要差别在于构造的搜索方向不同。所以搜索方向的选择问题是最优化方法中所讨论的重要问题之一。

1. 牛顿法

牛顿法的基本思想是用一个二次函数去近似替代目标函数，然后精确地求出这个二次函数的极小点，并以该点作为欲求目标函数的极小点 X^* 的近似值。

2. 变尺度法

牛顿法需要计算二阶导数，要花费相当大的工作量。变尺度法对牛顿法扬长避短，它不直接计算二阶导数的海赛矩阵，也不要每次迭代都计算海赛矩阵的逆矩阵，而是设法构造另一个较简单的矩阵 H，用它来直接逼近海赛矩阵，从而得到类似牛顿方向的搜索方向，沿此方向进行极小化，可望达到牛顿法的收敛速度，同时又避免了海赛矩阵的计算和求逆，使计算工作量大为减轻，因此变尺度法又称为拟牛顿法。

3. 鲍威尔法

鲍威尔法可以这样简要地来描述：假设已经沿每个坐标方向按一维搜索方法求过一次函数的极小值，然后又在相应的模式方向上求过一次极小。考虑到模式方向很可能比坐标方向好，为组成下一次要用的 n 个方向，我们丢弃一个坐标方向，加进模式方向。在下一个极小化循环后，又会产生一个新的模式方向，用它再替换一个坐标方向，如此循环下去，直到逼近目标函数的极值点。

4. 可变多面体搜索法

可变多面体搜索法是在单纯形法的基础上发展出来的，两者在本质上都属于直接搜索法，不需要计算目标函数的梯度，已证明是易于在计算机上应用的有效方法。它们的基本搜索策略是先算出若干点的函数值，然后进行比较，从它们的大小关系中，判断函数变化的趋势，作为下一步搜索方向的参考。

11.4.4　约束最优化方法

对于约束最优化方法的研究，目前还不及无约束优化方法那样完善，但已有许多方法可供工程实际问题所选用，根据对约束条件的处理方法不同，可分为直接求解法与间接求解法两类。

约束问题的直接求解法就是在约束的可行域内按照一定的原则来搜索可行点的迭代计算方法，这种方法仅对具有不等约束的优化问题是有效的。

约束问题的间接解法是将有约束的优化问题转化为一系列无约束优化问题来求解。各种约束问题的间接解法具有一个共同的特点：它们都是通过构造一个新的目标函数价 $\varphi(X)$，然后搜索它的极值，从而逐步逼近原目标函数的最优解。

1. 可变容差法

可变容差法是一种有约束直接求极值的优化方法，它借助于无约束的可变多面体搜索法求解极值。

可变容差法系由可行点和近似可行点（不可行点）提供数据来改进目标函数值，在搜索过程中加强对近似可行点的限制。

2. 惩罚函数法

间接求优法中，有消元法、拉格朗日法、惩罚函数法等。当前以惩罚函数法应用较广，对于兼有等式约束和不等式约束条件的问题都能适用，而惩罚函数中最常用的是参数型惩罚函数法，即 SUMT 法。

SUMT 法的原理是：将约束条件考虑到目标函数中去，从而构成一个没有约束条件的新目标函数，在新目标函数中还存在一个或数个惩罚因子，在优化过程中，不断调整这些参数，使新目标函数的最优解逐步逼近于原目标函数的最优解，这个新目标函数就称为惩罚函数。SUMT 方法中，根据惩罚项函数形式不同，又分为内点法、外点法和混合法三种。

11.4.5　实现函数的平面铰链四杆机构优化设计

下面通过具体的实例分析来介绍优化理论如何运用于实际机构优化设计。通常我们总是根据机构设计的运动学和动力学要求首先建立机构的数学分析模型，即表示出各机构参数间的内在函数关系，然后建立目标函数和约束条件。建立数学模型之后，根据目标函数的性态、设计变量和约束条件的多少，再选用合适的最优化方法及程序，拟订计算框图，编写目标函数与约束函数的子程序段。最后在计算机上进行运算。

按给定函数 $y=\log x(1\leqslant x\leqslant 2)$ 设计平面铰链四杆机构，两连架杆的转角范围规定为 $\theta_m=60°$，$\varphi_m=90°$，要求输入角 θ_i 和输出角 φ_i 能实现 16 组对应位置。

1. 函数关系变换

建立目标函数之前，首先要将给定函数 $y=\log x$ 转换为四杆机构的预期的函数关系 $\varphi_i=f(\theta_i)$。根据自变量 x 的取值范围，令 $x_0=1$，$x_m=2$。又根据输入和输出构件的转角分别为 60° 和 90°，可建立下面的比例关系

$$\left.\begin{aligned}\frac{x_i-1}{\theta_i}&=\frac{2-1}{60°}\\ \frac{y_i}{\varphi_i}&=\frac{\log 2-\log 1}{90°}\end{aligned}\right\}\quad(i=1,2,\cdots,16)\qquad(11.4-8)$$

由上式可得

$$x_i=\frac{\theta_i}{60°}+1,\quad y_i=\frac{\log 2}{90°}\varphi_i$$

代入给定函数式 $y=\log x$，则得下列变换关系

$$\varphi_i=\frac{90^\circ\log\left(\dfrac{\theta_i}{60^\circ}+1\right)}{\log 2}\quad(0\leqslant\theta_i\leqslant 60^\circ)$$

2. 铰链四杆机构运动分析

如图 11-5 所示铰链四杆机构中，设机构参数为各杆的长度 l_1、l_2、l_3、l_4 以及输入角 θ_i，输出角 φ_i。现取 l_4 为单位长度 1，初始角分别为 θ_0 及 φ_0，要求建立输出角 φ_i 与各参数之间的函数关系。

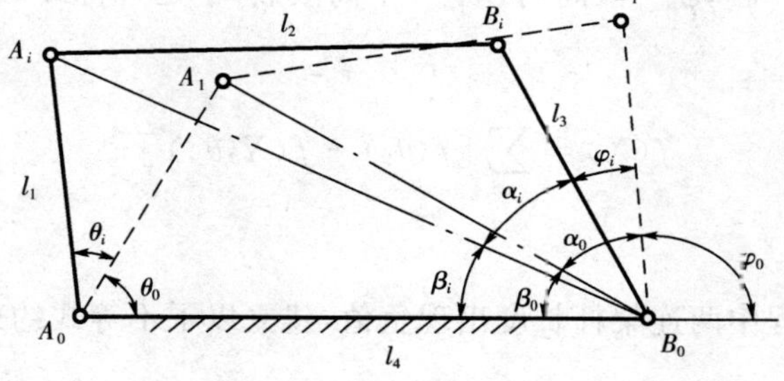

图 11-5　铰链四杆机构

根据图 11-5 可知，输出角 φ_i 可表达如下

$$\varphi_i=\beta_0+\alpha_0-\beta_i-\alpha_i\quad(i=1,2,\cdots,16)\tag{11.4-9}$$

而

$$\left.\begin{aligned}\beta_0&=\arctan\frac{l_1\sin\theta_0}{1-l_1\cos\theta_0}\\ \beta_1&=\arctan\frac{l_1\sin(\theta_0+\theta_i)}{1-l_1\cos(\theta_0+\theta_i)}\\ \alpha_0&=\cos\left[\frac{r_0^2+l_3^2-l_2^2}{2rl_3}\right]^2\\ \alpha_1&=\arccos\left[\frac{r_1^2+l_3^2-l_2^2}{2r_1l_3}\right]\end{aligned}\right\}(i=1,2,\cdots,16)\tag{11.4-10}$$

式中

$$\begin{aligned}r_0&=\left[l_1^2+l_4^2-2l_1l_4\cos\theta_0\right]^{\frac{1}{2}}\\ r_1&=\left[l_1^2+l_4^2-2l_1l_4\cos(\theta_1+\theta_0)\right]^{\frac{1}{2}}\end{aligned}\tag{11.4-11}$$

由式 11.4-8 到式 11.4-11 可见，从动杆输出角 φ_1 是下列机构参数的非线性参数，即

$$\varphi_1=f(l_1,l_2,l_3,\theta_0,\theta_1)$$

3. 建立目标函数

根据以上对铰链四杆机构的运动分析，可确定以下机构参数作为设计变量。

$$X = [l_1, l_2, l_3, \theta_0]^T$$

根据题意，要求输出角函数 $\varphi_{si} = f(X, \theta_{si})$ 在运动范围 $\varphi_0 \leqslant \varphi \leqslant \varphi_m$ 内，逼近预期函数 $\varphi_1 = f(\theta_1)$，因此要求两函数的积分误差最小，即令

$$s = \int_{\varphi_0}^{\varphi_0 + \varphi_m} [\varphi_i - \varphi_{si}]^2 d\varphi \rightarrow \min \tag{11.4-12}$$

为了便于数值计算，在 $[\varphi_0, \varphi_m]$ 区间内，取16个离散点，于是可将式11.4-12改写成如下形式的目标函数

$$f(X) = \sum_{i=1}^{16} [f(\theta_1) - f(X, \theta_{si})]^2 \tag{11.4-13}$$

4. 建立约束函数

为防止在计算过程中两连架杆长度出现负值，建立以下不等式约束方程

$$\left.\begin{aligned} g_1(X) = l_1 \geqslant 0 \\ g_2(X) = l_3 \geqslant 0 \end{aligned}\right\} \tag{11.4-14}$$

为限制两连架杆长度，规定以下两个不等式约束条件

$$\begin{aligned} g_3(X) = R - l_1 \geqslant 0 \\ g_4(X) = R - l_3 \geqslant 0 \end{aligned} \tag{11.4-15}$$

并取 $R = 1.2$。

5. 计算方法

本题采用混合惩罚函数寻求最优解，即将原目标函数 $f(X)$ 的约束最优化问题转化为求罚函数 $P(X, r^k)$ 的无约束最优化问题。

求解无约束最优化过程是采用DFP变尺度法，一维搜索过程用二次插值法。

根据数学模型编写主程序 OPT1 和子程序 FUNC，并在主程序中调用优化子程序段 MINI。

子程序 FUNC 中，包括目标函数 $G(1)$ 及约束函数 $G(2)$，$G(3)$，$G(4)$，$G(5)$。

主程序 OPT1 中，四个设计变量所取初始值为

$$X^{(0)} = [0.69, 1.37, 0.40, 85.0]^T$$

6. 计算结果及分析

计算结果如表11-1所示。

表 11-1

点号	输入角	输出角	输出角误差
I	$\theta_i°$	φ_i	$\delta\varphi_i$
1	0.000	0.000	0.000
2	4.000	8.380	−0.247
3	8.000	16.252	−0.250
4	12.000	23.673	−0.146
5	16.000	30.693	−0.008
6	20.000	37.353	0.119
7	24.000	43.688	0.217
8	28.000	49.729	0.272
9	32.000	55.501	0.282
10	36.000	61.026	0.248
11	40.000	66.327	0.177
12	44.000	71.419	0.077
13	48.000	76.319	−0.038
14	52.000	81.042	−0.156
15	56.000	85.598	−0.257
16	60.000	90.000	−0.321

经过 164 次迭代，达到的最优解为

$$X^* = [0.6558, 1.3864, 0.3891, 84.99]^T$$

$$f(X^*) = 0.6558$$

输出角最大误差　$|\Delta\varphi| = 0°19'$

根据计算结果所得各机构参数，按比例放大 10 倍后，所得机构参数如下

$$l_1 = 6.558 \quad l_2 = 13.864 \quad l_3 = 3.891 \quad l_4 = 10 \quad \theta_0 = 84.99°$$

思考题

现代机构分析与设计方法与传统方法相比有什么优点？能否取代传统方法？

参考文献

[1] 赵韩,丁爵曾,梁锦华. 凸轮机构设计[M]. 北京:高等教育出版社,1993.

[2] 赵韩,田杰. 磁力机械学[M]. 北京:高等教育出版社,2009.

[3] 吴克坚,郑文纬. 机械原理[M]. 北京:高等教育出版社,1997.

[4] 邹慧君,等. 机构学研究现状、发展趋势和应用前景[J]. 机械工程学报,1999,35(5):1—4.

[5] 邹慧君,傅祥志,张春林,等. 机械原理[M]. 北京:高等教育出版社,1999.

[6] 楼鸿棣,邹慧君. 高等机械原理[M]. 北京:高等教育出版社,1990.

[7] 邹慧君. 机械原理教程[M]. 北京:机械工业出版社,2001.

[8] 朱家诚,等,机械设计基础. 合肥:合肥工业大学出版社,2005

[9] 刘延荣,王知行. 机械原理[M]北京:高等教育出版社,2000.

[10] 杨家君,钟毅芳. 机械设计原理与方法[M]. 武汉:华中科技大学出版社,2002.

[11] 弗罗洛夫. 机械原理[M]. 刘作毅,等译. 北京:高等教育出版社,1997.

[12] 颜鸿森. 机构学[M]. 台北:台湾东华书店,1997.

[13] 秦伟,黄茂林. 机械原理[M]. 北京:机械工业出版社,2004.

[14] 张策. 机械原理与设计[M]. 北京:机械工业出版社,2004.

[15] 孙桓,陈作模. 机械原理(第五版). 北京:高等教育出版社,1997

[16] 陈作模,孙桓. 机械原理[M]. 北京:高等教育出版社,2001.

[17] 荣辉,杨梦辰. 机械设计基础[M]. 北京:北京理工大学出版社,2004

[18] 李林,李杞仪. 机械原理[M]. 北京:中国轻工业出版社,2009

[19] 魏兵,熊禾根. 机械原理[M]. 武汉:华中科技大学出版社,2007.

[20] 王文奎,等. 机械原理[M]. 北京:电子工业出版社,2007.

[21] 姜琪. 机械运动方案及机构设计——机械原理课程设计题例及指导. 北京:高等教育出版社,1991

[22] 邹慧君,董师予,等. 凸轮机构的现代设计[M]. 上海:上海交通大学出版社,1991.

[23] 华大年. 连杆机构设计[M]. 上海:上海科学技术出版社,1995.

[24] 石永刚,徐振华. 凸轮机构设计[M]. 上海:上海科学技术出版社,1995.

[25] 管荣法. 凸轮与凸轮机构[M]. 北京:国防工业出版社,1998.

[26] 朱邦贤,殷红梁. 间歇运动机构设计[M]. 上海:上海科学技术出版社,1995.

[27] 张策. 机械动力学[M]. 北京:高等教育出版社,2000.

[28] 洪允楣. 机构设计的组合及变异方法. 北京:机械工业出版社,1982

[29] 唐锡宽,金德闻. 机械动力学[M]. 北京:高等教育出版社,1983.

[30] 中岛弘行. 气动机构及回路设计[M]. 北京:机械工业出版社,1979.

[31] 温诗铸,黄平. 摩擦学原理[M]. 北京:清华大学出版社,2008.

[32] 朱孝录. 齿轮传动设计手册[M]. 北京:化学工业出版社,2004.

[33] 谢存禧,等. 空间机构设计[M]. 上海:上海科学技术出版社,1996.

参考文献